JN232150

ビジュアル
物理全史

ビッグバンから量子的復活まで

クリフォード・ピックオーバー 著
吉田三知世 訳

岩波書店

THE PHYSICS BOOK
From the Big Bang to Quantum Resurrection, 250 Milestones in the History of Physics
by Clifford A. Pickover

First published 2011 by Sterling Publishing Co., Inc., New York.
This Japanese edition published 2019
by Iwanami Shoten, Publishers, Tokyo
by arrangement with Sterling Publishing Co., Inc.,
1166 Avenue of the Americas, New York, NY 10036, USA,
through Tuttle-Mori Agency, Inc., Tokyo.

「私たちはみんな、毎日物理を使っている。
鏡を見たり、眼鏡をかけたりするとき、
私たちは光学の物理を使っている。
目覚まし時計をセットするときには、時間を追い、
地図を見るときには、幾何学的空間のなかで道を調べる。
携帯電話は、目に見えない電磁波の糸で、
上空で地球の周りを回る人工衛星を介して
私たちをつないでいる。
しかし物理が使われているのは、
技術の分野だけではない……。
血管を流れる血液も、物理学の法則に従っている。
物理学は、私たちを取り巻く物質でできた
世界についての科学なのだ」。

ジョアン・ベイカー『人生に必要な物理50』
（和田純夫監訳、西田美緒子訳、近代科学社。訳文は訳者の独自訳）

「現代物理学の偉大な方程式は、
科学的知識の永続的な一部であり、
もっと古い時代に建てられた
美しい大聖堂よりも長く残るかもしれない」。

スティーヴン・ワインバーグ、グレアム・ファーメロ
『美しくなければならない：現代科学の偉大な方程式』
（斉藤隆央訳、藤井昭彦校閲、紀伊國屋書店。訳文は訳者の独自訳）

はじめに

物理学の範囲

「知識の島が大きくなるにつれ、島が謎と接する面は広がる。重要な理論が覆されるとき、それまで確固たる知識と思われていたものはその座を降り、知識と謎の接し方も変化する。こうして改めて発見された謎に、自分の卑小さや居心地の悪さを感じることもあるが、それは真実を手にするための代価だ。独創的な科学者、哲学者、そして詩人は、この島の海岸で華々しく活動する」。

——W. マーク・リチャードソン、「懐疑論者の驚異の念」、『サイエンス』誌

現代の物理学界をリードする物理の専門家の団体、米国物理学会は、1899年、物理学の知識を向上させ、広める使命を帯びた36人の物理学者によって設立された。同学会によれば、

私たちの周囲の世界、私たちの内側の世界、そして、私たちを超えた世界を理解するためには、物理学がきわめて重要である。それは、最も基本的で根本的な科学だ。物理学は、相対性理論や弦理論などの概念で私たちの想像力に挑み、コンピュータやレーザーなどの、暮らしを変える偉大な発見へと私たちを導く。物理学は、最も大きな銀河から、最も小さな素粒子に至るまで、宇宙のすべてを研究する。さらに、化学、海洋学、地震学、そして天文学など、ほかの多くの科学の基礎でもある。

確かに、物理学は今日、実に広い範囲を対象にしている。自然、宇宙、そして実在の構造そのものを理解しようと、途方もなく多様なテーマや基本法則が研究されている。物理学者たちは、多次元、並行宇宙、時空の異なる領域を結ぶワームホールなどの可能性について、じっくり考えている。米国物理学会が指摘するとおり、物理学の発見は、しばしば新しい技術をもたらし、私たちの哲学や世界観まで変えてしまうこともある。たとえば、多くの物理学者にとって、ハイゼンベルクの不確定性原理は、物理的宇宙は決定論的な存在ではなく、確率が奇妙な具合に集まったものだという宇宙観を裏付けるものだ。また、電磁気の理解の向上は、無線、テレビ、そしてコンピュータをもたらし、熱力学の理解は、自動車の発明につながった。

この本をじっくり読むうちにおわかりいただけるはずだが、物理学の範囲は、遠い昔から固定されていたわけでもないし、容易に境界が決められるものでもない。私は物理学の範囲をかなり広くとらえ、技術や応用物理、天体に関する知識の向上、そして、むしろ哲学に属するかもしれない話題もいくつか取り上げている。範囲はこれほど広いが、科学者が自然界を理解し、実験し、それに関する予測を立てるのに役立つ、数学的手段を大いに頼りにしていることは、物理学のほとんどの領域に共通する。

かつてアルベルト・アインシュタインは、世界について最も理解しがたいのは、それが理解可能なことだと述べた。簡潔な数学的表現と物理法則によって、記述または近似される宇宙のなかに私たちが暮らしているのは間違いないようだ。しかし、これらの自然法則の発見を超えて、物理学者たちはしばしば、人間がこれまでに思いついた最も深淵で気が遠くなるような概念を深く追究する。相対性理論や量子力学から、弦理論、そしてビッグバンの本質までに及ぶ、さまざまなテーマがそれだ。量子力学が垣間見させてくれる、あまりに奇妙で直観に反する世界は、空間、時間、情報、そして因果関係に対して疑問を投げかける。だが、これほど摩訶不思議なことを意味するにもかかわらず、量子力学は、レーザー、トランジスタ、マイクロチップ、そして核磁気共鳴画像法など、無数の分野や技術に応用されている。

本書はまた、物理学のさまざまな偉大なアイデアの背後にいる**人々**についての本でもある。物理学は近代科学の基盤であり、多くの人々を何百年にもわたって惹きつけてきた。アイザック・ニュートン、ジェームズ・クラーク・マクスウェル、マリー・キュリー、アルベルト・アインシュタイン、リチャード・ファインマン、そしてスティーヴン・ホーキングなど、世界で最も優れた最も魅力的な人々に数えられる科学者たち

が、物理学の進歩に身を捧げてきた。

物理学は、科学のなかでもとりわけ困難な分野だ。物理学による宇宙の解明はどこまでも進み続けるが、人間の脳と言語能力は固定されたままである。時代が進むにつれて新しい物理学が発見され、それを考え、理解するための新しい方法が必要になる。ドイツの理論物理学者ヴェルナー・ハイゼンベルク(1901-76)が、人類が原子を真に理解することは決してないかもしれないと憂慮したとき、デンマークの物理学者ニールス・ボーア(1885-1962)は、楽観的な見解を表明した。それは1920年代のことだったが、ボーアはこう答えたのだ。「私たちはまだ理解できていないかもしれないが、その過程で、「理解」という言葉の真の意味を学ばねばならないのではないだろうか」と。今日私たちは、人間の直観の限界を超えた論理的思考を進めるために、コンピュータの助けを借りている。実際、物理学者たちは、コンピュータがこれほど普及する以前は夢想だにできなかった理論や洞察に、コンピュータを使った実験によって到達しているのである。

現在、何名もの著名な物理学者が、私たちの宇宙に並行して、いくつもの宇宙がタマネギの層のように、あるいはミルクセーキの泡のように存在する可能性があると指摘している。そのような並行宇宙理論のなかには、ある宇宙の重力は隣の宇宙へと漏れ出すので、これらの宇宙が人間にも実際に検出できるかもしれないとするものもある。たとえば、遠方の恒星からの光は、ほんの数mmしか離れていない並行宇宙のなかに存在する、私たちには見えない物体の重力でゆがめられてしまうかもしれないという。多宇宙という考え方そのものが荒唐無稽に思えるかもしれないが、実はそれほどでもないのである。アメリカの研究者デイヴィッド・ラウブが実施し、1998年に発表した、72名の著名な物理学者に対する調査で、58%の物理学者(スティーヴン・ホーキングも含め)が、何らかの形の多宇宙理論を信じていることが明らかになった。

本書は、理論的なテーマや、非常に実際的なテーマから、奇妙で摩訶不思議な話題までを扱っている。1964年に発表された、「神の粒子」と呼ばれる素粒子の仮説の次に、1965年に発売されて全米を熱狂に巻き込んだ、とてもよく弾むスーパーボールが載っている物理学の本など、ほかにはそうそうないだろう。本書では、いつの日か、すべての銀河を引き裂き、宇宙を恐怖のビッグリップでズタズタにしてしまうかもしれない、謎のダークマターについても、また、量子力学を生み出した黒体放射の法則についてもお話しする。さらに、宇宙人とのコミュニケーションに関するフェルミのパラドックスについて思い巡らせ、アフリカで発見された、20億年にわたって働いていたらしい有史以前の原子炉について考えてみる。そして、世界で最も黒い塗料の開発競争のお話も紹介する。黒い自動車の塗料の100倍以上暗いそうだ！　この「究極の黒」の塗料が、太陽エネルギーのより効率的な収集や、超高感度の光学装置の設計に利用される日が、いつか来るかもしれない。

どの項目も短い——せいぜい数段落だ。このような形なので、読者のみなさんは、文章をたくさん読まなくても、あるテーマに直に飛び込むことができる。たとえば、人類が月の裏側を初めて見たのはいつだったかな、と思えば、「月の裏側」のページを開けばいい。本書では、「古代のバグダッド電池の謎とは？」、「ブラックダイヤモンドとは？」など、思考力を刺激するさまざまな話題に取り組んでいく。そして、「実在とは、人間が作り上げたものでしかないのだろうか？」というテーマも考えていこう。宇宙について理解が深まり、コンピュータによって複雑な世界がシミュレートできるようになるにつれ、まじめな科学者でさえ、実在の本質について疑問を抱き始める。もしかすると、私たちはコンピュータ・シミュレーションのなかで暮らしているのではなかろうか、と。

宇宙の小さな片隅で、ソフトウェアと数学のルールを使って、生物のような振舞いをシミュレートできるコンピュータを、人類はすでに作り出している。いつの日か、マダガスカルの熱帯雨林のように複雑で生命にあふれた、豊かなシミュレーション空間のなかに生息する、思考する生命体を生み出せるかもしれない。ひょっとすると、やがては実在そのものをシミュレートできるかもしれない。そして、宇宙のどこか別の場所で、人類よりも高度に発達した生命体が、すでにそうしている可能性だってある。

本書の目的と年代順の記載について

物理学の原理の例は、私たちの周囲にあふれている。私が本書で達成したい目標は、幅広い読者に、物理学の重要なアイデアや人物についての短いガイドを提供することだ。そのため、どの項目も短く、数分で読んで理解できるようになっている。ほとんどの項目が、私が個人的に興味をもっているものだ。残念ながら、本が長くなりすぎるのを防ぐため、物理学の偉大なマイルストーンのすべてを載せることはできなかった。目を瞠(みは)るような物理学の素晴らしさを限られた紙幅で称えるために、物理の驚異の多くを割愛せざるを得なかったのだ。それでも、歴史的に重要なものや、物理学、社会、あるいは人間の思考に大きな影響を及ぼしたものは記載できたと思う。滑車、ダイナマイト、レーザーから、集積回路、ブーメラン、そしてシリーパティ(訳注:アメリカのクレヨラ社が販売する、粘土のように柔らかく自由自在に変形でき、ボールのように弾む性質もある合成ゴムの玩具)など、実際的でユーモラスな項目もある。ところどころ、奇妙だったり、荒唐無稽に聞こえるかもしれない、哲学的概念や風変わりな説も載せている。量子不死、人間原理、タキオンなどがそうだ。それぞれの項目が、ほかを参照せずに読めるようにと、同じ短い情報を繰り返し記していることがある。太字は、本書にある関連項目を表しているので、興味があればぜひご覧になってほしい。さらに、各項目の最後、ページの下側に、小さな文字で参照箇所が挙げられており、本書の全項目が互いに結びついてできているネットワークに、その項目がどう収まっているか確かめられるようになっているので、みなさんには、本書を好きな順序で読み進んで、楽しみながら何かを発見していただけるのではないかと願っている。

本書は、私自身の知性の欠陥を反映している。私も、物理学のできる限り多くの領域を学ぼうと努力はしているものの、すべての側面を淀みなく解説するのは難しい。本書には、私の個人的な関心や得意不得意が間違いなく反映されており、本書に掲載する重要項目の選択についても、また、本書に含まれるすべての間違いや不適切な個所についても、責任は私にある。本書は、包括的な、あるいは、学術的な論文ではなく、科学や数学を学ぶ学生や、物理学に関心をお持ちの市民のみなさんが、楽しんでお読みいただけるように書かれている。本書は、私がぜひやりたいという気持ちから執筆しており、今後も続けていくプロジェクトなので、読者の方々からのフィードバックや、改善のためのご提案を心からお待ちしている。

本書の項目は、その物理概念や現象などの年代順に並んでいる。大部分の項目は、その発見の年の順になっているが、冒頭の導入部と末尾の締めくくりの部分では、天文学的現象などが実際に起こったとされる年代や、今後起こると予想されている時期の順になっている。

もちろん、複数の人が貢献している項目については、発見の年をいつとするかは、判断の問題となってしまう。最も早い年とするのが適切と思われる項目ではそうしており、大半の年号がそうだ。しかし、同僚やほかの科学者の意見を集めた結果、その概念が注目を集めるようになった年号を使うことにした項目もいくつかある。たとえば、「ブラックホール」をどの年号にするかには、いくつか選択肢があった。まず、ある種のブラックホールは、約138億年前、ビッグバンのあいだに形成された可能性がある。しかし、ブラックホールという言葉が登場したのは、ようやく1967年になって、理論物理学者のジョン・ホイーラーが命名したときだ。結局私は、人間が創造力を全開にして、ブラックホールを科学的に厳密な概念として構築できた年を選んだ。そのようなわけで、地質学者のジョン・ミッチェル(1724-93)が、極めて大きな質量をもつがゆえに光さえも逃れられないような物体という概念を論じた1783年を、ブラックホール発見の年としている。同様に、「ダークマター」は、スイスの宇宙物理学者フリッツ・ツヴィッキー(1898-1974)が、光を出さない不思議な粒子の存在を示す最初の証拠を発見した1933年を発見年とした。「ダークエネルギー」が1998年なのは、この年にこの言葉が作られたのみならず、いくつかの超新星の観測により、宇宙の膨張が加速していることが認められたからである。

紀元前の年号をはじめ、本書に出てくる古い年代の多くは、推定でしかない(たとえば、バグダッド電池、アルキメデスのスクリューなどの年代)。これらの古い年代のすべてに「頃」を付けない代わりに、この場で、大昔の年代と、遠い未来の年代は、おおまかな推測に過ぎないことをお断りしておく。

基礎物理学の発見の多くが、さまざまな医療機器をもたらし、人間の苦痛を和らげ命を救うのに役立ってきたことに気づかれる読者もおられると思う。サイエンスライターのジョン・G. シモンズは、このように記している。「医療は、人体を画像で捉える機器の大部分を、20世紀物理学に負っている。摩訶不思議なX線は、1895年、ヴィルヘルム・コンラート・レントゲンが発見した数週間後に、患者の診断に使われた。その数十年後に登場したレーザー技術は、量子力学が生んだ実用的応用だった。超音波検査法は、潜水艦の位置をいかに検出するかという難題の解決策から生まれ、CTスキャンはコンピュータ技術を活用したものだ。医療分野における最も重要な最新の技術は、人体の内部を詳細に3次元で画像化する、核磁気共鳴画像法(MRI)だ」。

読者のみなさんは、かなりの数のマイルストーンが、20世紀に達成されたことにも気づかれるだろう。時の流れのなかで、これらのマイルストーンがいかに分布しているか、少し実感していただくために、おおよそ1543年から1687年のあいだに起こった科学革命について考えてみよう。ニコラウス・コペルニクスの、太陽を中心とする惑星の運動の理論は1543年に出版された。1609年から1619年にかけて、ヨハネス・ケプラーは太陽の周りを運行する惑星の運動を記述する3つの法則を定式化し、1687年にアイザック・ニュートンが運動と重力の基本法則を発表した。このあと、第2の科学革命が1850年から1865年にかけて起こるのだが、この期間にエネルギーとエントロピーに関するさまざまな概念が導入され、徐々に高度化され、熱力学、統計力学、気体運動論などの研究分野が開花した。そして20世紀には、量子論と、特殊および一般相対性理論が、実在に関する私たちの考え方を変える最も重要な科学的洞察をもたらした。

本書では、各項の本文に、有名な科学者やサイエンスライターの言葉をよく引用しているが、引用元や発言者の肩書をその場には記さなかったのは、簡潔さだけのためだ。このような省略を行ったことに、前もってお詫びを申し上げたい。しかし、本書の巻末の参考情報(日本語訳はhttp://www.iwanami.co.jp/files/moreinfo/0063340/bibliography.pdf参照)をご覧いただければ、発言者が誰かはっきりおわかりいただけるはずだ。

物理学が将来何をもたらすかなど、誰にもわからない。19世紀末、傑出した物理学者でケルヴィン卿とも呼ばれるウィリアム・トムソンは、物理学の終焉を宣言した。彼には、量子力学と相対性理論の出現も、それらが物理学全体に起こす劇的な変化も、予測することはできなかった。物理学者のアーネスト・ラザフォードは1930年代前半に、原子力について、「これらの原子の変化が、エネルギー源になると期待する者はみな、たわごとを言っているのだ」と語った。要するに、物理学の概念や応用の未来を予測するのは、不可能ではないとしても、困難なのである。

最後に強調しておこう。物理学の発見は、素粒子と超銀河という、スケールが両極端の領域を探るために使える、ひとつの枠組みを提供してくれるし、物理学の概念は、科学者が宇宙に関して予測を立てられるようにしてくれるのである。物理学では、哲学的な思考が刺激になって科学的なブレークスルーがもたらされることが多い。以上、ご説明したとおり、本書で紹介されているさまざまな発見は、人類の最大の成果に数えられるものばかりだ。私にとって物理学は、思考の極限、宇宙の仕組み、そして、私たちが自分の住処だと考えている広大な時空のなかでどんな位置にあるかについて、驚異の念を常に喚起し続けてくれるものである。

謝　辞

ご意見とご提案をくださった、J.クリント・スプロット、レオン・コーエン、デニス・ゴードン、ニック・ホブソン、テハ・クラセク、ピート・バーンズ、そしてポール・モスコウィッツにお礼を申し上げる。また、本書の編集を担当してくださったメラニー・マッデンに、心から感謝申し上げる。

本書に出てくるマイルストーンや物理学史の転換期を調べていた間、私は実にさまざまな、素晴らしい参考文献やウェブサイトをじっくり読んだ。その多くを、本書の巻末の「注と参考文献」に挙げている。そこに載せた、優れた参考図書の代表が、ジョアン・ベイカーの『人生に必要な物理50』(和田純夫監訳、西田美緒子訳、近代科学社)と、ピーター・タラックの『The Science Book(科学の本)』(未訳)だ。ウィキペディア(en.wikipedia.org)などのオンライン百科事典は、読者にとても役立つ出発点で、さらなる情報への足掛かりになる。

また、私自身が以前に書いた本のなかにも、物理法則についての本書の項目のいくつかに対して、背景になる情報を提供しているものがある。たとえば、『Archimedes to Hawking: Laws of Science and the Great Minds Behind Them(アルキメデスからホーキングまで: 科学の法則と、その背後にいる天才たち)』(未訳)がそうだが、さらなる情報が記されているので、ぜひ参照していただきたい。

目次

表紙写真提供：123 RF

「ビッグバンの正体を教えてあげよう、レスタト。
それは、神の細胞が分裂を始めた瞬間だったのだ」。

——アン・ライス『肉体泥棒の罠』(柿沼瑛子訳、扶桑社。訳文は訳者の独自訳)

ビッグバン

ジョルジュ・ルメートル(1894-1966)、エドウィン・ハッブル(1889-1953)、フレッド・ホイル(1915-2001)

1930年代初頭、ベルギーのカトリック司祭で物理学者でもあったジョルジュ・ルメートルは、のちにビッグバン理論と呼ばれるようになる説を提案した。この宇宙は極めて高密度で高温の状態を出発点に進化し、その後宇宙空間は膨張を続けているという説だ。ビッグバンは138億年前に起こったと考えられているが、今日もなお、ほとんどの銀河は互いに遠ざかっている。銀河は、爆弾が爆発して飛び散る破片のような運動はしていない。これはしっかり理解しておいてほしい。空間そのものが膨張しているのである。風船の表面に描かれたたくさんの黒い点は、風船が膨らむにつれ互いにどんどん遠ざかるが、それと同じように、銀河どうしの距離が延びているのである。この膨張は、あなたがどの点の上にいようが観察できる。どの点から見ても、ほかの点は遠ざかっているように見えるのだから。

遠方の銀河を研究する天文学者は、この膨張を直接観察することができるが、最初に宇宙の膨張を確認したのは、アメリカの天文学者エドウィン・ハッブルで、1920年代のことだ。フレッド・ホイルは1949年、ラジオ放送中にビッグバンという言葉を作った。宇宙が十分冷えて、陽子と電子が結合して電気的に中性の水素が形成されたのは、ビックバンから約40万年後である。ビッグバンの最初の数分間で、ヘリウムの原子核や軽元素が作り出され、第1世代の恒星の原材料が準備された。

『僕らは星のかけら：原子をつくった魔法の炉を探して』(糸川洋訳、ソフトバンククリエイティブ)の著者、マーカス・チャウンは、ビッグバンの直後にガスの塊が凝集し始め、やがてクリスマスツリーのように、宇宙があちこちで光り始めたのではないかという。このとき光を発した恒星は、私たちの銀河が誕生する前に滅びてしまった。

宇宙物理学者のスティーヴン・ホーキングは、ビッグバンの1秒後の宇宙の膨張速度が、10京分の1(10^{17}分の1)でも小さかったなら、宇宙は一瞬膨張したあとすぐに崩れてしまい、知性をもった生物が進化することはなかっただろうと推測している。

(訳注：原文では137億年前だが、本書では最新の研究成果にもとづき138億年前とした。)

▲古代フィンランドの創造神話によれば、鳥の卵が割れたときに天と地が形成された。

▶ビッグバン想像図。時間は、ビッグバンを表す最上部の点から、画面の下へと進む。宇宙は最初に急激に膨張する(赤い球の部分まで)。最初の恒星は約4億年後に出現する(黄色い球の部分)。

参照：オルバースのパラドックス(1823年)、ハッブルの宇宙膨張の法則(1929年)、CP対称性の破れ(1964年)、宇宙マイクロ波背景放射(1965年)、宇宙のインフレーション(1980年)、ハッブル宇宙望遠鏡(1990年)、宇宙のビッグリップ(360億年後)

ブラックダイヤモンド

「夜空に輝く星のほかにも、空にダイヤモンドが存在することを、科学者たちはかなり前から知っていた……(訳注：19世紀終盤から、ダイヤモンドが含まれた隕石が多数報告されている)。カーボナードと呼ばれる謎めいた黒いダイヤモンドも、やはり宇宙で生まれたのかもしれない」と、ジャーナリストのピーター・タイソンは述べる。

カーボナードがいかに形成されたかについては、隕石の衝突で超高圧が生じ、「衝撃変成作用」と呼ばれるプロセスが引き起こされ、ダイヤモンドが形成されたという説をはじめ、さまざまな仮説の議論が続いている。2006年、スティーヴン・ハガティ、ジョゼフ・ガライとその同僚らは、カーボナードがもつ、多孔性、多様な鉱物や元素からなる不純物、溶融物のような表面質感などの特徴を研究した結果を発表した。これらの特徴は、炭素を多く含む恒星が超新星という天体現象で爆発する際に、カーボナードが形成されたと示唆しているという。これらの恒星が、実験室で合成ダイヤモンドを作製する手法である化学気相蒸着法に似た高温環境をもたらす可能性があるからだ。

カーボナードは26億〜38億年前ごろに形成され、南米大陸とアフリカ大陸が地続きだったころに、巨大な小惑星として宇宙から飛来し、地球に落ちたのが起源だと推測される。現在カーボナードの多くが、中央アフリカ共和国とブラジルで発見されている。

カーボナードは、硬さは一般的なダイヤモンドと同じだが、不透明かつ多孔質で、多数の結晶が凝集してできている。この希少なカーボナードがブラジルで初めて発見されたのは1840年ごろで、焼けて炭化したような外見から、カーボナードと名付けられた。1860年代には、岩に穴を開けるドリルの刃に利用されるようになった。これまでに発見された最大のカーボナードは、重量が約1.4ポンドだ(これは3167カラットに当たり、世界最大の透明なダイヤモンドより60カラット大きい)。

他のタイプの天然の(カーボナードではない)「黒いダイヤモンド」には、一般的なダイヤモンドに近い外見で、くすんだ暗い色をしたものがあるが、これらは、酸化鉄や硫化物などの鉱物が混ざって結晶が曇ったものだ。この種のダイヤモンドで世界最大なのは、0.137ポンド(312.24カラット)のスピリット・オブ・ドゥ・グリソゴノ(訳注：ドゥ・グリソゴノは、このカーボナードをカットし、豪華な指輪に加工したスイスの宝飾ブランド)である。

◀ある説によれば、超新星と呼ばれる、恒星の爆発現象によって、カーボナードの形成に必要な高温環境と多量の炭素という条件がそろったという。本図は、ある恒星の超新星爆発の名残である、かに星雲。

参照：恒星内元素合成(1946年)

先史時代の原子炉

フランシス・ペラン(1901-1992)

「核反応を起こすのは、容易ではありません」と、米国エネルギー省の技術者たちは述べる。「原子力発電所では、ウラン原子を分裂させます。その過程で放出された熱エネルギーと中性子が、さらにほかのウラン原子を分裂させ、そしてこの過程が次々繰り返されます。この分裂過程が核分裂です。原子力発電所で原子の分裂過程を維持するためには、大勢の科学者と技術者の協力が不可欠です」。

実際のところ、ウランという元素で核分裂の連鎖反応を維持できることを、エンリコ・フェルミとレオ・シラードという2人の物理学者が確信したのは、1930年代後半になってからだった。シラードとフェルミはコロンビア大学で実験を行い、ウランを使えば大量の**中性子**(原子を構成する小さな粒子)が発生できることを発見し、連鎖反応が実現できることを証明した。こうして核兵器の製造も可能になったのだ。この発見の夜について、シラードは、「私の心のなかには、世界が悲劇へと向かっていることへの疑いはほとんどなかった」と記した。

この分裂過程は複雑なので、1972年にフランスの物理学者フランシス・ペランが、アフリカのガボンのオクロ地域の地下で、人類より20億年も前に自然が世界初の原子炉を作っていたことを発見したとき、世界は仰天した。

この天然原子炉が形成されたのは、ウランに富んだ鉱床に接触した地下水が、ウランから放出された中性子を減速したおかげで、中性子がほかのウラン原子と相互作用でき、それらが新たに分裂し、分裂が連鎖したからだ。生じた熱で水が水蒸気になると、連鎖反応は一時的に減速された。その結果環境の温度が下がり、水蒸気が再び水になり、プロセスが繰り返されたのである。

科学者たちの推定によれば、この先史時代の原子炉は、数十万年にわたって稼働しつづけ、オクロで検出されたさまざまな反応から発生すると予測される種々の同位体(同じ種類の原子だが、重さが違うもの)を生み出しつづけた。この地下鉱床で起こったウランの核反応で、放射性のウラン235が約5t消費された。このような天然原子炉は、オクロ以外では発見されていない。ロジャー・ゼラズニイは、SF小説『燃えつきた橋』で、一連の突然変異を起こし、やがて人類をもたらす目的で、エイリアンがガボンの鉱床を作ったという独創的な物語を展開している。

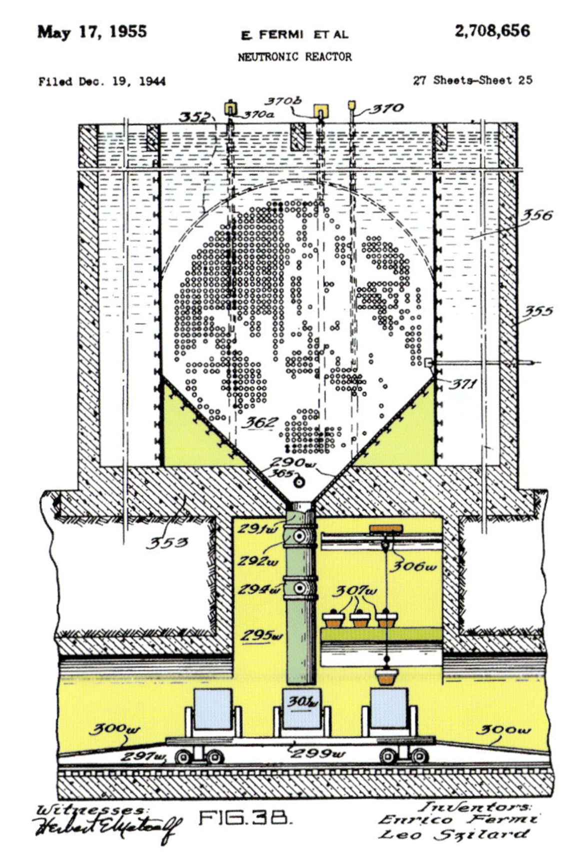

▲世界初の天然原子炉は、アフリカにできた。その数十億年後、レオ・シラードとエンリコ・フェルミは、原子炉に関する米国特許2,708,656号を取得した。図のタンク355は、放射線を遮蔽する水で満たされている。

参照：放射能(1896年)、中性子(1932年)、原子力(1942年)、リトルボーイ原子爆弾(1945年)

アトラトル

世界のさまざまな地域の古代文化が、アトラトルと呼ばれる巧妙な道具の使用を通して、獲物や敵を仕留めるための物理学を見出した。アトラトルは、一端にカップまたは支えがついた、木の棒もしくは板で、てこの原理などの単純な物理原理を利用して、かなり離れた(最高射程 100 m 以上)標的に向かい、時速 150 km を超えるスピードで、大きな矢を投げ飛ばすことができる。ある意味アトラトルは、腕の延長として機能する。

フランスでは、トナカイの枝角でできた2万7000年前のアトラトルが発見された。アメリカ先住民は、1万2000年前にこれを使った。オーストラリアのアボリジニは、これをウーメラと呼んだ。アフリカ東部の人々やアラスカ原住民も、アトラトルに似た道具を使っていた。マヤ族やアステカ族(この道具を実際にアトラトルと呼んだのはアステカ族)は、この道具を大変好み、アステカ族に分厚い板金甲冑を射抜かれたスペインの征服者たちは仰天した。先史時代のハンターは、アトラトルを使えばマンモスなどの巨大な動物も殺すことができた。

今日、世界アトラトル協会は、国際、国内を問わずアトラトル競技会を支援しており、技術者、ハンター、そして、先史時代の技術の秘密を理解したいと関心を抱くすべての人を惹きつけている。

あるタイプのアトラトルは、数千年にわたり幾度も改良されてきたのに、長さ 60 cm の棒状という、意外に単純な外見をしている。まず投げ矢(長さ 60 cm〜1 m 程度)をアトラトルの後端の爪にはめ込み、アトラトル板に平行にセットする。射手は、テニスのサーブの要領で腕を振り回し、手首を返して矢を放つ。

アトラトルが進化するにつれ、射手たちは、アトラトル板に柔軟性があればエネルギーを効果的に蓄積・解放できることを発見し(ダイビングボードに乗った飛び込み選手と同じ)、また、小石の錘を取りつけた。錘にどんな目的があるのか、長年議論が続いている。錘は、矢を放つタイミングと柔軟性を調節し、飛距離と安定性を向上させるという印象をもっている人が多い。音を小さくし、発射を目立たなくする意味もあるのかもしれない。

◀3本の矢とアトラトルをもつ神を描いた、中央メキシコのフェイエールヴァーリ-マイヤー絵文書。1521年にエルナン・コルテスがアステカ帝国の首都テノチティトランを破壊する前の時代のもの。

参照：クロスボウ(紀元前 341 年)、トレビュシェット(1200 年)、極超音速ウィップクラッキング(1927 年)

ブーメラン

子どもの頃流行っていた、たわいない歌があった。イギリスの歌手、チャーリー・ドレイク(1925-2006)の、「俺のブーメランが戻ってこない」と嘆くオーストラリアのアボリジニの歌だ。実際には、アボリジニにとってそんなことは何の問題でもなかっただろう。カンガルーを狩ったり、よその部族と戦ったりするのに使う、湾曲した重い棒状のブーメランは、標的の骨を砕くためのもので、戻ってくることは考えられていなかったからだ。紀元前2万年頃の狩猟用ブーメランが、ポーランドの洞窟で発見されている。

今日ブーメランといえば、私たちはV字形のブーメランを思い浮かべる。この形のブーメランは、戻ってこないブーメランから進化したと思われる。特定の形をした枝を使うと飛行が安定し、面白いパターンで飛行することをハンターたちが発見したのが、そのきっかけだったのだろう。戻ってくるブーメランは、獲物の鳥を驚かせて飛び立たせる目的で、実際のハンティングに使われているが、このようなブーメランが最初に発明されたのがいつなのかはわからない。この種のブーメランの翼はどれも、飛行機の翼のように、片側が丸みを帯び、反対側が平らになっている。翼の片側で空気がより速く流れ、揚力に寄与する。飛行機では、左右両方の翼で、前が先導側、後ろが追随側で、エアフォイル(翼の断面形状)は左右ともに前側が丸く、後ろ側が尖った形状をしている。ブーメランは飛びながら自転するため、先導側と追随側の翼で、エアフォイルが逆向きになり、先導側はV字の外側が丸く、追随側はV字の内側が丸い。

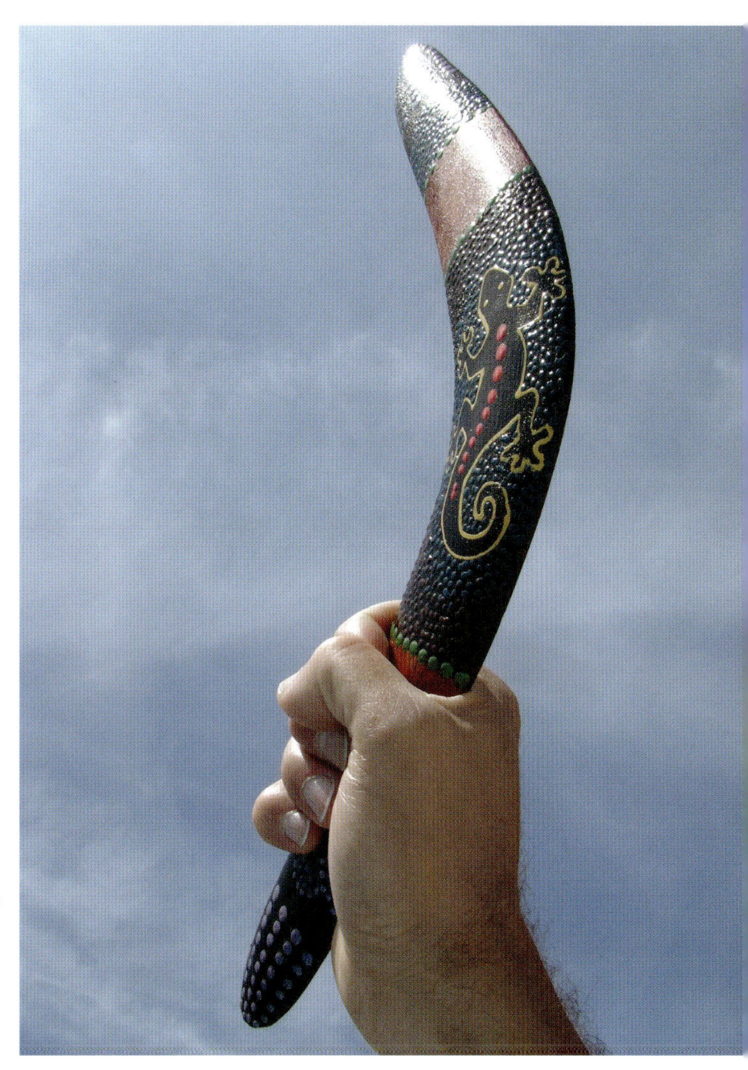

▲ブーメランは武器として、また、スポーツ用具として使われてきた。その形状は、生まれた地域や機能によってさまざまである。

ブーメランを投げるときは、V字の開いた側を前にして、垂直面から少し外に傾けて投げる。ブーメランは投げた方向にスピンするが、このとき、上側に来た翼は、下側よりも速く進む――この現象も揚力を生む。正しく投げればブーメランが戻ってくるのは、回転体の回転軸の向きが変化する、歳差運動の効果による。これらの要因が相まって、ブーメランは複雑な循環経路で飛行する。

参照：クロスボウ(紀元前341年)、トレビュシェット(1200年)、ジャイロスコープ(1852年)

日時計

「才能を隠してはならない。それは使うためにある。日陰の日時計が何の役に立とうか」
——ベンジャミン・フランクリン

数百年にわたり、人々は時間とは何なのかと思い巡らせてきた。古代ギリシア哲学でも、永遠という概念をいかに理解すべきかが大いに議論されており、時間のテーマは今も世界のすべての宗教と文化の中核にある。17 世紀の神秘主義の詩人、アンゲルス・シレジウスは、時間の流れは、精神力で停止させられると断言した。「時間はあなた自身が作り出したもの／その時計は、あなたの頭のなかで時を刻む。あなたが思考を停止した瞬間、時間もぴたりと止まる」と。

時間を管理する最古の装置のひとつが、日時計だ。日時計の影は、早朝には長いが、徐々に短くなり、その後夕方が近づくにつれ、再び長くなることに、古代人たちは気づいたことだろう。知られている最古の日時計は紀元前 3300 年頃のもので、アイルランドのノース大古墳の縁石のひとつに刻まれているのが発見された。

地面に垂直に棒を立てるだけで、原始的な日時計ができる。北半球では、棒の周りを影が時計回りに回転し、影の位置によって時間の経過を把握することができる。これほど大雑把な装置でも、先端が天の北極、あるいは北極星を指すように棒を傾斜させると、精度を上げることができる。こうすれば、棒の影が季節によって変化しなくなるのだ。多くの日時計の文字盤は水平で、庭の装飾に使われることもある。影は文字盤上を一定の速さで回転するわけではないので、各時刻を示す印は等間隔ではない。日時計は、地球が太陽を公転する速度は一定ではないこと、サマータイムの適用、そして現在は、タイムゾーンごとに時間が決まっていることなど、さまざまな理由で狂う。腕時計が普及する以前は、折り畳み式の日時計をポケットに入れて持ち歩く人もいた。この日時計には、正しい北の方角を特定するために小型磁針がついていた。

▲▶時間とは何か、人間は問い続けてきた。日時計は、時間を管理する最古の装置のひとつ。

参照：アンティキティラ島の機械（紀元前 125 年）、砂時計（1338 年）、記念日時計（1841 年）、タイムトラベル（1949 年）、原子時計（1955 年）

トラス

▲数百年にわたり、三角形を基本とするトラス構造は、丈夫でコスト効果の高い建造物を可能にしてきた。

トラスは、木または金属の水平材の接合部を頂点として作った三角形の単位を、複数接続した構造である。トラスの要素がすべてひとつの平面内にある場合、平面トラスと呼ぶ。トラス構造のおかげで建設業者は、数百年にわたり、コストや使用材料を節約して丈夫な構造を作っている。構造が強固なため、トラスは非常に長い距離でも建造できる。

三角形が特に有効なのは、それが、辺の長さを変えない限り形が変化しない唯一の図形だからだ。したがって、強度の高い角材を固定接点で接合して作った三角形の枠組みは、決して変形しない。(たとえば、正方形は接合部がずれると菱形になる。) トラスはまた、角材が受ける主な力は接合部にかかる張力と圧縮力だと仮定して、安定性を予測できるのも利点だ。角材を長くする方向の力は張力である。角材を短くする方向に働く力は圧縮力だ。トラスの接点は固定されているので、各接点でこれらの力をすべて合計したものはゼロである。

紀元前2500年頃の青銅器時代初期に建てられた、古代の湖上住居には、木造トラスが使われていた。ローマ人たちは橋梁建築に木造トラスを使用した。19世紀、アメリカでは屋根付き橋梁にトラスを頻繁に採用し、さまざまな構造のトラスを作るために、夥しい数の植物が切り倒された。アメリカ初の鉄製トラス橋梁は、1840年に建設された、エリー運河のフランクフォート橋で、最初の鋼鉄トラス橋梁は、1879年にミシシッピ川に架けられた。南北戦争後、金属トラス鉄橋が普及した。というのも、重量のある列車が通過する負荷に対して、吊り橋よりもはるかに安定だからだ。

参照：アーチ(紀元前1850年)、I形鋼(1844年)、テンセグリティ(1948年)、リラの斜塔(1955年)

紀元前
1850年

アーチ

▲アーチは、上からの大きな荷重を、水平方向と垂直方向の力に分解して逃がすことができる。アーチでは普通、この古代トルコのアーチのように、迫石と呼ばれるクサビ形の石が、互いにぴったり接触した状態で、きっちりとアーチ型に並んでいなければならない。

建築に使われるアーチとは、重さを支えながらある場所に架かっている、弧形の構造物である。アーチはまた、単純なパーツが結びつくことによって、極めて高い耐久性が生まれることを表す比喩としても使われてきた。ローマ時代の哲学者セネカは、「人間社会はアーチのように、各部が圧力を及ぼし合って崩壊を防いでいる」と記した。また、古代ヒンドゥー文化には、「アーチは決して眠らない」という諺があった。

現存する最古のアーチ付きの都市の門は、イスラエルのアシュケロンにあるもので、紀元前1850年ごろに泥で作ったレンガと石灰岩を使って建造された。メソポタミアのレンガ製アーチはこれよりも古いが、アーチが特に目立つようになったのは、それがさまざまな構造に使われるようになった古代ローマにおいてであった。

建物に使われるアーチは、上からの重い荷重を、水平成分と垂直成分に分けて支柱へと逃がす役目を果たしている。普通アーチの建設では、迫石（せりいし）と呼ばれる楔形のブロックを、きっちりと組み合わせて円弧に配置することが最も重要である。隣り合うブロックどうしの接合面では、荷重がほぼ均一に伝わる。アーチの最上部に位置する中央の迫石は、要石（かなめいし）と呼ばれる。アーチの建設作業中は、最後に要石が打ち込まれて、アーチ全体の形状が安定するまでの間、木製の枠組みを仮設することが多い。要石が入れば、アーチを外から支える必要はなくなる。先行した支持構造に比べアーチが優る点は、輸送が容易な迫石で組み立てられることと、長い距離にわたって架けられることだ。また、重力がアーチ全体に分配され、迫石どうしの接合面にほぼ垂直な力に変換されることも利点である。しかし、このため、アーチの基部には、横方向の力が多少かかることになり、アーチ両側の基部の側面にレンガの壁などを作って、この力を相殺せねばならない。アーチにかかる力の大半は、迫石にかかる圧縮力に変換されるが、石やコンクリートなどの材料は、圧縮力には強く、丈夫である。古代ローマ人は、さまざまな形状が可能ななかで、特に半円形のアーチを好んで建造した。古代ローマの水道橋では、隣り合うアーチどうしの横方向の力が相殺しあっていた。

参照：トラス（紀元前2500年）、I形鋼（1844年）、テンセグリティ（1948年）、リラの斜塔（1955年）

オルメカ文明のコンパス

マイケル・D.コウ(1929-)、ジョン・B.カールソン(1945-)

何百年にもわたり航海士たちは、磁性を帯びた針を利用したコンパスを使って地球の磁北極を特定してきた。メソアメリカ文明(訳注:メキシコ高原からパナマ地峡にかけての地域に、スペイン人が到来する以前に栄えた諸文明の総称)の**オルメカ・コンパス**は、知られている最古のコンパスと呼べるかもしれない。オルメカ文明は、コロンブスがやって来る以前、紀元前1400年ごろから紀元前400年ごろまで中央メキシコ南部に存在した文明で、火山岩を彫って作った巨石人頭像で有名である。

アメリカの天文学者ジョン・B.カールソンは、ある発掘調査で出土した、平たく細長い研磨されたヘマタイト(酸化鉄)片に注目し、地層の**放射性炭素年代測定**の結果から、この鉄片は紀元前1400年から紀元前1000年ごろのものだと特定した。カールソンは、オルメカ人はこの物体を、占星術や風水で方角を知るためや、埋葬場所の方角を正しく決めるために使ったのだろうと推測している。このオルメカ文明のコンパスと思しきものは、研磨され、片側に溝が付けられたロードストーン(磁性を帯びた鉱物)の棒の破片で、棒全体として方角を定めるのに使われていたらしい。ちなみに中国人は、2世紀になる少し前にコンパスを発明し、11世紀には航海に使っていた。

そもそもこの棒は、1960年代後半、イェール大学の考古学者マイケル・コウがメキシコのベラクルス州のサン・ロレンソで発見したものだ。カールソンは1973年にこの棒がコンパスである可能性に注目し、水銀や水の上に、この棒をコルクのマットに乗せた状態で浮かせて実験し、「ロードストーンのコンパス:中国とオルメカ、どちらが優れているのか?」という論文をまとめた。そのなかで、実験については次のように論じている。

> M-160のユニークな形状(意図的に形成された、溝が1本彫られ研磨された棒)と組成(磁気モーメントベクトルが、棒が液体上で浮いている面の内部にある磁性鉱物)を考慮し、また、オルメカが、鉄鉱脈から鉄を採取する高度な知識と技術をもった洗練された文明だったことを踏まえ、初期に形成された加工品M-160はおそらく、第1級のコンパスではなかったとしても、私が第0級のコンパスと呼ぶところのものとして製作および使用されたという説を、検討材料として提案したい。このような指示針が、天文学上の何か(第0級のコンパス)あるいは、地磁気の南北(第1級のコンパス)のいずれを指すために使われたかは、まったくわからない。

▶最も広義には、ロードストーンとは、古代オルメカ人がその破片を使って磁気コンパスを作ったような、天然の磁性を帯びた鉱物のことである。本図は、スミソニアン協会の国立自然史博物館の宝石展示ホールに展示されているロードストーン。

参照:『磁石論』(1600年)、アンペールの電磁気の法則(1825年)、検流計(1882年)、放射性炭素年代測定法(1949年)

クロスボウ

クロスボウは、何世紀にもわたり、物理法則を利用した武器として使われていた。敵に甚大な被害をもたらし、甲冑をも貫く脅威的な武器だった。中世になって戦争に使用され始めると、戦争の様相が一変した。クロスボウが戦争で使われたという、信頼性のある最初の記録のひとつは、中国の馬陵の戦い(紀元前341年)だが、中国の墳墓からは、もっと古いクロスボウも発見されている(訳注：古代中国ではクロスボウを「弩(ど)」と呼んだ)。

初期のクロスボウは、ストックとも呼ばれる木製の弓床に弓を張るものだった。ボルトと呼ばれる、矢に似ているが、矢よりも短く重い発射体を、弓床の溝に沿って押し出す。クロスボウが進化するにつれ、弦を後ろに引いたあと、発射するまで弦を留めておく機構がいろいろと考案された。初期のクロスボウには、射手が両手またはフックで弦を後ろに引くあいだ、片足を掛けておく足掛けがあった。

クロスボウは、物理学を利用したさまざまな改良を経ている。伝統的な弓矢では、弓を引き、狙いを定めるあいだその状態を保つために、射手は強靱な力が必要だった。だがクロスボウでは、それほど力はなくても、脚の筋肉を使って力を補いながら弦を引くことができた。やがて、さまざまなレバー、ギア、滑車、クランクが、弦を引く力を増強するために使われるようになった。14世紀のヨーロッパのクロスボウは鋼鉄製になり、歯車と歯竿を組み合わせたものをクランクで回転させる、「クレインクイン」という装置が取りつけられた。射手はクランクを回して弦を引くのである。

クロスボウも一般的な弓も、その貫通力の源は、弦がたわむときに蓄えられるエネルギーだ。引き伸ばして保持されたばねと同じで、エネルギーは弓の弾性エネルギーとして蓄えられる。弦が解放されると、弾性エネルギーは運動エネルギーに変換される。弦がもたらす発射のエネルギーの大きさは、弓のドロー・ウェイト(弓を引くのに必要な力の大きさ)とドロー・レングス(弦の静止位置から弦を引いた位置までの距離)に依存する。

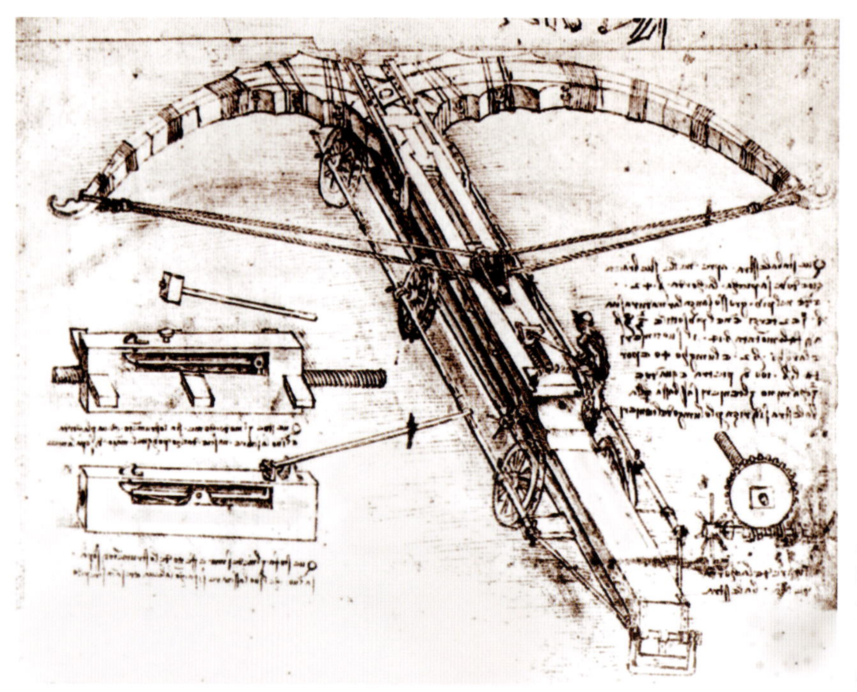

◀レオナルド・ダ・ヴィンチは1486年ころ、巨大クロスボウの設計図を数枚描いている。このクロスボウは、ギアを使ってクランクを回す方式。ピンで弦を留めておき、木づちでピンを打って弦を解放する発射機構も検討された。

参照：アトラトル(紀元前3万年)、ブーメラン(紀元前2万年)、トレビュシェット(1200年)、エネルギー保存の法則(1843年)

バグダッド電池

1800年、イタリアの物理学者アレッサンドロ・ヴォルタは、塩水に浸けた布を銅と亜鉛の円板ではさんで、金属どうしが接触しないようにしたものを数個積み重ね、最初の電池を作ったというのが定説である。重ねたものの最上部と底をワイヤーでつなぐと、電流が流れた。ところが、ある考古学的遺物が発見されて、電池はヴォルタの発見の1000年以上前に存在していた可能性が出てきた。

「イラクには豊かな国家遺産がある」とBBCニュースは述べる。「エデンの園もバベルの塔も、この太古の土地にあったと言われている」。1938年、バグダッドに滞在していたドイツの考古学者ヴィルヘルム・ケーニヒは、高さ13 cmの粘土のつぼを発見した。つぼの中には、鉄芯が通った銅の筒が入っていた。つぼには腐食の痕跡があり、かつて酢やワインなどの弱い酸が入れられていたようだった。ケーニヒは、このような容器がガルヴァーニ電池として、あるいは、同様のものが複数個組み合わされた、より大きな電池の一部として使われており、銀製品を金メッキするための電流を発生させていたと考えた。酸性の溶液は、電解液、すなわち、電流が流れる媒体として働いたというわけである。ケーニヒは、この遺物は紀元前250年〜西暦224年ごろのものだと特定したが、ほかの研究者たちの判定は、西暦225〜640年ごろとなっている。その後の研究で、バグダッド電池の複製品にグレープジュースや酢を満たすと、実際に電流が生じることが確認された。

▲古代のバグダッド電池は、粘土のつぼの口がアスファルトでふさがれた構造をしている。アスファルトからは、鉄の棒が突き出しており、この鉄棒はつぼの内部では銅の筒に通っている。つぼに酢を満たすと、約1.1 Vの電圧が生じる。(写真提供：スタン・シェレル)

2003年、冶金学者のポール・クラドック博士は、この電池について、「この電池は一個限りのものだ。私たちが知る限り、そのようなものはほかに誰も発見していない。実に奇妙だ。一生の謎のひとつだ」と記している。バグダッド電池にはほかの用途があったという説もある。鍼療法で電流を供給するため、あるいは、宗教儀式で、信者にこれを仕込んだ偶像に触れさせ、恐れさせるためなど諸説がある。ほかの古代電池と共に、ワイヤーや導体が新たに発見されたなら、これらのものが電池として機能したという説の証拠となるだろう。もちろん、たとえこれらの容器が実際に電流を発生させていたとしても、古代の人々が真の原理を理解していたとは言えない。

参照：フォン・ゲーリケの静電発電機(1660年)、電池(1800年)、燃料電池(1839年)、ライデン瓶(1744年)、太陽電池(1954年)

紀元前
250年

サイフォン

クテシビオス(紀元前285年ころ～前222年ころ)

サイフォンは、液体を元の貯蔵場所から別の場所に流して移動させることのできる管である。途中で管が貯蔵場所より高いところを通っても、サイフォンはちゃんと機能する。流れは静水圧の差で生じるので、ポンプがなくても水は流れ続ける。サイフォンの原理を発見したのは、ギリシアの発明家にして数学者のクテシビオスだとされることが多い。

サイフォン内の液体が、下に向かって流れる前に管を上昇できる理由のひとつは、「出口側」の長いほうの管のなかの液体が重力で下向きに引かれることにある。興味深い室内実験で、サイフォンが真空内でも機能することが何度も確かめられている。伝統的なサイフォンの「頂上」が取りうる最高の高さは、気圧によって決まっている。なぜなら、頂上が高すぎると、液体の圧力が蒸気圧を下回ってしまい、管の頂上部分で泡が発生するからだ。

面白いことに、サイフォンの出口は、入口より低い必要はないが、源側の水面より下でなければならない。サイフォンは、液体を移動させるさまざまな用途に使われているが、私が気に入っているのは、神話を題材とした、遊び心のある、タンタロスの杯だ。いろいろな形のものがあるが、たとえば、杯のなかに小さなタンタロスの人形が入っているものでは、サイフォンが人形のなかに仕込まれている。人形の顎と同じぐらいの高さにサイフォンの頂上がある。液体を杯に注ぎ、顎の高さまで達した瞬間、杯内の液体はほとんどすべて、杯の底に隠れているサイフォンの出口から流出してしまうという仕掛けだ。おかげでタンタロスは、永遠に喉の渇きを癒すことができない(訳注：タンタロスは、ギリシア神話の登場人物で、人間ながらゼウスに気に入られ、永遠の命を得たが、あるとき神々の怒りを買って沼の上の木に吊るされた。沼の水が口元まで満ちてきて、飲もうとするたびに、瞬時に水は引いてしまい、決して飲むことができず、不死であるが故に永遠に渇きに苦しむことになった)。

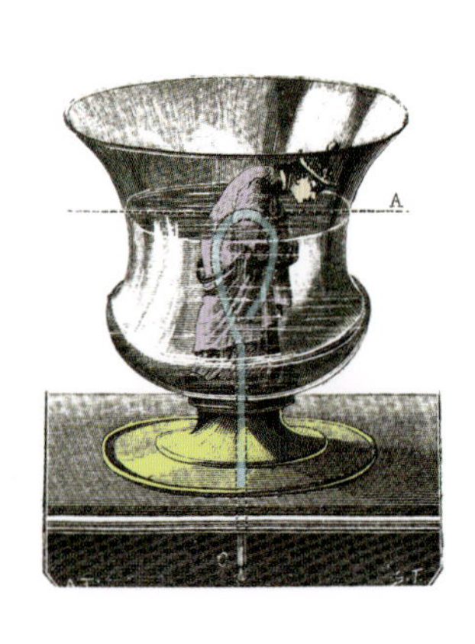

▲2つの容器の間を液体が移動する、単純なサイフォン
◀タンタロスの杯。仕込まれたサイフォンが水色で示されている。

参照：アルキメデスのスクリュー(紀元前250年)、気圧計(1643年)、ベルヌーイの定理(1738年)、水飲み鳥(1945年)

アルキメデスの原理

アルキメデス(紀元前287年ころ～前212年ころ)

あなたは、キッチンの流し台に溜めた水に沈んでいる物体――生卵など――の重さを量っているとしよう。天秤から卵を吊るして量っているなら、卵は、水中にあるときのほうが、水から出したときよりも軽いはずだ。水が卵に上向きの力を及ぼすので、その力が卵の重さの一部を支えるからだ。この力は、コルクで作った立方体など、密度が低い物体で同じ実験をすると、もっとはっきりと現れる。コルクは、一部が水に沈んだ状態で水面に浮かぶ。

水がコルクに及ぼす力は浮力と呼ばれ、(無理やり)水に沈めたコルクには、コルクの重さに勝る上向きの浮力が働く。浮力は、液体の密度と物体の体積に依存するが、物体の形状や材質には無関係だ。このため、私たちの実験では、卵が球形あるいは立方体だったとしても、結果は同じである。卵でも木片でも、体積が同じなら、水中で受ける浮力は同じだ。

古代ギリシアの数学者にして発明家で、幾何学と流体静力学の研究で名高いアルキメデスにちなんで名づけられた、アルキメデスの原理によれば、全体または一部が液体に浸かった物体は、それが押しのけた液体の重さに等しい浮力を受ける。

別の例として、風呂のなかに置いた、ペレット(訳注:小さな円筒形の塊)状の鉛について考えてみよう。鉛ペレットは、それが押しのけた水のわずかな重さよりもずっと重いので、沈む。木製の手漕ぎボートは、それが押しのけた大量の水の重さに等しい浮力を受けるので、浮く。水中に浮かんでいる潜水艦は、自分の重さと厳密に等しい重さをもつ水を押しのける。言い換えれば、潜水艦の総重量――乗組員、金属製の船体、艦内の空気をすべて含めたもの――は、潜水艦が押しのけた海水の重さに等しい。

▲水のなかの卵は、それが押しのけた水の重さに等しい上向きの力を受ける。
▶プレシオサウルス(絶滅した爬虫類)が海中で浮かんでいるとき、その総重量は、体が押しのけた水の重さと等しかった。プレシオサウルスの骨格化石の胃に当たる場所に発見された胃石は、浮力と浮揚状況の調節に役立っていた可能性がある。

参照:アルキメデスのスクリュー(紀元前250年)、ストークスの粘性の法則(1851年)、ラバライト(1963年)

アルキメデスのスクリュー

アルキメデス(紀元前287年ころ〜前212年ころ)、マルクス・ウィトルウィウス・ポッリオ(紀元前85年ころ〜前15年ころ)

古代ギリシアの幾何学者アルキメデスは、古代における最高の数学者兼科学者であり、また、アイザック・ニュートン、レオンハルト・オイラー、カール・フリードリヒ・ガウスと並ぶ史上最高の数学者とされることが多い。

アルキメデスのスクリューと呼ばれる、穀物の灌漑用水を高所に汲み上げるねじポンプは、紀元前1世紀のギリシアの歴史家、シケリアのディオドロスによれば、アルキメデスが考案したものだという。古代ローマの技術者ウィトルウィウスは、二重のらせん型スクリューをもつこの装置を使って、水を運び上げるプロセスを詳細に記述している。水を上に移動させるためには、まず、スクリューの下端を池に沈める。そしてスクリューを回転させると、池の水を高所まで上げることができる。アルキメデスは、これを発展させた、大型船の底から水を汲み上げる、コルク抜きのようならせん型ポンプも設計したようだ。アルキメデスのスクリューは、今日なお、先進技術が利用できない地域で使われており、砂利が混じった水にも使用できる。また、アルキメデスのスクリューは、水中生物を傷つけにくい。現代の水処理工場でも、アルキメデスのスクリューに似た装置が下水処理に使われている。

著述家のヘザー・ハサンは、「エジプトでは、一部の農家で、畑の灌漑にアルキメデスのスクリューを今なお使っている。また、オランダをはじめ、不要な水を陸地から取り除く必要のあるさまざまな国でも使用されている。その大きさは、直径0.6 cmから3.7 mまで、まちまちである」と記している。

アルキメデスのスクリューは、ほかにも、非常に興味深い新しい用途に応用されている。テネシー州メンフィスの処理場では、7台のアルキメデスのスクリューが排水を汲み上げている。それぞれのスクリューは直径2.44 mで、毎分19,900ガロン(約75,000 L)を汲み上げることができる。数学者のクリス・ローレスによれば、鉛筆の後ろについた消しゴムほどの直径のアルキメデスのスクリューが、心不全や、冠動脈バイパス形成手術などの外科的処置のあいだ心臓を補佐する、ヘモポンプという機器に使われている。

◀チェンバーズ百科事典(1875年)に掲載されたアルキメデスのスクリューの図

参照：サイフォン(紀元前250年)、アルキメデスの原理(紀元前250年)

紀元前
240年

エラトステネス、地球を測定する

キュレネのエラトステネス(紀元前276年ころ～前194年ころ)

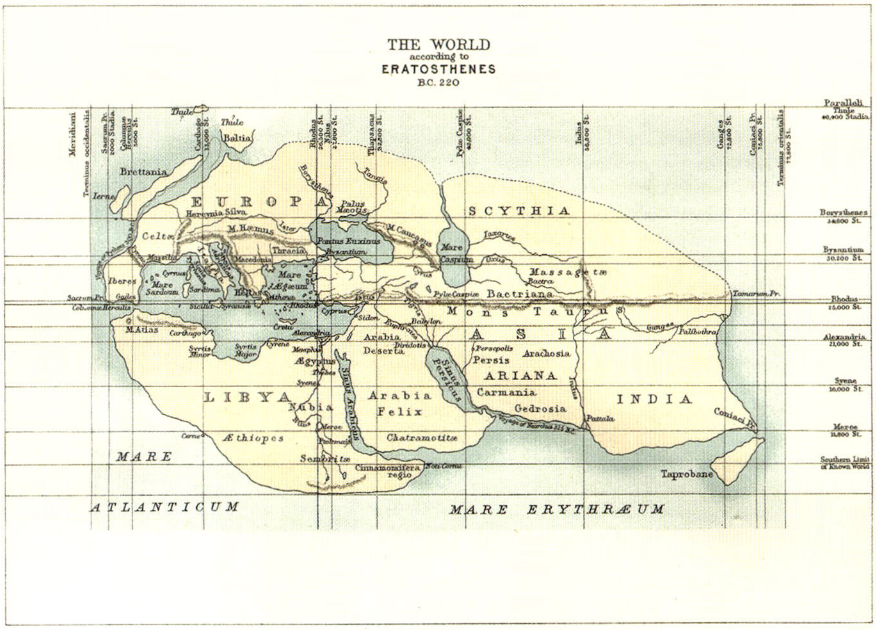

著者ダグラス・ハバードによれば、「私たちの最初の測定の先生は、当時多くの人が不可能と考えていただろうことを成し遂げた。エラトステネスという名の古代ギリシア人は、記録に残っている最初の地球の周囲の長さを測定した……。(彼は)精密な測量器具は使わず、もちろん当時はレーザーも人工衛星もなかった……」。しかしエラトステネスは、シエネというエジプト南部の都市に、深い井戸がひとつあるのを知っていた。年に一度、正午に太陽の光がこの井戸の底まで届く日があり、その日、太陽は井戸の真上に来るのだった。また、そのとき同時に、アレクサンドリアの町では、物に影ができることも知っていた彼は、これらの事実から、地球は平らではなく球形なのだと気づいた。彼は、太陽の光はほぼ平行だと仮定し、また、アレクサンドリアの影は、円周の50分の1の角度をなすと知っていた。それらのことから彼は、地球の周囲の長さは、既知のアレクサンドリアとシエネの距離の50倍に当たると判断した。エラトステネスの推測値の精度は、彼が使った古代の単位をいかに換算するかをはじめ、さまざまな要因によってばらつくが、彼が得た値の誤差は、実際の周の長さの数% 以内だったというのが現在の大方の見方である。彼の推測値が、当時のほかの推測値よりもはるかに正確だったことは間違いない。今日では、赤道における地球の周の長さは約40,075 kmと知られている。興味深いことに、もし、コロンブスがエラトステネスの結果を無視せず、地球の周の妥当な長さを理解していたら、帆船でアジアに到達するのは不可能だと判断したかもしれない。

▲エラトステネスの世界地図(1895年の複製)。エラトステネスは、エジプトを出ぬまま、地球の周の長さを測定した。古代と中世ヨーロッパの学者たちは、アメリカの存在は知らなかったものの、世界は球形だと考えることが多かった。

エラトステネスはキュレネ(現在はリビア領)に生まれ、長じて後、名高いアレクサンドリアの図書館の館長を務めた。彼はさらに、素数(13などのように、自らと1以外の数では割り切れない、1より大きな自然数)を特定する単純なアルゴリズムを開発したほか、過去の政治的、文学的な出来事を扱う、科学的年代学の基礎を築いたことでも知られている。老齢に達すると失明し、自ら断食して没した。

参照：滑車(紀元前230年)、太陽系の測定(1672年)、ブラック・ドロップ効果(1761年)、恒星視差(1838年)、メートルの誕生(1889年)

滑車

アルキメデス(紀元前287年ころ〜前212年ころ)

滑車は、最も単純な場合、1本の軸が通った1枚の円盤からなる機構である。円盤には1本のロープがかかっており、たとえば人間や機械が重量物を持ち上げる際に、加えた力の方向を変えることができる。滑車には、加えるべき力を小さくする効果もあり、荷重を動かしやすくしてくれる。

滑車はおそらく、先史時代に誰かが水平に伸びた木の枝にロープを投げかけて、重い物体を持ち上げたのが始まりだろう。著者のケンドール・ヘイヴンは、次のように記している。「このような(ロープが外れないようにする)溝がついたホイールが、紀元前3000年までにはエジプトやシリアに存在していた。ギリシアの数学者にして発明家のアルキメデスは、紀元前230年ごろ、多数のホイールやロープを組み合わせ、ひとりの人間が物を持ち上げる力を何倍にも増強する、複合滑車を発明したとされている。現在ブロック・アンド・タックルと呼ばれるものは、複合滑車の例である」。

滑車を使えば、まるで魔法のように、重い物体を持ち上げるのに必要なロープの太さや強度を大幅に節約できる。伝説や、古代ギリシアの歴史家プルタルコスの著書によれば、アルキメデスは複合滑車を使い、最低限の労力で重い船を動かしたという。もちろん、それはどんな物理法則にも反さない。物体にかかる力に、その物体が動いた距離を掛けたもので定義される仕事は、滑車を使っても同じである——滑車を使うと、力は小さくて済むが、長い距離動かさなければならない。実際には、滑車が増えればそれだけ滑り摩擦が増加するので、滑車の数が多すぎると、滑車系の効率は低下しかねない。ある滑車系を使うのに必要な労力を見積もる際に、技術者たちは、動かしたい物体に比べ滑車とロープは非常に小さいと仮定して計算することが多い。歴史を通じて、ブロック・アンド・タックルのシステムは特に、電動の補助器具が使えないこともある、帆船でよく使われてきた。

◀年代物のヨットに備えられた滑車系の拡大図。滑車系にかけられたロープは、複数のホイールを通り、加えられた力の向きを変えて、荷重を動かしやすくしてくれる。

参照:アトラトル(紀元前3万年)、クロスボウ(紀元前341年)、フーコーの振り子(1851年)

アルキメデスの熱光線

アルキメデス(紀元前287年ころ〜前212年ころ)

アルキメデスの熱光線の話は、幾世紀にもわたって歴史家たちを魅了し続けている。アルキメデスは紀元前212年、多数の鏡を組み合わせ、ローマ軍の船に日光を集中させて火をつける、「死の光線」装置を作ったといわれている。鏡を組み合わせたものが実際にそのような用途で使えるのか、多くの人々が個別に検証してきたが、皆、実用になった可能性はほとんどないとしてきた。しかし、2005年、MITの機械工学研究者デイヴィッド・ウォレスの指導の下、学生たちが、オーク材でローマの戦艦の復元模型を作り、一辺が0.3 mの平面鏡127枚を使って、日光を集中させる実験を行った。船との距離は約30 mだった。集中光線を10分間照射すると、船は炎を上げて燃え出した！

1973年、ギリシアのある技術者が、70枚の平面鏡(縦横約1.5×0.9 m)を使って、手漕ぎ船に太陽光を集中させた。この実験でも、手漕ぎ船はすぐに燃え出した。しかし、鏡を使って静止した船に火をつけるのは難しくないとしても、船が動いていたとすると、アルキメデスでも船を燃やすのは非常に難しかっただろう。

興味深い余談をひとつ。アーサー・C. クラークの短編小説『軽い日射病』(中桐雅夫訳『10の世界の物語』早川書房に収録)は、観客に嫌われたサッカーの審判の運命を描いている。審判の判定に不服な観客たちが、銀色に光る記念プログラムを手に掲げ、審判に日光を集中させる。光沢のある表面は、アルキメデスの鏡のように作用し、気の毒な審判は焼き尽くされて灰になってしまう。

アルキメデスはほかにも武器を開発している。ギリシアの歴史家プルタルコスによれば、紀元前212年のローマ軍によるシラクサ包囲の際、アルキメデスの投石器が効果的に使われたという。たとえばプルタルコスは、「アルキメデスが自分が設計した機構を始動すると、一度にありとあらゆる投石機が陸軍に向かって発射され、轟音を立てながら猛烈な勢いで大量の石が降り注ぎ、それに対抗して立っていられる者などなかった。敵兵は倒れ、その上からおびただしい石がなおも降り注いだ……」と記している。

▲フランスのオデイヨにある、世界最大の太陽炉。配列された多数の平面鏡(本図では見えない)が、太陽光を巨大な凹面鏡に向かって反射させ、小さな面積に集中させて、3000℃まで加熱する。

◀F. マリオンの『Wonders of Optics(光学の不思議)』(1870年、未訳)の燃焼鏡の木版画の挿絵

参照：光ファイバー(1841年)、太陽電池(1954年)、レーザー(1960年)、光が届かない場所がある部屋(1969年)

アンティキティラ島の機械

ヴァレリオス・スタイス(1857-1923)

アンティキティラ島の機械は、天体の位置を計算するのに使われていた、ギアを利用した古代の計算機だ。だが、科学者たちがその正体を突き止めるには100年以上を要した。1902年ごろ、考古学者ヴァレリオス・スタイスが、ギリシアのアンティキティラ島の沖で見つかった沈没船のなかで発見したもので、紀元前150～前100年ごろに製作されたと考えられている。ジャーナリストのジョー・マーチャントは、次のように記している。「回収され、アテネに送られた大量の遺物のなかに、不格好な岩が1個あったが、はじめは誰も気にかけていなかった。ところが、ひびが割れ、中には青銅製の歯車と針があり、小さなギリシア文字まで刻まれているのがわかった。……正確な刻み目が入ったダイヤル、針、そして30枚以上のギアが組み合わさった高度な機械で、これほど複雑なものは、1000年以上のち、中世ヨーロッパの天文時計が開発されるまで、再び歴史の記録には登場しなかった」。

この機械の前面の表示板には、少なくとも3本の針がついていたと推測される。1本は日付、残りの2本は太陽と月の位置を示した。そのほか、古代オリンピックの開催日の追跡、日食の予測、そしてその他の惑星の運動を示すためにも使われていたのだろう。

物理学者たちがとりわけ感心したのは、月の運行を予測する機構だ。複数の青銅の歯車が特殊なかたちで組み合わされており、そのうち2枚の歯車がそれぞれ、少しずれた2本の軸につながって、月の位置と満ち欠けがわかるようになっていた。今日では**ケプラーの惑星運動の法則**によって知られているように、月が地球を回る公転速度は一定ではない(地球に近づくと速くなるなど)が、この速度の違いがアンティキティラ島の機械にしっかり反映されているのである。古代ギリシア人は、月の軌道が実際には楕円であることなど知らなかっただろうに。ちなみに、地球も太陽に近いときのほうが、遠いときよりも速く運動する。

マーチャントはさらにこう記している。「箱のハンドルを回すことによって、時間を進めたり、逆戻りさせたりでき、今日、明日、先週の火曜日、あるいは、100年先の未来の宇宙の状態を見ることができる。この機械の持ち主が誰であったにしろ、その人は天の主人のように感じただろう」。

◀アンティキティラ島の機械は、歯車式の古代の計算機で、天体の位置を計算するのに使われた。X線撮影により、内部構造に関する情報が明らかになった。(写真提供:リエン・ファン・デ・ウェイジャート)

参照:日時計(紀元前3000年)、歯車(西暦50年)、ケプラーの惑星運動の法則(1609年)

ヘロンの蒸気機関

アレクサンドリアのヘロン(10年ころ〜70年ころ)、マルクス・ウィトルウィウス・ポッリオ(紀元前85年ころ〜前15年ころ)、クテシビオス(紀元前285年ころ〜前222年ころ)

近代ロケットの歴史は、古代ギリシアの数学者にして技術者の、アレクサンドリアのヘロンが行った無数の実験にまでさかのぼることができる。彼は、アイオロスの球(訳注:アイオロスはギリシア神話の風神)と呼ばれる、蒸気を推進力とするロケットに似た装置を発明した。ヘロンが作ったこの蒸気機関は、水を入れた大釜の上に球が配置された構造をしている。釜の下で火を燃やして発生した水蒸気が、パイプを通って球の中に流れ込む。球の反対側に1本ずつ、先端が折れ曲がった管がついており、水蒸気はこれらの管を通って球の外へと出て、球を回転させるに十分な推進力をもたらす。回転軸と軸受の間に摩擦があるので、ヘロンの蒸気機関の自転速度はどこまでも上昇するわけではなく、ある定常速度に至る。

▲ジョン・R.ベントレーは、ヘロンの蒸気機関の複製を製作し、撮影した。1.26 g/cm^2 というごくわずかな蒸気圧で、ほぼ無音で毎分1500回転するもので、目に見える排気も驚くほど少ない。

ヘロンも、古代ローマの技術者ウィトルウィウスも、彼らに先立つギリシアの発明家クテシビオスも、このような蒸気を推進力とする装置にたいへん興味を持っていた。ヘロンの蒸気機関が何か実際的な用途に使われたかどうかは、科学史家たちもよくわかっていない。1865年の『クオータリー・ジャーナル・オブ・サイエンス(季刊科学誌)』(訳注:19世紀イギリスで刊行された学術的な総合科学雑誌)によると、「ヘロンの時代以降、水蒸気の応用に関して、それを超えるようなことを私たちが耳にするのは、ようやく17世紀の初頭になってのことだった。1600年ごろに発表されたある研究論文は、ヘロンの蒸気機関を、肉焼き機を回すターンスピット(訳注:16〜19世紀イギリスで、肉焼き機につながった回し車を回転するのに使われた小型犬)の代わりに使うよう提案している。ローストされた肉を食べる人々が、「(主婦の目を盗んで)犬が前足で肉をひっかき、指をなめて味見したなどという無作法はなかった」と安心できるから、というのがその理由だ」という。

ジェットエンジンもロケットエンジンも、「すべての作用(ある向きの力)には、大きさが等しく向きが反対の反作用(作用と逆向きの力)が存在する」というニュートンの運動の第3法則に則っている。膨らませた風船の口を閉じずに空中に放てば、この法則が働いているのを目で確かめることができる。世界初のジェット推進航空機は、ドイツのハインケルHe 178で、初飛行は1939年である。

参照:ニュートンの運動と万有引力の法則(1687年)、シャルルの気体の法則(1787年)、ツィオルコフスキーのロケットの公式(1903年)

50年

歯車

アレクサンドリアのヘロン(10年ころ〜70年ころ)

歯と歯がかみあって回転する歯車は、技術の歴史で重要な役割を果たしてきた。歯車の機構は、加えたねじり力、すなわちトルクを増強するために重要なだけではなく、力がかかる速さや方向を変えるのにも便利である。世界最古の機械のひとつが「ろくろ」だが、ろくろなどのホイールに使われていた初歩的な歯車は、おそらく数千年前から存在していたのだろう。紀元前4世紀にアリストテレスは、なめらかな表面どうしの摩擦によって運動を伝えるホイールについて記している。紀元前125年ごろに製作された**アンティキティラ島の機械**は、歯車を使って天体の位置を計算するものだった。歯車について記した最古の文献のひとつが、西暦50年ごろのアレクサンドリアのヘロンによるものである。歯車は長年にわたり、ひき臼、時計、自転車、自動車、洗濯機、そしてドリルなどで重要な役割を担ってきた。歯車は力を増強するのに大変便利なので、初期の技術者たちは重い建設荷重を持ち上げるのに大いに利用した。初期の繊維機械に馬や水力が動力源として使われるようになると、多数の歯車を組み合わせれば速度が変えられるという特性が活用されはじめた。これらの動力源から直接得られる回転速度は不十分なことが多かったので、木製の歯車を組み合わせ、繊維の生産速度の向上が図られたのだ。

2枚の歯車を組み合わせたとき、それらの回転速度の比 s_1/s_2 は、2枚の歯車の歯の数の比の逆比となり、$s_1/s_2 = n_2/n_1$ である。したがって、大小の歯車を組み合わせると、小さい歯車は大きい歯車よりも速く回転する。トルク比は、これと逆の関係になる。大きな歯車のほうが大きなトルクを生じるが、トルクが大きいと、回転速度は低下する。この関係は、たとえば、電動ドライバーで便利である。電動ドライバーでは、モーターの回転速度が上がると、生じるトルクは小さくなるが、使用者は、大きなトルクをゆっくりした出力速度で使いたいので、ちょうどいいわけである。

最も単純な歯車のひとつが、歯が回転軸に平行な直線で刻まれている「平歯車」だ。歯が軸に対して斜めに一定の角度で切られた「はすば歯車」は、回転がよりなめらかで、回転音も小さく、一般的により大きなトルクを扱えるという利点がある。

◀▲歯車は歴史的に重要な役割を果たしてきた。歯車の機構は、かけられた力やトルクを増強することができ、また、力の速度や方向を変えることもできる。

参照：滑車(紀元前230年)、アンティキティラ島の機械(紀元前125年)、ヘロンの蒸気機関(西暦50年)

セントエルモの火

ガイウス・プリニウス・セクンドゥス（大プリニウス）（23-79）

「すべてのものが炎に包まれている」と、チャールズ・ダーウィンは帆船の上で感情を高ぶらせながら記した。「空は稲光で――水は光る粒子で。そしてマストまでも、先端に青い炎が光っている」。ダーウィンが経験していたのは、セントエルモの火だ。数千年にわたってさまざまな迷信を生み出してきた自然現象である。古代ローマの哲学者、大プリニウスは西暦78年ごろ、『博物誌』のなかで、この「火」に言及している。

幽霊のような青白いゆらめく炎と表現されることが多いが、実際には**プラズマ**、すなわちイオン化したガスが発光する、電気的な気象現象である。悪天候の際、大気中の電気によってプラズマが形成され、教会の尖塔や船のマストなどの尖った物体の先端に奇妙な光が現れることがある。セントエルモは、地中海の船乗りたちの守護聖人、聖エルモに由来する名称で、船乗りたちは、嵐の終わり近くに最も明るくなることが多いセントエルモの火を、吉兆とみなしていた。鋭く尖った物体にセントエルモの火が現れやすいのは、曲率が大きいところに電場が集中しやすいからだ。尖った表面からは、平らな表面よりも低い電圧で放電が起こる。セントエルモの火が青白いのは、空気の主成分である窒素と酸素が発する蛍光の色による。大気がネオンでできていたなら、セントエルモの火は、**ネオン・サイン**のようなオレンジ色だっただろう。

科学者のフィリップ・キャラハンは、「暗い嵐の夜、セントエルモの火はおそらく、ほかのどんな自然現象よりも多くの怪談や幽霊物語を生み出してきただろう」と記している。ハーマン・メルヴィルは『白鯨』のなかで、台風のさなかに起こったセントエルモの火を記述している。「帆桁という帆桁には、青い火が横並びにゆらいでいた。三本の高いマストは、それぞれの三叉にわかれた避雷針の先端から、三本の先細りする白い炎を立ちのぼらせ、まるで祭壇に供えられた巨大なロウソクのように、雷電をおびた空気のなかで音もなく燃えていた。……「セント・エルモの火よ、われらすべてを守りたまえ！」……わたしの長い航海生活のうちでも、神の燃える指が船にふれるときに、いつもの呪いが発せられたためしはまずなかった」。（八木敏雄訳、『白鯨（下）』岩波書店、pp. 245-246より引用）

▲「海上の船のマストに現れたセントエルモの火」：G. ハートウィッグ博士著『The Aerial World』、ロンドン、1886年の挿絵

参照：オーロラ・ボレアリス（1621年）、ベンジャミン・フランクリンの凧（1752年）、プラズマ（1879年）、ストークスの蛍光の法則（1852年）、ネオン・サイン（1923年）

大砲

ニコロ・フォンタナ・タルタリア(1500-57)、韓世忠(かんせいちゅう)(1089-1151)

火薬を使って重い投射物を発射する兵器を総じて大砲と呼ぶが、ヨーロッパの最も優れた知性の持ち主たちが力と運動の法則にまつわる疑問に真剣に取り組んだのも、大砲が存在したからだ。「つまるところ、機械の時代の到来に最も貢献したのは、火薬が戦争に与えた影響ではなく、それが科学に与えた影響であった」と、生物物理学者で科学史家のJ. D. バナールは記している。「火薬と大砲は、中世の世界を経済的・政治的に吹き飛ばしただけではなかった。それらは、当時の思考体系を破壊した最大の力だったのだ」。作家で歴史ノンフィクションも手掛けるジョン・ケリーは、「砲手も自然哲学者も、知りたかったことは同じだった。「砲弾は、砲身を離れたあと、どうなるのか？」である。決定的な答えの探求には400年がかかり、まったく新しい科学分野の創設が必要となった」と述べる。

▲要塞の稜堡に置かれた中世の大砲。マルタ共和国ゴゾ島

1132年、中国の現在の福建省にあったある都市が包囲攻撃された際に、中国の将軍、韓世忠が大砲を使った。一説によるとこれが、戦争で火薬を使った大砲が使用されたという最古の記録であるらしい。中世をとおして大砲は標準化され、兵士や要塞を一段と効果的に攻撃できるようになった。続いて大砲は、海戦を変貌させる。アメリカの南北戦争では、榴弾砲の有効射程が1.8 kmを超えるようになり、第一次世界大戦では、戦闘中の死者のほとんどが大砲によるものだった。

16世紀には、火薬が生み出す大量の高温ガスが砲弾に圧力を与えることが認識されるようになった。イタリアの技術者ニコロ・フォンタナ・タルタリアは、砲身を上に45度向けたときに砲弾が最も遠方まで飛ぶことを突き止めて、砲手たちの一助となった(現在では、空気抵抗の影響のため、これは近似的なものでしかないことが知られている)。ガリレオの理論的研究で、重力により砲弾の落下が加速し続け、砲弾の質量や発射角度にかかわらず、常に理想的な放物線形の軌道が描かれることが示された。大砲の発射には、空気抵抗その他の要因が複雑に関わっているものの、大砲は「実在に対する科学的研究に注目点を提供し、それにより長年にわたる誤謬を正し、合理性の時代の基礎を築いた」とケリーは記す。

参照：アトラトル(紀元前3万年)、クロスボウ(紀元前341年)、ツィオルコフスキーのロケットの公式(1903年)、ゴルフボールのくぼみ(1905年)

永久機関

バースカラ2世(1114-85)、リチャード・フィリップス・ファインマン(1918-88)

永久機関など、物理学の歴史的偉業を集めた本にはふさわしからぬ話題と思われるかもしれないが、物理学の進歩には、物理の辺縁領域で生まれた着想が関わっていることが珍しくない。とりわけ、ある装置がなぜ物理法則に反しているかを突き止めようと、科学者が取り組むときがそうだ。

永久機関は、何百年にもわたって提案され続けている。たとえば、1150年、インドの数学者兼天文学者バースカラ2世が、水銀が入った容器を多数取りつけた車輪の設計図を描いたとき、彼は、水銀が容器内で流動するため、車輪の軸に対して片側だけが常に重くなり、車輪は永遠に回転し続けると信じていた。一般的には、「永久機関」とは、(1)それ自体が消費する以上のエネルギーを生み出し続ける(**エネルギー保存の法則**に反する)、あるいは(2)自発的に環境から熱を取り込み仕事を生み出す(**熱力学第2法則**に反する)装置または系を指す。

私が好きな永久機関もどきは、リチャード・ファインマンが1962年に論じた「ブラウン・ラチェット」だ。水中に沈められた小さな羽根車にラチェット機構(訳注:歯車と歯止めを組み合わせ、歯車が一方にしか回転しないようにした機構で、機械などの動作方向を一定にするもの)をつないだ装置を思い描いていただきたい。ラチェット機構の性質から、水の分子がランダムに羽根車に衝突しても、羽根車は一方にしか回転しないため、たとえば錘を持ち上げるなどの仕事をさせることができるはずだ。このように、歯が傾いた歯車と、それとかみあう歯止めからなる、単純なラチェットを使って、羽根車を永久に回転させることができる。すばらしい!

しかし、ファインマン自身が示したように、ブラウン・ラチェットでは、分子の衝突に反応できるような、きわめて小さな歯止め機構が必要になる。また、ラチェットと歯止めの温度 T が水温と等しい場合、微小な歯止めが作動せず、羽根車が動かないこともありうる。T が水温より低い場合は、羽根車は確かに一方にしか動かないだろうが、その際、羽根車は温度勾配のエネルギーを利用しているので、熱力学第2法則には違反しない。したがって、ブラウン・ラチェットは永久機関ではない。

▶アメリカのイラストレーター、ノーマン・ロックウェル(1894-1978)による、『ポピュラー・サイエンス』誌の1920年10月号の表紙。永久機関作製に取り組む研究者を描いている。

参照:ブラウン運動(1827年)、エネルギー保存の法則(1843年)、熱力学第2法則(1850年)、マクスウェルの悪魔(1867年)、超伝導(1911年)、水飲み鳥(1945年)

トレビュシェット

トレビュシェットと呼ばれる恐ろしい武器は、単純な物理法則を使って破壊をもたらす。投石機に似たトレビュシェットは、てこの原理と遠心力(投射物を吊るスリングを張った状態に保つ)を利用して投射物を投擲するもので、中世の時代、城壁などの壁を突き破るのに使われた。疫病を蔓延させようと、兵士の死体や腐敗した動物を、敵の城壁の内側に投げることもあった。

紀元前4世紀のギリシア世界と中国では、人間がロープを引いて作動させねばならない牽引式トレビュシェットが使われていた。その後、人力に代わり錘を使う「カウンターウェイト・トレビュシェット」が登場するが、中国で使われるようになったのが確実なのは1268年ごろのことである。トレビュシェットの主要部のひとつが、シーソーに似た棒状の部分だ。この一端に、重量のある錘が取りつけられる。もう一方の端には、投射物を吊ったスリングがつながっている。錘が下がるにつれ、スリングは揺れて、地面に垂直になる位置まで上昇し、その時点で機構が作動して、標的に向かって投射物が放たれる。この方式は、スリングを使わない伝統的な投石機よりも、投射物のスピードと飛距離の点ではるかに威力がある。トレビュシェットのなかには、スリングを振るシーソー状の棒の支点のごく近くに錘を取り付け、使いやすさと長い飛距離を両立させようとしたものもあった。このような配置では、非常に重い錘を短距離落とすだけで、投射物(錘に比べはるかに軽い)を遠方まで飛ばすことができる。たとえて言えば、片側で象を落として、そのエネルギーを瞬時に反対側のレンガに移動させ、レンガを猛烈な勢いで飛ばすようなものだ。

十字軍もトレビュシェットを使ったし、イスラム軍も歴史の随所で使った。1421年、のちのフランス王シャルル7世は、技師らに命じ、800 kgの石を投擲できるトレビュシェットを作らせた。その平均射程は約300 mだった。

▲南フランス、ペロゴールのドルドーニュ川を見下ろすカステルノー＝ラ＝シャペルにある中世の要塞、カステルノー城に置かれたトレビュシェット

物理学者たちがトレビュシェットの力学を研究し続けているのは、この兵器が、単純そうな見かけとは裏腹に、その運動を記述する一連の微分方程式は非線形的で非常に複雑だからである。

参照：アトラトル(紀元前3万年)、ブーメラン(紀元前2万年)、クロスボウ(紀元前341年)、大砲(1132年)

虹の説明

アブー・アリー・アル＝ハサン・イブン・アル＝ハイサム(965-1039)、カマル・アル＝ディン・アル＝ファリシ(1267年〜1320年ころ)、フライブルクのテオドリック(1250年ころ〜1310年ころ)

「嵐が過ぎ去った空に、静かに弧を描いている虹の荘厳な美しさに感動しない者がいるだろうか？」と、虹についての本のなかで、共著者のレイモンド・リー・ジュニアとアリステア・フレイザーは述べる。「鮮やかで、心惹かれずにおれない、この虹の姿は、子供時代の思い出、由緒ある地元の言い伝え、そしてきっと、理科の授業で習ったものの、もうほとんど忘れてしまっていた説明を思い出させる。……虹を空に弧を描く不吉な大蛇とみる文化もあれば、神々と人類を結ぶ形ある橋だと考える文化もある」。虹は、近代に生じた芸術と科学のあいだの亀裂を超えて、両者をつなぐものでもある。

現在では、虹の美しい色が生じるのは、日光が雨粒の表面から内部に入射する際に屈折(方向が変化)し、次に雨粒の後ろの面で反射して観察者に向かって方向を変え、雨粒の外に出る際に再び屈折する結果であることがわかっている。白色の日光がさまざまな色に分離するのは、波長が異なる——したがって、色が異なる——光は屈折する角度が違うからだ。

二度の屈折と一度の反射がかかわっている虹の現象の、最初の正しい説明は、カマル・アル＝ディン・アル＝ファリシとフライブルクのテオドリックがほぼ同じころに、まったく別々に与えた。アル＝ファリシは、イランで生まれたペルシアのイスラム教徒の科学者で、透明な球に水を満たしたものを使って実験を行った。フライブルクのテオドリックは、ドイツの神学者兼物理学者で、やはり同様の実験装置を使った。

科学や数学の偉業で、同時発見が頻繁に起こることは、実に興味深い。たとえば、種々の気体の法則、メビウスの輪、微積分学、進化論、そして双曲線幾何学はすべて、何人かの人が別々に、同時にもたらしたのだ。このような同時発見が起こる理由として最も可能性が高いのは、その発見が行われたころには、ちょうどそれに必要なだけの知識が人類に蓄積しており、発見が起こるべき時が来ていたからだというものだ。別々に研究をしていた2人の科学者が、先に行われていたある研究を同じころ知って、刺激を受けたという例もある。虹の場合は、テオドリックもアル＝ファリシも、イスラム教徒の博識家イブン・アル＝ハイサム(西洋では「アルハゼン」と呼ばれていた)による『光学の書』に基づき研究していた。

▲虹の色は、太陽光が水滴の内部で屈折し、反射することによって生じる。
◀聖書では、神が契約の証として、ノアに虹を示す(ヨーゼフ・アントン・コッホ[1768-1839]による絵画)。

参照：スネルの屈折の法則(1621年)、ニュートンのプリズム(1672年)、レイリー散乱(1871年)、グリーンフラッシュ(1882年)

1338年

砂時計

アンブロージョ・ロレンツェッティ(1290-1348)

かつてフランスの作家ジュール・ルナール(1864-1910)は、「恋は砂時計に似ている。胸がいっぱいになる一方、頭は空っぽになるのだから」と記した。砂時計は、中央がくびれた透明な管の上側から、くびれ部を通って落ちる細かい砂によって、一定の時間を計測するタイマーの一種だ。計測される時間の長さは、砂の体積、砂が保持される部分の形状、砂が通過するくびれの太さ、そして砂の種類など、多くの要因に依存する。砂時計は紀元前3世紀には使用されていたようだが、記録に残っている証拠としては、1338年にイタリアの画家アンブロージョ・ロレンツェッティが描いたフレスコ画『善政の寓意』に見える砂時計が最古である。興味深いことに、フェルディナンド・マゼランが世界一周を目指して率いた帆船には、1隻ごとに18個の砂時計が搭載されていた。また、高さ11.9 mで、最大の砂時計のひとつとされるものは、2008年モスクワで製作された。歴史を通して、砂時計は工場の時間管理や、教会での説教の長さ調整に使われてきた。

1996年、イギリスのレスター大学の研究者たちは、砂時計の砂の流速は、くびれの2, 3 cm上で決まり、それより上にある砂には無関係であると突き止めた。彼らはまた、バロティーニと呼ばれる微小ガラス球が、最も再現性が高いことも確かめた。「所与の体積のバロティーニに対して、粒子がすべて落下する時間は、粒子の大きさ、開口部(くびれ)の大きさ、そして容器(砂の保持部)の形状によって制御される。開口部が粒子の直径の5倍以上だとすると、時間Pは、$P=KV(D-d)^{-2.5}$という式で与えられる。ここにPは秒単位で、Vはml単位で表したバロティーニの体積、dはmm単位で表したガラス粒子の最大直径、……Dはmm単位で表した円形開口部の直径である。比例定数Kは容器の形状に依存する」と、研究者らは記している。たとえば、容器が円錐形の場合と一般的な涙形の場合で、Kの値が異なることを彼らは発見した。砂時計にさまざまな振動を加えると、粒子の落下時間は長くなったが、温度の変化による影響は見られなかった。

◀砂時計は、紀元前3世紀には使われていたようだ。フェルディナンド・マゼランが世界一周を目指して率いた帆船には1隻ごとに18個の砂時計が搭載されていた。

参照：日時計(紀元前3000年)、記念日時計(1841年)、タイムトラベル(1949年)、原子時計(1955年)

地動説

ニコラウス・コペルニクス(1473-1543)

ドイツの博学者ヨハン・ヴォルフガング・ゲーテは1808年、次のように記した。「すべての発見や意見のなかで、コペルニクスの原理よりも大きな影響を人間精神に及ぼしたものは存在しないだろう。この世界は、球形で、それ自体完全であるとわかった直後に、宇宙の中心を占めるという特権を放棄するよう求められたのだ。これ以上のことが人類に要求されたことは、決してなかったであろう——というのも、これを受け入れた結果、あまりに多くのことが消失してしまったからだ。その後、私たちのエデンの園、無垢な世界、敬虔さと詩情、感覚が証言していること、詩的な宗教的信仰は、どうなったか、見てみたまえ」。

コペルニクスは、地球は宇宙の中心ではないという太陽中心説を総合的なかたちで提示した最初の人物だ。彼の著書『天体の回転について』(矢島祐利訳、岩波書店)は、彼が死去した1543年に出版され、地球は太陽の周りを回っているという理論を世に示した。コペルニクスは、ポーランドの数学者、医師、そして古典学者で、天文学には余暇に取り組んでいたが、彼は天文学の分野で世界を変えたのである。彼の理論は、いくつもの仮定に基づいていた。まず、地球の中心は宇宙の中心ではないという仮定。さらに、地球から太陽までの距離は、恒星までの距離に比べれば取るに足りないこと、恒星が毎日回転しているように見えるのは、地球が回転しているせいであること、そしてさらに、惑星が逆行して見える現象(地球から観察すると、特定の時期に、惑星がしばらく静止したあと、進行方向を逆転するように見える現象)も、地球の運動が原因だと仮定していた。コペルニクスが提案した惑星の円形軌道と周転円(訳注：惑星の運動を天動説で説明するために導入された、地球の周りの大きな円の円周上に中心をもつ小さな円で、惑星はこの円の上を動くとされた。コペルニクスが地動説をとったときにも、惑星軌道を円形としていたため、実際の楕円軌道上の運動を反映させるために、周転円を使わざるを得なかった)は正確ではなかったが、彼の研究は、ヨハネス・ケプラーら、他の天文学者を刺激し、惑星軌道を研究するよう彼らを動機づけ、やがて軌道が楕円であるという発見をもたらした。

▲太陽系儀は、地動説に基づく太陽系の模型で、惑星と月の位置や運動を示す。本図は、1766年に機器製作者ベンジャミン・マーティン(1704-82)が製作したもので、天文学者ジョン・ウィンスロップ(1714-79)がハーバード大学での天文学の講義で使った。ハーバード大のサイエンスセンター内、パトナム・ギャラリーに展示されている。

興味深いことに、ローマのカトリック教会が、コペルニクスの地動説は誤謬で「聖書に完全に矛盾する」と宣言したのは、出版から何十年も経った1616年のことだった(訳注：当初この本は、序文で宣言されているとおり、計算を行うためのモデルとして地動説を紹介するものと受け止められ、教会も禁じなかった。しかし、ガリレオとケプラーが、地動説はモデルではなく現実だと論じ始めたため、ガリレオの宗教裁判が始まる1616年にこの本も禁止された〔ジェームズ・マクラクラン『コペルニクス』参照〕)。

参照：『宇宙の神秘』(1596年)、望遠鏡(1608年)、ケプラーの惑星運動の法則(1609年)、太陽系の測定(1672年)、ハッブル宇宙望遠鏡(1990年)

1596年

『宇宙の神秘』

ヨハネス・ケプラー(1571-1630)

ドイツの天文学者ヨハネス・ケプラーは、生涯を通し、彼の科学に関する考えと、科学に取り組む動機の源は、神の御心を理解したいという探求心にあると考えていた。たとえば著書『宇宙の神秘』(1596年)(大槻真一郎・岸本良彦　共訳、工作舎)のなかで彼は、「私自身の努力では決して得られなかったものを、偶然発見できるよう、神の意思が介入したのだと私は信じる。私は常々神に成功を祈ってきたからこそ、そう信じて疑わない」と記した。

ケプラーが最初に抱いた宇宙観は、「プラトンの立体」と呼ばれる3次元の対称的な物体の研究に基づいていた。ケプラーに何世紀も先立ち、ギリシアの数学者ユークリッド(紀元前325〜前265年)は、すべての面が合同な正多角形からなり、すべての頂点において接する面の数が等しい「プラトンの立体」と呼べるものは、立方体、正十二面体、正二十面体、正八面体、正四面体の5種類しか存在しないことを示した。ケプラーが16世紀に構築した理論は私たちには奇妙に感じられるが、彼は、これらの正多面体を玉ねぎの皮のように入れ子にし、それぞれの多面体に内接する球を考えれば、それらの球がちょうど惑星の軌道にあたり、惑星と太陽の距離が説明できると示そうとしたのだ。たとえば、水星の小さな軌道は、彼のモデルで最も内側にある球で表される。当時はほかに、金星、地球、火星、木星、そして土星が惑星として知られていた(訳注：土星の軌道は、最も外側に位置する立方体に外接する球だと考えた)。

具体的に紹介すると、彼のモデルでは、立方体の外側を球が包み、その立方体には、より小さな球が内接していた。その球の内側に正四面体があり、その正四面体に球が内接し、次に正十二面体があり、また球が内接し、次に正二十面体があり、また球が内接し、最後に最も内側の正八面体があった。それぞれの球が、対応する惑星の軌道を定義し、惑星は軌道のある球に埋め込まれていると考えるわけだ。

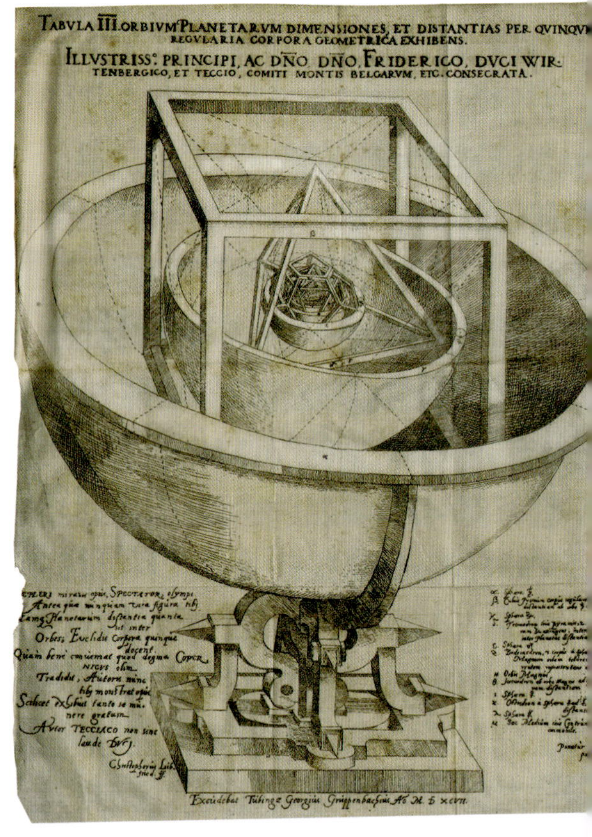

▲ケプラーが最初に抱いた宇宙観は、プラトンの立体と呼ばれる3次元の対称的な物体に関する彼自身の研究に基づいていた。本図は、1596年に出版された彼の『宇宙の神秘』の図版。

いくつか巧妙な妥協をすることで、ケプラーのモデルは、当時知られていた惑星の軌道のおおまかな近似として、かなりうまく機能した。オーウェン・ギンガリッチ(1930-)は、「『宇宙の神秘』の基本思想は間違っていたが、ケプラーは、天体の現象に物理学による説明を求めた最初の……科学者としての地位を確立した。これほど間違った本が、その後の科学の進路を決める大きな力となったことは、史上極めてまれである」と記している。

参照：地動説(1543年)、ケプラーの惑星運動の法則(1609年)、太陽系の測定(1672年)、ボーデの法則(1766年)

『磁石論』

ウィリアム・ギルバート(1544-1603)

1600年に出版されたウィリアム・ギルバートの著書『磁石論』は、イギリスで出版された最初の物理科学の名著とされており、ヨーロッパの科学の多くが、ギルバートが提唱した磁気に関する初期の理論と、実験を重んじる彼の態度を起源としている。エリザベス1世の侍医でもあったギルバートは、人類が電気と磁気を理解し、活用できるよう先鞭をつけた重要な人物のひとりだ。

技術者で起業家だったジョゼフ・F. ケースレー(1915-99)は、自著に次のように記している。「1500年代、知識は神の領域であり、したがって人間は知識をのぞき見るべきではないという心理がゆきわたっていた。実験は、知的生活にも道徳的生活にも危険だとみなされた……しかしギルバートは、伝統的な考えから脱却し」、現実というもののからくりを探るために実験を使わない人々には「いらだちを覚えていた」。

地球の磁気を研究するにあたって、ギルバートは磁鉄鉱を直径約0.3mの球形に整形し、それを「テレラ」(小地球)と名づけた。テレラの表面に沿って、1本の回転軸の周囲を自由に回転する小さな磁針を移動させる実験で、テレラには北極と南極があり、磁針は極に近づくと寝てしまうことを示した。これは、地球の北極や南極に近づくと方位磁針が寝る現象と同じである。彼は、地球は巨大な磁石だという説を提唱した。イギリス船は方位磁針を頼っていたが、その働きは謎であった。方位磁針を磁力で引きつけているのは北極星だと考える者もいた。北極には磁石の山か島があり、帆船に使われている鉄くぎが抜き取られないよう、北極には近づいてはならないという者もいた。2人の科学者、ジャクリーン・レイノルズとチャールズ・タンフォードは、「力の原因は天ではなく地球にあるとギルバートが示したことは、磁力の研究をはるかに超えて、物理的世界に関する考え方すべてに影響を及ぼした」と記している。

ギルバートは、地球の中心には鉄の塊があるという、正しい説を主張した。しかし、水晶は水が固体になったもの——圧縮した氷のようなもの——だという誤った考えをもっていた。ギルバートは1603年に没したが、腺ペストが原因だったのではないかと言われている。

▶ウィリアム・ギルバートは、地球の磁場は地球自体が生み出しているという説を提案した。今日では、本図で地球を包む紫色の膜として表現されている磁気圏の存在が知られている。磁気圏は、太陽から飛来する荷電粒子が地球の磁場と相互作用して進行方向を変えることによって形成される。

参照：オルメカ文明のコンパス(紀元前1000年)、フォン・ゲーリケの静電発電機(1660年)、アンペールの電磁気の法則(1825年)、ガウスと磁気単極子(1835年)、検流計(1882年)、キュリーの磁性の法則(1895年)、シュテルン-ゲルラッハの実験(1922年)

1608年

望遠鏡

ハンス・リッペルハイ(1570-1619)、ガリレオ・ガリレイ(1564-1642)

物理学者のブライアン・グリーンは、このように書いている。「望遠鏡が発明され、その直後にガリレオが改良を加えて活用したのが近代科学の手法の始まりであり、宇宙のなかで人間が占める位置が再検討され、劇的に修正される素地となった。ひとつの技術的な装置が、宇宙には人間の素のままの知覚でわかるよりもはるかに多くの物事があるということを、決定的に示したのだ」。コンピュータ科学者のクリス・ラントンも同意見で、「望遠鏡に匹敵するものなど存在しない。私たちの世界観をこれほど徹底的に構築しなおすきっかけとなった装置はほかにない。望遠鏡は、地球(ならびに人間)がより大きな宇宙の一部に過ぎないことを受け入れるよう、私たちに強いたのである」と記している。

1608年、ドイツ生まれのオランダのレンズ職人ハンス・リッペルハイは、最初に望遠鏡を発明したひとりだと考えられている。翌年、イタリアの天文学者ガリレオ・ガリレイは、約3倍という倍率をもつ望遠鏡を製作した。彼はその後、何台も望遠鏡を製作し、最高倍率30倍を実現した。初期の望遠鏡は可視光を使って遠方の物体を観察するよう設計されたが、近年の望遠鏡は、可視光以外のスペクトル領域の電磁波も利用できる多様な方式になっている。屈折望遠鏡は複数のレンズを使って像を形成するが、反射望遠鏡は多数の鏡を組み合わせて同じことを行う。反射屈折望遠鏡は鏡とレンズの両方を使う。

興味深いことに、望遠鏡による重要な天文学的発見の多くは、まったくと言っていいほど予想外のものであった。宇宙物理学者ケネス・ラングは、『サイエンス』誌に次のように書いている。「ガリレオ・ガリレイが、自ら新たに作り上げた筒眼鏡を空に向けたときから、最新の望遠鏡を使って、裸眼では見えない宇宙を探究する天文学者たちの取り組みが始まった。見えざるものの探究からは、予期せぬ重要な発見が多数もたらされた。木星の4つの大きな衛星、天王星、最初に発見された小惑星ケレス、渦巻銀河の後退速度が大きいこと、天の川銀河から放射される電波、宇宙X線源、**ガンマ線バースト**、電波パルサー、重力放射の証拠を示す連星パルサー、そして**宇宙マイクロ波背景放射**などがその例だ。私たちに観察可能な宇宙は、はるかに広大な、未発見の宇宙のほんの一部分でしかない。今後の発見がまたれるが、それはまったく予期せぬさまざまな方法で行われることだろう」。

▲1913年、完成間近のソー30インチ屈折望遠鏡にまたがる、ピッツバーグ大学の天文台職員たち。巨大な望遠鏡のバランスを保つために必要だった最上部の釣り合い錘に男性が腰かけている。
◀電波銀河、クエーサー、パルサー、その他多くの天体からの信号を研究するために使われている超大型干渉電波望遠鏡群(VLA)のアンテナのひとつ。

参照:地動説(1543年)、土星の環の発見(1610年)、『顕微鏡図譜』(1665年)、恒星視差(1838年)、ハッブル宇宙望遠鏡(1990年)

ケプラーの惑星運動の法則

ヨハネス・ケプラー(1571-1630)

「ケプラーは今日、主に彼の３つの惑星運動の法則によって知られているが、これらは、彼が行った宇宙の調和に関するはるかに広範な研究の、ほんの３つの要素に過ぎない。……彼のおかげで地動説(惑星の運動を太陽中心とする説)は、物理学の観点から構築され、100倍近く精度が向上し、統一的に論じられるようになったのだ」と、天文学者のオーウェン・ギンガリッチは記している。

ヨハネス・ケプラーはドイツの天文学者で、青年時代に神学を学び、神学に基づく調和した宇宙を信ずる宇宙論者で、地球やほかの惑星が太陽の周りを運行する楕円軌道を記述する法則を発見したことで有名だ。これらの法則を構築するため、彼はまず、円は宇宙とその惑星の軌道を記述する「完璧」な曲線だという、当時支配的だった考え方を捨てなければならなかった。まとめあげた法則をケプラーが最初に発表したとき、彼自身、それらを理論的に正当化する根拠をまったくもっていなかった。それらの法則は、実験データから得られた軌道を記述するエレガントな手段でしかなかったのである。その後70年近く経ってニュートンが、ケプラーの法則は**万有引力の法則**の帰結であることを示す。

▲画家による太陽系図。ヨハネス・ケプラーはドイツの天文学者で、神学に基づく宇宙論者でもあった。地球をはじめ、太陽の周囲を公転する惑星の楕円軌道を記述する法則を発見したことで有名である。

ケプラーの第１法則(楕円軌道の法則、1609年)は、私たちの太陽系の惑星はすべて、太陽を焦点とする楕円軌道を運行するというものだ。彼の第２法則(面積速度一定の法則、1618年)は、惑星は、太陽から遠ざかると、太陽の近くにいるときよりもゆっくり動くというもので、惑星と太陽を結ぶ仮想的な線が、同一の時間内に描く面積は常に一定であると言い換えることもできる。ケプラーの第1、第2の法則のおかげで、惑星の軌道と位置は、観察に見合う精度で容易に計算することができるようになった。

ケプラーの第３法則(調和の法則、1618年)は、任意の惑星に対して、それが太陽の周囲をめぐる公転の周期の２乗は、その楕円軌道の長半径の３乗に比例するというものだ。したがって、太陽から遠い惑星は１年が非常に長い。ケプラーの法則は、人類が発見した最も古い科学法則のひとつで、天文学と物理学を統合したほか、後世の科学者たちを刺激して、実在がいかに振舞うかを単純な方程式で記述しようと努力するよう動機づけた。

参照：地動説(1543年)、『宇宙の神秘』(1596年)、望遠鏡(1608年)、ニュートンの運動と万有引力の法則(1687年)

1610年

土星の環の発見

ガリレオ・ガリレイ(1564-1642)、ジョヴァンニ・ドメニコ・カッシーニ(1625-1712)、クリスティアーン・ホイヘンス(1629-95)

「土星の環はほとんど不変であるかのように見える」と、科学系のライターで編集者のレイチェル・コートランドは述べる。「土星の環は、土星を周回する多数の小衛星によって形作られ、また、それらの及ぼす重力によって繰り返し変形されている。惑星の姿のなかでも最も美しいこれらの環は、数十億年前も、今とほとんど変わらぬ姿だったと思われる——だがそれは、遠方から眺める限りの話だ」。1980年代、謎の出来事が起こり、土星の最も内側のいくつかの環が突然、「レコードの溝のような」斜めに切り立った螺旋形に変形した。非常に大きな小惑星のような物体の衝突か、もしくは、気象の激変によって、環が螺旋状になったのではないかという説が提案されている。

1610年、ガリレオ・ガリレイは土星の環を世界で初めて観察した。しかし、彼はそれを「耳」と記した。ようやく1655年になって、クリスティアーン・ホイヘンスがより高性能の望遠鏡を使い、それは「耳」ではなく、土星をぐるりと取り巻く「環」だと確認することに成功した。そしてついに1675年、ジョヴァンニ・カッシーニが、土星の「環」は実は複数の小さな環と、その間にある隙間からできていることを発見した。これらの隙間の2つは、土星の小衛星によって削られたものだと特定されたが、ほかの隙間にはまだ説明がついていない。土星の衛星の重力が周期的に影響して起こる軌道共鳴も、環の安定性を左右する。小さな環はそれぞれ異なる速度で土星を公転している。

今日では、土星の環は、ほとんど氷、岩、塵のみからなる粒子でできていることが知られている。天文学者カール・セーガンは土星の環について、「小さな氷の天体の大群で、個々の天体が独自の軌道をもっており、土星という巨大な惑星の重力に拘束されている」と述べた。粒子の大きさは、砂粒大から一軒家の大きさまで、さまざまだ。環にも、酸素からなる薄い大気がある。環は、太古の衛星、彗星、あるいは小惑星が破壊されたあとの残骸によって形成されたのかもしれない。

2009年、NASAの科学者たちは、可視光ではほとんど見えない巨大な環が土星の周囲を取り巻いているのを発見した。非常に大きな環で、その内側に地球が10億個入る(土星ならば約300個ずらりと並べられる)ほどである。

◀宇宙探査機カッシーニの広角カメラが撮影した165枚の画像を合成して作成された、土星とその環の画像。本画像の色彩は、紫外線写真、赤外線写真、その他の写真を使って作成されたもの。

参照：望遠鏡(1608年)、太陽系の測定(1672年)、海王星の発見(1846年)

ケプラーの『六角形の雪の結晶について』

ヨハネス・ケプラー(1571-1630)

哲学者ヘンリー・デイヴィッド・ソローは、雪片への畏怖の念を次のように記した。「これらのものが生み出される空は、なんと天才に満ちていることか！　たとえ本物の星が落ちて、外套の上にとまったとしても、私は雪に対するほどの感銘を受けはしないだろう」。六方対称をした雪の結晶は、歴史を通して芸術家や科学者を魅了してきた。1611 年、ヨハネス・ケプラーは『六角形の雪の結晶について』という小冊子を友人らに贈ったが、これは、雪の結晶がいかに形成されるかを、宗教に頼らず、科学的に理解しようとした最初の取り組みのひとつに数えられる。実際ケプラーは、雪の結晶の美しい対称性は、結晶のひとつひとつが魂をもった生き物で、それぞれが神に目的を与えられていると考えれば、はるかに理解しやすいだろうと思い巡らせている。しかし彼は、目では見分けられないほど小さな粒子が、何らかの方法で六角形に集まったとするほうが、雪片の素晴らしい幾何学的形状を、よりよく説明できるのではないかと考えた。

雪の結晶は、十分な低温のもとで、水の分子が微小な塵の粒子を核に凝集して生まれることが多い。湿度と温度が異なるさまざまな大気層を通過しながら結晶が落下するあいだ、水蒸気が凝結して氷になり、結晶にどんどん付着して成長が続き、徐々に美しい形が作られていく。6 回対称のものが多く見られるのは、普通の氷の、エネルギーが最も低い安定な結晶が六方晶だからだ(訳注：温度や圧力などの条件の違いで、異なる結晶構造のものが生じる)。雪の結晶の 6 本の腕がとてもよく似ているのは、6 本がすべて同じ条件のもとで形成されるからである。六角柱など、ほかの形状の結晶も形成される。

物理学者たちが雪の結晶とその形成について研究する理由は、ひとつには、結晶は電子工学から自己組織化の科学や分子動力学、そして自発的パターン形成まで、広範な分野で重要な応用に使えるからだ。

一般的な雪の結晶 1 個に水分子が約 10^{18} 個含まれているので、平均的な大きさの雪の結晶 2 個がまったく同じである確率はほとんどゼロだ。最初の雪の結晶が地球に落ちて以来、巨視的なレベルでは、複雑な形の大きな雪片 2 個がそっくりに見えたことなどいまだかつてないに違いない。

▲雪の「つづみ形」結晶の両端についた霜
▶低温走査型電子顕微鏡で拡大した、雪の六角形樹枝状結晶。中央の結晶が、強調のため人為的に着色されている。(いずれの写真も、米国農務省・農業調査局のもの)

参照：『顕微鏡図譜』(1665 年)、氷の滑りやすさ(1850 年)、準結晶(1982 年)

摩擦ルミネセンス

フランシス・ベーコン(1561-1626)

あなたは、昔ながらの慣習を守り継ぐアメリカ先住民族ユテ族(訳注：ユタ州東部、コロラド州南西部に居留し、氏族社会を保っている。かつては山岳騎馬民族だった)のシャーマンたちと、水晶の結晶を探してアメリカ中西部を旅しているとしよう。水晶を集め、半透明のバッファローの皮で包んで、ガラガラ鳴る儀式用の楽器をいくつも作り、あなたは死者の霊を呼び戻す夜の儀式が始まるのを待つ。あたりが暗くなり、あなたが自作の楽器を揺すってガラガラ鳴らすと、水晶がぶつかり合って閃光が生じ、楽器はどれもまるで燃えているように明るく輝く。この儀式に参加しているあなたは、摩擦ルミネセンスの、知られている最古の応用のひとつを目撃しているのだ。摩擦ルミネセンスとは、物質がぶつかり合ったり、こすれ合ったり、あるいは引き裂かれるときに、電荷が分離・再結合して発光する物理現象である。生じた電荷が付近の空気をイオン化し、閃光が生じる。

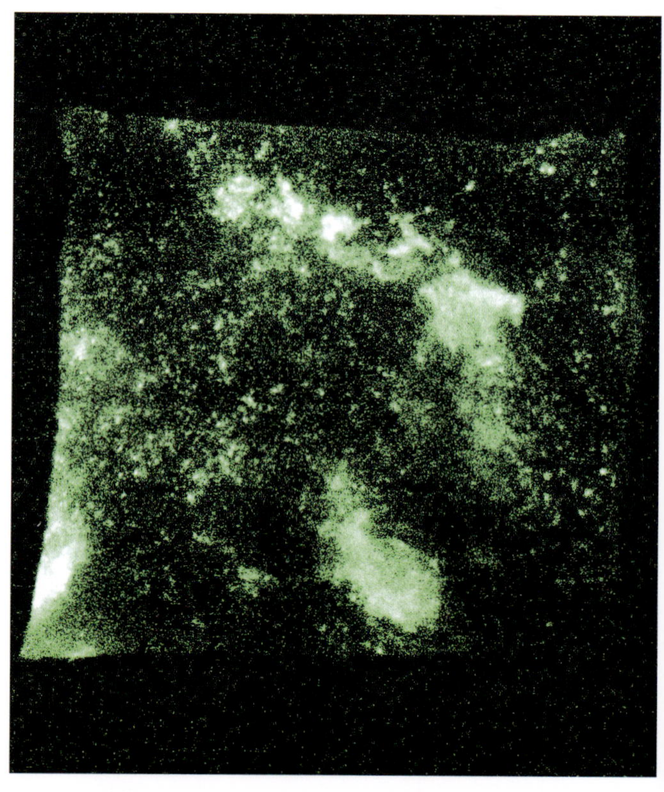

▲摩擦ルミネセンスの現象は、1605年、砂糖をナイフで引っかいたサー・フランシス・ベーコンによって発見された。本図は、N-アセチルアントラニル酸を2枚の透明な板にはさんで押しつぶしたときの摩擦ルミネセンスの写真。

1620年、イギリスの哲学者フランシス・ベーコンは、この現象の記述として知られる最初のものを出版し、そのなかで、砂糖は暗いところで「割ったり引っかいたりする」と輝くと述べた。今日では、角砂糖やウィント・オー・グリーン・ライフセーバーズのキャンディ(訳注：ライフセーバーズはアメリカで販売されているリング形のキャンディーのブランドで、さまざまなフレーバーがあり、ウィント・オー・グリーンはそのひとつ)を暗い部屋の中で割れば、家庭で簡単に摩擦ルミネセンスの実験ができる。このキャンディに含まれるウィンターグリーン油(サリチル酸メチル)は、糖がくだけて生じた紫外光を吸収し、それを青色光として再び放出する。

糖の摩擦ルミネセンスで生じた光のスペクトルは、稲光と同じだ。どちらの場合も、電気エネルギーが空気中の窒素分子を励起する。空気中の窒素によって放出される光のほとんどが私たちには見えない紫外領域にあり、可視光はごくわずかである。砂糖の結晶が応力を受けると、正と負の電荷が蓄積し、ついには電子が結晶の割れ目を飛び越え、窒素分子に含まれる電子を励起する。

暗闇でスコッチテープをはがすときにも、摩擦ルミネセンスで放出される光が見えることがある。面白いことに、この種のテープを真空中ではがすと、指のX線像が形成されるほど強力なX線を発生させることができる。

参照：ストークスの蛍光の法則(1852年)、圧電効果(1880年)、X線(1895年)、ソノルミネセンス(1934年)

スネルの屈折の法則

ヴィレブロルト・スネル(1580-1626)

「汝はどこにいるのか、光線よ？」と記した詩人、ジェームズ・マクファーソン(1736-96)は、屈折という物理現象は知らなかったに違いない。スネルの法則は、光やその他の波が、たとえば空気中を伝わってきて、ガラスなどの別の物質に入るときに進行方向を曲げる、すなわち屈折する現象に関するものだ。波が屈折するのは、異なる物質に入ると速度が変化するため、進行方向が変わってしまうからである。スネルの法則が働いているのを目で見るには、コップに入った水のなかに鉛筆を浸せばいい。鉛筆が折れ曲がって見えるはずだ。スネルの法則は、$n_1 \sin\theta_1 = n_2 \sin\theta_2$ と表される。ここで、n_1 と n_2 は媒体1と2の屈折率である。入射光が、2つの媒体の境界に下した垂線となす角を入射角(θ_1)と呼ぶ。媒体1から媒体2へと進んだ光線は、媒体の境界に下した垂線に対して θ_2 の角度をなして境界から離れていく。この2つめの角を屈折角と呼ぶ。

凸レンズは、屈折を利用して平行な光線を集束させる。目のレンズが光を屈折してくれなければ、私たちはまともに物を見ることはできない。地震波――地下の岩が突然割れたときなどに生じるエネルギーの波――も、地球の内部で異なる物質どうしの境界を通過する際には速度を変え、スネルの法則にしたがって曲がる。

屈折率の高い物質から、屈折率の低い物質へと光線が入るとき、ある条件のもとでは、光線は完全に反射される。この光学現象は「全反射」と呼ばれ、光が物質の境界で90度以上に大きく屈折する場合に、完全に反射されて起こる。光ファイバーでは、全反射を利用し、一端から入射した光を、他端から出るまで完全に内部に閉じ込めている。多くのダイヤモンドは、全反射するようカットされており、見ている人の目に向かって輝く光を発する。

スネルの法則は、数世紀にわたってさまざまな研究者によって独立に発見されたが、オランダの天文学者で数学者だったヴィレブロルト・スネルにちなんで名づけられた。

▲ダイヤモンドはカットによって全反射が起こりやすくなる。
▶テッポウウオは、獲物に向かって水を発射するとき、光の屈折を考慮して狙いを定めなければならない。テッポウウオが具体的にどのように屈折を補正しているかは、まだ完全に説明されていない。(写真提供：シェルビー・テンプル)

参照：虹の説明(1304年)、ニュートンのプリズム(1672年)、ブルースターの光学の法則(1815年)、光ファイバー(1841年)、グリーンフラッシュ(1882年)、チェレンコフ放射(1934年)

1621年

オーロラ・ボレアリス

ピエール・ガッサンディ(1592-1655)、アルフレッド・アンゴー(1848-1924)、オロフ・ペトルス・ヒオター(1696-1750)、アンデルス・セルシウス(1701-44)

「オーロラ・ボレアリスは、恐怖を呼び起こした」と、気象学者アルフレッド・アンゴーは、空に輝くカーテンが現れたときの16世紀の人々の反応を記した。「血に染まった槍、胴体から切り離された首、衝突する軍勢が、はっきりと見分けられた。その光景に人々は気絶し……、なかには正気を失う人もいた」。ジョージ・ブライソンはオーロラの写真集のなかで、「古代のスカンジナビアの人々は、オーロラは、空中を漂う、亡くなったばかりの強く美しい女性たちの魂だと考えていた。……緑の電光に、華やかな青が突き刺さり、ショッキングピンクが旋回しながら深紅になり、きらめく紫が次第に消えていく……」と解説している。

太陽風として太陽から飛来する荷電粒子は、地球の大気に入ると、地球の南北の磁極に向かう。荷電粒子は、磁力線を中心軸にらせん状に回転しながら、大気中の酸素や窒素と衝突し、それらの原子を励起させる。励起した原子の電子が、エネルギーが低い元の状態に戻るとき、光が放出され——たとえば、酸素原子の場合は赤と緑の光——、それが地球の南北の極の周辺で素晴らしい光の現象として観察される。これが起こるのは電離圏である(大気の最上部で、太陽の放射により帯電している)。青色に輝くオーロラは、大気中の窒素原子が一度イオン化したあと再び電子を得て発光している場合が多い。オーロラは、北極付近で見られるものは「オーロラ・ボレアリス」(北極光)、南極付近のものは「オーロラ・アウストラリス」(南極光)と呼ばれる。

クロマニヨン人が洞窟に残した壁画に、古代のオーロラを描いたと思われるものが存在してはいるが(紀元前3万年ごろのもの)、オーロラ・ボレアリスという言葉が作られたのは、ようやく1621年に、フランスの哲学者、司祭、天文学者、そして数学者だったピエール・ガッサンディが、オーロラ(ローマ神話の夜明けの女神)とボレアス(「北風」を意味するギリシア語)を組み合わせたときのことだった。

1741年、スウェーデンの2人の天文学者オロフ・ペトルス・ヒオターとアンデルス・セルシウスが、オーロラが空に現れたときには方位磁針の針の動きが不安定になるのを観察し、「オーロラは磁気の効果に支配されているのではないか」との説を提唱した。今日私たちは、木星や土星など、地球以外の惑星に、地球のものより強い磁場があることを知っている。これらの惑星にもオーロラがあるわけだ。

◀アラスカ州のアイルソン空軍基地の上空に輝くオーロラ・ボレアリス

参照:セントエルモの火(西暦78年)、レイリー散乱(1871年)、プラズマ(1879年)、グリーンフラッシュ(1882年)、HAARP(2007年)

落下物の加速

ガリレオ・ガリレイ(1564-1642)

▲質量の異なる2つの球、あるいは、どんな物体でもいいのだが、それらを同じ高さから同時に落としたところを想像していただきたい。ガリレオは、空気抵抗の違いを無視するなら、両者は同時に地面に落ちるはずだと示した。

「ガリレオの発見の意義を完全に理解するには」と、科学史家I.バーナード・コーエン(1914-2003)は記す。「抽象的思考の重要性を理解しなければならない。ガリレオはそれをツールとして使用しており、その最も洗練された形においては、思考は望遠鏡も凌駕するほど革命的な手段となったことを認識せねばならない」。ガリレオは、重さの違う2つの玉をピサの斜塔から落として、両者が同時に地面に落ちることを実演したと伝えられている。そのとおりの実験はおそらく行われなかったと思われるが、当時受け入れられていた運動法則の権威を大きく揺るがす実験を彼がいくつも行ったことは間違いない。アリストテレスは、重い物体は軽い物体よりも速く落ちると説いた。ガリレオは、その差は物体による空気抵抗の違いが表れただけだと示し、斜面に球を転がす実験を何度も実演することで自分の主張を裏づけた。彼はこれらの実験を敷衍して、もしも物体が空気抵抗なしに落下できるなら、すべての物体は同じペースで加速すると示した。具体的には、最初の速度0の状態から、一定のペースで加速する物体が進む距離は、落下時間の2乗に比例することを示したのである。

ガリレオはさらに、物体は、外から力が加わらない限り、同じ速度で同じ向きに運動を続けるという、慣性の法則も提案した。アリストテレスは、物体は力を加えなければ運動を続けることはできないと考えていたが、それは間違っていたのだ。のちにニュートンは、ガリレオの法則を、自分の**運動の法則**に取り込んだ。運動する物体は、外から力が加わらない限り「自ずと」動きを止めたりしないということが直感的に納得できない人は、1セント銅貨が、たっぷりオイルが塗られた、摩擦のない、無限に広がる平らでなめらかなテーブルの上を滑っているところを想像してみてほしい。このとき、このような架空の面の上を銅貨はいつまでも滑り続けるだろう。

参照：運動量の保存(1644年)、等時曲線(1673年)、ニュートンの運動と万有引力の法則(1687年)、クロソイド曲線のループ(1901年)、終端速度(1960年)

気圧計

エヴァンジェリスタ・トリチェリ(1608-47)、ブレーズ・パスカル(1623-62)

気圧計は、きわめて単純でありながら、天気が予測できるというその実用性を超えた、深い意味をもっている。気圧計のおかげで科学者たちは、大気の性質を理解し、「大気は有限であり、星まで届いてはいないのだ」と気づくことができた。

気圧計は、大気圧を測定する装置で、主に2つの方式のものが使われている。水銀気圧計とアネロイド型気圧計だ。水銀気圧計では、上端を封じた1本のガラス管のなかに水銀が満たされ、下端が水銀槽に浸かっている。槽内の水銀が大気圧によって上から押される強さに応じて、管内の水銀の高さが変化する。たとえば、大気圧が高いとき、管内の水銀は、大気圧が低いときよりも高く上がる。管内の水銀は、大気が押す力と、管内で垂直に立っている水銀の重さのバランスが取れたところで静止する。

気圧計は、イタリアの物理学者エヴァンジェリスタ・トリチェリが1643年に発明したとされている。彼は、気圧計の水銀の高さが、大気圧の変化に応じて、毎日わずかながら変化することに気づいた。彼は、「空気に重さがあることは、疑問の余地のない実験によって知られているとおりで、私たちは、四大元素のひとつである空気の海の底に沈んでいるのだ」と記した。1648年ブレーズ・パスカルは、気圧計を使って、山頂では山の麓に比べ、上から押してくる空気が少ないことを示し、大気は無限に上空まで存在しているのではないことを明らかにした。

アネロイド型気圧計(訳注：アネロイドとは、19世紀に作られた「液体ではない」という意味のギリシア語からの造語)では、水銀のような動く液体は使われない。代わりに、内部を真空にした、弾力性のある小さな金属カプセルが使われる。大気圧がわずかでも変化すると、カプセルが膨張または収縮する。気圧計内のてこの機構により、これらの小さな動きが増幅され、気圧の数値を読むことができる。

大気圧の低下は、この先天気が荒れる指標であることが多い。逆に大気圧の上昇は、晴天になり雨は降らないという兆しである。

▲大気圧を、水銀の高さを表すmmと、hPa(ヘクトパスカル)の単位で表示する気圧計。1気圧の圧力は、1013.25 hPaである。

参照：サイフォン(紀元前250年)、ボイス・バロットの気象の法則(1857年)、風速最大の竜巻(1999年)

運動量の保存

ルネ・デカルト(1596-1650)

古代ギリシア哲学者の時代から、人間は物理学の最初の大問題について悩んできた。「物体はいかにして動くのか？」という問題だ。物理学の重要な法則のひとつ、運動量の保存の初期形は、ルネ・デカルトによって1644年に出版された『哲学原理』のなかで論じられた。

古典力学では、「線形運動量」は、物体の質量 m と速度 $\boldsymbol{v}$ の積によって、$\boldsymbol{P}=m\boldsymbol{v}$ と定義される。ここで $\boldsymbol{P}$ と $\boldsymbol{v}$ は、大きさと向きをもったベクトル量である。「閉じた」系(すなわち、孤立した系)では、総運動量 $\boldsymbol{P}_{\mathrm{T}}$ が保存される。言い換えれば、系に含まれる個々の物体の運動が変化しても、$\boldsymbol{P}_{\mathrm{T}}$ は一定である。

たとえば、質量45 kgのスケーターが静止しているとする。彼女の真正面にあるピッチング・マシンから質量5 kgのボールが彼女に向かって秒速5 mで投げられたとする。ボールの軌跡は、彼女の手前ではほぼ水平方向になっていると見なすことができるとしよう。彼女はボールを受け止め、その衝撃で、秒速0.5 mで後ろ向きに滑り出す。ここで、衝突前の運動するボールと静止したスケーターの運動量は、5 kg×5 m/s(ボール)+0(スケーター)、衝突後にボールを手にもっているスケーターの運動量は、(45+5 kg)×0.5 m/sであり、運動量が保存されていることがわかる。

「角運動量」は、運動量に関連する、回転する物体についての概念だ。半径 r の円に沿って、運動量 $\boldsymbol{P}$ で回転している質点(訳注：質量をもつ、点状の物体。大きさがない、仮想的な物体)を考えてみよう(糸につながれた球のような運動を質点が行っているところ)。角運動量は、簡単に言えば、$\boldsymbol{P}$ と r の積である――したがって、質量、速度、あるいは半径が大きいほど、角運動量は大きくなる。孤立した系の角運動量も、やはり保存される。たとえば、スピンするフィギュアスケーターが腕を縮めると、r が減少するので、その分スピンの速度が上昇する。ヘリコプターでは、安定化のために2組のプロペラ(ローター)が必要である。なぜなら、水平なプロペラ1組だけなら、角運動量が保存されるため、ヘリコプター本体が反対向きに回転してしまうからだ。

▶空海救助ヘリコプターによって、ケーブルで引き上げられる人。ヘリコプターの本体は、安定化のための尾部ローターがなければ、角運動量の保存により、上部ローターと逆向きに回転してしまう。

参照：落下物の加速(1638年)、ニュートンの運動と万有引力の法則(1687年)、ニュートンのゆりかご(1967年)

1660年

フックの弾性の法則

ロバート・フック(1635-1703)、オーギュスタン＝ルイ・コーシー(1789-1857)

▲クロムメッキが施されたオートバイの懸架ばね。フックの弾性の法則は、ばねやその他の弾性的な物体が、長さが変化したときにどのように振舞うかを記述するのに役立つ。

私は、らせんばねでできた「スリンキー」というおもちゃ(訳注：アメリカの造船技師リチャード・ジェームズが開発し、1945年に特許を取得した、シンプルならせんばねの玩具。階段を1段ずつ降りるなど、ユニークな動きをする)で遊んでいて、フックの法則が大好きになった。1660年、イギリスの物理学者ロバート・フックは、今日私たちが「フックの弾性の法則」と呼ぶものを発見した。金属の棒やばねなど、ある物体が、ある距離xだけ引き伸ばされたとき、その物体はxに比例する復元力を生じるという法則だ。この関係は、$F=-kx$という式で表される。ここにkは、フックの法則をばねに当てはめる場合に「ばね定数」と呼ばれる比例定数である。フックの法則は、鋼鉄など、特定の物質に対して成り立つ近似だ。鋼鉄のように、かなり広範な条件の下でフックの法則にしたがう物質は「フック弾性体」と呼ばれる。

学生の多くは、ばねを学ぶ際に初めてフックの法則に触れる。ばねの場合、フックの法則は、ばねが及ぼす力Fと、ばねが伸ばされた距離xの関係を記述する。ばね定数kは、長さ当たりの力という単位で表される。$F=-kx$にマイナスの記号がついているのは、ばねが及ぼす力は、変形の方向と逆向きだからだ。たとえば、1本のばねの端を右に引っ張ると、ばねは左向きの「復元力」を及ぼす。ばねの変形とは、ばねの平衡位置$x=0$からの変形である。

ここまで、ひとつの方向の運動と力について議論してきた。フランスの数学者オーギュスタン＝ルイ・コーシーは、フックの法則を3次元(3D)の力と弾性体に適用できるよう拡張した。彼が行った定式化は、6つの応力成分と6つの歪み成分からなる、複雑なものだ。この定式化では、応力-歪み関係を行列形式で表すと、36成分の応力-歪みテンソルになる(訳注：テンソルとは、ベクトルを拡張した幾何学的な量。コーシーの応力-歪みテンソルは、6つの応力成分と6つの歪み成分の関係を表すので36成分になる)。

金属に軽い応力をかけると、3D格子をなす原子が弾性変位して、一時的な変形が生じる。応力を除去すると、金属は元の形と寸法を回復する。

フックの発明の多くが、世に知られぬままになっているが、理由のひとつは、ニュートンが彼を嫌っていたことにある。ニュートンは、王立協会に掲げられていたフックの肖像画を外させ、さらに、フックが協会に提出した論文を燃やそうとまでした。

参照：トラス(紀元前2500年)、『顕微鏡図譜』(1665年)、スーパーボール(1965年)

1660年

フォン・ゲーリケの静電発電機

オットー・フォン・ゲーリケ(1602-86)、ロバート・ジェミソン・ヴァン・デ・グラフ(1901-67)

神経生理学者のアーノルド・トレハブ(1923-2017)は、「過去2000年間における最も重要な発明と呼ばれるにふさわしいものは、最も重要な影響を最も広範囲にもたらした、独創的な発明でなければならない。私の意見では、それはオットー・フォン・ゲーリケが発明した、静電気を生み出す機械である」と記している。電気現象は1660年ごろまでには知られていたが、フォン・ゲーリケは、発電機の先駆けに当たるものを製作したようだ。彼の静電発電機は、回転する硫黄の球を手でこすって静電気を発生させるものだった(この装置が連続的に回転できたかどうか、歴史家たちもまだ突き止めていない。回転できたなら、この発電機を気兼ねなく「機械」と呼べるのだが)。

静電発電機とは、仕事を電気エネルギーに変換して静電気を生み出す装置全般を指す言葉だ。19世紀の終盤、静電発電機は物質の構造に関する研究で重要な役割を演じた。1929年、「ヴァン・デ・グラフ起電機」と呼ばれる静電発電機が、アメリカの物理学者ロバート・ヴァン・デ・グラフによって設計・製作され、原子核物理学の研究に大々的に利用された。ウィリアム・ガーステルは、「最も大きく、最も明るく、最も猛烈で、最も絢爛たる放電を起こせるのは、ウィムズハースト式起電機(**ライデン瓶**参照)でもなく、**テスラ・コイル**でもない。それは、ヴァン・デ・グラフ起電機と呼ばれる、火花、放電、そして強い電場を連続して発生させる、講堂でなければ入らないほど巨大な一対の円筒形の装置で起こる」と記している。

ヴァン・デ・グラフ起電機は、モーターでベルトを回転することにより、そのベルトを帯電させ、生じた静電気を、金属球(通常は中空)の表面に、かなりの高電圧になるまで蓄積する。ヴァン・デ・グラフ起電機を粒子加速器で使用するためには、球の内部にイオン源を設置し、そこから発するイオン(帯電した粒子)ビームを、球と地面の電位差によって加速する。ヴァン・デ・グラフ起電機が生み出す電位は厳密な制御が可能なので、原子爆弾の開発では、核反応の研究に利用された。

静電加速器は、ガンの治療、半導体製造(イオン注入法)、電子顕微鏡のビーム、食品の殺菌、そして原子核物理学の実験での陽子の加速に、長年にわたって使われている。

▲フォン・ゲーリケは、最初の静電発電機を発明したようだ。本図は、その発電機の一例を描いたユベール=フランソワ・グラヴロの版画(1750年ころ)。

▶世界最大の空気絶縁されたヴァン・デ・グラフ起電機。ヴァン・デ・グラフが初期の原子力実験のために設計したもので、現在はボストン科学博物館で働いている。

参照：バグダッド電池(紀元前250年)、『磁石論』(1600年)、ライデン瓶(1744年)、ベンジャミン・フランクリンの凧(1752年)、リヒテンベルク図形(1777年)、静電気に関するクーロンの法則(1785年)、電池(1800年)、テスラ・コイル(1891年)、電子(1897年)、ヤコブのはしご(1931年)、リトルボーイ原子爆弾(1945年)、単独の原子を観察する(1955年)

1662年

ボイルの法則

ロバート・ボイル(1627-91)

「マージ、どうした？」と、飛行機搭乗中のホーマー・シンプソンは、妻がうろたえているのに気づいて声をかけた。「お腹が空いたのかい？　ガスでお腹が張ってるのかい？　ガス？　ガスだろう？」ボイルの法則を知っていたなら、ホーマーはもう少し状況がよくわかったかもしれない。1662年、アイルランド生まれの化学者で物理学者のロバート・ボイルは、温度が一定に保たれた容器内にある気体の体積 V と圧力 P の関係について研究した。ボイルは、圧力と体積の積はほぼ一定、すなわち、$P \times V = C$ であることを突き止めた(訳注：飛行機で飛行中、気圧が下がるので、ボイルの法則により腸内のガスが膨張し、お腹が張ることがある)。

手動式の自転車の空気入れは、ボイルの法則の概要を示す例だ。ピストンを下に押すと、ポンプ内の空気の体積が減少し、圧力が上がって、空気はタイヤのチューブへと強制的に送り込まれる。また、海面の高さで膨らませた風船は、大気中を上昇するにつれ、周囲の気圧が下がるため、徐々に膨張するだろう。同様に、私たちが息を吸い込むときには、肋骨が上がり、横隔膜が収縮して、肺が膨らんで(体積が大きくなり)圧力が低下し、肺に空気が流れ込む。ある意味ボイルの法則は、息を吸うたび、私たちを生かしてくれているのだ。

ボイルの法則は、「理想気体」に対して最も厳密に成り立つ。理想気体とは、大きさを持たず、容器の壁と弾性的に衝突し、互いに相互作用を行わない同一の粒子からなる仮想的な気体だ。現実の気体は、十分低い圧力のもとではボイルの法則にしたがい、実用的な目的には問題ない精度でボイルの法則が成り立つ場合が多い。

スキューバダイバーたちは、ボイルの法則について学ぶが、それは、水中で上昇・下降する際に、肺、マスク、浮力調節装置(訳注：ダイバーがベストのように着用する装置で、ダイバー自身が浮力を調節し、水中を自由に上昇・下降することができる)にどのようなことが起こるかをこの法則が説明できるからだ。たとえば、ダイバーが水中を下降すると、圧力が上昇し、体と装備に含まれるすべての空気の体積が減少する。ダイバーには、浮力調節装置が収縮し、また、耳の後ろ側にある中耳の空洞(中耳腔)内の空気も収縮するのが感じられる。耳を傷めないよう、中耳腔の容積を一定に保つには、耳管から中耳腔に空気を流れ込ませ、減少した分の空気を補う「耳抜き」という動作が必要だ。

ボイルは、自分が得たこの法則は、すべての気体が微粒子でできていれば説明できることに気づいた。そこで彼は、化学に普遍的に当てはまる粒子理論を構築することにした。1661年、著書『懐疑的な化学者』(邦訳は、大沼正則ほか訳、『世界大思想全集　32巻：社会・宗教・科学思想篇』河出書房新社など)で、ボイルはアリストテレスが提唱した四元素説(土、空気、火、水)を批判し、集まって塊となって粒子をつくる、原初的微粒子の概念を提案した。

▲スキューバダイバーにとってボイルの法則の知識は必須だ。ダイバーは、圧縮空気を吸ってから水中を上昇する際に息を止めていると、周囲の水圧が低下するにつれ、肺内部の空気が膨張してしまい、肺を損傷する危険がある。

参照：シャルルの気体の法則(1787年)、ヘンリーの気体の法則(1803年)、アヴォガドロの気体の法則(1811年)、気体分子運動論(1859年)

『顕微鏡図譜』

ロバート・フック(1653-1703)

顕微鏡は、16世紀の終盤には普及しはじめたが、イギリスの科学者ロバート・フックが複合顕微鏡(2枚以上のレンズを使った顕微鏡)を使ったことは、特に注目すべき画期的出来事で、彼の顕微鏡は、光学的にも機械構造の点でも、近代的な顕微鏡の重要な先駆けと考えることができる。レンズを2枚使った光学式顕微鏡では、全体の倍率は、接眼レンズの倍率(通常は約10倍)と、観察対象に近い対物レンズの倍率との積である。

フックの著書『顕微鏡図譜』(邦訳は、永田英治・板倉聖宣　共訳の『ミクログラフィア：微小世界図説』仮説社)は、顕微鏡で観察した、植物からノミにまで及ぶさまざまな試料の息をのむようなスケッチと、それらに関する生物学的な考察をまとめたものだ。さらに、惑星、光の波動説、化石の起源についても論じており、顕微鏡の威力に対する市民や科学界の関心を高めた。

フックは生物の細胞をはじめて発見し、すべての生物の基本単位であるその構造を呼ぶ名称として、「セル(cell)」という言葉を生み出した。その語の由来は、植物の細胞を観察したとき、僧の小さな居室「ケッルラ(cellula)」あるいは「ケッラ(cella)」を連想したことにある。この偉大な著書について、科学史家のリチャード・ウェストフォール(1924-96)は、「ロバート・フックの『顕微鏡図譜』は、鉱物界、動物界、植物界の網羅的な観察をさまざまな花を束ねたブーケのように示しており、今なお17世紀科学の最高傑作である」と述べている。

フックは、顕微鏡を使って化石を研究した最初の人物でもあり、化石化した木や貝は、生きている木や、貝の殻と驚くほど似ていることを発見した。『顕微鏡図譜』のなかで彼は、化石化した木と腐食した木を比較し、木は段階的なプロセスを経て石になるのだと結論付けた。彼はまた、多くの化石が絶滅した生物のものだと考えており、「過去の時代には、今日の私たちにはまったく見つけることができない、多くの生物の種が存在していた。また、はじめから存在していたのではない、さまざまな新しい種が今日存在しているのだろう」と記した。最新の顕微鏡がどれだけ進歩を遂げているかについては、「**単独の原子を観察する**」の項で紹介する。

▶1665年に出版された、ロバート・フックの『顕微鏡図譜』より、ノミ

参照：望遠鏡(1608年)、ケプラーの『六角形の雪の結晶について』(1611年)、ブラウン運動(1827年)、単独の原子を観察する(1955年)

1672年

太陽系の測定

ジョヴァンニ・ドメニコ・カッシーニ(1625-1712)

天文学者ジョヴァンニ・カッシーニが1672年に太陽系の大きさを特定するための実験を行う前には、突拍子もない説があった。紀元前280年、サモスのアリスタルコスは、地球から太陽までの距離は、月までの距離のたった20倍だと述べた。カッシーニの時代の科学者のなかにも、恒星はほんの数百kmしか離れていないと主張する者がいた。カッシーニは、自分はパリに居ながらにして、天文学者ジャン・リシェを南米の北東岸にあるカイエンヌの町に派遣した。そして2人は、遠方の恒星に対する火星の角度位置を同時に測定したのである。単純な幾何学的手法(「恒星視差」の項を参照のこと)と、パリとカイエンヌの距離を用いて、カッシーニは地球と火星の距離を特定した。当時すでに、太陽系の惑星と太陽、そして惑星どうしの相対距離はケプラーの法則によって研究者らには特定されていたので、この距離を用いて、地球と太陽の距離は約1億4000万kmだと特定した。この値は、実際の平均距離より7% 小さいだけである。著述家のケンドール・ヘイヴンは、「カッシーニが発見した距離は、宇宙は誰が想像したよりも数百万倍も大きかったことを意味した」と述べる。なお、視力を失う危険を冒さずに太陽を直接測定するのは難しい。

カッシーニはほかにも多くの発見を行ったことで有名である。たとえば彼は、土星の衛星を4つ発見したほか、土星の環に大きな隙間があることも発見した。彼の栄誉を称え、それは今日「カッシーニの間隙」と呼ばれている。興味深いことに、彼は光の速度は有限だと正しく推測した最初の科学者のひとりだが、この説の証拠を発表することはなかった。ケンドール・ヘイヴンによれば、それは「彼が非常に信仰心の篤い人で、光は神に属すると信じていたからである。したがって光は、完璧で無限であり、有限の速度によって制限されてはならなかったのだ」という。

カッシーニの時代以来、天王星(1781年)、海王星(1846年)、冥王星(1930年)、そしてエリス(2005年)(訳注:2006年の国際天文学連合により惑星の定義が決定され、冥王星とエリスは準惑星と分類されることになった)などが発見され、私たちの太陽系の概念は拡張している。

◀カッシーニは、まず地球から火星までの距離を計算し、その結果を使って地球から太陽までの距離を計算した。本図は、火星と地球を比較したもの。火星の半径は、地球のほぼ半分。

参照:エラトステネス、地球を測定する(紀元前240年)、地動説(1543年)、『宇宙の神秘』(1596年)、ケプラーの惑星運動の法則(1609年)、土星の環の発見(1610年)、ボーデの法則(1766年)、恒星視差(1838年)、マイケルソン-モーリーの実験(1887年)、ダイソン球(1960年)

ニュートンのプリズム

アイザック・ニュートン(1642-1727)

教育者のマイケル・ドーマは、「私たちが現在もっている、光と色に関する知識は、アイザック・ニュートンと、彼が1672年に発表した一連の実験に始まった」と述べる。「ニュートンは、虹を最初に正しく理解した。彼は白色光をプリズムで屈折させ、それを構成する、赤、橙、黄、緑、青、そして紫の色に分解した」(訳注:ニュートンは、初め1672年には赤、黄、緑、青、紫の5色としていたが、1704年に出版した『光学』では、橙と藍を加え、7色とした。ギリシア哲学の思想に則り、音階の数と一致させるためだったようだ)。

ニュートンが1660年代後半に光と色について実験していたころ、その時代の多くの人々は、色は光と闇が混じり合ったもので、プリズムが光に色を付けているのだと考えていた。ニュートンは通説に流されることなく、白色光はアリストテレスが考えていたようなひとつの実体ではなく、異なる色に対応するさまざまな光の混合物だと確信するようになった。イギリスの物理学者ロバート・フックが、光の性質に関するニュートンの研究を批判すると、ニュートンはフックの発言に対し、度を越えた怒りを抱いたようだ。そのためニュートンは、彼の画期的な著作『光学』(島尾永康訳、岩波書店)の刊行を、フックの死後まで控えた(フックは1703年没)。フックを相手に光についてあれこれ議論するのを避け、自分の主張を決定的なものとするためである。ニュートンの『光学』がついに出版されたのは、1704年のことだった。ニュートンはこの本で、色や光の回折について行った自分の研究を詳しく論じている。

ニュートンはガラスの三角プリズムを使って実験した。光はプリズムの一方から入射したあと、ガラスで屈折し、さまざまな色に分かれる(分離の角度は、色の波長の関数として決まる)。プリズムが機能するのは、光が空気からプリズムのガラスへと進む際に速度が変化するからだ。いったん色が分離したあと、ニュートンは第2のプリズムを使ってそれらの色を再び屈折させて混合し、元の白色光に戻した。この実験で、プリズムは多くの人が信じていたように、単純に光に色を与えるのではないことが示された。ニュートンはまた、ひとつのプリズムから出た赤色光のみを第2のプリズムに通し、赤色が変化しないことも確認した。これは、プリズムは色を変えるのではなく、元々の光線に含まれていたさまざまな色を分離するだけだという、さらなる証拠であった。

▲ニュートンはプリズムを使って、白色光はアリストテレスが考えたような単一の実体ではなく、さまざまな色に対応する多くの異なる光線が混じり合ったものだと示した。

参照:虹の説明(1304年)、スネルの屈折の法則(1621年)、ブルースターの光学の法則(1815年)、電磁スペクトル(1864年)、メタマテリアル(1967年)

等時曲線

クリスティアーン・ホイヘンス(1629-95)

数年前私は、魔法の坂ではないかと思えるような山道を見つけた7人のスケートボーダーが登場する物語を描いた。その坂は、どこからスタートして滑り降りても、坂の下に着くまでの時間はまったく同じなのだ。いったいどうしてこんなことが起こるのだろう？

17世紀、数学者や物理学者は、ある特殊な斜面の形を定義する曲線を探し求めていた。それは、物体が、斜面上のどの位置から滑り始めようが、常に一定の時間で斜面の下まで落ちるような形をした斜面だ。物体は重力によって加速され、斜面に摩擦はないものとする。

オランダの数学者、天文学者、そして物理学者であったクリスティアーン・ホイヘンスは、その答えを発見し、1673年に『振子時計』(訳注：『科学の名著』第2期10巻、朝日出版社刊に、原亨吉の訳で『振子時計』という題で収録されている)という著書で発表した。彼が発見した答え、等時曲線(物体がその曲線上のどの位置を出発点として滑り落ち始めても、等しい時間で最下点に到達する曲線)は、円周上の1点が、円が直線に沿って転がるときに描く曲線、サイクロイドの一種である。等時曲線は、摩擦のかからない物体が、ある点から別の点まで滑り落ちる際に落下速度が最大になる曲線でもあり、その意味で最速降下曲線と呼ばれることもある。

ホイヘンスは、彼の発見を利用して、より正確な振り子時計を設計しようとした。彼が開発した時計は、振り子の糸が運動の向きを変える両端に、上下反転したサイクロイド曲線の形をした当て板が設置され、糸をその曲線に沿って強制的に運動させ、振り子がどの高さから振れ始めても常に等時曲線に従うよう工夫されていた(残念ながら、弧に沿って糸を曲げることで生じる摩擦が、施された補正を上回る誤差をもたらしてしまった)。

等時曲線の特殊な性質は、『白鯨』のなかで製油釜──クジラの脂身を溶かして鯨油を作るためのなべ──の話が出てくる箇所で触れられている。「それ(製油釜)はまた深遠な数学的瞑想にふけるのにふさわしい場所でもある。ピークオッド号の左側の製油釜のなかでわたしが自分を軸に石鹼石をせっせと回転させながら作業しているときのこと、幾何学で言うサイクロイドの軌跡をえがいて滑降するあらゆる物体が──わたしの石鹼石がそういう物体だったのだが──任意の一点からもっとも低い一点に達するのに要する時間はつねに一定である、という驚くべき事実に、わたしは初めて気づいた」(メルヴィル『白鯨(下)』、八木敏雄訳、岩波書店、p.67より引用)。

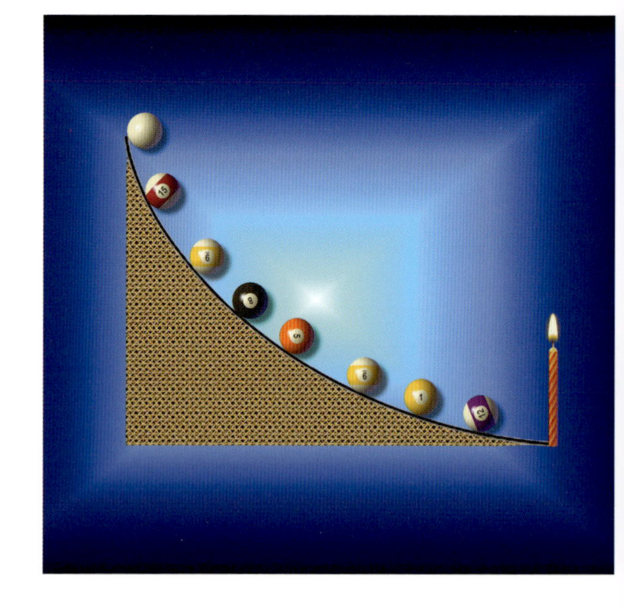

▲重力の影響のもとで、これらのビリヤード球は、それぞれ異なる位置からスタートして等時曲線に沿って転がるが、ろうそくの位置に同じ時間で到達するだろう。球は斜面上に一度に1個ずつ置くものとする。

◀カスパル・ネッチェル(1639-84)が描いたクリスティアーン・ホイヘンスの肖像画

参照：落下物の加速(1638年)、クロソイド曲線のループ(1901年)

1687年

ニュートンの運動と万有引力の法則

アイザック・ニュートン(1642-1727)

「神はすべてを数と重さと尺度によって創造された」と、イギリスの数学者、物理学者、そして天文学者だったアイザック・ニュートンは記した。彼は微積分法を発明し、白色光はさまざまな色が混合していることを証明し、虹を説明した。また、最初の反射型望遠鏡を製作し、二項定理を発見し、極座標を導入した。さらに、物体を落下させる力は、惑星を運動させ潮汐を起こす力と同種のものだと示した。

ニュートンの運動の法則は、物体に作用する力と、その物体の運動との関係を記述する、以下の4つの法則を指す。「万有引力の法則」は、2つの物体は、両者の質量の積に比例し、両者の距離の2乗に反比例する力で互いに引きつけ合うとする。ニュートンの「運動の第1法則」は、物体は力が加えられない限り運動を変えることはないと述べる。静止している物体は静止したままである。運動する物体は、力が加わらない限り、同じ速さで同じ向きに運動を続ける。ニュートンの「運動の第2法則」は、物体に力が加わると、物体の運動量(質量×速度)の変化率は、加えられた力に比例すると述べる。ニュートンの「運動の第3法則」は、ある物体が第二の物体に力を及ぼすとき、第二の物体は最初の物体に対し、大きさが同じで逆向きの力を及ぼすとする。たとえば、スプーンで上からテーブルを押すと、テーブルは同じ大きさの力でスプーンを下から押し返す。

ニュートンは、生涯を通して時折、躁鬱の症状に苦しんだ。彼は母と義父を嫌い続けた時期があり、10代のころ、2人を家ごと焼き殺すと脅したことがある。ニュートンはまた、聖書の預言など、聖書に関するテーマでも論文を多数執筆した。あまり知られていないが、聖書、神学、錬金術に、科学よりもはるかに多くの時間を捧げ、自然科学よりも宗教に関してより多くの著述を行った。それにもかかわらず、このイギリスの数学者兼物理学者は、史上最も大きな影響を及ぼした科学者と言えるだろう。

▶宇宙の物体の運動には、重力が影響を及ぼしている。本図は、冥王星程度の大きさと推測される巨大な2つの物体が衝突した様子を描いたイラスト。こと座のα星ベガの周囲に環を形成したのは、近くで起きたこのような衝突の際に生じた塵であったと推定される。

参照：ケプラーの惑星運動の法則(1609年)、落下物の加速(1638年)、運動量の保存(1644年)、ニュートンのプリズム(1672年)、インスピレーションの源としてのニュートン(1687年)、クロソイド曲線のループ(1901年)、一般相対性理論(1915年)、ニュートンのゆりかご(1967年)

1687年

インスピレーションの源としてのニュートン

アイザック・ニュートン(1642-1727)

化学者のウィリアム・H. クロッパー(1927-2015)は、次のように書いている。「ニュートンは、物理学の歴史でこれまでに登場した、最も偉大な独創性のある天才だった。この最上級の賛辞にふさわしそうな、ほかの候補者たち(アインシュタイン、マクスウェル、ボルツマン、ギブス、ファインマン)の誰も、理論家、実験家、数学者としての総合的な成果を見ると、ニュートンには及ばない。……あなたがタイムトラベラーとなって17世紀という過去に旅してニュートンに会ったなら、彼は、外見で観客を憤慨させたあとステージにあがり、天使のように歌う歌手のような存在かもしれない……」。

ニュートンは、ほかのどの科学者よりも強く、後に続く科学者たちを、宇宙は数学によって理解できるという考え方によって刺激したと言えよう。ジャーナリストのジェームズ・グリック(1954-)は、こう述べる。「アイザック・ニュートンは暗黒、蒙昧、そして魔術の世界に生まれ……、少なくとも一度発狂の寸前に達しながら……、それまでの、そしてその後の誰よりも多く、人間知識の核心を発見した。彼は近代世界を構築した中心人物だ……。彼は知識を、定量的で正確な、実質のあるものにした。彼が確立したさまざまな原理には、彼の名を冠した法則名がつけられている」。

著述家リチャード・コッチとクリス・スミスは、「13世紀から15世紀のある時点で、ヨーロッパは科学と技術で世界の他の地域を大きく引き離し、そのリードは続く200年間で固められた。そして1687年、アイザック・ニュートンが――コペルニクス、ケプラー、その他の人々の礎石の上にだが――、宇宙はごく限られた数の物理的、力学的、数学的な法則によって支配されているという、素晴らしい洞察に至った。これによって、すべての物事は意味をなす、すべてのものはつじつまが合う、そしてすべては科学によって改善されるという大きな確信が根づいたのである」と記す。

ニュートンに刺激を受け、宇宙物理学者スティーヴン・ホーキングは、「宇宙は謎だという見解に私は同意しない……。この見解は、400年近く前にガリレオが開始し、ニュートンが引き継いだ科学革命を正しく認識していない……。今日私たちには、通常経験するすべての物事を説明する数学的な法則があるのだ」と述べている。

◀古いリンゴの木とニュートンの生家――イングランドのウールスソープ・マナー――の写真。ニュートンは、光と光学に関する有名な実験の多くをここで行った。言い伝えによれば、ニュートンはここでリンゴが落ちるのを見、それもひとつの刺激となって万有引力の法則が発見されたという。

参照：ニュートンの運動と万有引力の法則(1687年)、インスピレーションの源としてのアインシュタイン(1921年)、スティーヴン・ホーキング、『スタートレック』に出演(1993年)

アモントンの摩擦の法則

ギョーム・アモントン(1663-1705)、レオナルド・ダ・ヴィンチ(1452-1519)、シャルル=オーギュスタン・ド・クーロン(1736-1806)

摩擦は、接触している2つの物体が、互いに相手に対して滑ろうとする動きに抵抗する力だ。部品が摩耗したりエンジンの燃費が悪くなったりするのは摩擦のせいだが、摩擦は私たちの日常生活に役立っている。摩擦のない世界を想像していただきたい。そんな世界で、どうやって歩き、車を走らせ、物体を釘やねじで固定し、歯に穴をあければいいだろう？

1699年、フランスの物理学者ギョーム・アモントンが、2つの物体のあいだに生じる摩擦力は、加えられた荷重(すなわち、接触面に垂直な力)に正比例し、その比例定数(摩擦係数)は接触面積の大きさには依存しないことを示した。この関係を最初に提唱したのはレオナルド・ダ・ヴィンチで、アモントンはそれを再発見したのである。摩擦の大きさが見かけ上の接触面積にほとんど無関係なのは直観に反するかもしれない。しかし、たとえば床の上にあるレンガを押して動かすとき、摩擦力による抵抗は、レンガが床に接しているのが広い面でも狭い面でも同じである。

21世紀の初頭、アモントンの法則がナノメートルからミリメートルの範囲の長さの物体——インクジェットプリンターや自動車のエアバッグの加速システムなどに使われる、MEMS(微小電気機械システム)と呼ばれるデバイスのサイズ——に対してどの程度あてはまるかを特定するための研究がいくつか行われている。MEMSは微細加工技術を利用して、機械要素、センサー、エレクトロニクスを1枚のシリコン基板の上に集積させたものだ。アモントンの法則は、従来の機械や可動部の研究では役に立つことが多いが、針の先ほどの大きさの機械には適用できない恐れがある。

1779年、フランスの物理学者シャルル=オーギュスタン・ド・クーロンは、摩擦の研究に着手し、相対的に運動している2つの面にかかる動摩擦力は、面どうしの相対速度にはほとんど無関係なことを発見した。また、静止している物体にかかる静止摩擦力は、物体が動き出す直前に最大になり、最大静止摩擦力は、その物体が運動しているときにかかる動摩擦力よりも大きいのが普通である。

▶車輪やボールベアリングなどの装置は、「すべり摩擦」を、それより小さな「転がり摩擦」に変換し、運動に対する抵抗を減少させている。

参照：落下物の加速(1638年)、等時曲線(1673年)、氷の滑りやすさ(1850年)、ストークスの粘性の法則(1851年)

1711年

音叉

ジョン・ショア(1662年ころ～1752年)、ヘルマン・フォン・ヘルムホルツ(1821-94)、ジュール・アントワーヌ・リサジュー(1822-80)、ルドルフ・ケーニヒ(1832-1901)

音叉――たたくと、一定の周波数をもった純音を発生する、Y字形をした金属の道具――は、物理学、医学、芸術、そして文学においても、重要な役割を演じてきた。小説に音叉が登場する場面で私が気に入っているのは、『グレート・ギャツビー』(村上春樹訳、中央公論新社など)の、ギャツビーが昔思いを寄せた女性に再会するシーンだ。「この娘にキスをして……しまったら、心はもう二度と軽やかに飛び跳ねることはないだろう。神の心のごとく。……だから待った。星に打たれた音叉に、今一刻耳を澄ませた。それから彼女に口づけをした。唇と唇が触れた瞬間、彼女は花となり、彼のために鮮やかな蕾を開いた。……」(村上春樹訳『グレート・ギャツビー』中央公論新社、第6章より引用)。

音叉は1711年、イギリスの音楽家ジョン・ショアによって発明された。純粋な正弦波の形をした音波を発生するため、楽器の調律に便利である。2つの突起が、互いに近づいたり遠ざかったりを繰り返して振動し、それと同時に柄が上下に振動する。柄の動きは小さいので、手で持っても音叉の音が極端に弱まることはない。しかし、柄を空箱などの共鳴装置に接触させておくと、音を増幅することができる。音叉の周波数を、材質の密度、突起の半径と長さ、そして材質の剛性の指標であるヤング率などの変数から計算する単純な方程式が存在する。

1850年代、数学者ジュール・リサジューは、水に接触した状態で音叉を振動させ、水面に生じた波を観察して波動を研究した。彼はまた、振動する音叉に接続した鏡で光を反射させ、続いて、最初の音叉に直交する方向に振動する音叉に接続した鏡でその光を再度反射させ、最後に壁で反射させることで、2つの振動を重ね合わせた複雑なリサジュー図形を得た。1860年ごろ、ヘルマン・フォン・ヘルムホルツとルドルフ・ケーニヒの2人の物理学者は、電磁駆動式の音叉を開発した。最近では警察が、スピード違反取締用のレーダーの補正に音叉を使用している。

医療分野では、患者の聴力や皮膚感覚の検査、骨折箇所の特定などに使われることがある。骨折部に音叉を当てると、音叉が発生する音が弱まることがあるため、怪我をした部位の近くに振動する音叉を当て、聴診器で聞くのである。

◀音叉は、物理学、音楽、医学、そして美術で重要な役割を果たしてきた。

参照：聴診器(1816年)、ドップラー効果(1842年)、空中聴音機(1880年)

地球脱出速度（第2宇宙速度）

アイザック・ニュートン（1642–1727）

矢を水平方向に放てば、やがて地面に落ちる。弓を一層強く引いて放つと、矢は前よりも長時間飛んでから落ちる。矢が地球に決して戻らなくなるような発射速度は、地球脱出速度（第2宇宙速度）v_e と呼ばれ、$v_e=[(2MG)/r]^{1/2}$ という単純な公式で計算できる。ここで G は重力定数、r は地球の中心から弓と矢までの距離、M は地球の質量である。空気抵抗やその他の力を無視し、矢を多少の垂直成分（地球の中心からの放射状の直線に沿った成分）のある初速度で発射するものとすると、v_e＝秒速 11.2 km である。これは、音速の34倍のスピードに当たり、弓で射る矢としては仮想的なものである。

投射物（矢であれ象であれ）の質量は、その物体を地球の重力圏から脱出させるために必要なエネルギーには影響するが、地球脱出速度（第2宇宙速度）そのものには影響を及ぼさないことに注意してほしい。v_e の公式では、地球は均一な球で、投射物の質量は地球の質量に比べ極めて小さいと仮定されている。また、v_e を地球の表面に対する相対速度とみなすと、v_e は、地球の回転に影響を受ける。たとえば、地球の赤道上で東向きに発射された矢の v_e は、地球に対して秒速約 10.7 km である。

▲ルナ1号は、地球の重力を脱出する脱出速度に最初に達した人工物だった。1959年にソヴィエト連邦により打ち上げられ、月を越えた最初の宇宙船ともなった。

また、v_e の公式は、投射物が「一度速度を与えられるだけで」重力を脱出する場合の速度であることも押さえておかねばならない。実際の宇宙船は、飛行しながらエンジンを次々と点火できるので、初速でこの速度を達成する必要はない。

この項目を1728年の偉業としたのは、アイザック・ニュートンが大砲の玉を異なる速度で発射したとき、地球に対してどのような軌跡を描くかを考察した『世界の体系について』（訳注：ニュートンの大著『プリンキピア』の第3巻）が、この年に出版されたからだ。地球脱出速度（第2宇宙速度）の公式は、さまざまな方法で導出できる。たとえば、2つの物体は、両者の質量の積に比例し、両者の距離の2乗に反比例する力で互いに引き付け合うとするニュートンの万有引力の法則（1687年）からも導き出すことができる。

参照：等時曲線（1673年）、ニュートンの運動と万有引力の法則（1687年）、ブラックホール（1783年）、終端速度（1960年）

1738年

ベルヌーイの定理

ダニエル・ベルヌーイ(1700-82)

屋根から地面の芝生へと水を導くパイプのなかを、一定の速度で流れている水を思い浮かべていただきたい。水の圧力は、パイプのどの高さにあるかで変化する。数学者で物理学者だったダニエル・ベルヌーイは、このような流体の圧力、流速、そして高さの関係を示す法則を発見した。今日私たちが、$v^2/2+gz+p/\rho=C$と表している、ベルヌーイの定理だ。ここでvは流体の速度、gは重力加速度、zは流体内の点の高さ、pは圧力、ρは流体の密度、Cは定数である。科学者たちはベルヌーイ以前から、運動する物体の位置が高くなると、物体の位置エネルギーが増加する分、運動エネルギーが低下することを理解していた。ベルヌーイは、これと同様に、運動する流体の運動エネルギーが変化するのに応じて、流体の圧力が変化することに気づいたのだ。

この方程式では、流体は閉じたパイプを流れ、渦はないと仮定されている。また、流体は非圧縮性でなければならない。ほとんどの液体はごくわずかしか圧縮されないので、ベルヌーイの定理は有用な近似として使えることが多い。さらに、流体は、内部摩擦が存在しない非粘性流体でなければならない。これらの基準をすべて満たす流体は現実には存在しないが、ベルヌーイの定理は、パイプや容器の壁から離れた、流体が自由に流れている部分では一般に非常に正確に当てはまり、特に気体や軽量の液体には有用である。

ベルヌーイの定理は、上記の方程式の変数のうち、圧力と速度に注目し、「流体の速度が上がると圧力が下がる」という関係として使われることが多い。この形の法則は、自動車で燃料と空気を混合させる装置キャブレター内で、空気の通路が狭められているベンチュリという部位の設計にも利用されている。ベンチュリを通る空気の圧力が低下するため、気化した燃料が空気の方に吸い上げられるのだ。ベルヌーイの定理により、直径が小さくなった領域で流体は速度が上昇し、その結果圧力が低下するからだ。

ベルヌーイの式は、空気力学の分野で、翼やプロペラ・ブレード、方向舵などのエアフォイル(断面形状)を通過する気流を研究する際に利用されている。

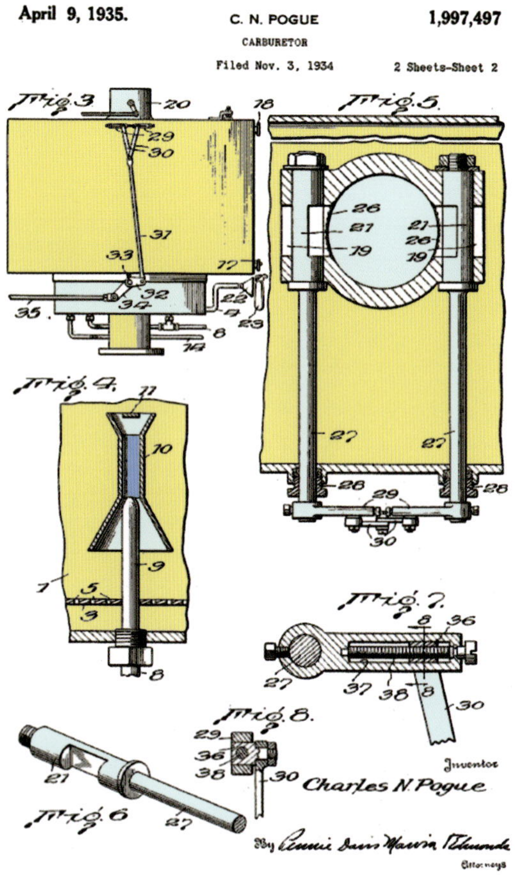

▲エンジンのキャブレターでは、ベルヌーイの定理を利用して空気の流れを速め、圧力を低下させて燃料を引き込むために、ベンチュリと呼ばれる径が細くなった箇所が設計されていることが多い。本図は1935年のキャブレターの特許で、10番で示されているのがベンチュリである。

参照：サイフォン(紀元前250年)、ポアズイユの流体の法則(1840年)、ストークスの粘性の法則(1851年)、カルマン渦列(1911年)

ライデン瓶

ピーテル・ファン・ミュッセンブルーク(1692-1761)、エヴァルト・ゲオルク・フォン・クライスト(1700-48)、ジャン＝アントワーヌ・ノレ(1700-70)、ベンジャミン・フランクリン(1706-90)

「ライデン瓶は、電気の瓶詰だった。静電気を蓄え、好きな時に放電させる巧妙な装置である」と、トム・マクニコールは記す。「進取の気性に富んだ実験家たちは、ヨーロッパ中で群衆を集め、ライデン瓶に蓄えられた電荷を一気に放出させて鳥や小動物を殺しては、観客を沸かせていた……。1746年、フランスの聖職者で物理学者のジャン＝アントワーヌ・ノレは、仏王ルイ15世の前でライデン瓶を放電させ、手をつないだ180名の王宮警備兵の列に瓶にたまっていた静電気を一気に流した」。ノレはまた、衣をまとった数百名のカルトジオ修道会の僧侶の列に、彼らが生涯忘れないようなショックを与えた。

ライデン瓶は、瓶の外側の電極と内側の電極のあいだに静電気を蓄える装置だ。原型となるものは、1744年、プロイセンの学者エヴァルト・ゲオルク・フォン・クライスト(法律家兼自然科学者)が発明した。翌年、オランダの科学者ピーテル・ファン・ミュッセンブルークが、ライデン滞在中に独自に同様の装置を発明した。ライデン瓶は、電気に関する初期の実験の多くで重要な役割を果たした。今日ライデン瓶は、ひとつの誘電体によって隔てられた2つの導電体からなるコンデンサという電気部品の初期形とみなされている。導電体のあいだに電位の違い(電圧)があると、誘電体の内部に電場が形成され、そこにエネルギーが蓄えられる。導電体どうしの間隔が狭いほど、蓄えられる電荷は大きくなる。

典型的なライデン瓶は、内側と外側それぞれの一部が金属箔で覆われたガラス瓶である。瓶のふたには1本の金属棒が貫通しており、その棒は鎖で内側の金属箔に接続している。金属棒には、簡単な方法──たとえば、絹布で摩擦したガラス棒で触れるなど──で静電気を蓄積することができる。その後誰かが金属棒に触れると、蓄積されていた静電気が放電し、その人はショックを感じる。数個のライデン瓶を並列につなぐと、蓄積できる電荷の量を増やすことができる。

▶イギリスの発明家ジェームズ・ウィムズハースト(1832-1903)は、高電圧を発生することができる静電装置、「ウィムズハースト式誘導起電機」を発明した。2つの金属球のあいだのギャップを、スパークが飛ぶ。電荷を蓄えるために2個のライデン瓶が使われていることに注目。

参照：フォン・ゲーリケの静電発電機(1660年)、ベンジャミン・フランクリンの凧(1752年)、リヒテンベルク図形(1777年)、電池(1800年)、テスラ・コイル(1891年)、ヤコブのはしご(1931年)

ベンジャミン・フランクリンの凧

ベンジャミン・フランクリン(1706-90)

ベンジャミン・フランクリンは、発明家、政治家、印刷業者、哲学者、そして科学者だった。彼は多くの才能に恵まれていたが、歴史家のブルック・ヒンドル(1918-2001)は、「フランクリンの科学的活動の大部分が、稲妻およびその他の電気現象に関連していた。有名な雷雨のなかの凧揚げ実験によって、稲妻が電気現象であることを示し、科学的知識を飛躍的に向上させた。アメリカとヨーロッパで建物を守るために避雷針が多数立てられ、この発見は大いに応用された」と記す。本書に登場するほかの物理学の偉業と同等ではないかもしれないが、「フランクリンの凧」は、しばしば科学的真理の追究の象徴として語られ、また、何世代もの子どもたちを刺激してきた。

1750年フランクリンは、稲妻が電気であることを検証するため、雷が発生しそうな嵐のなかで凧を揚げる実験を提案した。細部については、一部の歴史家たちが長年異議を唱えているが、フランクリンによれば、雲のなかから電気エネルギーをうまく引き出すことを目指して彼が実験を行ったのは、1752年6月15日、フィラデルフィアにおいてであった。彼は、凧につないだ麻糸の端に鍵を取り付け、凧から麻糸を伝って流れてくる電流を、鍵を介してライデン瓶(2つの電極のあいだに電気を蓄える装置)に送る一方、鍵に結び付けた絹のリボンを手に握り、自分自身を電流から絶縁して感電を防いだ。このような予防策を取らなかったほかの研究者たちは、同様の実験の最中に感電してしまった。フランクリンは次のように書いている。「雨で凧の麻糸が濡れて、そこを電気の火が自由に伝わるようになると、拳を近づければ、鍵から電気の火が大量に流れ出るのが感じられるだろう。そして、この鍵でライデン瓶に蓄電することができるだろう……」。

歴史家のジョイス・チャップリン(1960-)は、凧の実験は稲妻が電気だと特定した最初の実験ではないが、この実験でその事実が検証されたと記している。フランクリンは「雲が帯電しているかどうか、そして、もしそうなら、その電荷は正と負、どちらなのかを判別しようとしていた。彼は、自然界に電気が存在することを確認したかったのであり、それが避雷針しかもたらさなかったかのように述べるなら、彼の努力を著しく矮小化することになる」。

◀イギリス領ペンシルベニア植民地生まれの画家ベンジャミン・ウェスト(1738-1820)が描いた「空から電気を引くベンジャミン・フランクリン」(1816年ころ)。明るく輝く電流が鍵から、彼の拳に流れ込んでいるかのように描かれた寓話的な絵だ。

参照:セントエルモの火(西暦78年)、ライデン瓶(1744年)、テスラ・コイル(1891年)、ヤコブのはしご(1931年)

ブラック・ドロップ効果

トルビョルン・オロフ・ベリマン(1735-84)、ジェームズ・クック(1728-79)

かつてアルベルト・アインシュタインは、世界について最も理解できないことは、世界が理解できるということだと述べた。たしかに私たちは、簡潔な数式や物理法則で記述したり近似したりできる宇宙に暮らしているようだ。宇宙物理学の摩訶不思議な現象も、一貫性のある説明にたどり着くには何年もかかるとしても、多くのものは科学者と科学法則によって説明がつく。

ブラック・ドロップ効果とは、地球から見て、金星が太陽の表面を通過する際、金星が変形して見えるという不思議な現象だ(訳注：金星の太陽面通過時の報告が多いが、日食時に太陽黒点が月の縁に接近する際や、水星の太陽面通過時の報告もある)。特に、金星が太陽の輪郭の内側に「接する」ように見えるとき、金星はまるで黒い涙のしずくのように見える。金星のシルエットが引き伸ばされて先細りになった部分は、太いへその緒か黒い橋のようだが、この部分のせいで初期の物理学者たちは、金星が太陽面を通過する際、通過にかかる時間を正確に特定することができなかった。

ブラック・ドロップ効果を初めて詳細に描いたものは、1761年にスウェーデンの科学者トルビョルン・ベリマンが、金星のシルエットを太陽の暗い輪郭につなぐ「ひも」として描いたスケッチだ。その後多くの科学者が、同様の報告を行った。たとえば、イギリスの探検家ジェームズ・クックは、1769年の金星の太陽面通過の際、ブラック・ドロップ効果を観察した。

物理学者たちは今日なお、ブラック・ドロップ効果が起こる正確な理由は何か、考え続けている。3人の天文学者、ジェイ・M.パサチョフ、グレン・シュナイダー、レオン・ゴルブは、ブラック・ドロップ効果は「測定装置の効果と、地球、金星、太陽それぞれの大気内の効果が相まったもの」ではないかという説を提案している。2004年の金星の太陽面通過の際、何人かの観測者たちがブラック・ドロップ効果を確認したが、ほかの者たちは確認できなかった。ジャーナリストのデイヴィッド・シガは、「このように「ブラック・ドロップ効果」は、21世紀においても19世紀と変わらぬ謎のままである。何が「真の」ブラック・ドロップなのかをめぐる議論は続きそうだ……。観測者たちが情報交換を行っているが、次の太陽面通過までにブラック・ドロップが現れる条件が特定されるかどうかは、まだわからない」と記す。

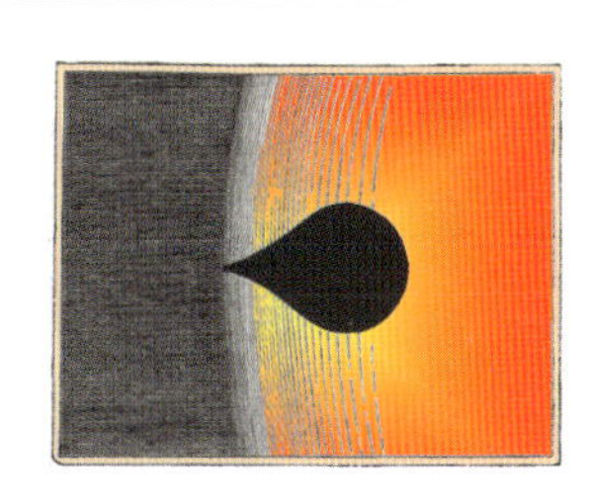

▲イギリスの探検家ジェームズ・クックは、1769年の金星の太陽面通過の際にブラック・ドロップ効果を観察した。本図はオーストラリアの天文学者ヘンリー・チェンバレン・ラッセル(1836-1907)がそれを元に作成したスケッチ。
▶ 2004年の金星の太陽面通過。ブラック・ドロップ効果が見られる。

参照：土星の環の発見(1610年)、太陽系の測定(1672年)、海王星の発見(1846年)、グリーンフラッシュ(1882年)

1766年

ボーデの法則

ヨハン・エレルト・ボーデ(1747-1826)、ヨハン・ダニエル・ティティウス(1729-96)

ティティウス-ボーデの法則とも呼ばれるボーデの法則は、一見すると似非科学の数霊術(訳注：ピタゴラスが始祖ともいわれる、数に神秘的な力があり、人間の運命などを支配しているとする思想に基づく占術)のようだが、数百年にわたり物理学者や一般市民を惹きつけてきた、とても興味深い法則だ。この法則は、惑星の太陽からの平均距離の関係を、ある数列で表している。0、3、6、12、24、……という、前の数を2倍したものが次に来る、単純な数列を考えてほしい。次に、それぞれの数に4を加え、10で割ると、0.4、0.7、1.0、1.6、2.8、5.2、10.0、19.6、38.8、77.2……という数列ができる。惑星と太陽の平均距離は、この数列で表せるというのがボーデの法則である。注目すべきことに、惑星と太陽の平均距離を天文単位(AU)で表した数値は、多くの惑星で、この数列に一致している。地球と太陽の平均距離が1 AUで、約149,604,970 kmである。たとえば、水星と太陽の距離は約0.4 AU、冥王星は約39 AUである。

この法則は、1766年にドイツのヴィッテンベルク大学の天文学者、ヨハン・ダニエル・ティティウスが発見して出版したが、惑星軌道の関係は、スコットランドの数学者デイヴィッド・グレゴリー(1659-1708)によってすでに18世紀初頭に近似的な数列として求められていた(訳注：グレゴリーの没後英訳され1715年に出版された著書『The Elements of Astronomy』に文章で記述されている。相対的関係自体は、ケプラーの法則で導出可能)。当時この法則は、既知の惑星の平均距離——水星(0.39)、金星(0.72)、地球(1.0)、火星(1.52)、木星(5.2)、そして土星(9.55)——にきわめてよく当てはまっていた。1781年に発見された天王星も、平均軌道距離が19.2で、やはりこの法則に一致する。

今日科学者たちは、ボーデの法則を大いに疑問視している。たしかにこの法則は、本書で紹介しているほかの法則ほど、普遍的には適用できない。実際、ボーデの法則の関係は、経験論的で、偶然一致しているに過ぎない。

公転運動を行う天体どうしが重力を及ぼし合うことによって起こる「軌道共鳴」という現象では、太陽の周囲に、長期的に安定な軌道が存在しない領域が生じるので、惑星軌道の間隔を、軌道共鳴の結果としてある程度説明できる可能性がある。軌道共鳴は、2つの公転する天体が、規則的かつ周期的に重力を及ぼし合う場合に起こり、両者の公転周期が単純な整数比の関係になる。

◀ボーデの法則による木星の太陽からの平均距離は5.2 AUで、実際の測定値は5.203 AUである。

参照：『宇宙の神秘』(1596年)、太陽系の測定(1672年)、海王星の発見(1846年)

リヒテンベルク図形

ゲオルク・クリストフ・リヒテンベルク(1742–99)

▲バート・ヒックマンが作成した、アクリル内のリヒテンベルク図形。電子ビームに照射後、手動で放電を起こして作成。放電前の試料の内部電位は、約200万ボルトと推定される。

稲妻が透明なアクリルブロックに閉じ込められ、化石になったかのような、3次元のリヒテンベルク図形は、自然現象が最も美しく現れたもののひとつだ。このような枝分かれした放電の痕跡は、物体の表面に残された、同様だが2次元の電気の経路痕を研究した18世紀ドイツの物理学者ゲオルク・リヒテンベルクにちなんで「リヒテンベルク図形」と名づけられた。リヒテンベルクはまず、絶縁体の表面に静電気を放電させ、続いて、帯電させたある種の粒子をその表面にまき散らすことで、興味深い巻きひげ状の模様を出現させた。

今日では、アクリルの内部に3次元のパターンを形成することができる。アクリルは、絶縁体、すなわち誘電体で、電荷を蓄えることはできるが、電流は普通流れない。まず、電子加速器から出てくる高速電子ビームでアクリルを照射する。電子はアクリルの内部に侵入し、そこで蓄積される。アクリルは絶縁体なので、電子は内部にとらえられてしまう(アクリルの牢屋から外に出ようともがいているスズメバチの大群を思い浮かべてほしい)。ところが、電気的ストレスが、アクリルの誘電体としての強度を超えるレベルに達すると、アクリルの一部が突然導電性を帯びる。この状態で、アクリルに金属針を突き刺せば、それが引き金となって、電子がアクリルの内部から逃れ出る。その結果、アクリル分子どうしを結び付けていた化学結合の一部が断ち切られる。アクリルから逃れ出る電荷により、一瞬のうちに、アクリル内部に導電性の経路が多数形成され、その経路沿いにアクリルが融けていく。電気技術者バート・ヒックマンは、「これらの微細亀裂は、音速を上回るスピードでアクリル内を広がるのではないか」と推測している。

リヒテンベルク図形はフラクタルで、さまざまな倍率で自己複製する枝の形をしている。実際、シダの葉のような放電パターンが分子レベルまで細分化して伸びているのかもしれない。研究者たちは、このプロセスで生じる樹状パターンを再現する、数学的、物理的なモデルを構築している。物理学者にとっては、一見多様なさまざまな物理現象におけるパターン形成の本質的な特徴が捉えられる可能性があるため、これは興味深い。このようなパターンには、医療分野での応用も考えられる。たとえば、テキサスA&M大学の研究者らは、これらの羽のようなパターンは、人工臓器のなかで成長する血管組織のテンプレートになるかもしれないと考えている。

参照：ベンジャミン・フランクリンの凧(1752年)、テスラ・コイル(1891年)、ヤコブのはしご(1931年)、ソニックブーム(1947年)

黒眼銀河

エドワード・ピゴット(1753-1825)、ヨハン・エレルト・ボーデ(1747-1826)、シャルル・メシエ(1730-1817)

▲黒眼銀河の外側の領域の星間ガスは、内側の領域のガスや恒星とは逆向きに回転している。この差動回転は、黒眼銀河が10億年以上前に別の銀河と衝突し、それを吸収したのが原因で生じたのかもしれない。

黒眼銀河は、かみのけ座のなかに位置し、地球からは約2400万光年離れている。博物学者で著述家のステファン・オメーラは、この有名な銀河について、「つややかな絹をまとった腕が、磁器でできた中心部を優雅に抱いている……この銀河は、周囲に「くま」ができた人間の目が閉じているような姿をしている。暗い塵の雲は、耕した土のように分厚く、黒々とまだらに見えるが、それをなす物質を瓶に詰めたとしても、完全な真空とほとんど区別できないだろう」と記している。

この銀河は、1779年にイギリスの天文学者エドワード・ピゴットによって発見され、その12日後、ドイツの天文学者ヨハン・エレルト・ボーデによってまったく独立に発見された。さらに約1年後、フランスの天文学者シャルル・メシエもこれを発見した。「**虹の説明**」の項で触れたとおり、このようにほぼ同時に同じものが別々に発見されることは、科学と数学の歴史では珍しくない。たとえば、イギリスの博物学者チャールズ・ダーウィンとアルフレッド・ウォレスは、まったく無関係に、同時に進化論を構築した。同様に、アイザック・ニュートンとドイツの数学者ゴットフリート・ヴィルヘルム・ライプニッツは、微積分を独立に、しかも同時に開発した。科学における同時発見の多さをめぐり、一部の哲学者は、「科学的発見は、特定の地域と時代に共通する知的水準から出現するので、必然的に起こるのだ」という説を提案している。

興味深いことに、最近の発見から、黒眼銀河の外側の領域の星間ガスは、内側の領域のガスや恒星とは逆向きに回転していることが示された。この差動回転は、黒眼銀河が10億年以上前に別の銀河と衝突し、それを吸収したのが原因で生じたのかもしれない。

著述家のデイヴィッド・ダーリングは、黒眼銀河の内側の領域は半径約3000光年で、「反対向きに秒速約300 kmで回転し、少なくとも4万光年の遠方まで伸びている外側の円盤の内側の縁をこすりながら回転している。このように内側の領域が外側の領域をこすっていることが、現在黒眼銀河で活発な恒星形成が起こっており、塵が回転している幅広い帯のなかに青い点として見えている原因かもしれない」と記す。

参照：ブラックホール(1783年)、星雲説(1796年)、フェルミのパラドックス(1950年)、クエーサー(1963年)、ダークマター(1933年)

ブラックホール

ジョン・ミッチェル(1724-93)、カール・シュヴァルツシルト(1873-1916)、ジョン・アーチボルト・ホイーラー(1911-2008)、スティーヴン・ウィリアム・ホーキング(1942-2018)

天文学者は地獄を信じたりはしないだろうが、宇宙のなかに、すべてを貪欲に呑み込んでしまう真っ黒な領域があり、その前に来た者は、「この門をくぐる者は、すべての希望を捨てよ」という助言を受け入れるほかないということは、ほとんどの天文学者が信じている。これは、イタリアの詩人ダンテ・アリギエーリの『神曲』に描かれる地獄の門に記された警句だが、宇宙物理学者のスティーヴン・ホーキングはこれを、ブラックホールに近づいている旅人へのメッセージにまさにぴったりだと言った。

このような宇宙論的地獄とも呼ぶべきブラックホールは、多くの銀河の中心部に実際に存在している。銀河の中心のブラックホールは、私たちの太陽の数百万倍、あるいは、数十億倍もの質量をもつ物体が崩壊して、私たちの太陽系ほどの大きさの領域に密集したものだ。古典的なブラックホール理論によれば、このような物体の周囲の重力場は極めて強いため、その強固な拘束からは、何ものも――光さえも――逃れられない。ブラックホールに落ちた人はみな、超高密度で、極めて小さな体積の中心部へと急降下する……同時にそれは時間の終わりでもある。しかし、量子論を考慮すると、ブラックホールはホーキング放射と呼ばれる、一種の放射を出すと考えられる(「注と参考文献」と、「スティーヴン・ホーキング、『スタートレック』に出演」の項を参照のこと)。

さまざまな大きさのブラックホールが存在しうる。ここで歴史的背景を少しお話ししておこう。1915年にアルベルト・アインシュタインが一般相対性理論を発表したほんの2, 3週間後に、ドイツの天文学者カール・シュヴァルツシルトは、今ではシュヴァルツシルト半径または事象の地平面と呼ばれているものを正確に計算した。この半径は、ある質量をもった物体を取り囲む球を定義する。古典的なブラックホール理論では、ブラックホールを囲むこの球の内部では、重力が極めて強いため、光、物質、信号のいずれも絶対に逃れることができない。私たちの太陽と同じ質量をもつ物体のシュヴァルツシルト半径は、数 km である。胡桃ほどの大きさの事象の地平面をもつブラックホールの質量は、地球と同じくらいだ。あまりに質量が大きく光さえも逃れられない物体という概念は、最初、地質学者ジョン・ミッチェルによって1783年に提案された。「ブラックホール」という言葉は、1967年に理論物理学者ジョン・ホイーラーが作ったものである。

▲ブラックホール近傍での空間のゆがみを描いた、アーティストによる作品。
◀ブラックホールとホーキング放射にインスピレーションを得て、スロベニアの画家テジャ・クラセクは多くの印象的な作品を生み出している。

参照：地球脱出速度(1728年)、一般相対性理論(1915年)、白色矮星とチャンドラセカール限界(1931年)、中性子星(1933年)、クエーサー(1963年)、スティーヴン・ホーキング、『スタートレック』に出演(1993年)、宇宙の消失(100兆年後)

1785年

静電気に関するクーロンの法則

シャルル＝オーギュスタン・ド・クーロン(1736–1806)

「黒い雷雲の火を、私たちは「電気」と呼ぶ」と、19世紀の随筆家トーマス・カーライルは記し、「しかし、それは何なのか？　何がそれを作ったのか？」と続けた。電気の正体に迫る最初の努力を行ったのは、フランスの物理学者シャルル＝オーギュスタン・ド・クーロンだ。彼は傑出した物理学者で、電気、磁気、そして力学の分野に貢献した。静電気に関する彼の法則によれば、2つの電荷のあいだに働く引力または斥力は、電荷の大きさの積に比例し、両者を隔てる距離 r の2乗に反比例する。電荷の符号が同じなら斥力、符号が逆なら引力が働く。

現在では、多数の実験により、クーロンの法則は、電荷どうしの距離については、10^{-16} m（1個の原子核の直径の10分の1）から 10^{6} m までという、驚異的な広範囲にわたって有効であることが確認されている。だが、クーロンの法則は、帯電した粒子が静止しているときにしか厳密には成り立たない。なぜなら、荷電粒子が運動すると磁場が生じ、電荷にかかる力が変化するからだ。

クーロン以前のほかの研究者たちも $1/r^2$ 則を提唱していたが、クーロンが独自のねじり秤による測定で得た証拠をもとに結果を導き出した栄誉を称え、本書ではこれをクーロンの法則と呼ぶことにする。言い換えれば、1785年までは良い推測に過ぎなかったものに、クーロンは説得力のある定量的な証拠を提供したのである。

クーロンのねじり秤のある型式のものでは、金属と非金属の球を1個ずつ、1本の絶縁体の棒に付けたものが使われている。この棒は、中央部で非導電性の糸で吊るされている。静電気力を測定するため、まず金属球を帯電させる。同じ電荷を帯びた第3の球を、つり合った状態で糸に吊るされている帯電した球に近づける。すると、つり合っている球は斥力を受ける。この斥力により、糸はねじれる。この糸がそれと同じ回転角だけねじれるために必要な力を測定すれば、帯電した球が及ぼした力の大きさを見積もることができる。言い換えれば、糸は、ねじれ角に比例する力を与える非常に高感度なばねとして働くわけである。

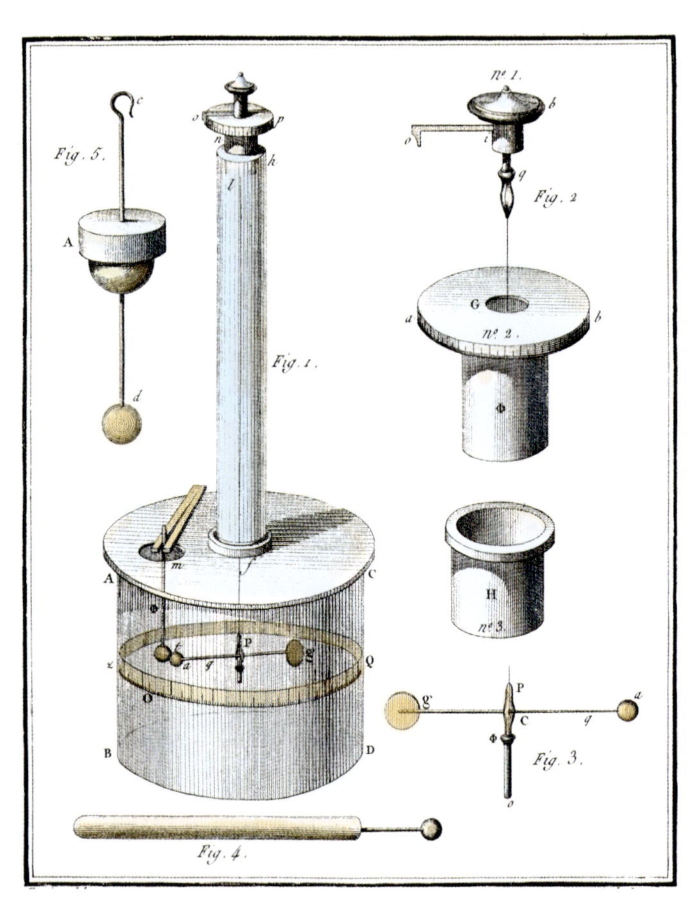

◀シャルル＝オーギュスタン・ド・クーロンのねじり秤。彼の『電気と磁気に関する論文』(1785～89年)より。

参照：マクスウェルの方程式(1861年)、ライデン瓶(1744年)、エトヴェシュの重力偏差計(1890年)、電子(1897年)、ミリカンの油滴実験(1913年)

1787年

シャルルの気体の法則

ジャック・アレクサンドル・セザール・シャルル(1746-1823)、ジョゼフ・ルイ・ゲイ＝リュサック(1778-1850)

▲1783年の、ジャック・シャルルと副操縦士ニコラ＝ルイ・ロベルトによる初飛行の様子。見物人たちが旗を振って見送っている。背景はベルサイユ宮殿である。この銅版画はアントワーヌ・フランソワ・サージャン＝マルソーにより1783年ごろ制作されたと推定されている。

「気球に穴をあけ、真実の種を見つけるのが私たちの仕事だ」と、作家ヴァージニア・ウルフは記した。一方、フランスの気球乗りジャック・シャルルは、真実を発見するために「気球」を空高く浮かび上がらせるにはどうすればいいかを知っていた。彼を称えて名づけられた気体についての法則は、一定の量の気体が占める体積は、絶対温度(すなわち、ケルビン単位の温度)に比例するというものだ。この法則は、Vを一定の圧力のもとでの体積、Tを温度、kを定数として、$V=kT$と表すことができる。物理学者ジョゼフ・ゲイ＝リュサックは、この法則を1802年に初めて発表したが、その際、1787年ごろにジャック・シャルルが行った未発表の研究を参照した。

気体の温度が上昇するにつれ、気体分子の運動はより速くなり、容器の壁にぶつかる力も大きくなる——その結果、膨張できる容器であれば、気体の体積が増加する。もっと具体的な例として、風船のなかの空気を温めるところを考えよう。温度が上昇するにつれ、風船の内部で運動する気体分子の速度は上昇する。すると、風船の内側の面に気体分子が衝突する速さと頻度も上昇する。風船は伸びるので、内部での衝突が激しくなるにつれ、表面が膨張していく。気体の体積は増加し、その密度は低下する。風船の内側の気体を冷却すると、この逆の効果が生じ、圧力が低下し、風船は縮む。

シャルルは、彼の時代には、気球飛行の科学や、その他の実用的な科学のさまざまな応用や発明で最も有名だった。彼の最初の気球飛行は、1783年に行われ、数千人のファンが熱烈に見上げるなか、気球はゆらゆらと飛んでいった。高度3000フィート(914 m)近くまで上昇し、最後はパリ郊外の畑のなかに着地したようだが、恐怖に駆られた農夫たちに破壊された。実際、土地の農夫たちには、吐息や唸り声を出し、悪臭を放つ気球は、一種の悪霊か獣だと思われたのだった。

参照：ボイルの法則(1662年)、ヘンリーの気体の法則(1803年)、アヴォガドロの気体の法則(1811年)、気体分子運動論(1859年)

1796年

星雲説

イマヌエル・カント(1724-1804)、ピエール＝シモン・ラプラス侯爵(1749-1827)

何世紀にもわたって科学者たちは、太陽と惑星は、宇宙のガスと塵でできた回転する円盤から生まれたと推測していた。この平らな円盤から形成されたがために制約を受けて、ほとんどの惑星の軌道は、この面の内部にあるというのだ。この「星雲説」は、1755年に哲学者イマヌエル・カントによって展開され、その後1796年に数学者ピエール＝シモン・ラプラスによって精緻化された。

手短に言えば、恒星とその円盤は、分子雲と呼ばれる大量の希薄な星間ガスが重力崩壊することによって形成される。近傍の超新星(恒星が末期に起こす爆発現象)からの衝撃波が崩壊を誘発することもある。こうしてできた原始惑星系円盤の内部のガスは、ある特定の方向に著しく渦巻いており、ガス雲にその方向の回転を与える。

天文学者たちは**ハッブル宇宙望遠鏡**を使って、私たちから約1600光年離れたオリオン大星雲の内部に、数個の原子惑星系円盤を見つけた。オリオン大星雲の原子惑星系円盤はどれも、私たちの太陽系よりも大きく、未来の惑星系を形成する材料となる、十分なガスと塵を含んでいる。

初期の太陽系は途方もなく荒々しい状況で、巨大な物質塊どうしが激しく衝突した。内部太陽系では、太陽の熱で軽元素や軽い物質は吹き飛ばされ、水星、金星、地球、火星が残った。より低温の外部太陽系では、ガスと塵からなる分子雲はしばらく存続し、木星、土星、天王星、海王星に集積した。

興味深いことに、アイザック・ニュートンは、太陽を周回するものの大部分が、数度の誤差で黄道面内にあることに感嘆した。彼は、自然の過程でそのような系が生まれることは不可能だと推論し、これは慈悲深く芸術的な創造主による設計があった証拠だと論じた。一時期彼は、宇宙は「神の感覚器官」で、宇宙に存在する物体の運動と変化は、神の思考であると考えていた。

▶原始惑星系円盤。小さな若い恒星が、地球のような岩を主成分とする惑星を形成する原材料となるガスと塵の円盤によって取り巻かれている様子をアーティストが描いたもの。

参照：太陽系の測定(1672年)、黒眼銀河(1779年)、ハッブル宇宙望遠鏡(1990年)

キャヴェンディッシュ、地球の重さを量る

ヘンリー・キャヴェンディッシュ(1731-1810)

ヘンリー・キャヴェンディッシュはおそらく、18世紀最大の科学者であり、また、これまでに登場した最大の科学者のひとりだった。しかし、彼は極度に内気だったため、彼の科学に関する著述のかなりの部分が、彼が亡くなるまで公表されなかったばかりか、彼の重要な発見のいくつかは、彼のあとに研究を行った科学者の業績と見なされることになってしまった。キャヴェンディッシュの没後発見された多数の草稿から、彼が当時の物理科学の、文字通りすべての分野で徹底的な研究を行っていたことが明らかになった。

この才能あるイギリスの化学者は、女性に対して非常に内気で、家政婦とも筆談のみでやりとりした。女性の使用人全員に、彼の前に姿を現さないよう命じていた。それが守れない者は解雇した。あるとき女性の使用人を目にした彼は、屈辱を感じたあまり、彼女らを避けるため、使用人専用の階段を増設した。

彼が行った最も素晴らしい実験のひとつが、キャヴェンディッシュ70歳のときの、地球の重さを量った実験だ。この偉業を成し遂げるために、彼はギリシア神話のアトラスに変身したわけではなく、超高感度の天秤を使って地球の密度を特定したのである。具体的には、吊るした棒の両端に鉛の球を1個ずつ吊りさげたねじり天秤を使ったのだ。これらの動く鉛球のそれぞれが、傍に設置した大きな鉛の静止した球から引力を受けるように装置がしつらえられていた。気流をできるだけ抑えるため、装置全体をガラスのケースで覆ったうえで、彼は離れたところから望遠鏡で球の動きを観察した。そして、天秤の振動周期を測定した結果から、大小の球どうしの引力を計算し、そこから地球の密度を計算した。彼は、地球の密度は水の5.4倍と特定したが、その値は今日認定されている値より1.3%小さいだけだった。キャヴェンディッシュは、小さな物体のあいだの微小な引力を検出することに成功した最初の科学者だった。(その引力は、対象の物体の重さの5億分の1の大きさだった。)ニュートンの万有引力の法則の定量化に貢献したキャヴェンディッシュは、重力の科学に、ニュートン以来最も重要な補強を行ったのだった。

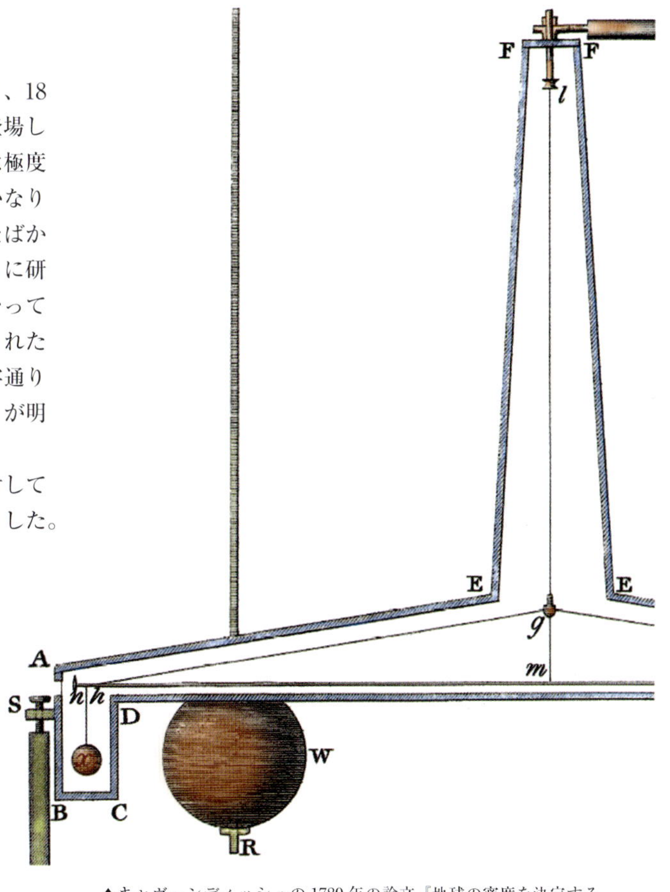

▲キャヴェンディッシュの1789年の論文『地球の密度を決定するための実験』のねじり天秤の図の一部。

参照：ニュートンの運動と万有引力の法則(1687年)、エトヴェシュの重力偏差計(1890年)、一般相対性理論(1915年)

1800年

電池

ルイージ・ガルヴァーニ(1737-98)、アレッサンドロ・ヴォルタ(1745-1827)、ガストン・プランテ(1834-89)

▲電池は進化するにつれ、電信システムから、自動車、カメラ、コンピュータ、電話に至るまで、電気機器の重要な進歩を促進してきた。

電池は、物理学、化学、そして産業の歴史において、きわめて重要な役割を果たしてきた。容量が増加し、より複雑になって高度化するにつれ、電池は電信通信システム(訳注：19世紀、最初期の実用的電信システムでは電池が使われた)から、自動車、カメラ、コンピュータ、電話での利用まで、電気機器の重要な進歩を促進してきた。

1780年ごろ、生理学者ルイージ・ガルヴァーニは、カエルの脚に金属で触れて痙攣させる実験を行った。サイエンス・ジャーナリストのマイケル・ギーエンは、このように書いている。「ガルヴァーニは、センセーショナルな公開講演で、物干しロープにだらりとぶら下がる濡れた洗濯物のように、数十本のカエルの脚を銅のフックで鉄のワイヤーに引っかけ、それらの脚が痙攣し始め、止まらなくなる様子を人々に見せた。伝統的な科学は、彼の理論の前に縮み上がったが、その痙攣するカエルの脚のラインダンスが見られる限り、ガルヴァーニが世界のどこで講演しようが、会場は満員札止め間違いなしだった」。ガルヴァーニは、脚の動きは「動物電気」のせいだとした。しかし、イタリアの物理学者で彼の友人だったアレッサンドロ・ヴォルタは、その現象はむしろ、ガルヴァーニが使った、湿った物質で接続された2種類の異なる金属に関係があると考えた。1800年ヴォルタは、銅と亜鉛の円盤を塩水で浸した布で隔てたものを何組か積み上げ、最初の電池と認められているものを発明した。この「ヴォルタ電堆(でんたい)」の最上部と底部を1本のワイヤーで接続すると、電流が流れ始めた。ヴォルタは、2つの端子を自分の舌に触れさせ、ビリビリ刺激を感じることで電流が実際に流れていると確認した。

「電池とはつまり、電気を生み出す化学物質の缶詰だ」と、マーシャル・ブレインとチャールズ・ブライアントは共著書に記している。1本のワイヤーで正と負の極をつなぐと、化学反応によって生じた電子が一方の極から他方の極へと流れる。

1859年、物理学者ガストン・プランテは、再充電可能な電池を発明した。自作した鉛酸蓄電池に、強制的に「逆向き」に電流を流して、再充電することに成功したのだ。1880年代、液体状の電解液に代わり、ペースト状の電解質を採用した乾電池が発明され、商業的成功を収めた(電解質とは、自由なイオンを含み、導電性を示す物質)。

参照：バグダッド電池(紀元前250年)、フォン・ゲーリケの静電発電機(1660年)、燃料電池(1839年)、ライデン瓶(1744年)、太陽電池(1954年)、バッキーボール(1985年)

光の波動性

クリスティアーン・ホイヘンス(1629-95)、アイザック・ニュートン(1642-1727)、トマス・ヤング(1773-1829)

「光とは何か?」という問いは、何世紀にもわたり科学者たちを惹きつけてきた。1675年、高名なイギリスの科学者アイザック・ニュートンは、光は微小な粒子の流れだという説を提唱した。彼のライバル、オランダの物理学者クリスティアーン・ホイヘンスは、光は波でできていると主張したが、ニュートンの名声の高さもあって、多くの場合、ニュートンの説のほうが優勢だった。

1800年ごろ、イギリスの研究者トマス・ヤング(ロゼッタストーンの解読に関する研究でも有名)が、ホイヘンスの波動説を支持する証拠となる一連の実験を始めた。現在行われているヤングの実験の一例では、不透明な板に開けられた2本のスリットを、1本のレーザービームで同様に照射する。レーザー光が2つのスリットを通過した際に形成されるパターンが、やや離れたところにあるスクリーンの上で観察される。ヤングは幾何学の議論を使い、スクリーン上に現れた、等間隔の多数の明暗の筋(縞模様)は、2本のスリットから広がった光の波の重ね合わせとして説明できることを示した。縞の明暗はそれぞれ、互いに強め合う建設的干渉と、打ち消し合う破壊的干渉を表しているというわけだ。このパターンは、2個の石を池に投げ込むと、それぞれの石から生じる波が、次第に広がってやがてぶつかり合い、互いに打ち消し合ったり、強め合ってより大きな波を作ったりするのと同じである。

同じ実験を、光の代わりに電子のビームを使って行っても、同じ干渉パターンが得られる。これは非常に興味をそそられる結果である。なぜなら、電子が粒子としてしか振舞わないなら、2本のスリットに対応する2つの明るい点が観察されるだけで、干渉パターンは生じないはずだからだ。

今日私たちは、光と素粒子の振舞いは、この実験以上に不思議だということを知っている。電子を一度に1個ずつ2本のスリットに向かって放っても、波が両方のスリットを同時に通過しているのと同じパターンが形成される。この振舞いは、光子(光の粒子)と電子のみならず、すべての素粒子で見られ、光やほかの素粒子は、粒子と波の振舞いが組み合わさった奇妙な性質をもっていることがわかる。じつはこれは、量子力学が物理学にもたらした革命の、ひとつの側面に過ぎないのだ。

▶ 2つの点光源からの光の干渉のシミュレーション。ヤングは、スクリーン上に現れた、多数の明暗の筋(縞模様)は、2本のスリットから広がった光の波の重ね合わせとして説明できることを示した。縞の明暗は、それぞれ建設的干渉と破壊的干渉を表しているというわけだ。

参照:マクスウェルの方程式(1861年)、電磁スペクトル(1864年)、電子(1897年)、光電効果(1905年)、ブラッグの結晶回折の法則(1912年)、ド・ブロイの関係式(1924年)、シュレーディンガーの波動方程式(1926年)、相補性原理(1927年)

1803年

ヘンリーの気体の法則

ウィリアム・ヘンリー(1775–1836)

指の関節を鳴らすという何でもない行為にも、面白い物理が隠れている。イギリスの化学者ウィリアム・ヘンリーにちなんで名づけられたヘンリーの法則は、気体が液体に溶解する量は、その気体の圧力に比例するというものだ。ただし、これが成り立つのは、その系が平衡状態に達しており、気体と液体が化学反応を起こさない場合である。今日ヘンリーの法則として広く使われている方程式は、$P=kC$ である。ここで、P はその気体の分圧(訳注：混合気体に混じっている個々の気体が、混合気体と同じ体積を占めたときの圧力)、C は溶解した気体の濃度、k は比例定数である。

ヘンリーの法則の一側面を実感するために、気体の分圧が2倍に上昇するシナリオを考えてみよう。その結果、一定の時間内に、平均で2倍の数の分子が液体表面に衝突し、したがって、液体に溶解する気体の分子も2倍になるだろう。注意していただきたいのは、気体の種類によって溶解度は異なるので、ヘンリーの式の比例定数のほかに、この違いも結果に影響するということだ。ヘンリーの法則を使えば、指の関節を「パチン」と鳴らすときの音の背後にある物理を理解することもできる。関節の滑液(訳注：関節で骨と骨の間の隙間を満たし、関節の動きを滑らかにしている液体)に溶け込んでいる気体は、関節が引き延ばされ、圧力が低下すると、ヘンリーの法則にしたがって、急激に気化する。これは、機械的な力により液体中に低圧の気泡が急速に形成され崩壊する、キャビテーションと呼ばれる現象の一例で、特有の、かなり大きな音が発生するというわけだ。

スキューバダイビングの際、吸い込んだ空気の圧力は、周囲の水圧とほぼ同じである。深く潜れば、空気圧は上昇し、血液により多くの空気が溶け込む。ダイバーが急激に上昇すると、血液に溶け込んだ空気があまりに急速に気化してしまうことがある。血中の気泡は、減圧症(潜水病)と呼ばれる、著しい痛みを生じる危険な障害を引き起こす恐れがある。

◀ガラスコップ内のコーラ。炭酸飲料の缶を開けると、一気に減圧され、ヘンリーの法則により、溶解していた気体が気化する。飲料の内部から二酸化炭素が放出される。

参照：ボイルの法則(1662年)、シャルルの気体の法則(1787年)、アヴォガドロの気体の法則(1811年)、気体分子運動論(1859年)、ソノルミネセンス(1934年)、水飲み鳥(1945年)

フーリエ解析

ジャン・バティスト・ジョゼフ・フーリエ(1768-1830)

「数理物理学で最も繰り返し登場するテーマはフーリエ解析だ」と、物理学者サドリ・ハッサーニは記す。「たとえば、古典力学、……電磁気学の理論、波動の周波数解析、ノイズの検討、熱物理学、そして量子論にも登場する」――つまり、周波数解析が重要なほとんどすべての分野に出てくるわけだ。フーリエ級数は、恒星の化学組成の解明を助け、電子回路内の信号伝達を定量化するのに役立つ。

フランスの数学者ジョゼフ・フーリエは、名高い彼の級数を発見する前、1798年にナポレオンのエジプト遠征に同行し、その地で数年間エジプトの古代遺物を研究した。フーリエが熱の数学的理論の研究に着手したのは1804年にフランスに帰国したころのことで、1807年までには、『固体内部での熱伝導について』という重要な報告書を完成させた。彼が深く研究したテーマのひとつは、異なる形状内の熱拡散に関するものだった。この種の問題では、時間 $t=0$ における、表面と輪郭の各点における温度を与えられたうえで解を求めるのが普通だ。フーリエは、これらの問題の解を求めるのに使える、sin と cos の三角関数の項からなる級数を導入した。そして彼は、もっと広義に、微分可能な任意の関数は、グラフ上でいかに奇妙な形をしていようが、任意の精度で三角関数の和で表すことができることを発見した。

▲ジェットエンジンの一部。フーリエ解析は、可動部をもつ無数の種類のシステムにおいて、望ましくない振動を定量化し、理解するのに利用されている。

フーリエの伝記の著者ジェローム・ラヴェッツとI.グラッタン＝ギネスは、「フーリエの業績は、さまざまな方程式の解を得るために彼が発明した強力な数学的ツールを考慮すれば納得できる。それは長い系列の子孫を生み、数学的解析法に問題を提起し、19世紀が終わるまでのみならず、その後もなお、この分野における優れた研究の大半を動機づけた」と述べる。イギリスの物理学者サー・ジェームズ・ジーンズ(1877-1946)は、「フーリエの定理は、すべての曲線は、その性質によらず、あるいは、元々どのように得られたかにもよらず、十分な数の単純で調和的な曲線を重ね合わせることによって再現できると教えてくれる――要するに、すべての曲線は、波を積み重ねて作ることができるのだ」。

参照：フーリエの熱伝導の法則(1822年)、温室効果(1824年)、ソリトン(1834年)

1808年

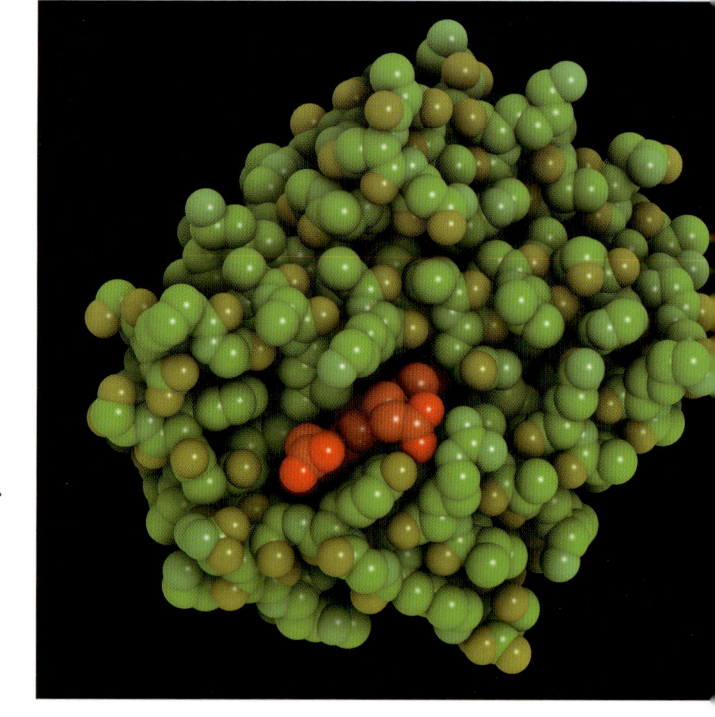

原子論

ジョン・ドルトン(1766-1844)

ジョン・ドルトンは、いくつもの困難にもかかわらず科学者として成功した。彼が育った家庭は、裕福ではなかった。人前で話すのが下手だったし、極度の色覚異常で、おまけに実験家としても稚拙で洗練されていないと評価されていた。これらの問題のいくつかは、彼の時代のどんな若手化学者にとっても、乗り越えられない壁となったに違いないが、ドルトンは耐え抜き、原子論の発展に際立った貢献を行った。原子論とは、すべての物質は、重さが異なるさまざまな原子という粒子からできており、異なる原子どうしは、単純な比で結合して化合物を作ることができるという考え方だ。また、ドルトンの時代の原子論では、原子は破壊することができず、ある元素について、すべての原子はまったく同一で、原子量と呼ばれる同一の質量をもつとされていた。

彼はさらに、「倍数比例の法則」を発見した。これは、2つの元素が結合して別の化合物を形成できるときはいつも、結合する一方の元素の質量が一定なら、それに結合するもう一方の元素の質量は、相手の元素の質量と単純な整数比、たとえば1：2になるという法則だ。化合物をなす元素どうしの質量が単純な整数比だという事実は、原子が化合物の構成要素だという証拠となった。

ドルトンの原子論に抵抗する人々もいた。たとえば、イギリスの化学者サー・ヘンリー・エンフィールド・ロスコー(1833-1915)は、1887年にドルトンを揶揄して、「原子とはドルトン氏が発明した、丸い小さな木の球だ」と述べた。おそらくロスコーは、異なる大きさの原子を表現するために、一部の科学者たちが使っていた木製の模型のことを言ったのだろう。そのような抵抗にもかかわらず、1850年までには、原子論はかなりの数の化学者たちに受け入れられ、反論もほとんど聞かれなくなった。

「物質は、小さな分割できない粒子によって構成されている」という考え方は、すでに紀元前5世紀にギリシアの哲学者デモクリトスが抱いていたが、原子論が広く受け入れられるようになるのは、1808年にドルトンが『A New System of Chemical Philosophy(化学的哲学の新体系)』(未訳)を出版してからのことだ。今日私たちは、原子は陽子、中性子、電子などの、より小さな粒子に分割されることを知っている。さらに、より一層小さな粒子であるクォークは、結合しあって、陽子や中性子などのほかの素粒子を形成する。

▲原子論によれば、すべての物質は原子でできている。本図は、原子を球で表した、ヘモグロビン分子の模型。赤血球の内部に存在するたんぱく質である。

◀ウィリアム・ヘンリー・ウォーシントン(1795年ころ～1839年ころ)によるドルトンの版画

参照：気体分子運動論(1859年)、電子(1897年)、原子核(1911年)、単独の原子を観察する(1955年)、ニュートリノ(1956年)、クォーク(1964年)

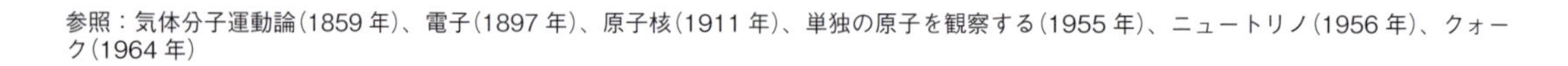

アヴォガドロの気体の法則

アメデオ・アヴォガドロ(1776-1856)

アヴォガドロの法則は、1811年にそれを提案したイタリアの物理学者アメデオ・アヴォガドロにちなんで名づけられたが、温度と圧力が同じとき、同じ体積の気体には、分子組成に関わらず、同じ個数の分子が含まれるという法則だ。この法則では、気体分子は「理想的」に振舞っている(訳注：分子どうしに分子間力が働かず、分子に大きさがない)と仮定しているが、数気圧以下の圧力で、室温に近い温度の場合、ほとんどの気体でこの仮定が成り立つ。

これを少し変形した、気体の体積は分子の個数に比例するという法則も、やはりアヴォガドロによるとされる。式で表すと、aを定数、Vを気体の体積、Nを気体分子の個数として、$V=a\times N$である。彼の時代のほかの科学者たちも、確かにそのような比例関係が成り立っていると考えていたが、アヴォガドロの法則は競合するほかの法則よりも一歩踏み込んでいた。というのもアヴォガドロは、分子を、物質の特性を示す最小の粒子──数個の原子で構成される場合もある──と定義していたからだ。たとえば、水分子は2個の水素原子と1個の酸素原子からなると彼は提唱した。

アヴォガドロ定数6.0221367×10^{23}は、ある元素の原子が1モルの量存在するとき、そのなかに含まれる原子の個数である。今日アヴォガドロ定数は、結合していない炭素12原子12 gのなかに含まれる炭素12原子の数として定義される。1モルは、その物質の原子量の値と厳密に同じグラム数だけその物質が存在するときの元素の量である。たとえば、ニッケルの原子量は58.6934なので、1モルのニッケルには58.6934 gのニッケルが含まれる。

原子と分子は極めて小さいため、アヴォガドロ定数の大きさを実感するのは難しい。ひとつ例を。もしも異星人が空から下りてきて、はぜなかったポップコーンの粒(トウモロコシの粒)をアヴォガドロ定数だけ地球に捨てたとすると、異星人はアメリカ合衆国を厚さ9マイル(約14.5 km)のトウモロコシの粒で覆うことになる。

▶ガラス鉢のなかに、1から24まで番号を振った24個の金色のボールを詰めよう。ボールをランダムに1個ずつ取り出したとすると、1から24の番号順にボールを取り出す確率は、ほぼアヴォガドロ定数分の1である。きわめて小さな確率だ。

参照：シャルルの気体の法則(1787年)、原子論(1808年)、気体分子運動論(1859年)

1814年

フラウンホーファー線

ヨゼフ・フォン・フラウンホーファー(1787-1826)

分光**スペクトル**は、ある物体が放射する電磁波(光)の強度が、波長によってどのように異なるかという分布を示すものだ。原子のスペクトルでは、高いエネルギー準位にあった電子が低いエネルギー準位に落ち込む際に、輝線と呼ばれる明るい線が現れる。輝線の色は、2つの準位のエネルギー差によって決まり、また、同じ元素の原子に対しては、各エネルギー準位のエネルギー値は同じである。したがって、輝線の色は元素ごとに決まっている。スペクトルのなかで黒く見える吸収線は、原子が光を吸収し、電子がより高いエネルギー準位に飛び上がるときに生じる。

吸収線や、輝線からなる放出スペクトル(訳注：原子が光を放出する際のスペクトルという意味で、発光スペクトルと呼ぶこともある)を調べれば、そのスペクトルをもたらした化学元素は何かを特定することができる。19世紀には大勢の科学者が、太陽の電磁放射のスペクトルは、ある色から次の色へと連続しているのではなく、無数の暗線が含まれていることに気づいた。それは、太陽が放射する電磁波のうち、特定の波長の光が吸収されているということを意味した。これらの暗線は、それを記録したバイエルンの物理学者ヨゼフ・フォン・フラウンホーファーにちなんでフラウンホーファー線と呼ばれている。

太陽が放射スペクトルを示すのは当然だが、なぜ暗線を示すかはよくわからないという読者の皆さんがいらっしゃるかもしれない。太陽がなぜ自分の光を吸収するのだろう、と。

恒星には、多数の異なる種類の原子が含まれていて、ある範囲の色の光を放射していると考えればいい。恒星の表面——光球——から出る光は、色が分布した連続スペクトルをもっているが、光が恒星の大気を通過するあいだに、いくつかの色(すなわち、異なる波長をもった光)が吸収される。この吸収により暗線が生じるわけだ。恒星のスペクトルのなかで、欠けている色、つまり暗線は、その恒星の大気にどの化学元素が存在しているかを正確に教えてくれる。

科学者たちはこれまでに、太陽のスペクトルのなかで欠けている波長を多数特定して一覧にしている。地球に存在する化学元素のスペクトル線と、太陽スペクトルの暗線を比較することによって、太陽に存在する70種類を超える元素が発見された。フラウンホーファーが太陽の吸収線を記録した数十年後、ロバート・ブンゼンとグスタフ・キルヒホッフの2人の科学者は、元素を炎のなかで熱したときの放出スペクトルを研究し、1860年にセシウムを発見した。

▶太陽スペクトルの可視光部分。フラウンホーファー線が見られる。図の y 軸は光の波長を表し、一番上が380 nm、一番下が710 nmである。

参照：ニュートンのプリズム(1672年)、電磁スペクトル(1864年)、質量分析計(1898年)、制動放射(1909年)、恒星内元素合成(1946年)

ラプラスの悪魔

ピエール＝シモン・ラプラス侯爵(1749-1827)

1814年、フランスの数学者ピエール＝シモン・ラプラスは、のちに「ラプラスの悪魔」と呼ばれるものを記述した。それは、宇宙のすべての原子の位置、質量、速度と、知られているすべての運動方程式を与えられたなら、未来のすべての出来事を計算し、特定することができる実体だ。科学者マリオ・マーカスは、「ラプラスの思考からするとこうなる。もしも私たちの脳内の粒子もこれに含めるなら、自由意志は幻想となるだろう……。実際、ラプラスの神も、すでに書かれた本のページをめくっているだけである」と記している。

ラプラスの時代、彼の考え方はある程度意味をなした。つまるところ、テーブルの上を転がるビリヤード球の位置を予測できるなら、原子で構成された物体についてそれができない理由などないではないか？　実際、ラプラスの宇宙のなかで、神は彼にはまったく必要ない。

ラプラスはこう記した。「私たちは、宇宙の現在の状態を、その過去の結果であり、その未来の原因だと考えればいいだろう。ある瞬間に、自然を動かし始めたすべての力と、自然を構成するすべての要素の位置をすべて知っている知性が、これらのデータを解析できるほど十分大きければ、それはひとつの方程式のなかに、宇宙の最大の物体の運動も、最小の原子のそれも、含めることができるだろう。そのような知性にとって、不確かなことなど何もなく、未来は過去とまったく同じように、その眼前に存在するだろう」。

その後、**ハイゼンベルクの不確定性原理**や**カオス理論**が登場し、ラプラスの悪魔はありえないことになったようだ。カオス理論によれば、初期のある時間における測定に、ごくわずかでも誤差があれば、予測された結果と実際の結果のあいだに大きな違いが生じる可能性がある。だとすると、ラプラスの悪魔はすべての粒子の位置と運動を無限の精度で知っていなければならず、悪魔は宇宙そのものよりも複雑になってしまう。この悪魔が宇宙の外側に存在するとしても、ハイゼンベルクの不確定性原理によれば、必要とされる無限に正確な測定は不可能である。

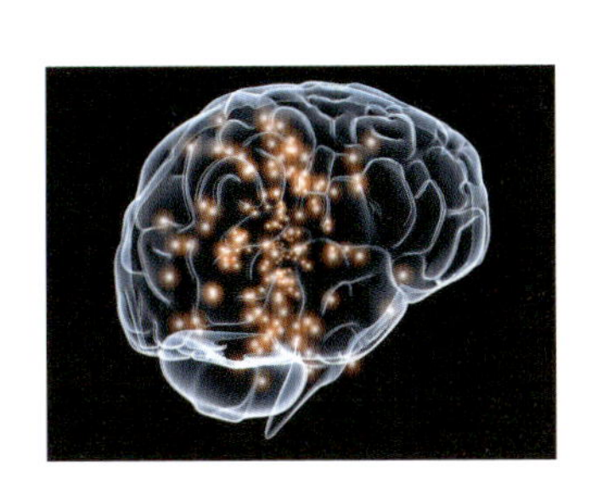

▲ある時間に、すべての粒子(図中明るい点で示されている)の位置、質量、速度を観察しているラプラスの悪魔をアーティストが描いた作品。
▼ピエール＝シモン・ラプラス(1842年フェイトー夫人が彼の死後に描いた肖像)
◀ラプラスの悪魔が存在する宇宙では、自由意志は幻想になるのだろうか？

参照：マクスウェルの悪魔(1867年)、ハイゼンベルクの不確定性原理(1927年)、カオス理論(1963年)

1815年

ブルースターの光学の法則

サー・デイヴィッド・ブルースター(1781-1868)

光は、何世紀にもわたって科学者たちを惹きつけてきたが、あのヌルッとしたイカが、光の性質について何か教えてくれると思う人はあまりいないのではないか。光の波は、進行方向にそれぞれ垂直に、そしてお互い垂直な方向に振動する電場と磁場からなる。普通の光は、あらゆる方向に振動する光が混在しているが、光線を直線偏光させることによって、電場を特定の平面内だけで振動させることができる。光を直線偏光させるには、たとえば、空気とガラスなどの、2つの媒体の境界面で光を反射させればいい。境界面に平行な電場の成分が最も強く反射される。また、スコットランドの物理学者デイヴィッド・ブルースターにちなんでブルースター角と呼ばれている特定の角度で光が入射したときには、反射光は電気ベクトルが境界面に平行な光だけとなる。

地球の大気を通過する光が偏光することによって、グレアと呼ばれるまぶしい光が空に現れることがある。写真家たちは、このような部分偏光の影響を抑えるために、特別な物質を使い、グレアで空が白っぽく見えるのを防いでいる。ハナバチやイカをはじめ、多くの動物は、光の偏光を感知する優れた能力をもっており、ハナバチは偏光を利用して進行方向を判別する。太陽光の直線偏光の向きが、太陽の方角に垂直なことを利用しているのだ(訳注：少し詳しく言えば、天空における太陽光の偏光の方向は、ほぼ、太陽を中心にした同心円状になっている。したがって、ハチの体軸が偏光方向に一致するとき、太陽は体の右または左にあり、体軸が偏光方向に直交するときは、太陽は体の前か後ろにある。昆虫の偏光によるナビゲーションの詳細はまだ解明されていない)。

偏光の実験を行っていたブルースターは、1816年に万華鏡を発明した。万華鏡の多重反射を理解するために光路図を作成しようとして、物理を学ぶ学生や教師が魅了されることは珍しくない。ブルースター万華鏡協会の創設者コージー・ベイカーは、「彼の万華鏡は、前例のない大騒ぎを引き起こしました……。万華鏡熱がすべての階層の人々、最底辺から最上層まで、まったく無知な人から最高水準の知識をもつ人までを襲い、そしてすべての人が、自分の経験に新たな楽しみが加わったと感じるだけでなく、その気持ちを表現しました」と書いている。アメリカの発明家エドウィン・H.ランドは、「万華鏡は、1850年代のテレビでした……」と記した。

▲偏光を使った実験を行っていたブルースターは、1816年に万華鏡を発明した。
◀イカは偏光を利用したパターンを皮膚に表示し、複雑な模様を作ってコミュニケーション手段としている。そのようなパターンは人間の目には見えない。

参照：スネルの屈折の法則(1621年)、ニュートンのプリズム(1672年)、光ファイバー(1841年)、電磁スペクトル(1864年)、レーザー(1960年)、光が届かない場所がある部屋(1969年)

聴診器

ルネ＝テオフィル＝ヤサント・ラエンネック(1781-1826)

社会史家のロイ・ポーターは、「体の音――呼吸の音、心臓の周りでドクドク流れている血液の音――を聞けるようにしてくれた聴診器は、内科疾患への取り組み方を変革し、ひいては医者と患者の関係を変えた。生きた身体は、もはや閉じた本ではなくなった。生きた患者に対して病理学を行うことができるようになったのだ」と記している。

1816年、フランスの医師ルネ・ラエンネックが聴診器を発明した。それは、トランペット状に開いた一端を患者の胸に付けて使う、木製の筒であった。筒の空洞に満たされた空気が、患者の体の音を医者の耳まで伝達した。1940年代には、胸に当てるチェストピースの表裏両面が使えるものが標準的となった。チェストピースの片面には、ダイヤフラム(樹脂製の円形の膜)が張られており、体の音を検出すると振動し、それによって発生した音圧の波が空洞を伝わる。チェストピースの反対側の面はベル型の集音部(空のカップ)になっており、低周波の音を伝達するのに適している。ダイヤフラム側は、心音がもつ低周波音を抑制するので、呼吸器系の音を聴く際に使われる。ベル側を使うとき、医者は胸にベルを押しあてる圧力を変えて、肌の振動周波数に「同調」させ、心拍が最もよく聞こえるようにする。現在に至るまでに、ほかにも多数の改良が行われ、音の増幅、ノイズの低減をはじめ、簡単な物理原理を適用して、さまざまな特性が最適化されている(「注と参考文献」参照)。

ラエンネックの時代、内科医は患者の胸や背中に直接耳を当てることが多かった。しかしラエンネックは、この方法は「毎回医師にも患者にも不便で、患者が女性の場合、無作法であるのみならず、実際に行えないことも多い」と不満だった。聴診器の発明後、患者が非常に貧しく、ノミだらけの場合、近づきたくない医者は、非常に長い聴診器を使うようになった。ラエンネックは、聴診器を発明したほか、いくつかの身体的疾患(肺炎、結核、気管支炎)につき、それらが聴診器から聞こえるどのような音に対応しているかを詳細に記録した。皮肉なことに、ラエンネック自身も、45歳のときに結核で亡くなった。その際には彼の甥が聴診器で彼を診察した。

▶現代の聴診器。チェストピースの大きさと材質が集音に及ぼす影響を調べるため、さまざまな音響的実験が行われている。

参照：音叉(1711年)、ポアズイユの流体の法則(1840年)、ドップラー効果(1842年)、空中聴音機(1880年)

1822年

フーリエの熱伝導の法則

ジャン・バティスト・ジョゼフ・フーリエ(1768-1830)

「熱を炎から切り離すことはできないし、美を神から切り離すこともできない」と、ダンテ・アリギエーリは記した。フランスの数学者ジョゼフ・フーリエも熱の性質に魅了されたひとりで、固体の熱伝導に関する彼の方程式は有名である。熱伝導に関するフーリエの法則は、ある物体のなかの2点間を熱が流れる速さは、2点の温度差に比例し、2点間の距離に反比例するというものだ。

全体が金属でできたナイフの一端を、カップに入った熱いココアに浸けると、反対側の端も温度が上がりはじめる。この熱の伝導は、高温側の端の分子が、ランダムな運動を通して、運動エネルギーと振動エネルギーを隣の部分と交換することによって起こる。「熱流」とも解釈できるエネルギーの流れの速度は、位置AとBの温度差に比例し、AとBの距離に反比例する。つまり、温度差が倍になるか、あるいはナイフが半分の長さになれば、熱流は倍になるということだ。

Uをその物質の熱伝導率――物質がもつ熱の伝えやすさの尺度――とすると、これをフーリエの法則に含めることができる。最も熱伝導率が高い物質には、熱伝導率の順番に、ダイヤモンド、カーボンナノチューブ、銀、銅、そして金がある。専門家たちは、ダイヤモンドの熱伝導率の高さを利用して、簡単な道具を使い、ダイヤモンドが偽物でないか判別することができる。どんな大きさでも、ダイヤモンドは触れると冷たく感じるが、これは熱伝導率が高いためで、英語でダイヤモンドを指すのに「ice(氷)」という言葉が使われることがあるのは、そのせいかもしれない。

フーリエは熱伝導に関し、基礎となる研究を行った一方、自分の体温の調節には生涯苦労した。彼は常に寒く感じ、夏でさえ大きなコートを何枚も羽織っていた。亡くなる前の数ヶ月は、弱った体を支えるために、箱に入って過ごすことが多かった。

▲銅の原鉱。銅は、電気も熱も非常によく伝導する。
◀コンピュータ・チップの放熱システムの開発には、さまざまな手段による熱の伝導が重要だ。この写真では、中央部に見える長方形の基板上の物体が、チップから熱を放出するために使われている。

参照:フーリエ解析(1807年)、カルノーの熱機関(1824年)、ジュールの法則(1840年)、魔法瓶(1892年)

1823年

オルバースのパラドックス

ハインリヒ・ヴィルヘルム・マテウス・オルバース（1758-1840）

「夜空はなぜ暗いのか？」1823年、ドイツの天文学者ハインリヒ・ヴィルヘルム・オルバースは、この問いについて論じた論文を発表し、以後この疑問は「オルバースのパラドックス」と呼ばれるようになった。それはこのような難問だ。もしも宇宙が無限に広がっているなら、どの方向であれ、地上から夜空を見上げた視線を遠方にたどれば、必ず恒星にぶつかるはずだ。だとすれば、夜空は星の光でまばゆいほど明るくなければならないではないか。これに対してみなさんは、恒星は非常に遠いので、その光はそれだけの距離を伝わる間に拡散してしまうと反論されるかもしれない。実際、星の光は伝わる間に暗くなるが、その割合は、観察者との距離の2乗に比例している。一方、宇宙の体積は——ひいては恒星の総数は——距離の3乗に比例して大きくなる。したがって、恒星は遠方にあるほど暗くなるとしても、それは恒星の数が増えることで相殺されてしまう。もしも私たちが無限の遠方まで見える宇宙に暮らしているなら、夜空は確かに途方もなく明るくなるだろう。

オルバースのパラドックスは、次のように解決される。そもそも私たちは、無限に広く、定常的で、どこまでも見ることのできる宇宙には暮らしていない。この宇宙は有限の年齢を持ち、膨張している。**ビッグバン**からたったの138億年しか経っていないので、私たちに見える恒星は、ある有限の距離離れたところまでしか存在しない。つまり、私たちが観察できる恒星の数は有限なのだ。光の速度も有限なので、私たちには決して見ることのできない部分が宇宙にはあり、そのようなきわめて遠いところにある恒星が発した光は、地球に到達することができない。興味深いことに、オルバースのパラドックスがこのように解決できることを最初に提言したのは、作家のエドガー・アラン・ポーである。

もうひとつ考慮すべきなのが、宇宙の膨張そのものも夜空を暗くするということだ。その理由は、星の光が広がっていく空間が、常にどんどん広くなっているからである。また、**ドップラー効果**によって、急速に遠ざかる恒星が放出した光の波長は赤方偏移を起こす。これらの要因がなかったなら、夜空は極度に明るく高温だったはずで、だとすると、私たちが知っているような生物が進化することはなかっただろう。

▶宇宙が無限に広いなら、視線を任意の方向に伸ばすと、必ず恒星にぶつかる。だとすると、夜空は星の光でまばゆいほど明るくなるはずだ。

参照：ビッグバン（紀元前138億年）、ドップラー効果（1842年）、ハッブルの宇宙膨張の法則（1929年）

1824年

温室効果

ジョゼフ・フーリエ(1768-1830)、スヴァンテ・アウグスト・アレニウス(1859-1927)、ジョン・ティンダル(1820-93)

「あれこれ悪評はあるが、「温室効果」と呼ばれるプロセスは、きわめて自然で必然的な現象だ……。大気には、太陽光を地球の表面まで通過させるが、地表から再放射される熱エネルギーが逃れるのを阻むようなガスが含まれている。このような天然の温室効果がなければ、地球は寒くなりすぎ、生物を維持できなくなるだろう」と、ジョゼフ・ゴンザレスとトマス・シャーラーは書いている。カール・セーガンもかつて、「温室効果が少しあるのはいいことだ」と記した。

一般的に温室効果とは、大気中のガスが赤外放射をする、すなわち熱エネルギーを吸収したり放出したりする結果、惑星の表面が熱せられる現象だ。ガスが再放射するエネルギーの一部は、外宇宙へと逃れ出る。それ以外の部分は、惑星に向かって再び放射されて戻ってくる。1824年ごろ数学者ジョゼフ・フーリエは、地球が常に生物を維持するのに十分温かいのはなぜかと考えた。彼は、熱の一部は確かに宇宙へと逃れ出るが、大気は小さな透明のドーム――なべのガラス蓋のことだろう――のようなもので、太陽の熱の一部を吸収し、地表へと再放射するのだという説を提唱した。

1863年、イギリスの物理学者で登山家でもあったジョン・ティンダルは、水蒸気と二酸化炭素がかなりの量の熱を吸収するという実験結果を報告した。彼は、したがって水蒸気と二酸化炭素は、地球表面の温度を制御する重要な役割を演じていると結論した。1896年、スウェーデンの化学者スヴァンテ・アレニウスは、二酸化炭素には熱を閉じ込める非常に強い効果があり、大気中の二酸化炭素量を半分にすると、氷河期が訪れるだろうということを示した。今日私たちは、化石燃料の燃焼などによって人間が温室効果ガスに影響を及ぼした結果強化された温室効果を、「人為的地球温暖化」という言葉で呼んでいる。

水蒸気と二酸化炭素に並んで、畜牛のゲップに含まれるメタンも温室効果をもたらす。「牛のゲップ？」と、トマス・フリードマンは記す。「そうだ――温室効果ガスに関する驚くべき事実は、それを発生する源の多様性だ。ひとつの牛の群れ全体のゲップは、ハマー(訳注：ゼネラルモーターズ社の大型車)が連なった高速道路よりも深刻な温室効果ガスを放出する場合がある」。

▲産業革命以降の製造業、鉱業、その他の活動の大きな変化により、大気中の温室効果ガスの量は増加した。たとえば、主に石炭を燃料とする蒸気機関は、産業革命の促進に貢献した。

◀フィリップ・ジェームズ・ド・ラウザーバーグによる『夜のコールブルックデール』(1801年)。イングランド中西部のマデレーウッド地域にあった溶鉱炉を描いている。産業革命初期によく見られた、象徴的な姿である。

参照：オーロラ・ボレアリス(1621年)、フーリエの熱伝導の法則(1822年)、レイリー散乱(1871年)

カルノーの熱機関

ニコラ・レオナール・サディ・カルノー(1796-1832)

初期の熱力学——熱と仕事のあいだでエネルギーが変換される現象に関する研究——の研究の大部分は、機関(訳注：ある形のエネルギーを力学的エネルギーに変換するための機械)の働きや、石炭などの燃料を機関が行う有用な仕事に効率的に変換する方法に主眼が置かれていた。サディ・カルノーは、熱力学の「父」と呼ばれることが多いが、これは彼の1824年の論文、「火の動力についての考察」による。

カルノーが機械における熱の流れを理解するためにたゆまず努力を続けた理由のひとつは、イギリスの蒸気機関のほうがフランスのものよりも効率的だと思えることに不満だったからだ。彼の時代、蒸気機関は普通、薪や石炭を燃やして水を水蒸気に変換していた。そして、高圧の水蒸気がエンジンのピストンを動かしたのだ。水蒸気が排気口から放出されると、ピストンは元の位置に戻った。排気された水蒸気はラジエーターで冷やされて水に戻り、再び熱せられて、ピストンを動かすのに使うことができた。

カルノーは、今日カルノーの熱機関と呼ばれる理想的な機関を考案した。それは、出力としての仕事が、入力である熱のエネルギーと等しく、この変換の過程で一切エネルギーを失わない機関だ。カルノーはいくつか実験を行い、現実の装置では決してこのような理想的な変換は起こらないことに気づいた。一部のエネルギーは、必ず環境へと失われていく。熱の形のエネルギーを完全に力学的エネルギーに変換することは不可能である。しかしカルノーは、機関の設計者たちが、最大効率に近い性能が出るように機関を改良するのを大いに助けたわけだ。

カルノーは、「循環的な装置」に関心を抱いていた。循環サイクルのさまざまな時点で、熱を吸収したり放出したりする装置だ。100%効率的な循環的機関を作るのは不可能だが、それは、**熱力学第2法則**の別の表現そのものである。残念なことに、カルノーは1832年にコレラに感染し、衛生局からの命令で、彼の本、論文、その他の所持品はほとんどすべて焼き払われてしまった。

▲1813年のサディ・カルノーの肖像
▶蒸気機関車。カルノーは機械における熱の流れを理解するために研究を行った。彼の提唱したさまざまな理論は、今日も大きな意義をもっている。彼の時代、蒸気機関では薪や石炭を燃やすのが一般的だった。

参照：永久機関(1150年)、フーリエの熱伝導の法則(1822年)、熱力学第2法則(1850年)、水飲み鳥(1945年)

1825年

アンペールの電磁気の法則

アンドレ＝マリ・アンペール（1775-1836）、ハンス・クリスティアン・エルステッド（1777-1851）

フランスの物理学者アンドレ＝マリ・アンペールは、1825年までに電磁理論の基礎を確立していた。電気と磁気の結びつきは、あまり知られていなかったが、1820年にデンマークの物理学者ハンス・クリスティアン・エルステッドが、方位磁針の近くに置かれたワイヤーに電流を流したり止めたりすると、方位磁針が動くことを発見して以降、認知されるようになった。当時の理解は完全ではなかったが、この単純な実験は、電気と磁気が関連した現象であることを示唆していた。この発見は、電磁気のさまざまな応用をもたらし、ついには電信、ラジオ、テレビ、そしてコンピュータをもたらしたのである。

アンペールやほかの科学者たちがエルステッドに続いて1820年から1825年にかけて行ったいくつもの実験で、電流Iが流れる任意の電気伝導体は周囲に磁場を生み出すことが示された。この基本的な発見と、導電性のワイヤーをさまざまな形状にした派生形とをまとめて、「アンペールの電磁気の法則」と呼ぶことがある。たとえば、「電流が流れているワイヤーは、そのワイヤーの周囲を回転する磁場$\mathbf{B}$を生じる」というのもその一例だ。（太字はベクトル量を表す。）$\mathbf{B}$はIに比例する強度をもち、長い直線のワイヤーを中心とする半径rの仮想的な円周に沿っている。アンペールらは、電流は小さな鉄片を引き付けることを示し、さらにアンペールは、電流が磁気を生み出すという説を提唱した。

釘の周囲に絶縁されたワイヤーを巻き付け、ワイヤーの両端を電池に接続して作製した電磁石で実験したことのある読者の皆さんは、アンペールの法則を直接経験されたわけである。要するにアンペールの法則は、磁場と、それを生み出す電流の間には関係があることを表している。

磁気と電気のさらなる結びつきは、アメリカの科学者ジョゼフ・ヘンリー（1797-1878）や、イギリスの2人の科学者マイケル・ファラデー（1791-1867）とジェームズ・クラーク・マクスウェル（1831-79）の実験によって示された。フランスの2人の科学者ジャン・バティスト・ビオ（1774-1862）とフェリックス・サバール（1791-1841）もワイヤーを流れる電流と磁気の関係を研究した。アンペールは信心深く、自分は魂と神の存在を証明したと信じていた。

▲A. タルデュー（1788-1841）によるアンドレ＝マリ・アンペールの肖像（銅版画）
◀電気モーターを開いて回転子とコイルを露出させた写真。電磁石は、モーター、発電機、拡声器、粒子加速器、産業用リフティングマグネットなどに広く使われている。

参照：ファラデーの電磁誘導の法則（1831年）、マクスウェルの方程式（1861年）、検流計（1882年）

キラーウェーブ

ジュール・セバスチャン・セザール・デュモン・デュルヴィル(1790-1842)

「文明が始まったそのときから」と、海洋物理学者スザンヌ・レーナーは記す。「人類は巨大な波の物語に魅了されてきた——海の「怪物」たち……そびえたつ水の塔が倒れてきても、小舟はなすすべもない。水の壁が近づくのが見える……だが、逃げることもできなければ、戦うこともできない……。いつか、[この悪夢に]対抗できるようになるのだろうか？ 巨大な波を予測できるだろうか？ 制御できるだろうか？ サーファーのように大波に乗れるようになるだろうか？」

21世紀になっても物理学者たちが海面について完全には理解していないと言うと、驚かれるかもしれないが、キラーウェーブがいかにして発生するかは、まだ完全には明らかになっていない。1826年、フランスの探検家で海軍将校のデュモン・デュルヴィルは、高さ30 m——10階建てのビルほどの高さ——にも及ぶ波を経験したと報告したとき、冷笑を浴びた。しかし、衛星による観察と、波の分布に関する確率理論を取り入れた多数のモデルを使った研究を経て、現在ではこの程度の高さの波は、過去に考えられていたよりもはるかに一般的であることがわかっている。このような水の壁が、大海原で、何の前触れもなく現れたときの恐怖を想像していただきたい。海の恐ろしい「穴」となるほどの、非常に深い海溝がきっかけになって、晴天に出現することもある。

一説によると、海流と海底の形状がまるで光学レンズのように作用し、波の動きを集中させるという。もしかすると、2つの異なる嵐で生じた波が交差して、重なり合って高波が形成されるのかもしれない。しかし、比較的静かな海に高い水の壁を形成する、このような非線形的な波の効果が生じるには、さらに多くの要因が関わっていると思われる。キラーウェーブでは、崩れる前の頂点が、付近のほかの波の4倍の高さに達する場合もある。非線形シュレーディンガー方程式を使ってキラーウェーブ形成のモデルを作ろうと試みて、多数の論文が書かれている。波の非線形的な成長に対する風の影響の研究からも、多くの成果が出ている。キラーウェーブは多くの船や人命を奪っており、科学者たちは、そのような波を予測し回避する方法を探り続けている。

▲大海原で前触れもなく現れるキラーウェーブは恐ろしい。海の「穴」をなすほど深い海溝の存在がきっかけになって、晴天でも出現することがある。キラーウェーブは、船や人命を奪う脅威だ。

参照：フーリエ解析(1807年)、ソリトン(1834年)、風速最大の竜巻(1999年)

1827年

オームの電気の法則

ゲオルク・オーム(1789-1854)

ドイツの物理学者ゲオルク・オームは、電気の分野の最も基本的な法則のひとつを発見したにもかかわらず、その研究は同僚たちから無視され、生涯のほとんどを貧困のなかで暮らした。彼を厳しく批判した人々は、彼の研究を「空想をそのまま絡み合わせただけのもの」と呼んだ。オームの電気の法則は、ある回路を流れる一定の電流 I は、その抵抗にかかる一定の電圧 V (すなわち起電力)に比例し、抵抗値 R に反比例するというものだ。式で表すと、$I=V/R$ である。

オームは1827年に実験によってこの法則を発見したが、どうやら、異なる多くの物質でこの法則が成り立っているようだった。方程式から明らかなように、1本のワイヤーの両端の電位差 V (ボルト単位)が2倍になれば、アンペア単位で表した電流 I も2倍になる。また、電圧が一定のとき、抵抗が2倍になれば、電流は2分の1に減少する。

オームの法則は、人体が受ける電気ショックの危険性を判定するのにも使える。電流の値は、体の2点に与えられた電位差(電圧)を、体の電気抵抗で割ったものに等しい。ある人が厳密に何ボルトの電圧までなら経験しても生きていられるかは、体全体の抵抗によって異なる。体の全抵抗は、体脂肪、水分摂取量、皮膚の発汗、そして皮膚のどこにどのように電極を接するかなどのパラメータに依存する。

電気抵抗は今日、パイプラインの腐食や金属損失を監視するのに使われている。たとえば、金属壁の抵抗の正味の変化は、金属損失によるものかもしれない。腐食検出器は、常時設置されて連続的に情報を提供するものも、また、携帯型で必要に応じて情報を収集するものもある。抵抗がなければ、電気毛布、電気ケトル、そして**白熱電球**は使い物にならないことに注意。

▲抵抗器(カラフルな縞模様のついた円柱状の物体)が配置された回路基板。オームの法則にしたがい、各抵抗器には、流れる電流に比例した電圧が端子間にかかっている。抵抗器のカラフルな帯は、抵抗値を示す。

◀電気ケトルは、電気抵抗を利用して発熱している。

参照：ジュールの法則(1840年)、キルヒホッフの電気回路の法則(1845年)、白熱電球(1878年)

ブラウン運動

ロバート・ブラウン(1773-1858)、ジャン＝バティスト・ペラン(1870-1942)、アルベルト・アインシュタイン(1879-1955)

1827年、スコットランドの植物学者ロバート・ブラウンは、顕微鏡を使って、水に懸濁した花粉粒子を観察していた。花粉の液胞が破れて水に流出した微粒子が、ランダムに踊りまわるように動いて見えた。1905年、アルベルト・アインシュタインは、微粒子がこのような運動をするのは、絶えず水分子がぶつかっているからだろうと予測した。任意の瞬間、微粒子の片側に、反対側よりも多数の分子が衝突しているので、微粒子は一瞬、ある特定の方向に少しだけ動くというわけである。アインシュタインは統計の法則を使い、このような衝突がランダムに変動することで、ブラウン運動を説明できることを示した。そのうえ、この運動からは、巨視的な粒子にぶつかっている、当時は目には見えない仮想的な粒子でしかなかった、分子の大きさも特定できるのだった。

1908年、フランスの物理学者ジャン＝バティスト・ペランは、アインシュタインによるブラウン運動の説明を確証した。原子と分子の実在は、20世紀初頭になってもなお議論の的であったが、アインシュタインとペランの研究の結果から、物理学者たちはついにこれを受け入れた。ペランは、このテーマで執筆した1909年の論文の結びに、「今後は、分子仮説に対する敵対的な態度を合理的な議論で弁護するのは難しくなると思われる」と記した。

ブラウン運動は、さまざまな媒質内で粒子を拡散させており、非常に広い概念であるため、汚染物質の拡散から、舌表面でのシロップの相対的な甘さの研究に至るまで、多くの分野で広く応用されている。拡散の概念は、アリに対するフェロモンの効果や、マスクラットが1905年に偶然ヨーロッパに放たれたのちに増殖した事実などを理解するのにも役立つ。拡散の法則は、重工業の汚染物質の集中のモデルを作成したり、新石器時代に農民が狩猟採集者にとって代わった過程をシミュレートしたりするのにも利用されている。また、大気中や、石油系炭化水素に汚染された土壌に、ラドンがいかに拡散するかを研究するのにも使われている。

▶科学者たちはブラウン運動と拡散の概念を利用して、マスクラットの繁殖のモデルを作成した。1905年、5匹のマスクラットがアメリカからプラハへ持ち込まれた。1914年までには、その子孫があらゆる方向に90マイルまで広まった。1927年、その個体数は1億匹を超えた。

参照：永久機関(1150年)、原子論(1808年)、グレアムの気体の浸出の法則(1829年)、気体分子運動論(1859年)、ボルツマンのエントロピーの公式(1875年)、インスピレーションの源としてのアインシュタイン(1921年)

グレアムの気体の浸出の法則

トマス・グレアム(1805-69)

私は、グレアムの法則を取り上げるときはいつも、死と核兵器について考えずにはおれない。スコットランドの科学者トマス・グレアムにちなんで名づけられたこの法則は、「ある気体の拡散速度は、その粒子の質量の平方根に反比例する」というものだ。これは、$R_1/R_2=(M_2/M_1)^{1/2}$ という式で表すことができる。ここで、R_1 は気体1の拡散速度、R_2 は気体2の拡散速度、M_1 は気体1のモル質量、M_2 は気体2のモル質量である。この法則は、気体の拡散、浸出両方で成り立つ。浸出とは、個々の分子が互いに衝突することなく非常に小さな穴から流れ出ることをいう。拡散の速度は、気体の分子の重さに依存する。たとえば、水素のように分子量が小さい気体は、重い粒子よりも速く拡散する。その理由は、軽い粒子は一般により速く運動しているからである。

グレアムの法則は、1940年代に非常に恐ろしい用途に応用された。原子炉技術開発の過程で、放射性ガスを分離する際に、気体分子の重さによって拡散速度が違うことが利用されたのだ。ウランの同位体、U-235とU-238を分離するために、長い拡散チャンバーが使われた。2種の同位体が混在するウランをフッ素と化学反応させ、六フッ化ウランのガスにする。核分裂を起こすU-235を含む軽い六フッ化ウラン分子のほうが、U-238を含む重い分子よりも少しだけ速くチャンバーを通過するのだ。

第二次世界大戦中、この分離過程のおかげでアメリカは、原子爆弾の開発に成功した。核分裂の連鎖反応の実現にはU-235の分離が不可欠だったのだ。U-235とU-238を分離するために、米国政府はテネシー州に気体拡散工場を建設した。この工場では、何枚もの多孔質の障壁を通してガスを拡散させ、マンハッタン計画に必要なウランを濃縮した。その結果、原子爆弾が製造され、1945年に日本に投下された。ウラン同位体分離のために、気体拡散工場では、43エーカー(17.4 ha)の敷地に4000段階のプロセスを組む必要があった。

▲マンハッタン計画の一環、テネシー州オークリッジのK-25気体拡散工場。主工場は800 m以上の長さがあった。(マンハッタン計画の公式写真撮影者J.E. ウェストコット撮影)
◀ウラン鉱石

参照：ブラウン運動(1827年)、ボルツマンのエントロピーの公式(1875年)、放射能(1896年)、リトルボーイ原子爆弾(1945年)

ファラデーの電磁誘導の法則

マイケル・ファラデー(1791-1867)

「マイケル・ファラデーはモーツァルトが亡くなった年に生まれた」と、デイヴィッド・グッドリング教授は記す。「ファラデーの成果は、モーツァルトのものほど親しみやすくないが、現代の生活と文化に対するファラデーの貢献はモーツァルトにひけをとらない。……彼の磁気誘導の発見は現代の電気技術の基礎を築き……、電気、磁気、光を統一する、場の理論の枠組みとなった」。

イギリスの科学者マイケル・ファラデーの最も偉大な業績は、電磁誘導の発見だった。1831年、彼は、静止したコイルのなかに磁石を通過させると、必ずコイルに電流が流れることに気づいた。発生した起電力は、磁束(訳注:磁場中のある点に働く磁力の様子を表す磁力線の束。ある断面積内を通る磁力線がどれだけあるかという量で表す)の変化の割合に等しかった。アメリカの科学者ジョゼフ・ヘンリー(1797-1878)も同様の実験を行った。現在、この電磁誘導の現象は、発電所で重要な役割を果たしている。

ファラデーはまた、ワイヤーを環にして、静止した永久磁石の近くで動かすと、必ずワイヤーに電流が流れることも発見した。電磁石を使って同じ実験をし、電磁石の周囲の磁場が変化したのを確認すると、彼は続いて、近くに置いた別のワイヤーにも電流が流れるのを検出した。

スコットランドの物理学者ジェームズ・クラーク・マクスウェル(1831-79)は、のちに、磁束の変化が電場を生み、そのため近くのワイヤーに電流が流れるだけではなく、電場はたとえ電荷が存在しなくても、空間のなかに存在しているのだと提唱した。

マクスウェルは磁束の変化と、それが誘導した起電力との間の関係を、今日「ファラデーの電磁誘導の法則」と呼ばれるもので表現した。回路に誘導された起電力は、回路に作用する磁束が変化する割合に比例する。

ファラデーは、神が宇宙を維持していると信じており、自分は、注意深い実験と、その結果を検証し、それをさらに発展させてくれる同僚たちを通して、真実を明らかにするという神の意志を実践しているのだとの信念をもっていた。彼は聖書の一言一句を正真正銘の真実として受け入れたが、この世界では、どんな主張でも、それが受け入れられるには、注意深い実験が不可欠だと考えていた。

▲マイケル・ファラデーの1861年ごろの写真。ジョン・ワトキンス(1823-74)撮影。
▶G.W.ド・タンゼルマンの『現代生活における電気(Electricity in Modern Life、未訳)』(1889年)に掲載されたダイナモ、すなわち発電機。発電所では、磁場と導電体の相対的な運動により力学的エネルギーを電気エネルギーに変換する回転部をもった発電機が一般的に使われている。

参照:アンペールの電磁気の法則(1825年)、マクスウェルの方程式(1861年)、ホール効果(1879年)

1834年

ソリトン

ジョン・スコット・ラッセル(1808-82)

ソリトンとは、長い距離を伝わる間にもその形状を維持する孤立波のことである。ソリトンの発見は、重要な科学が何気ない観察から生まれる楽しい物語のひとつだ。1834年8月、スコットランドの技師ジョン・スコット・ラッセルはたまたま、1隻の荷船が馬にひかれて運河を進んでいるのを見ていた。荷船が急停止したときラッセルは、水が小山のように盛り上がった形になるという驚くべき現象を観察した。彼自身次のように説明している。「水の塊が大きな速度で前に転がり、ひとつの大きな盛り上がり、つまり、なめらかな丸いくっきりした形状の水の小山になって、運河に沿ってもともとの方向に進み続けた。形やスピードが変化することはなかった。私は馬に乗ってそれを追いかけ、なおも、高さ1フィートから1.5フィート(30〜45 cm)で長さ30フィート(9 m)の形を維持しながら、時速8から9マイル(13〜14 km ほど)のスピードで前進し続けている水塊を追い越した。波は徐々に低くなり、私は1,2マイル(約1.6〜3.2 km)追いかけたが、そのあたりで運河が曲がりくねって見えなくなった」。

その後ラッセルは、自宅の水槽のなかで不思議なソリトン(彼自身は「平行移動波」と呼んだ)の性質を把握するための実験を行い、その速度は波高に依存することを発見した。波高が(したがって速度も)異なる2つのソリトンは、互いに相手を通過し、再び出現したのちもともとの方向に進み続ける。ソリトンの振舞いは、プラズマや流砂など、ほかの系でも観察される。たとえば、三日月形の尾根をもったバルハン砂丘(訳注:中央アジアの砂漠地帯によくみられる三日月形の砂丘)どうしが互いに「通過」しあうのが観察されている。木星の大赤斑も一種のソリトンかもしれない。

今日ソリトンは、神経信号の伝達から光ファイバー内のソリトンに基づく通信まで、広範な現象で見られ、研究されている。2008年、宇宙空間において形状を保つソリトンが初めて観察された。地球を取り囲むイオン化ガスのなかを秒速約8 kmで移動していたと報告されている。

◀火星のバルハン砂丘。地球では、2つのバルハン砂丘が衝突すると、いったん両者が合成された尾根が形成されたのち、元々の2つの形に戻る場合がある。(砂丘が別の砂丘と「交差」するとき、実際に砂粒が互いに通過しあうわけではないが、尾根の形は維持されるようだ。)

参照:キラーウェーブ(1826年)、フーリエ解析(1807年)、自己組織化臨界現象(1987年)

ガウスと磁気単極子

カール・フリードリヒ・ガウス(1777-1855)、ポール・ディラック(1902-84)

「数学的な美しさゆえに、磁気単極子は存在するに違いないと思われる」と、イギリスの理論物理学者ポール・ディラックは記した。だが、これまでのところ、そんな奇妙な粒子を発見した物理学者はいない。ドイツの数学者カール・ガウスにちなんで、ガウスの磁性の法則と呼ばれる法則は、電磁気の基本方程式のひとつで、孤立した磁気単極子(すなわち、N極だけでS極はもたない磁石)は存在しないことを定式化したものでもある。一方、静電学では、孤立した電荷が存在する。電場と磁場にこのような非対称性があることは、科学者にとっては謎である。20世紀、科学者たちは、正と負の電荷を分離することはできるのに、磁石のN極とS極を分離できない真の理由は何か、しばしば考えた。

1931年、ポール・ディラックは、磁気単極子の存在する可能性に関する理論を初めて構築した科学者のひとりとなった。その後、磁気単極子の粒子を検出するための努力が多数行われている。しかし、これまでのところ、物理学者たちは孤立した単独の磁極を発見してはいない。普通の磁石(N極とS極がある)を半分に切断すると、できた2つの部分は、2個の磁石で、どちらもN極とS極をもっていることに注意していただきたい。

電弱相互作用と強い相互作用を統一しようとする素粒子物理学の理論のいくつかは、磁気単極子の存在を予測する。しかし、磁気単極子が存在するとしても、それらを粒子加速器で発生させるのは極めて困難である。なぜなら、磁気単極子は巨大な質量(約10^{16}ギガ電子ボルト)をもっており、したがって膨大なエネルギーが達成できなければ発生させられないからだ。

ガウスは自分の研究を極度に隠したがる傾向があった。数学史研究者エリック・テンプル・ベルによれば、ガウスが自分の発見のすべてを、発見した直後に発表していたなら、数学は50年早く進歩していたはずだという。ガウスは、定理をひとつ証明したあと、洞察は「苦しい努力によってではなく、神の恩寵によって」もたらされたのだと、よく口にしていた。

▲一端がN極で他端がS極の棒磁石を、砂鉄をまいたなかに置き、磁場のパターンを可視化したもの。物理学者たちはいつの日か磁気単極子の粒子を発見するだろうか?
◀ドイツの切手に描かれたガウス(1955年)

参照:オルメカ文明のコンパス(紀元前1000年)、『磁石論』(1600年)、マクスウェルの方程式(1861年)、シュテルン-ゲルラッハの実験(1922年)

1838年

恒星視差

フリードリヒ・ヴィルヘルム・ベッセル(1784–1846)

地球から恒星までの距離を測定しようという人類の努力には長い歴史がある。ギリシアの哲学者アリストテレスも、ポーランドの天文学者コペルニクスも、地球が太陽の周りを公転しているなら、恒星の位置は通年で変化するはずだと気づいていた。残念ながら、アリストテレスとコペルニクスは、この効果の表れである小さな「視差」を観察したことは一度もなく、視差が実際に発見されるには19世紀まで待たねばならなかった。

「恒星視差」とは、2本の異なる視線によって同じ恒星を見たときの、見かけ上の恒星の位置のずれである。単純な幾何学によって、このずれの角度を使い、その恒星から観察者までの距離を特定することができる。この距離を計算するひとつの方法を紹介しよう。1年のある時点でその恒星の位置を特定する。半年後、地球が太陽の周りを半周回ったあと、その恒星の位置を再び測定する。地球から遠い恒星があまり動かないのに対し、近い恒星はかなり動いて見えるはずだ(訳注：このように測定した恒星視差は、年周視差と呼ばれる)。恒星視差は、片目を閉じて物を見るときの効果と基本的に同じである。あなたの手を片目で見たあと、反対側の目で見ると、手が移動したように見える。視差角が大きいほど、物体は目に近い。

1830年代、恒星までの距離を実際に測定する最初の人物になろうと、天文学者たちが熾烈な競争を繰り広げていた。恒星視差が初めて測定されたのはようやく1838年になってのことだった。望遠鏡を使い、ドイツの天文学者フリードリヒ・ヴィルヘルム・ベッセルが白鳥座の61番星を観測した。白鳥座61番星は見かけの移動距離が大きく、ベッセルが視差を計算した結果、この恒星は地球から10.4光年(3.18パーセク)離れていると特定された。初期の天文学者たちが、彼らの庭にいながらにして広大な星間距離を計算する方法を見出したことには畏敬の念に打たれる。

恒星の視差角は非常に小さいので、初期の天文学者がこの方法で測定できたのは、地球に比較的近い恒星だけだった。現在天文学者たちは、欧州宇宙機関が打ち上げた人工衛星ヒッパルコスを使い、10万個以上の恒星の距離を測定している。

◀ NASAのスピッツァー宇宙望遠鏡と、地上の多数の望遠鏡で行われた観測に基づき、視差を計算することによって、小マゼラン雲(左上)内の恒星の前を通過する天体までの距離が特定されている。

参照：エラトステネス、地球を測定する(紀元前240年)、望遠鏡(1608年)、太陽系の測定(1672年)、ブラック・ドロップ効果(1761年)

燃料電池

ウィリアム・ロバート・グローヴ(1811-96)

▲直接メタノール型燃料電池(DMFC)の写真。メタノールの水溶液を燃料として電気を生み出す電気化学装置。写真で、実際の燃料電池は、中央部の正方形の板が層になった立方体の部分。

皆さんのなかには、高校の化学の授業で水の電気分解の実演を見たのを覚えている方もあるだろう。電解液(純水は電流が流れにくいため、希硫酸を水に混ぜて十分な電流を確保したもの)のなかに浸けた1対の金属製の電極のあいだに電流が流れると、「電気 ＋ $2H_2O$(液体) ⟶ $2H_2$(気体) ＋ O_2(気体)」という化学式にしたがって水素と酸素が発生する。イオン(訳注：H^+ と OH^-)を分離するのに必要なエネルギーは電源から供給される。

1839年、法律家にして科学者のウィリアム・グローヴは、燃料タンク内の水素と酸素から電気分解の逆過程を使って電気を生み出すという方法で、燃料電池の原型を製作した。燃料には、さまざまな組み合わせが可能だ。水素燃料電池では、化学反応によって水素原子から電子が奪われ、水素イオン、すなわち陽子が生じる。電子は接続されたワイヤーを通って、利用可能な電流として供給される。電気回路から戻ってきた電子は酸素と結びつき、続いて燃料電池内の水素イオンと結びついて、「廃棄物」として水を形成する。水素燃料電池は、化学電池と似ている。しかし、化学電池はやがて反応物質が枯渇して使えなくなるか、再利用するには充電が必要になるかのいずれかだが、水素燃料電池は、燃料として大気中の酸素と、水素が供給され続ければ使い続けることができる。

燃料電池が自動車の動力源として普及し、いつの日か従来のガソリンエンジンにとって代わることを望む人々もいる。しかし、コスト、耐久性、温度管理、そして水素の製造と供給などの問題が障害となり、普及には至っていない。とはいえ、燃料電池はバックアップシステムや宇宙船では非常に便利である。アメリカ人が月に到達できたのも燃料電池のおかげだ。炭素排出がゼロであり、石油への依存を低減できることも、燃料電池の魅力だ。

燃料電池の燃料としての水素が、炭化水素を主成分とする燃料を分解することによって生産される場合があることは決して見過ごしてはならない。これは、温室効果ガスを減少するという、燃料電池が目指すはずの目標に反してしまう。

参照：電池(1800年)、温室効果(1824年)、太陽電池(1954年)

ポアズイユの流体の法則

ジャン・ルイ・マリー・ポアズイユ(1797–1869)

閉塞した血管を広げる医療処置が、非常に有効な場合がある。というのも、血管の半径が少し大きくなるだけで、血流が劇的に改善する可能性があるからだ。その理由は、フランスの医師ジャン・ポアズイユにちなんで名づけられたポアズイユの法則にある。この法則は、管を流れる流体の流速と、管の幅、流体の粘性、そして管の両端での圧力の差の関係を与える。具体的には、管内の流体の流速をQ、管の内半径をr、管の両端での圧力差をΔP、管の長さをL、流体の粘性率をμとすると、$Q=[(\pi r^4)/(8\mu)]\times(\Delta P/L)$という式で表される。この法則は、対象の流体が安定した層流(すなわち、乱れのないなめらかな流れ)の場合に成り立つ。

この原理は、医療分野で実際に応用されている。血管内の血流の研究で使われているのだ。ポアズイユの式では、r^4という項のおかげで、管の半径が流速Qを決める最大の要因になっていることに注意していただきたい。ほかのすべての変数が同じなら、管の幅が倍になれば、Qは16倍に増加する。具体的には、直径が2倍の管と同じだけの水を流すには、16本の管が必要だということだ。医療に応用すれば、ポアズイユの法則によってアテローム性動脈硬化(訳注：血管の内壁にアテローム性、すなわち、粥状の隆起が生じて起こる動脈硬化)の危険を説明することができる。冠状動脈の半径が半分に狭まると、そこを流れる血流は16分の1に減少する。また、飲み物を飲むとき、少しでも太いストローのほうが簡単に飲めることの説明にもなる。吸い込むペースが同じだとすると、倍の太さのストローを使えば、単位吸引時間内に16倍の液体が吸引できる。肥大した前立腺が尿道を圧迫する場合、わずかな狭窄が排尿の速さに劇的な影響を及ぼし得るのも、ポアズイユの法則のせいである。

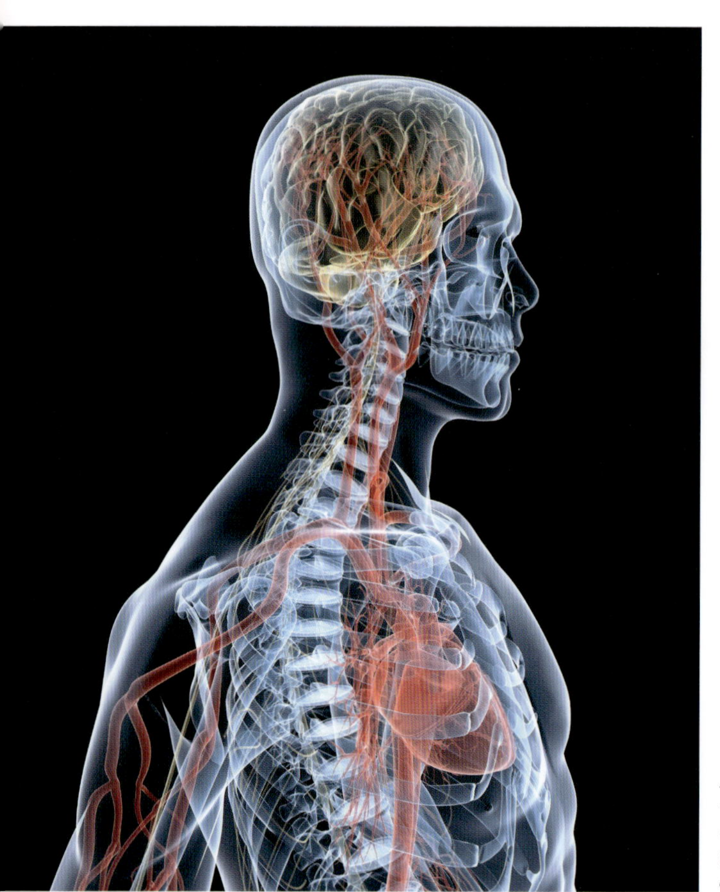

▲ポアズイユの法則は、細いストローを使うと、太いものを使うよりも、飲み物を吸うのが難しくなる理由を説明する。
◀ポアズイユの法則は、アテローム性動脈硬化の危険を示すのにも使える。たとえば、動脈の半径が半分になると、そのなかの血流は約16分の1に低下する。

参照：サイフォン(紀元前250年)、ベルヌーイの定理(1738年)、ストークスの粘性の法則(1851年)

ジュールの法則

ジェームズ・プレスコット・ジュール(1818-89)

外科医は、電流によって発生する熱量に関するジュールの法則(イギリスの物理学者ジェームズ・ジュールにちなんで名づけられた)のお世話になることが多い。これは、ある電気伝導体(以下、導体と呼ぶ)を安定に流れる電流によって生ずる熱の量Hは、$H=K \cdot R \cdot I^2 \cdot t$という式で計算できるという法則だ。ここで、$R$は導体の抵抗、$I$は導体を流れる一定の電流、$t$は電流が流れる時間の長さである(訳注：$K$は、どの単位を使うかによって異なる定数)。

ある抵抗Rをもった導体のなかを電子が移動するとき、電子が失う運動エネルギーが導体(抵抗)に熱として与えられる。この熱がいかに発生するかについて、標準的な説明では、導体の原子が格子状に並んでいることに注目する。電子が格子に衝突すると、格子の熱振動の振幅が大きくなり、導体の温度が上昇する。この過程をジュール加熱と呼ぶ。

ジュールの法則とジュール加熱は現代の電気外科手術の技術で重要な役割を演じている。この種の装置では、電流が「能動電極」(訳注：メス先電極とも呼ばれる)から生体組織を通って中性電極(訳注：対極板と呼ばれる)まで流れる。組織のオーム抵抗は、能動電極と接触している部分(血液、筋肉、脂肪組織など)の抵抗と、能動電極から中性電極までの全経路の抵抗によって決まる。電気外科手術では、電流が流れる時間(ジュールの法則のt)が手動スイッチまたは足踏ペダルで制御されることが多い。能動電極の形状を変えれば、熱を集中させて切断に使う(尖った形状の先端)ことも、ある程度の面積に広がった熱を使って凝固に使う(表面積が広い先端)こともできる。

ジュールは、力学的エネルギー、電気的エネルギー、熱エネルギーはすべて互いに変換できるという事実を明らかにするうえで大きな貢献を行ったことでも有名だ。彼は、**エネルギー保存の法則**すなわち熱力学第1法則の、多くの要素を実験によって検証したのである。

▲ジュールの法則とジュール加熱は、現代の投入電熱器(訳注：水に直接投入して、水を加熱するヒーター)にも利用されている。この器具でも熱はジュールの法則で決定する。

◀ジェームズ・ジュールの写真

参照：エネルギー保存の法則(1843年)、フーリエの熱伝導の法則(1822年)、オームの電気の法則(1827年)、白熱電球(1878年)

1841年

記念日時計

最初の時計には分針がなかった。近代的な産業社会が発展するにつれて、分針は重要になった。産業革命期、列車が定刻に走るようになり、工場は決まった時間に操業を開始し、終了するようになり、生活のテンポが格段に正確になった。

私が好きな時計は、ねじれ振り子時計、400日時計、記念日時計などと呼ばれるものだ。1年に一度巻けばいいだけなので、400日、記念日などの名がついた。私がこれらの時計にほれ込んだきっかけは、変わり者の億万長者ハワード・ヒューズに関する本を読んだことだ。伝記作家のリチャード・ハックによれば、彼のお気に入りの部屋には、「マホガニーのスタンドに地球儀が載せてあり、大きな暖炉の炉棚の上には、フランス製の青銅の400日時計があったが、それは「決して巻きすぎてはならない」のだった」。

記念日時計は、ねじりばねとして機能する細いワイヤーまたはリボンに吊るされた、錘のついた円盤を利用する。円盤はワイヤーの垂直軸を中心に左右に回転する——この運動が、普通の振り子時計の振り子の振動の代わりを務める。普通の振り子時計は、1656年までには存在していた。この年、クリスティアーン・ホイヘンスが、ガリレオの描いた図に刺激を受け、そこに描かれた時計の製作を発注したのだ。これらの時計は、振り子がかなり厳密な等時性をもっているおかげで、それまでの時計よりも正確だった。振り子の振動の周期は、ほぼ一定であり、特に振幅が小さいときには極めてずれが小さい。

記念日時計では、回転する円盤がばねを巻いたりほどいたりする動きはゆっくりで、また効率的なので、最初に1回巻くだけで、長期にわたってばねが時計のギアに動力を与え続ける。初期のねじれ振り子時計の精度はやや低かったが、理由のひとつはばねの力が温度によって変動したことだった。だが、その後、温度による変化を相殺するばねが採用された。そして1841年、アメリカの発明家アーロン・クレーンが記念日時計の特許を取得した。ドイツの時計職人アントン・ハーダーは、これとは独立に同種の時計を1880年に発明した。記念日時計は、第二次世界大戦後に米兵たちがアメリカに持ち帰ると、結婚祝いの贈り物として人気を博した。

◀記念日時計の多くは、1年に一度程度巻くだけでいい。記念日時計は、ねじりばねとして機能する細いワイヤーまたはリボンに吊るされた、錘のついた円盤を利用する。

参照：砂時計(1338年)、フーコーの振り子(1851年)、原子時計(1955年)

光ファイバー

ジャン＝ダニエル・コラドン(1802-93)、チャールズ・クエン・カオ(1933-2018)、ジョージ・アルフレッド・ホッカム(1938-2013)

光ファイバーの科学には長い歴史があり、1841年にスイスの物理学者ジャン＝ダニエル・コラドンが行った、水槽からアーチ形に流れる水に沿って光を流す「光の泉」の実験など、華々しい成果が連なっている。現代の光ファイバー技術は、20世紀を通して多くの研究者が独立に発見し、改良を重ねて発展してきたが、柔軟性のあるガラスまたは樹脂のファイバーを通して光を伝送するものだ。1957年、上部消化管を観察できる光ファイバー内視鏡の特許が技術者らによって取得された。1966年、電気技師のチャールズ・K.カオとジョージ・A.ホッカムは、光ファイバーで光パルスの形の信号を伝送し、遠隔通信を行うことを提案した。

「全反射」と呼ばれるプロセス(**スネルの屈折の法則**の項を参照のこと)により、光はファイバーの内部に閉じ込められる。これは、ファイバーのコアの物質のほうが、それを取り巻く被覆よりも屈折率が高いからだ。光はいったんファイバーのコアに入ると、コアの壁で反射を繰り返す。非常に長い距離を伝わる間に信号強度は多少低下する可能性があり、光再生器を使って光信号を増強する必要がある場合もある。現代の光ファイバーは、通信に関しては従来の銅線に比べて数々の強みがある。信号は比較的廉価で軽量なファイバーのなかを、あまり減衰せずに伝わるし、電磁気の影響を受けない。また、光ファイバーは照明や画像転送にも使え、狭くて届きにくい場所にある物体の照明や観察が可能だ。

光ファイバー通信では、1本のファイバーで、異なる波長の光を使い、複数の独立したチャンネルで情報を送ることができる。信号はたとえば、発光ダイオードやレーザーダイオードなどの微小光源からの光を、電気的信号の流れによって変調することで作成する。その結果生じた赤外光のパルス列が伝送されるわけだ。1991年、科学技術者たちは、光ファイバーに沿って円錐形の穴を多数形成して周期構造を持たせたフォトニック結晶ファイバーを開発し、周期構造(訳注：結晶格子と同様の働きをする)で回折させることによって光を導く、より高度な方式を実現した。

▲光ファイバーは、長さ方向に光を伝達する。全反射と呼ばれるプロセスによって、光はファイバーの内部に閉じ込められ、終端まで伝わる。

参照：スネルの屈折の法則(1621年)、ブルースターの光学の法則(1815年)

1842年

ドップラー効果

クリスチャン・アンドレアス・ドップラー(1803-53)、クリストフ・ヘンリクス・ディーデリクス・ボイス・バロット(1817-90)

「警官が自動車にレーダー・ガン、つまりレーザービームを当てるとき(訳注：日本では、スピードガンは電波を使うものが主流で、レーザー式のものは2017年になって導入されたばかり。電波でもレーザーでもドップラー効果を利用するのは同じ)、彼が実際に測定しているのは、反射して戻ってきたビームが(ドップラー効果により)自動車の運動でどれだけ圧縮されているかだ」と、ジャーナリストのチャールズ・サイフェは記す。「その圧縮を測定することによって、警官は自動車が走っているスピードを特定し、250ドルの反則切符を切ることができる。科学は素晴らしい」。

オーストリアの物理学者、クリスチャン・ドップラーにちなんで名づけられたドップラー効果は、波の源が観察者に対して運動するときに観察者が観測する、波の振動数の変化に関する法則だ。たとえば、自動車がクラクションを鳴らしながら走っているとき、あなたに聞こえる音の振動数は、自動車が近づく間は、クラクション音の実際の振動数よりも高く、逆に、自動車が遠ざかっていく間はより低くなる。私たちはドップラー効果は音の現象だと思いがちだが、それは光も含め、すべての波に当てはまる。

1845年、オランダの気象学者で物理化学者でもあったC. H. D. ボイス・バロットは、ドップラー効果を音波について検証する最初の実験のひとつを行った。それは、走る列車に乗ったトランペット奏者たちにひとつの音を鳴らし続けてもらい、線路の脇でほかの演奏家たちにその音を聴いてもらうという実験だった。

彼らは「絶対音感」をもった観察者だったわけで、ボイス・バロットはドップラー効果の存在を証明し、それを方程式にまとめることができた。

多くの銀河について、それらが私たちから遠ざかる速度を、それぞれの銀河の赤方偏移から推測することができる。赤方偏移とは、地球にいる観察者が受け取った電磁放射の波長が、それが源で放射されたときよりも見かけ上長くなっているという現象だ(振動数は見かけ上減少している)。このような赤方偏移が起こるのは、宇宙が膨張するにつれて、これらの銀河が私たちの銀河から高速で遠ざかっているためである。このように、光源と観察者の相対的な運動の結果生じる波長の変化も、ドップラー効果の例だ。

▲音源または光源から球面波が発生しているとしよう。音源または光源が右から左へと運動すると、左にいる観察者には波が圧縮して見える。接近する光源は青方偏移して見える(波長が短くなる)。
◀クリスチャン・ドップラーの肖像。復刻された彼の著書『二重星の有色光について』の口絵。

参照：オルバースのパラドックス(1823年)、ハッブルの宇宙膨張の法則(1929年)、クエーサー(1963年)、風速最大の竜巻(1999年)

エネルギー保存の法則

ジェームズ・プレスコット・ジュール(1818-89)

「エネルギー保存の法則は、あなたが死と忘却を思い、静かな恐怖に襲われる深夜に、心のよりどころとなってくれる」と、科学ジャーナリストのナタリー・アンジェは記す。「あなた自身のエネルギーの総和、すなわち、あなたの原子のなか、そしてそれらの原子の結合のなかにあるエネルギーの総和は、いつかは無に帰してしまうだろう……。だが、あなたを作っていた質量とエネルギーは、その後形と場所を変えるけれども、なくなりはしない。この命と光の環のなかに、すなわち、ビッグバンで始まった終わることのない宴のなかに、存在し続けるだろう」。

古典論の範囲でいうなら、エネルギー保存の法則とは、ひとつの孤立系内で相互作用する物体のエネルギーは、形を変えることはあっても、総量は不変であるという保存則だ。エネルギーは、運動エネルギー、位置エネルギー(物体がある位置にあることによって蓄えられるエネルギー)、化学エネルギー、熱エネルギーなど、さまざまな形を取る可能性がある。射手が弓の弦をぐっと引いて張っているところを思い浮かべてほしい。射手が手を放し、弦が解放されるとき、弦の位置エネルギーは矢の運動エネルギーに変換される。しかし、弦と矢のエネルギーの総和は、理論的には、弦を解放する前後で同じである。同様に、**電池**に蓄えられた化学エネルギーは、回転するモーターの運動エネルギーに変換される。落下するボールの重力による位置エネルギーは、落下するあいだに運動エネルギーに変換される。エネルギー保存の法則の歴史における重要な瞬間のひとつが、1843年の物理学者ジェームズ・ジュールが行った、錘が羽根車を回転させながら落下する際に失われる重力の位置エネルギーは、水車との摩擦で水が得た熱エネルギーと等しいという発見だ。熱力学第1法則は、「加熱による系の内部エネルギーの増加は、加熱により与えられたエネルギーの量から、加熱中に系が外部に対して行った仕事を引いたものに等しい」と表現されることが多いが、これは、エネルギー保存の法則を熱エネルギーに着目して表現したものである。

先の弓の弦と矢の例では、矢が標的に命中するときに、運動エネルギーが熱エネルギーに変換されることに注意してほしい。**熱力学第2法則**は、熱エネルギーから仕事への変換に制約を加える。

▶本図のように張られた弓の弦の位置エネルギーは、弦が解放されるときに矢の運動エネルギーに変換される。矢が標的に命中したとき、その運動エネルギーは熱に変換される。

参照：クロスボウ(紀元前341年)、永久機関(1150年)、運動量の保存(1644年)、ジュールの法則(1840年)、熱力学第2法則(1850年)、熱力学第3法則(1905年)、$E=mc^2$(1905年)

I形鋼

リチャード・ターナー(1798年ころ〜1881年)、デシマス・バートン(1800-81)

建築に使われている長い鋼材の大部分で、断面がI字形をしているのはなぜか、気になったことがおありだろうか？　その理由は、棒材をこのような形にすると、長手方向に垂直な荷重がかかっても非常に曲がりにくくなることにある。荷重で曲げられることに対し、効率的に抵抗するわけだ。例として、両端で支えられた長いI形鋼の中央に重い象が乗っている(落ちないようにバランスを取りながら)ところを考えてみよう。鋼材の上側の層は圧縮され、底面の層は張力がかかって少し引き延ばされるだろう。鋼鉄は高価で重いので、建築業者は構造強度を維持できる範囲で、鋼材の使用量を最小限にとどめようとする。I形鋼は、曲がりに対して最も効率的に抵抗できるよう、上下の面に多くの鋼鉄を使用し、それをつなぐ間の部分は細くした、効率的かつ経済的な棒材だ。I形鋼は圧延または押出で成形されるほかに、鋼板を溶接して断面がI字形の梁を作る場合もあり、これを「プレートガーダー」と呼ぶ。力が横方向にかかるときは、ほかの断面形状のほうが曲がりにくいことに注意していただきたい。あらゆる方向の曲げに耐える、最も効率的で経済的な形状は、中空の円筒である。

歴史的建造物の保存に尽力した建築家チャールズ・ピータスンは、I形鋼の重要性について次のように書いている。「19世紀中ごろに技術的に完成した錬鉄のI形鋼は、構造物史上最大の発明のひとつだった。最初は銑鉄(訳注：溶鉱炉で鉄鉱石を還元して作った炭素を含む鉄)を押し出して成形していたが、やがて鋼鉄を押出成形するようになった。ベッセマー製鋼法(訳注：溶けた銑鉄に空気を送って酸化還元反応を起こして不純物を取り除き、大量の鋼を安価に製造できる方法)によって鋼鉄が安価になると、I形鋼はあらゆるところで使われるようになった。超高層ビルや大型橋梁がI形鋼で造られているのだ」。

建物に使われたことが知られている最古のI形鋼は、ロンドンのキューガーデン(訳注：ロンドン西部のキューにある王立植物園。18世紀に作られた宮殿の小さな庭園から発展したもので、世界遺産に指定されている)のパームハウスのものだ。1844年から1848年にかけてリチャード・ターナーとデシマス・バートンによって建設された。1853年、ニュージャージー州のトレントン製鉄会社(TIC)のウィリアム・ボロウが、2つの部材の端部をボルトで留めることでI形鋼に近い形の梁を作った。1855年、TICの創業者でオーナーのピーター・クーパーがI形鋼を一気に押し出して成形することに成功した。その後この形の梁は「クーパー梁」と呼ばれるようになった。

▶この巨大なI形鋼は、世界貿易センターの地下2階に使われていた。現在は、カリフォルニア州フェア・メモリアルプラザの9-11メモリアルの一部となっている。このような重い梁が鉄道でニューヨークからサクラメントまで移送された。

参照：トラス(紀元前2500年)、アーチ(紀元前1850年)、テンセグリティ(1948年)

1845年

キルヒホッフの電気回路の法則

グスタフ・ロベルト・キルヒホッフ（1824-87）

グスタフ・キルヒホッフの妻が亡くなると、この卓越した物理学者は4人の子どもをひとりで育てなければならなくなった。誰にとっても難しいことだが、前年に脚を負傷して松葉杖や車椅子を使わざるを得ないキルヒホッフには、とりわけ困難だった。キルヒホッフは妻が亡くなる前に、回路の分岐点を流れる電流や、閉じた回路に沿った各素子の電圧に関する法則を発表し、名を成していた。「キルヒホッフの電流の法則」は、系の内部では電荷が保存されるという原理を言い換えたものだ。この法則は、「ひとつの電気回路の任意の点において、その点に向かって流れる電流の和は、その点から流れ出る電流の和に等しい」という形で最もよく使われる。この法則は、数本のワイヤーが出会う合流分岐点、すなわち、複数の電流がワイヤーに沿って流入し、別の複数のワイヤーに沿って流出する、＋やTの形をした分岐点に適用されることが多い。

「キルヒホッフの電圧の法則」は、閉じた系に関する**エネルギー保存の法則**を言い換えたもので、ひとつの閉じた回路に沿う電位差の総和はゼロであるという法則だ。ここに分岐点を多数もったひとつの回路があるとしよう。任意の分岐点から始まりその点に戻る閉じた経路に沿って存在する、各回路要素（伝導体、抵抗、電池など）における電位変化をすべて足し合わせたものはゼロである。具体例を挙げれば、ひとつの**電池**を通る回路を（回路図の電池の記号の「－」から「＋」に向かって）たどると、電位はまず上昇するだろう。同じ向きに電池から遠ざかって進み続けると、回路内に抵抗が存在するために電位が低下することもあるだろう。そして電池に戻れば電位の総和はゼロになっている。

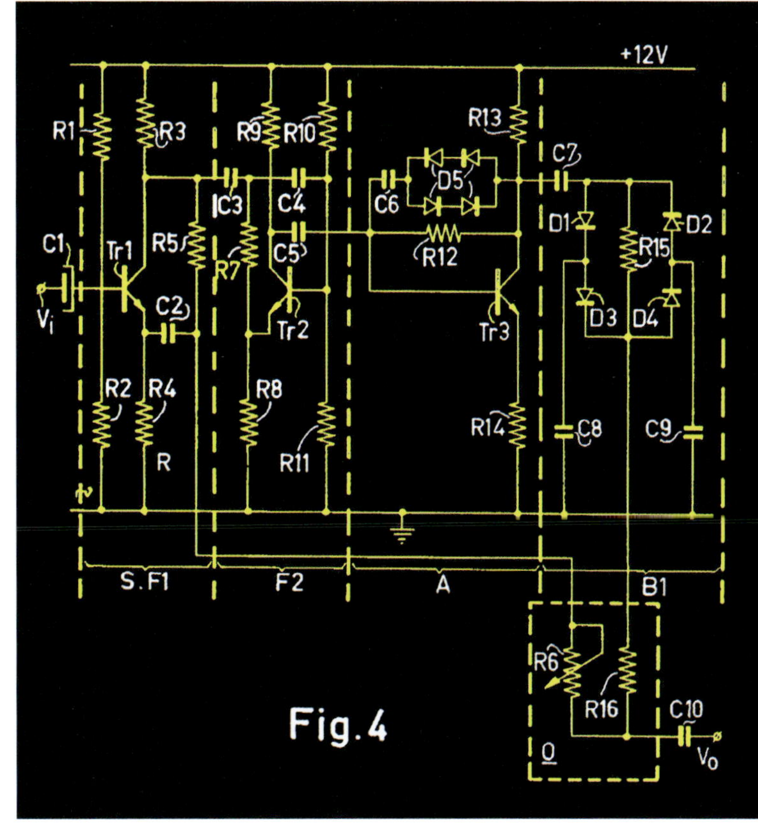

▲グスタフ・キルヒホッフ

▶キルヒホッフの電気回路の法則は、本図のノイズ低減回路の回路図に見られるような電気回路における電流や電圧の関係を理解するために、技術者たちが長年利用している。

参照：オームの電気の法則（1827年）、ジュールの法則（1840年）、エネルギー保存の法則（1843年）、集積回路（1958年）

1846年

海王星の発見

ジョン・クーチ・アダムズ(1819-92)、ユルバン・ジャン・ジョゼフ・ルヴェリエ(1811-77)、ヨハン・ゴットフリート・ガレ(1812-1910)

「惑星を最高の精度で追跡するときに生じる問題は、非常に複雑だ」と、天文学者ジェームズ・ケーラーは述べる。「2つの物体に対しては、素晴らしく単純な一組の法則がある。だが、互いに引力を及ぼす物体が3つになっただけで、そのような法則はまったく存在しなくなることが、数学的に証明されている。……海王星の発見は、この(摂動論と呼ばれる、たとえば3つ以上の天体の運動などの複雑な現象を近似的に求めるための)数理科学的手法と、そしてまさにニュートン力学そのものの勝利だった」。

海王星は、実際に惑星そのものが観察される前に、その存在と位置が数学的に予測された、太陽系で唯一の惑星だ。天文学者たちは、1781年に発見された天王星が太陽を周回する軌道には不可解な乱れがあることに気づいていた。それは、ニュートンの法則が太陽系の遠い外側では当てはまらないということなのか、あるいは、未発見の物体が天王星の軌道に摂動を与えているのか、どちらなのだろうと、天文学者たちは首をひねった。フランスの天文学者ユルバン・ルヴェリエとイギリスの天文学者ジョン・クーチ・アダムズはそれぞれ独自に、存在するかもしれない新惑星の位置を計算した。1846年、ルヴェリエは彼の計算に基づいて、ドイツの天文学者ヨハン・ガレに、望遠鏡をどの方角に向ければこの新惑星が観察できるはずかを手紙で知らせた。ガレは手紙を受け取った数時間後に観察をはじめ、開始1時間以内に海王星を発見した。こうしてニュートンの万有引力の法則は劇的に検証された。ガレは翌日の9月25日に、「あなたが位置を示してくださった惑星は、本当に存在します」という手紙をルヴェリエに書き送った。ルヴェリエは、「私の提案を迅速に実行くださり、感謝いたします。あなたのおかげで私たちは、間違いなく新しい惑星を手に入れたのです」と返事を送った。

イギリスの科学者たちは、アダムズも同時に海王星を発見したと主張し、海王星の真の発見者は誰かを巡って論争が起こった。興味深いことに、アダムズとルヴェリエ以前に、何世紀にもわたって多くの天文学者が海王星を観察していたのだが、彼らは海王星を惑星ではなく恒星だと思い込んでいたのだった。

海王星は肉眼では見えない。太陽の周りを164.7年かかって一周し、その表面には、私たちの太陽系で最強の風が吹き荒れている。

◀太陽から8番目の惑星、海王星と、その衛星プロテウス。海王星には14個の衛星が知られており、その赤道半径は地球の4倍近い。

参照：望遠鏡(1608年)、太陽系の測定(1672年)、ニュートンの運動と万有引力の法則(1687年)、ボーデの法則(1766年)、ハッブル宇宙望遠鏡(1990年)

熱力学第2法則

ルドルフ・クラウジウス(1822-88)、ルートヴィヒ・ボルツマン(1844-1906)

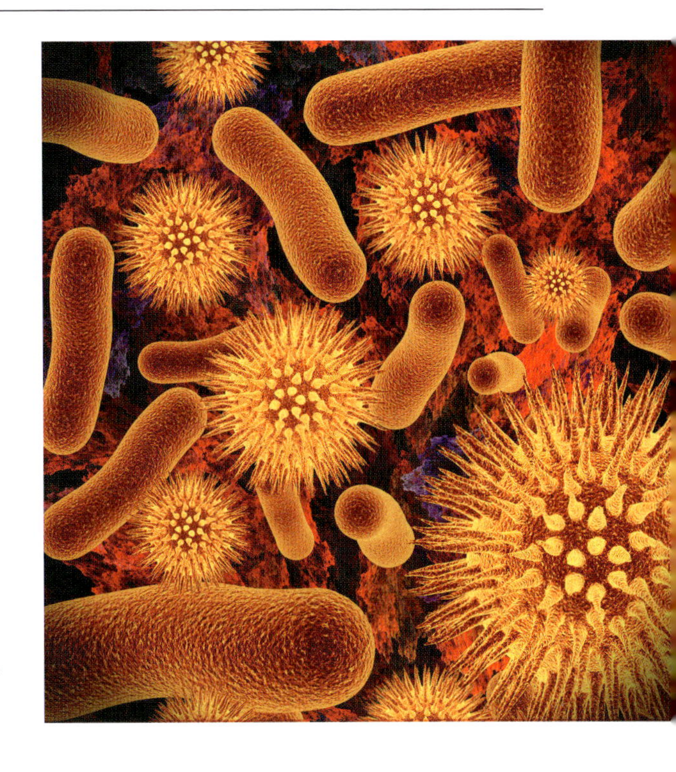

ビーチで作った砂の城が崩れるのを見るたびに、私は熱力学第2法則を思い出す。初期には、この法則は「孤立した系のエントロピー(無秩序さ)の総量は、増加して最大値へと向かう傾向がある」と表現されていた。閉じた熱力学系では、仕事に使うことができない熱エネルギーの量がエントロピーだと考えていい。ドイツの物理学者ルドルフ・クラウジウスは、熱力学第1法則と第2法則を合わせて、次の形で述べた。「宇宙のエネルギーは一定であり、宇宙のエントロピーは最大値に向かう傾向がある」。

熱力学は熱の研究だが、より広義には、エネルギーの相互変換についての科学と呼ぶことができる。熱力学第2法則は、宇宙のすべてのエネルギーは均一な分布へと向かうことを意味している。また、私たちは、手入れしなければ家、体、そして自動車も、時間が経つにつれ劣化していくのだとつくづく思うとき、間接的にこの法則を思い起こしている。作家のウィリアム・サマセット・モームも、「こぼれたミルクを惜しんで泣いても仕方がない。宇宙のすべての力がミルクをこぼそうとしているのだから」と書いている。

クラウジウスは、物理学者としてのキャリアの初期に、「熱は冷たい物体から熱い物体へと自然に移動することはない」と提唱した。オーストリアの物理学者ルートヴィヒ・ボルツマンは、この表現をエントロピーの概念も含まれるように拡張し、エントロピーは分子の熱運動によって生じる系の無秩序さの尺度であると解釈した。

また別の視点から見ると、熱力学第2法則は、互いに接触しあう2つの系は、温度、圧力、密度が両者のあいだで均一になる傾向があるとも表現できる。たとえば、高温の金属片を冷却水の入った水槽に浸けると、金属は冷え、水は温まり、やがて同じ温度になる。最終的に平衡に達した孤立系は、系外からエネルギーを与えないかぎり、仕事をすることはできない。つまり、私たちが**永久機関**の多くを作れないのは熱力学第2法則のせいである。

▲微生物は、周囲の無秩序な素材から「あり得ないような構造」を構築するが、彼らはそのつけを、周囲のエントロピーを増加させることで支払っている。孤立系の総エントロピーは増加するが、それと同時に、その孤立系内の個々の要素のエントロピーは低下する場合もある。
◀ルドルフ・クラウジウス

参照：永久機関(1150年)、ボルツマンのエントロピーの公式(1875年)、マクスウェルの悪魔(1867年)、カルノーの熱機関(1824年)、エネルギー保存の法則(1843年)、熱力学第3法則(1905年)

1850年

氷の滑りやすさ

マイケル・ファラデー(1791-1867)、ガボール・A. ソモライ(1935-)

英語圏で使われる「ブラックアイス」という言葉は、主に路面で透明な水が凍結し、黒っぽく見えるものを指すが、自動車を運転する人には見えないことが多く、とりわけ危険である。興味深いことに、「ブラックアイス」は雨、雪、みぞれなどが積もっていなくても形成されるが、それは露、霧、もやなどが路面で凍結するからだ。「ブラックアイス」の凍結水が透明なのは、内部に気泡が少ないためである(訳注：日本ではJAF〔日本自動車連盟〕が、路面の水が薄く凍りついた、一見すると濡れているだけのようだが、非常に滑りやすく危険な状態のことを「ブラックアイスバーン」と呼んでいる。これを「ブラックアイス」と呼ぶのは、日本市民の俗語のようだ。アイスバーンという言葉は、ドイツ語が由来で、スケートリンクを意味するEisbahnの転用、もしくは、氷を意味するEisと道路を意味するBahnを結び付けたものと推測される)。

何世紀にもわたって科学者たちは、ブラックアイス(日本で言うところのブラックアイスバーン)をはじめ、氷はどんな形のものでも滑りやすいのはなぜか、疑問を抱き続けてきた。1850年6月7日、イギリスの科学者マイケル・ファラデーは王立協会で、氷の表面には、目には見えないが、液体状の水の層があるため、滑りやすいのではないかという説を提案した。この仮説を検証するため、ファラデーは2個の角氷を互いに押し付けて、両者がくっつくことを実演してみせた。そして、このような極度に薄い液体層は、そこが表面でなくなると凍結する(たとえば2個の氷をくっつけると、液体層は氷にはさまれた内側になって表面ではなくなるので凍る)のだと主張した。

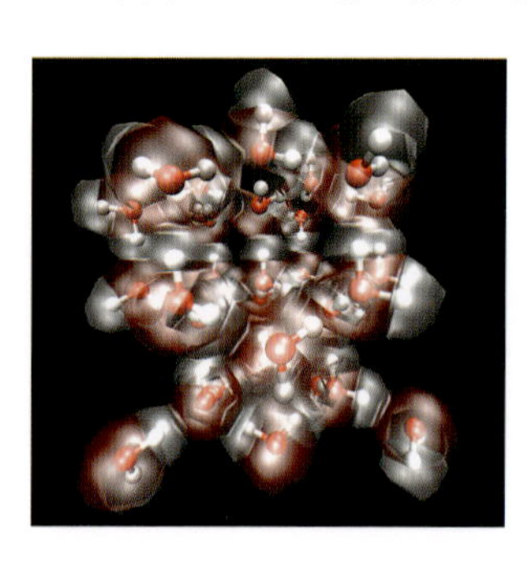

スケート靴をはくと、氷の上を滑ることができるのはなぜだろう？　スケートの刃が圧力を及ぼす結果、氷の融点が下がって薄い水の層が形成されるから、というのが長年にわたり定説だった。だがこの説明は、もはや正しいとは考えられておらず、むしろ、スケートの刃と氷の摩擦で熱が生じ、一時的に微量の水が液化するのではないかと推測されている。また別の最近の説は、表面の水分子は、その上には水分子が存在しないので、より激しく振動するからだという。そのため、温度が水の凝固点より低くても、表面に液状の水が生じるというわけだ。1996年、化学者のガボール・ソモライは低速電子線回折法を用いて、氷の表面に液状の水の薄い層が存在することを証明した。ファラデーが1850年に提案した説の正しさが証明されたようだ。科学者たちは今なお、表面であるがゆえに生じる液状の水と、摩擦によって生じる液状の水のどちらが氷を滑りやすくする第一の原因なのか、よくわかっていない。

▲スケート靴をはくと、氷の上を滑ることができるのはなぜだろう？　分子の振動により、温度が水の凝固点より低くとも、表面上にごく薄い液状の水の層が形成されるから、のようだ。
◀氷の結晶の分子構造

参照：アモントンの摩擦の法則(1699年)、ストークスの粘性の法則(1851年)、超流動体(1937年)

フーコーの振り子

ジャン・ベルナール・レオン・フーコー(1819-68)

「その振り子の動きは、どんな超自然的な、あるいは不可思議な外力によるものでもなく、単に、振動する錘の下で地球が回転しているために生じる」とハロルド・T.デイヴィスは記す。「しかし、その説明はそれほど単純ではないのかもしれない。というのも、その実験はようやく1851年になって、ジャン・フーコーによって初めて行われたからだ。単純な事実は普通、長い間気づかれないままでいることはない……。ともかく、そのためにブルーノが命を落とし、ガリレオが辛酸をなめた原理の正しさが証明された。地球は動いていたのだ！」

1851年、フランスの物理学者レオン・フーコーは、パリにある新古典主義のドームつきの建物、パンテオンでこの公開実験を行った。かぼちゃほどの大きさの鉄球が長さ67 mの鋼鉄のワイヤーで吊るされて、ゆらゆらと振動した。振り子は揺れながら、揺れの向きを徐々に変え、毎時11度の割合で時計回りに回転し、地球が自転していることを証明した。もう少し詳しく説明するため、まず振り子をパンテオンから北極に移したとしよう。振り子が運動を始めると、振動面は地球の運動には無関係である。そして地球は、振り子の下で淡々と自転を続ける。こうして北極では、振り子の振動面は、24時間ごとに360度回転しつづける。赤道では、振動面はまったく回転せず不変である。パリでは、振り子は約32.7時間で一周する。

もちろん、1851年までには科学者たちは地球が回転していることを知っていたが、フーコーの振り子は、その回転を容易に解釈できる形で示す、ドラマチックでダイナミックな証拠だった。フーコーはこの振り子について、次のように記した。「その現象は静かに進むが、それは必然的で、止めることはできない……この事実を眼前にした人はみな、しばし立ち止まり、無言で物思いにふける。そしてほとんどの人が、そこから去ったあと、われわれが宇宙のなかで休むことなく続けている運動について、以前より鋭く強い感覚を永遠に持ち続けるのである」。

フーコーは最初医学を志したが、自分が血液恐怖症だと知って、物理学に転向した。

▶パリ、パンテオンにあるフーコーの振り子

参照：等時曲線(1673年)、記念日時計(1841年)、ボイス・バロットの気象の法則(1857年)、ニュートンのゆりかご(1967年)

1851年

ストークスの粘性の法則

ジョージ・ガブリエル・ストークス(1819-1903)

私は、ストークスの法則について考えるときはいつも、シャンプーを連想してしまう。半径rの固体球が、粘性μの液体のなかを速度vで運動しているとする。アイルランドの物理学者ジョージ・ストークスは、この球の運動に対抗する動摩擦による抵抗力Fは、$F=6\pi r\mu v$という方程式によって決まることを発見した。この抵抗力Fは球の半径そのものに比例することに注意してほしい。これは直感的に明らかではなく、科学者のなかにも、摩擦力は断面積に比例するはずだと思う人がおり、Fはr^2に比例すると勘違いしてしまいがちなのだ。

液体中の粒子に重力が働いている状況を考えてみよう。たとえば、年齢が高めの読者のなかには、かつてはやったプレル・シャンプー(訳注：1940年代にアメリカのプロクター・アンド・ギャンブル社が販売開始した緑色のシャンプーで1970年代に大流行した。現在は別の企業が販売している)のテレビコマーシャルを思い出す方もあると思う。緑色のシャンプーのボトルのなかを真珠が1粒ゆっくりと落ちていく映像が使われていた。真珠は速度ゼロから始まって、しばらく加速するが、その加速に対して抵抗する摩擦力がすぐに発生する。その結果真珠は、重力が摩擦力と釣り合う、加速度ゼロの状態(**終端速度**)に素早く到達する。

ストークスの法則は、液体中に懸濁した固体粒子を分離する際に生じる沈殿の研究において、産業界で頻繁に利用されている。この種の応用では、沈降していく粒子の運動に対して液体が及ぼす抵抗を調べることが重要になる場合が多い。たとえば、食品産業で、有用な材料から汚れや異物を除去する際や、結晶をその懸濁液から分離したり、気流から塵を分離する場合などに、沈降プロセスは頻用されている。薬を最大の効率で肺に届けるためにエアロゾル粒子を研究する際にも、ストークスの法則が使われている。

1990年代後半、直径数μmのウラン粒子が長時間空中を浮遊し遠方まで拡散する可能性——ひいては湾岸戦争に参加した兵士たちを被曝させた可能性——を究明するために、ストークスの法則が使われた。砲弾には劣化ウラン貫通弾が頻繁に使用されており、戦車などの硬い標的に命中した際に、ウランがエアロゾル化したのである。

▲日常的な感覚でいうと、粘性は液体の「濃密さ」と流れにくさに近い。たとえば蜂蜜は、水より粘性が高い。粘性は温度によって異なり、蜂蜜を熱するとさらさらになって、流れやすくなる。
◀ジョージ・ストークス

参照：アルキメデスの原理(紀元前250年)、アモントンの摩擦の法則(1699年)、氷の滑りやすさ(1850年)、ポアズイユの流体の法則(1840年)、超流動体(1937年)、シリーパティ(1943年)

ジャイロスコープ

ジャン・ベルナール・レオン・フーコー(1819-68)、ヨハン・ゴットリープ・フリードリヒ・フォン・ボーネンベルガー(1765-1831)

1897年に出版された『すべての少年のためのスポーツと娯楽(Every Boy's Book of Sport and Pastime)』(未訳)によれば、「ジャイロスコープは力学のパラドックスと呼ばれてきた。円板が回転していないとき、この装置は自発的には何もできない塊でしかない。しかし、円板が高速回転するとき、それはあたかも重力を無視するかのように振舞い、また手に持てば、あなたが望むのとは違う動きをする傾向があって、まるで生き物を見ているような、奇妙な感覚をもたらす」。

1852年、「ジャイロスコープ」という言葉が、この装置を使って数々の実験を行った人物で、今なおその発明者とされることもある、レオン・フーコーによって生み出された。実際の発明者は、ドイツの数学者ヨハン・ボーネンベルガーで、彼は回転する重い球を使ってジャイロスコープを作製した。機械式のジャイロスコープは、ジンバルと呼ばれる支持リングのなかに吊るされた、自転する重い円板からなる。円板が自転するとき、ジャイロスコープは驚くべき安定性を示し、回転軸の向きを保つ。これは、角運動量保存の法則による効果だ。(自転する物体の角運動量ベクトルの向きは自転軸に平行である。)一例として、ジャイロスコープがある特定の方向を指した状態で、ジンバルのなかで自転し始めたとしよう。ジンバルのリングの向きは変化するが、円板の軸は、枠がどの向きになろうが、空間内で同じ姿勢をとり続ける。この性質のため、ジャイロスコープは、磁石を使ったコンパスが無効な場合(ハッブル宇宙望遠鏡においてなど)や、十分な精度が期待できない場合(大陸間弾道ミサイルにおいてなど)にナビゲーション目的で使われることがある。航空機のナビゲーションシステムにはジャイロスコープが数個組み込まれている。ジャイロスコープには外部の運動に抵抗する性質があることから、宇宙船に搭載し、望みの方向を維持するために利用されることもある。特定の方向を指し続けるという傾向は、回転するコマ、自転車の車輪、そして地球の自転にも見られる。

▶本図は、レオン・フーコーが1852年に発明し、デュムラン＝フラマンにより1867年にレプリカが作製されたジャイロスコープ。パリのフランス国立工芸院にて撮影。

参照：ブーメラン(紀元前2万年)、運動量の保存(1644年)、ハッブル宇宙望遠鏡(1990年)

1852年

ストークスの蛍光の法則

ジョージ・ガブリエル・ストークス(1819-1903)

子どものころ、私は緑色に光る蛍光性の鉱物を集めていた。『オズの魔法使い』の、オズの国を連想させたからだ(訳注:オズの国の首都はエメラルドの都で、緑色に輝いているという)。蛍光とは普通、エネルギーが高い電磁波が当たって刺激された物体が可視光を放出し、輝いて見える現象を指す。1852年、物理学者のジョージ・ストークスは、照射された電磁波に刺激されて物体が蛍光を発するとき、発生した蛍光の波長は、それを刺激した電磁波の波長よりも長いことを突き止め、これをストークスの蛍光の法則としてまとめた。ストークスはこの発見を1852年に「光の屈折率の変化について」という論文で発表した。今日私たちは、より短い波長(振動数が高い)の光子を吸収した原子がより長い波長(振動数が低い)の光子を発生する現象を「ストークスの蛍光」と呼ぶことがある。その詳細な過程は、関与する原子の性質による。光は普通、約10^{-15}秒かかって原子に吸収され、これにより電子が励起されてより高いエネルギー準位に跳び上がる。電子は約10^{-8}秒励起状態にとどまり、その後エネルギーを放出して基底状態に戻る。吸収された光子と放出された光子の波長または振動数の差を指して、「ストークス・シフト」という言葉が使われることが多い。

ストークスは、強い蛍光性をもつ鉱物である蛍石(ほたるいし)にちなんで「蛍光」という言葉を作った。ある種の物質で、紫外(UV)光に刺激されると蛍光が誘発される現象を、初めて正しく説明したのがストークスだった。今日では、このような物質は、可視光、赤外光、X線、電波など、さまざまな形の電磁波による刺激で蛍光を発しうることが知られている。

蛍光は幅広い分野において多くの形で応用されている。蛍光灯では、放電によって流れる電子と衝突した、気体状態の水銀の原子が紫外光を放出し、それが蛍光管の内側に塗布された蛍光物質に吸収され、そこから可視光が放出される。生物学分野では、分子を追跡するための目印として蛍光塗料が使われている。燐光性物質は、蛍光性物質よりも長時間吸収光を蓄積するので、残光性が高い。

▲UV-A(波長400-315 nm)、UV-B(波長315-280 nm)、UV-C(波長280 nm未満)を照射させたさまざまな蛍光性鉱物。ページに収まるよう写真を回転している。
◀コンパクト蛍光ランプ

参照:セントエルモの火(西暦78年)、ブラックライト(1903年)、ネオン・サイン(1923年)、ヤコブのはしご(1931年)、原子時計(1955年)

ボイス・バロットの気象の法則

クリストフ・ヘンリクス・ディーデリクス・ボイス・バロット(1817–90)

風が強い荒天の日に外に出て、低気圧がどの方角にあるかを指し示すという、まるで超能力のような離れ業で友だちを驚かすことが、私と同じく皆さんにもできる。オランダの気象学者クリストフ・ボイス・バロットにちなんで名づけられたボイス・バロットの法則を使うのだ。北半球では、風の吹いてくる方向に背を向けて立つと、低気圧は体の左側にあるという法則である。つまり、北半球では、風は低気圧の中心に対して反時計回りに吹くというわけだ(南半球では時計回り)。この法則はまた、地表と大気の摩擦の影響を避けるのに十分な上空で測定すれば、風と気圧勾配は直交するとも述べている。

地球の気象パターンは、地球がほぼ球形をしていることや、海流など、地球の表面やそのすぐ上で運動する任意の物体が地球の自転のためにもともとの進行方向からずれる傾向が力として現れたコリオリの力など、数項目の地球の特性に影響を受けている。赤道に近い地域の大気は、赤道から遠い地域の大気よりも速く流れる傾向がある。これは、赤道上空の大気が地球の自転軸から遠く離れているからだ。丸一日かけて地球が自転するのに伴い、自転軸から離れている赤道上空の大気は、高緯度地域上空の、地軸に近い大気よりも、長距離を高速で運動しなければならないことに注目すれば、納得いただけるだろう。したがって、北に低気圧が存在すると、そこに南から大気が引き込まれるが、南の地面は北の地面よりも速く運動している。このため、南から低気圧に引き込まれた大気は、もともと北の大気より高速で自転していたので、東へとずれる。北と南の両方から流れ込むすべての大気の運動を総合すると、北半球では、低気圧の中心に対して反時計回りに気流ができることになる。

▲クリストフ・ボイス・バロット
▶2005年8月28日のハリケーン・カトリーナ。地上にいる人々はボイス・バロットの法則を利用して、ハリケーンのおおまかな中心位置や進路を特定することができる。

参照：気圧計(1643年)、ボイルの法則(1662年)、ベルヌーイの定理(1738年)、野球のカーブ球(1870年)、風速最大の竜巻(1999年)

1859年

気体分子運動論

ジェームズ・クラーク・マクスウェル(1831–79)、ルートヴィヒ・エードゥアルト・ボルツマン(1844–1906)

薄手のビニール袋に、ブンブンうなるハチが何匹も詰め込まれているとする。ハチはみな、互いにぶつかり合ったり、袋の内側に衝突したりしている。ハチが飛び回る速度が大きくなると、彼らの硬い体が袋に与える衝撃力も大きくなり、袋は膨張する。このハチは、気体の原子や分子の比喩になっている。気体分子運動論は、圧力、体積、温度などの、気体の巨視的な属性を、このような粒子の絶え間ない運動によって説明しようとするものだ。

気体分子運動論によれば、温度は容器内の粒子の速度によって決まり、圧力は粒子が容器の壁と衝突する結果生じる。最も単純なかたちの気体分子運動論は、ある種の仮定が満たされている場合に最も正確になる。たとえば、(1)気体は、ランダムな方向に運動する多数の小さな同一の粒子からなる。(2)それらの粒子は、お互いに、そして容器の壁と、弾性衝突(訳注：衝突前後でエネルギーが保存される衝突)するが、それ以外の力は関与しない。そして、(3)粒子どうしの距離は長くなければならない、などの仮定だ。

1859年ごろ、物理学者ジェームズ・クラーク・マクスウェルは、容器内の気体粒子の速度分布を温度の関数として表す統計的な手法を考案した。たとえば、気体分子は温度が上昇すると速度も上昇する。マクスウェルはさらに、気体の粘性と拡散がいかに分子の運動特性に依存するかも検討した。物理学者ルートヴィヒ・ボルツマンは1868年にマクスウェルの理論を一般化し、粒子の速度の確率分布を温度の関数として表すマクスウェル-ボルツマン分布則を得た。当時の科学者たちが、原子の存在を巡りなおも議論を続けているなかで、そのような成果を挙げたことは興味深い。

気体分子運動論は日常生活でも観察できる。たとえば、タイヤや風船を膨らますとき、私たちは閉じた空間により多くの空気分子を送り込むが、すると、閉じた空間の内側で、外側よりも頻繁に分子の衝突が起こるようになる。その結果閉じた空間が膨張するのである。

◀気体分子運動論によれば、私たちがシャボン玉を膨らませるとき、閉じた空間により多くの空気分子が送り込まれ、シャボン玉の内側で、外側よりも頻繁に衝突が起こるようになる。その結果シャボン玉が膨らむ。

参照：シャルルの気体の法則(1787年)、原子論(1808年)、アヴォガドロの気体の法則(1811年)、ブラウン運動(1827年)、ボルツマンのエントロピーの公式(1875年)

マクスウェルの方程式

ジェームズ・クラーク・マクスウェル(1831–79)

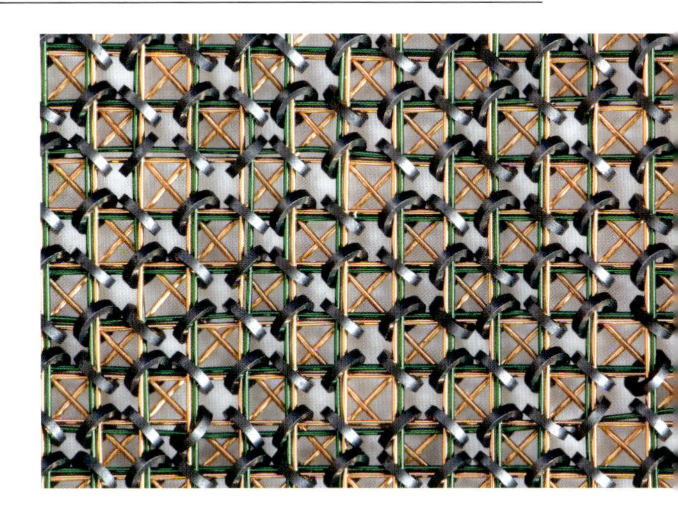

物理学者リチャード・ファインマンはこう書いている。「人類の長い歴史の観点から見ると、たとえば、今から1万年後に振り返ったなら、19世紀最大の出来事はマクスウェルによる電気力学の法則の発見だと判定されるだろうことは間違いない。アメリカの南北戦争など、同じ頃起こったこの重大な科学の出来事に比べれば取るに足りない田舎の話として片づけられてしまうだろう」。

マクスウェルの方程式は、大まかに言うと、電場と磁場の振舞いを記述する4つの有名な方程式をひとまとめにしたものだ。具体的には、まず、電荷がどのように電場を生み出すかと、電荷に対応するような、単独の磁荷(訳注:S極またはN極だけをもつような粒子、磁気単極子)は存在しないことをそれぞれ表す2つの式。そして、電流がどのように磁場を生み出し、変化する磁場がどのように電場を生み出すかをそれぞれ示す2つの式。この4つである。$\boldsymbol{E}$を電場、$\boldsymbol{B}$を磁場、ε_0を電気の定数(真空の誘電率)、μ_0を磁気の定数(真空の透磁率)、$\boldsymbol{J}$を電流密度とすると、マクスウェルの方程式は次のように表される。

$\nabla \cdot \boldsymbol{E} = \frac{\rho}{\varepsilon_0}$　電流密度と電場に関するマクスウェル-ガウスの法則

$\nabla \cdot \boldsymbol{B} = 0$　ガウスの磁束保存の法則

$\nabla \times \boldsymbol{E} = -\frac{\partial \boldsymbol{B}}{\partial t}$　ファラデーの電磁誘導の法則

$\nabla \times \boldsymbol{B} = \mu_0 \boldsymbol{J} + \mu_0 \varepsilon_0 \frac{\partial \boldsymbol{E}}{\partial t}$　マクスウェルが拡張したアンペールの法則

表現が簡潔を極めていることに注目してほしい。アインシュタインがマクスウェルの偉業をニュートンのものに並ぶと評価したのもこのためだ。そのうえマクスウェルの方程式は、電磁波の存在も予測したのである。

哲学者ロバート・P.クリースはマクスウェルの方程式の重要性について、次のように述べている。「マクスウェルの方程式はかなり単純な形をしているにもかかわらず、私たちの自然観を大胆に再編成し、電気と磁気を統一し、幾何学、位相幾何学、そして物理学を結び付ける。私たちを取り巻く世界を理解するうえできわめて重要だ。そして、最初の場の方程式として、科学者たちに物理学に対する新しいアプローチの仕方を示したのみならず、自然界の基本的な力の統一への一歩を踏み出させたのである」。

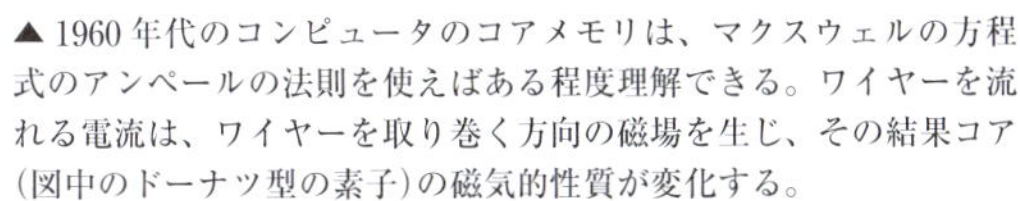

▲1960年代のコンピュータのコアメモリは、マクスウェルの方程式のアンペールの法則を使えばある程度理解できる。ワイヤーを流れる電流は、ワイヤーを取り巻く方向の磁場を生じ、その結果コア(図中のドーナツ型の素子)の磁気的性質が変化する。
▶ジェームズ・クラーク・マクスウェル夫妻。1869年撮影。

参照:アンペールの電磁気の法則(1825年)、ファラデーの電磁誘導の法則(1831年)、ガウスと磁気単極子(1835年)、万物の理論(1984年)

1864年

電磁スペクトル

フレデリック・ウィリアム・ハーシェル(1738-1822)、ヨハン・ヴィルヘルム・リッター(1776-1810)、ジェームズ・クラーク・マクスウェル(1831-79)、ハインリヒ・ルドルフ・ヘルツ(1857-94)

▲人間の目には、ネッタイオナガミズアオはオスもメスも薄緑色に見え、区別できない。しかし、この蛾は紫外光を見ることができ、メスはオスとはまったく違って見える。

電磁スペクトルとは、存在しうるすべての電磁放射を周波数の順に並べたもので、広い範囲の周波数にわたっている。電磁波は、互いに直交する方向に振動する電場と磁場の成分をもったエネルギーの波で、真空中を伝わることができる。スペクトルは、電磁波の周波数によって区分され、次第に周波数が高くなる(したがって波長が短くなる)順に、電波、マイクロ波、赤外線、可視光、紫外線、X線、ガンマ線が並んでいる。

私たちに見えるのは、波長が4000～7000オングストロームの光である。ここでオングストロームとは、10^{-10}mのことだ。電波は、電波塔の送信アンテナを送信電波と共振させることによって送信され、波長はミリメートルの領域から数十kmに及ぶ。音階は、1オクターブ上がると、音の周波数が2倍になる(波長は2分の1になる)。これを、現在検出器によって確認されているすべての電磁スペクトルの範囲に当てはめると、周波数の幅は30オクターブに及ぶ。30オクターブあるピアノの鍵盤のうち、可視光が占める範囲は1オクターブにも満たない。実際のピアノでは7と4分の1オクターブの鍵盤しか存在しないので、20オクターブ以上足さなければ、ピアノで電磁スペクトルを表すことはできない。

地球外生命体は、人間を超えた感覚をもっているかもしれない。地球上においてさえ、人間をはるかに超えた感覚をもつ生物が多数存在する。たとえば、ガラガラヘビは赤外線検出器官をもっており、周囲の「サーモグラフィー」を見ることができる。また、ネッタイオナガミズアオという蛾は、人間の目ではオスもメスも薄緑色に見え、雌雄を区別することはできない。しかし、この蛾は紫外線を見ることができるため、彼らには、オスとメスはまったく違って見えるのだ。この蛾が緑色の葉にとまっているとき、ほかの動物にはその姿を見るのは難しいが、ネッタイオナガミズアオには、互いが一切カモフラージュなしに、むしろ派手に色づいて見える。ミツバチも紫外光を検出できる。実際、多くの花は、ミツバチに見える美しい模様をもっており、これでミツバチを誘導するが、紫外線が見えない人間の目には、そのような美しく複雑な模様はまったく見えない。

本項の見出しの下に挙げた物理学者たちは、電磁スペクトルの研究で重要な役割を果たした人々である。

参照：ニュートンのプリズム(1672年)、光の波動性(1801年)、フラウンホーファー線(1814年)、ブルースターの光学の法則(1815年)、ストークスの蛍光の法則(1852年)、X線(1895年)、ブラックライト(1903年)、宇宙マイクロ波背景放射(1965年)、ガンマ線バースト(1967年)、世界一黒い塗料(2008年)

表面張力

エトヴェシュ・ロラーンド(1848–1919)

物理学者エトヴェシュ・ロラーンド(訳注：エトヴェシュはハンガリー人で、ハンガリーの習慣により姓のエトヴェシュを先に表記する)は、「詩人は科学者よりも深く秘密の領域に入り込むことができる」と記したが、彼は科学のツールを使って、自然の多くの側面で重要な役割を演じる表面張力の複雑さを解き明かそうとした。液体表面では、分子が分子間力によって液体内部へと引っ張られている。エトヴェシュは液体の表面張力と、その液体の温度との興味深い関係を特定した。$\gamma=k(T_0-T)/\rho^{3/2}$ である。この式で、液体の表面張力 γ は、温度 T、液体の臨界温度(T_0)、そしてその密度 ρ に関係づけられている。定数 k は、水をはじめ一般的な液体の多くでほぼ同じである。T_0 では表面張力がゼロになる。

表面張力とは普通、液体の表面近くの分子にかかる分子間力が、液面より上には液体分子が存在しないために不均衡になる結果生じる液面の性質を指す。分子間力は引力なので、表面の分子はできるだけ表面積を小さくしようとし、引き延ばされた弾性膜(訳注：たとえばゴムシートなどのような、弾力性のある膜)と同様、収縮しようとする性質を示す。興味深いことに、分子の表面エネルギーと見なされる表面張力は、液体の性質とはほぼ無関係に、温度に応じて変化する。

エトヴェシュは、表面張力の実験を行う際には、調べている液体の表面が一切汚染されないよう気を配らねばならなかった。そのため彼は、溶融して封印したガラスの容器を使った。彼はまた、光学的手法を用いて表面張力を測定した。それは液面の局所的な形状を正確に特定するために光の反射を利用する高精度な測定法であった。

昆虫のアメンボが水の上を歩くことができるのは、表面張力のせいで水面が弾性をもつ膜のように振舞うからだ。2007 年、カーネギーメロン大学の研究者たちはロボットのアメンボを製作し、テフロン被覆をしたワイヤー製の脚の「最適な」長さは約 5 cm だと突き止めた。さらに、1 g の本体に 12 本の脚を取り付けたものは最高 9.3 g までの重さを支えることができた。

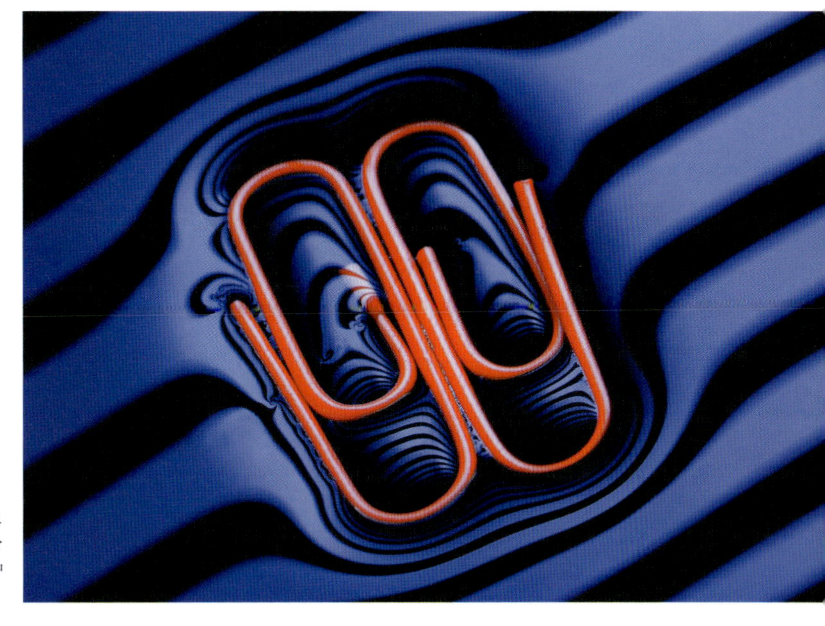

▲アメンボ

▶2 本の赤い紙クリップが水に浮かんでいるところ。色付きの縞模様を投影し、水面の凹凸形状を示している。表面張力のおかげでクリップは水中に沈まない。

参照：ストークスの粘性の法則(1851 年)、超流動体(1937 年)、ラバライト(1963 年)

1866年

ダイナマイト

アルフレッド・ベルンハルト・ノーベル(1833-96)

「火の破壊力を思うがままに制御しようとする人間の努力は、文明の夜明けまで遡る英雄伝だ」と、科学史ノンフィクション作家のスティーヴン・バウンは記す。「火薬は封建制を打倒し、軍隊の構造を刷新して、社会の変化をもたらしたが、……世界を劇的かつ不可逆的に変貌させた、真の爆発物時代が始まったのは、アルフレッド・ノーベルという青白いスウェーデンの化学者が並外れた直感を得たときのことだ」。

ニトログリセリンは1846年ごろ発明された強力な爆薬で、起爆が容易で殺傷力が高い。実際、ノーベル自身がスウェーデンに所有していたニトログリセリン製造工場は、1864年に爆発事故を起こし、彼の弟エミールを含む5人の人間が亡くなった。1866年、ノーベルはニトログリセリンに、珪藻土と呼ばれる一種の泥を細かく砕いたものを混ぜると、ニトログリセリンよりはるかに安定な爆薬になることを発見した。ノーベルは翌年この物質の特許を取得し、「ダイナマイト」と名づけた。ダイナマイトは主に鉱山業や建設業で使われているが、戦争でも使用されてきた。第一次世界大戦中、トルコのゲリボル半島のイギリス基地では、大勢のイギリス兵がジャムの缶(文字通り、ジャムが入っていた缶)にダイナマイトと金属片を詰めて爆弾を製造していた。起爆には導火線が使われた。

ノーベルは、自分が開発した物質が戦争で使われるようにと意図したことは決してなかった。実際、彼の最大の目標はニトログリセリンをより安全にすることだったのである。平和主義者ノーベルは、ダイナマイトは戦争を短期に終結させられる、あるいは、ダイナマイトの威力は、戦争を行おうと考えることすら不可能にしてしまうだろう——実行するには恐ろし過ぎるので——と信じていた。

今日ノーベルは、ノーベル賞の創設者として有名だ。オンラインで教材を提供するブックラグス(訳注：アメリカのエンターテイメント企業、アンバサダーズグループの子会社)の社員は、次のように書いている。「彼がダイナマイトをはじめとする発明の特許取得と製造でなした数百万ドルの資産を、「前年に人類のために最大の利益をもたらした人々」に贈る賞を創設するために残したことを、多くの人が皮肉に感じている」。

◀ダイナマイトは、露天掘りの現場で使われることもある。建築資材の原料となる金属類の採掘や、建築用石材の切り出しの露天掘りの現場は、英語ではquarry(クアリー)と呼ばれることが多い。

参照：リトルボーイ原子爆弾(1945年)

マクスウェルの悪魔

ジェームズ・クラーク・マクスウェル(1831-79)、レオン・ニコラ・ブリルアン(1889-1969)

「マクスウェルの悪魔はひとつの単純なアイデアに過ぎない」と、2人の物理学者ハーヴェイ・レフとアンドリュー・レックスは書いている。「しかしそれは、最高の科学者たちを悩ませ、また、それを扱った文献が、熱力学、統計物理学、量子力学、情報理論、サイバネティクス、コンピュータの限界、生物学、そして歴史や科学哲学に至るまでの、さまざまな分野で登場している」。

マクスウェルの悪魔は、スコットランドの物理学者ジェームズ・クラーク・マクスウェルが最初に思いついた、架空の知的存在で、**熱力学第2法則**はもしかすると破綻しているのではないかと問うために使われてきた。熱力学第2法則の最初期形のひとつは、「孤立した系の総エントロピー(エントロピーは乱雑さの尺度)は時が経つにつれ増加し、最大値に近づく」とし、さらに、「熱は自然の状態では低温の物体から高温の物体に移動することはない」と主張する。

マクスウェルの悪魔を実感していただくために、AとBという2つの箱を思い浮かべてほしい。AとBは小さな穴でつながっており、同じ温度の気体が入っているとする。マクスウェルの悪魔は、この穴を開閉し、個々の気体分子をAとBの間で移動させることができる。さらに、悪魔は速い分子だけをAからBへと移動させ、遅い分子だけをBからAへと移動させる。こうして悪魔は、B内の運動エネルギー(および熱)を上昇させるので、Bはさまざまな装置の動力源として使えることになる。これは、熱力学第2法則を破っているのではないだろうか？　この小さな悪魔――生物であれ機械であれ――は、分子運動のランダムさを利用し、エントロピーを低下させる。もしもどこかのマッド・サイエンティストがそんな悪魔を作り出すことに成功したなら、宇宙は無限のエネルギー源になってしまう。

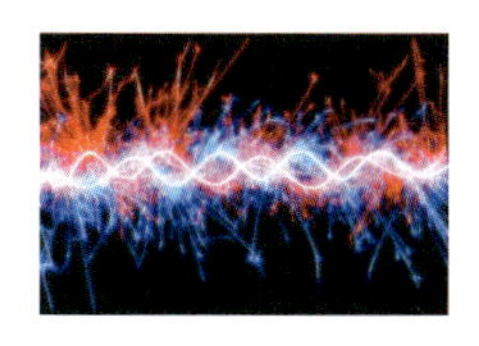

マクスウェルの悪魔という問題のひとつの「解」を、1950年ごろフランスの物理学者レオン・ブリルアンが発表した。ブリルアンたちは、悪魔が注意深く観察を行い開閉操作をすることで生じるエントロピーの減少分よりも、どの分子が速く、どの分子が遅いかを実際に選択する際に必要なエントロピーの増加分のほうが大きいと示し、マクスウェルの悪魔を退散させた。つまり、この悪魔が作業をするにはエネルギーが必要なのだ。(訳注：最近の情報熱力学では、悪魔は情報を利用して、熱力学第2法則を破る操作を行うことができると考えられている。エントロピーが増加しない可逆的な方法で分子を観察することが可能だからで、観察結果の情報を消去する際にエントロピーが増大し、系のプロセス全体としては熱力学第2法則を破っていない。しかし、情報を消去するまでの間、悪魔は働くことができる可能性があるとされる。)

▲イラストレーターによるマクスウェルの悪魔の画像。速い分子(オレンジ色)をひとつの場所に集め、遅い分子(青緑色)を別の場所に集めることができるという架空の存在。
◀マクスウェルの悪魔は、本図で赤と青で示した、高温と低温の粒子の混合物を分離することができる。マクスウェルの悪魔は無限のエネルギー源を提供してくれるのだろうか？

参照：永久機関(1150年)、ラプラスの悪魔(1814年)、熱力学第2法則(1850年)

1868年

ヘリウムの発見

ピエール・ジュール・セザール・ジャンセン(1824-1907)、ジョゼフ・ノーマン・ロッキャー(1836-1920)、ウィリアム・ラムゼー(1852-1916)

「ヘリウムで膨らませた風船が子どもの誕生日のパーティーに付きものになっている今日では、意外に思えるかもしれないが、(1868年当時)ヘリウムは現在のダークマターと同じぐらい謎だった」と、デイヴィッドとリチャードのガーフィンクル兄弟は書いている。「ヘリウムは地球上では見つかったことがなく、太陽スペクトル内の新しいスペクトル線として発見され、太陽に存在することが間接的に知られているだけだったからだ」。

実際ヘリウムの発見は、化学元素が地球上で見つかる前に地球以外の天体で見つけられた最初の例として注目に値する。ヘリウムは宇宙には豊富に存在するが、人類の歴史のなかで知られるようになったのはつい最近のことなのだ。

ヘリウムは不活性で無色無臭であり、沸点・融点ともにすべての元素のなかで最も低い。水素に次いで宇宙で2番目に豊富に存在する元素で、銀河の恒星質量の約24%を占める。ヘリウムは1868年に、2人の天文学者ピエール・ジャンセンとノーマン・ロッキャーが、太陽光のスペクトル中に見つかった、それまで知られていなかった特徴的な輝線を観察した結果、発見された。しかし、地球上で発見されたのは、ようやく1895年になって、イギリスの化学者サー・ウィリアム・ラムゼーが、ウランを豊富に含む放射性鉱物のなかにヘリウムを発見したときのことだった。1903年、アメリカの天然ガス田にヘリウムが大量にたまっている場所があることが突き止められた。

沸点が極めて低いことから、液体ヘリウムはMRI（核磁気共鳴画像法)や粒子加速器の超伝導電磁石の冷却に使われている。絶対零度に近い低温では、液体ヘリウムは**超流動**という特異な性質を示す。ヘリウムはまた、大深度潜水士(脳に酸素が過剰に入るのを防ぐため)や溶接作業者(溶接する金属が溶接中の高温状態で過度に酸化するのを防ぐため)にも重要である。さらに、ロケットの発射(訳注：発射に使う推進剤の液体酸素と液体水素を噴射口に押し出すのにヘリウムガスを使う。他のガスは液体水素より高温なため使えない)、レーザー(訳注：ヘリウム-ネオンレーザー)、気象観測用の気球、リークテスト(訳注：真空装置に漏れがないかどうか確認するテスト)などにも使われている。

宇宙に存在するヘリウムのほとんどが、**ビッグバン**の際に形成されたヘリウム4——2個の陽子、2個の中性子、2個の電子をもつヘリウムの同位体——だ。これよりは少量だが、恒星の内部で水素の核融合によって形成されるヘリウムも存在する。ヘリウムは地球上では地面から上にはあまり存在しないが、それは、ヘリウムで膨らませた風船をひもでつながなければ空高く上がってしまうことからもわかるように、ヘリウムは極めて軽いので宇宙へと逃げ出してしまうからである。

◀ニューヨーク市付近を飛行するアメリカ海軍飛行船シェナンドー(ZR-1)。1923年ごろ撮影。シェナンドーは、引火性のある水素ガスではなくヘリウムガスを使用した最初の硬式飛行船として重要である。

参照：ビッグバン(紀元前138億年)、魔法瓶(1892年)、超伝導(1911年)、超流動体(1937年)、核磁気共鳴(1938年)

野球のカーブ球

フレデリック・アーネスト・ゴールドスミス(1856-1939)、ハインリヒ・グスタフ・マグヌス(1802-70)

『ベースボールの物理学』(中村和幸訳、紀伊國屋書店)の著者ロバート・アデアは、「ボールを放すまでのピッチャーの動きは投球術の一部である。放たれた後のボールの動きは……物理法則によって定まる」(本書のための独自訳)と書いている。野球のカーブ球は本当にカーブしているのか、それとも一種の錯覚なのかを巡り、市民向けのいろいろな雑誌で激しい議論が長年続いてきた。

カーブ球を初めて編み出した選手を特定するのは不可能だろうが、カーブ球を投げげたと最初に公式に記録されたのは、1870年8月16日にニューヨークのブルックリンで投球したプロの投手、フレッド・ゴールドスミスだとされることが多い。それから何年ものち、カーブ球を物理学で研究した結果、たとえばボールにトップスピンをかける——ボールの上側がボールを投げた向きに回転するように、回転を加える——と、ボールが回転していない場合の通常のコースから大きくずれることが示された。少し詳しく説明すると、ボールの周囲で空気の層がボールの進行方向とは逆に流れるのだが、ボールの下側のほうが、上側よりも空気層が速く運動する。ベルヌーイの定理によれば、空気や液体が流れるとき、気圧や水圧が低い領域ができる(**ベルヌーイの定理**参照)。この効果により、ボールの下側のほうが圧力が低くなり、本来のコースからそれて、打者に近づくにつれ急激に落下するわけだ。この落下、すなわち「キレ」により、回転がかかっていないときよりも50 cmも球が落ち込む場合がある。ドイツの物理学者ハインリヒ・マグヌスが、1852年にこの効果を記述しており、この効果はマグヌス効果と呼ばれる。

▲カーブ球を取り巻く空気の層はボールの進行方向と逆向きに流れるが、ボールの回転があるため、ボールの下側のほうが気流が速くなり、ボールの上側と下側で圧力の差を生じる。この圧力差のために、ボールのコースが曲がり、打者に近づくと落ちる。

1949年、技術者のラルフ・ライトフットは風洞を使って、カーブ球が実際にカーブすることを証明した。しかし、目の錯覚がカーブ球の効果を高めているのも確かだ。その理由は、ボールがホームベースに近づき、打者の目の焦点から周辺視野へとずれるときに、ボールが自転していると、打者にはボールの軌道が歪んで見えるためで、まるで突然落下するかのように感じるわけだ。

参照：大砲(1132年)、ベルヌーイの定理(1738年)、ゴルフボールのくぼみ(1905年)、終端速度(1960年)

レイリー散乱

ジョン・ウィリアム・ストラット、第3代レイリー男爵(1842-1919)

▲何百年にもわたり、科学者も市民も、空はなぜ青いのか、日没はなぜ火のように赤いのか、悩んできた。ついに1871年、レイリー卿がその答えを提供する論文を発表した。

1868年、スコットランドの詩人ジョージ・マクドナルドは、次のように記した。「青い空を見るとき、それはとても深く、とても安らかで、不思議な優しさに満ちているようで、私は何世紀も横たわって、途方もない愛に満ちた優しさのなかから神の顔が現れるのを待っていられそうに思う」。科学者も市民も、空はなぜ青いのか、日没はなぜ火のように赤いのか、長年にわたって悩んできた。ついに1871年、レイリー卿がその答えを提供する論文を発表した。太陽からやってくる「白色光」は、実は隠れたさまざまな色が混ざったもので、単純なガラスのプリズム1本で、それらの色を分離できることを思い出していただきたい。「レイリー散乱」とは、太陽光が大気中の気体分子や微視的な密度の揺らぎによって散乱される現象のことだ。少し詳しく説明すると、太陽光が散乱する角度は、色の波長の4乗に反比例する。したがって、青い光は、赤などのほかの色の光よりも強く散乱されることになる。なぜなら、青い光は赤い光よりも波長が短いからだ。青い光は空の全体に強く散乱されるので、地球にいる人には空は青く見える。興味深いことに、紫は青より波長が短いのに、空が紫に見えないのは、ひとつには太陽光のスペクトルには青い光のほうが紫の光よりも多く含まれるからであり、また、人間の目が紫よりも青に敏感だからでもある。

日没時など、太陽が水平線に近いとき、太陽光が観察者に届くまでに通過する空気の量は、太陽が空の高い位置にあるときよりも多くなる。このため、青い光は観察者に届くまでに散乱されて失われてしまい、波長の長い光が日没の景色の主役になるのである。

レイリー散乱は、半径が光の波長の約10分の1以下の粒子、すなわち気体分子などにしか当てはまらないことに注意してほしい。これより大きな粒子が大気中に大量に存在する際には、別の物理法則が当てはまる。

参照：虹の説明(1304年)、オーロラ・ボレアリス(1621年)、ニュートンのプリズム(1672年)、温室効果(1824年)、グリーンフラッシュ(1882年)

クルックスのラジオメーター

ウィリアム・クルックス(1832-1919)

子どものころ私は、3つの「ライトミル」(訳注：光で回る羽根車の玩具)をもっており、窓の下枠に並べて置いていたが、どの羽根車もまるで魔法のように回転していた。この羽根車の運動をいかに説明するかを巡って数十年も議論が続き、あの優れた物理学者、ジェームズ・クラーク・マクスウェルさえもが、初めは羽根車の動作に当惑した。

ライトミルの一種とも呼べるクルックスのラジオメーターは、1873年にイギリスの物理学者ウィリアム・クルックスによって発明された。ある程度真空に引かれたガラス球のなかに、軸についた4枚の羽根が封じ込められた構造をしている。羽根はどれも、片面が黒で、反対側の面が白または光沢面となっている。光を当てると、羽根の黒い面が光子を吸収し、明るい面よりも温まり、黒い面が光源から遠ざかる向きに羽根車が回転する。光が明るいほど回転速度が上がる。ガラス球内の真空度が高すぎると羽根車は回転しないことから、ガラス球内のガス分子の運動が羽根車を回転させていると推測できる。また、ガラス球がまったく真空引きされていないと、空気抵抗が大きくなりすぎて、羽根車は回転しない。

最初クルックスは、羽根車を回転させている力は、光が羽根に及ぼす圧力そのものだという説を提案し、マクスウェルも当初はこの仮説に賛同した。ところが、羽根車が高真空中では回転しないとわかり、この説は不十分であることが明らかになった。また、光の圧力なら、羽根の反射性の高い光沢面のほうが光源から遠ざかるはずだった。じつはライトミルの回転の原因は、羽根の表裏で温度差ができることにより生じるガス分子の運動にあった。ライトミルのメカニズムは、「熱遷移流」というプロセスによるものとして説明できる。この例では、羽根の黒い面は高温、白い面は低温となっており、ガス分子の圧力は低温側で強い。このとき、羽根の先端付近でガス分子が低温側(高圧側)から高温側(低圧側)へと移動する熱遷移流が生じ、その反力で羽根は黒い面を背に回転する。

▲サー・ウィリアム・クルックス。J.アーサー・トムソン『科学大系』(原書1922年刊、小野寺一男訳、大鐙閣など)に掲載。

▶ライトミルとも呼ばれるクルックスのラジオメーターは、1873年にイギリスの物理学者ウィリアム・クルックスによって発明された。ある程度真空に引かれたガラス球のなかに、軸についた4枚の羽根が封じ込められた構造をしている。光が当たると羽根が回転する。

参照：永久機関(1150年)、水飲み鳥(1945年)

1875年

ボルツマンのエントロピーの公式

ルートヴィヒ・エードゥアルト・ボルツマン（1844-1906）

「一滴のインクが百万の人々に考えるきっかけを与える」という格言がある（訳注：19世紀イギリスの詩人バイロンの言葉）。オーストリアの物理学者ルートヴィヒ・ボルツマンは、統計論的な熱力学（訳注：日本語では一般に統計力学と呼ぶ）に関心を抱いていた。統計力学では、水に混じったインクの分子などの、ある系のなかに存在する多数の粒子の数学的性質に注目する。1875年ボルツマンは、エントロピーS（おおまかに言って、ある系の無秩序さ）と、その系が取りうる状態の数Wとの関係を、$S=k \cdot \log W$という簡潔な式で表した。ここでkはボルツマン定数である。

水に垂らした一滴のインクについて考えてみよう。分子は休むことなくランダムな運動をしており、常に互いに配置を変えている。ここで、可能なすべての配置は、起こりうる確率が同じと仮定する。インク分子の配置の大部分は、インク分子が一滴にまとまった状態には対応していないので、そのようにインクが一滴にまとまっているのを私たちが目撃することはめったにないだろう。水との混合が自然に起こるのは、混合していない配置よりも、混合している配置のほうが圧倒的に多数存在するから、という単純な理由による。自然に起こる（訳注：物理用語では、「自発的な」と言う）プロセスが発生するのは、それが最も確率の高い最終結果につながっているからだ。$S=k \cdot \log W$という式を使えば、エントロピーを計算することができ、さらに、存在する状態の数が多いほどエントロピーが大きくなるのはなぜかを理解することができる。確率の高い状態（たとえば、インクが水に混じった状態）はエントロピーの値が大きく、自発的なプロセスは、最終的にはエントロピーが最大の状態に至る。これは、**熱力学第2法則**の、別の表現でもある。熱力学用語を使うなら、ある巨視的状態——今の例なら、コップ1杯の水にインクが混じっている状態——を作りうる微視的状態の数はW個存在する、と言うことができる。

系のなかの分子を考えることによって熱力学を導出するというボルツマンの方法は、今では当たり前のように思えるが、当時の多くの物理学者は原子や分子という概念に批判的だった。他の物理学者たちとの度重なる衝突と、長年患っていたらしい双極性障害が相まったためか、1906年、妻と娘を伴っての休暇中にボルツマンは自ら命を絶った。ウィーンにある彼の墓碑には、今は名高いボルツマンの公式が刻まれている。

▲インクと水の分子が取りうるすべての配置は、起こりうる確率が等しいと仮定しよう。大多数の配置は、インク分子がすべて一滴にまとまった状態に対応しないので、水にインクを垂らした後、インクが一滴にまとまっているのを私たちが目撃することはほとんどないだろう。
◀ルートヴィヒ・エードゥアルト・ボルツマン

参照：ブラウン運動（1827年）、熱力学第2法則（1850年）、気体分子運動論（1859年）

白熱電球

ジョゼフ・ウィルソン・スワン(1828-1914)、トーマス・アルヴァ・エジソン(1847-1931)

電球の発明で最もよく知られているアメリカの発明家トーマス・エジソンは、「発明のためには、優れた想像力とがらくたの山が必要だ」と書いたことがあった。彼が発明した電球は、熱による光の放射を利用する白熱電球だが、これを発明したのはエジソンだけではなかった。エジソンと同じく注目に値する発明者には、たとえばイギリスのジョゼフ・ウィルソン・スワンがいる。だがエジソンが最もよく記憶されているのは、彼が次のようなさまざまな要素に注力したからだ。長寿命のフィラメントを作製し、他の発明者たちには不可能なほど電球内部の真空度を高くし、そして、建物や道路や町で電球の実用的価値が生まれ、維持できるように配電システムを作ったのだ。

白熱電球では、フィラメントを流れる電流がフィラメントを加熱し、その結果光が放射される。フィラメントをガラス球に封入することにより、空気中の酸素でフィラメントが酸化して使い物にならなくなるのを防いでいる。最大の困難のひとつは、最も効果的なフィラメントの素材を見つけることだった。エジソンが選んだ炭化した竹のフィラメントは、1200時間以上光を放射することができた。今では、タングステン製のフィラメントが多く用いられ、ガラス球内部には、フィラメントの物質の蒸発を抑えるため、アルゴンなどの不活性ガスが封入されている。また、効率を高めるためフィラメントはコイル状になっており、普通の60ワット120ボルトの電球のフィラメントは580 mmもの長さがある。

電球を低い電圧で使用すると、寿命が驚くほど長くなる場合がある。たとえば、カリフォルニア州のある消防署の「100年電球」は、1901年以来ほとんど絶えず光り続けている。一般に白熱電球は、消費される電力の約90%が、可視光ではなく熱に変換され、実に非効率的である。今では、より効率の高い方式の電球(たとえばコンパクト蛍光灯など)が白熱電球にとって代わりつつあるが、かつて単純な白熱電球は、すすを生じ危険性も高い石油ランプやロウソクにとって代わり、その後の世界を変貌させたのである。

▶ループ状の炭素フィラメントを使ったエジソンの電球

参照：ジュールの法則(1840年)、ストークスの蛍光の法則(1852年)、オームの電気の法則(1827年)、ブラックライト(1903年)、真空管(1906年)

1879年

プラズマ

ウィリアム・クルックス(1832-1919)

プラズマとは、気体がイオン化したもので、自由に運動する電子とイオン(電子を失った原子)が含まれている。プラズマを生成するにはエネルギーが必要だが、熱エネルギー、放射エネルギー、電気エネルギーなど、さまざまな形のエネルギーがプラズマを生成しうる。たとえば、ある気体が十分に熱せられ、原子どうしが衝突し、互いに相手の電子をはがしてしまうようになると、プラズマが生成する。気体と同じく、プラズマは容器に閉じ込められない限り、特定の形をもたない。だが、通常の気体とは異なり、プラズマは磁場によって繊維状、セル状、層状などの特異な形状が複雑に絡み合った構造を形成する場合がある。プラズマは通常の気体には見られない、さまざまな波を示すこともある。

イギリスの物理学者ウィリアム・クルックスは1879年に、クルックス管という、真空度はそれほど高くない放電管で実験していた際に、プラズマを世界で初めて特定した。興味深いことにプラズマは、物質の状態としては最もよく見られ、固体、液体、気体よりはるかに普遍的に存在する。輝く恒星はこの「物質の第四の状態」でできている。地球上でプラズマを発生するものとしてよく見られるのは、蛍光灯、プラズマテレビ、ネオン・サイン、そして稲妻などである。地球大気の上層部に存在する電離層は、太陽からの放射によって生成されたプラズマであり、世界中の無線通信に影響を及ぼすため、実際的な重要性をもっている。

多種多様なプラズマガスが、広範囲の温度や密度にわたって研究されており、その分野も宇宙物理学から核融合発電までと幅広い。プラズマ中の荷電粒子は互いの距離が十分近く、個々の粒子が付近の多数の荷電粒子に影響を及ぼしている。プラズマテレビでは、キセノンとネオンの原子が励起されると光子を放出する。これらの光子の一部は、紫外光(人間には見えない)の光子で、テレビパネルにピクセルごとに塗布された蛍光物質と相互作用し、その結果蛍光物質から可視光が放出される。画面の各ピクセルに、緑、赤、青に対応する異なる蛍光物質が塗布された小ピクセルが含まれているのである。

◀フィラメンテーション(線状のプラズマ)などの複雑な現象を示しているプラズマランプ。励起状態の電子が、よりエネルギーの低い状態に移行(物理用語で「緩和」という)する際に美しい色が生じる。

参照：セントエルモの火(西暦78年)、ネオン・サイン(1923年)、ヤコブのはしご(1931年)、ソノルミネセンス(1934年)、トカマク(1956年)、HAARP (2007年)

ホール効果

エドウィン・ハーバート・ホール(1855-1938)、クラウス・フォン・クリッツィング(1943-)

1879年、アメリカの物理学者エドウィン・ホールは、長方形の金の薄膜を、それに直交する強い磁場のなかに置いた。長方形の平行な2辺をxとx'、もう一組の平行な2辺をyとy'と名づけよう。ホールは次に、yとy'にひとつの電池の＋と−の極をそれぞれ接続し、長方形のx方向に沿って電流が流れるようにした。すると、yとy'のあいだに小さな電位差が生じ、その大きさは、薄膜にかかっている磁場の強度B_zと電流の積に比例していた。これがホール効果だが、ホール効果で生じる電圧は、あまりに微弱だったため、長い間実際に何かに応用されることはなかった。しかし、20世紀後半になると、数えきれないほど多くの分野でホール効果に関する研究開発が行われるようになった。注目していただきたいのは、ホールがこの微弱な電圧を発見したのは、電子そのものが発見される18年も前だったことだ。

流した電流密度j_xとB_zの積に対する、生じた電場（電位差）E_yの比R_Hをホール係数と呼ぶ。式で表すと、$R_H = E_y / (j_x B_z)$である。電流の大きさに対するy方向に生じた電位差の比は「ホール抵抗」と呼ばれる。ホール定数もホール抵抗も、調べている物質――ここでは薄膜の材質――の特性だ。ホール効果は、磁場の測定にも、キャリア密度の測定にも非常に有用であることが明らかになった。もっと親しみ深い「電子」の代わりに、ここで「キャリア」という用語を使ったのは、理論的には電流は電子以外の荷電粒子によっても運ばれるからだ(たとえば、「ホール」と呼ばれる正の電荷をもったキャリアが存在する〔訳注：日本語では、正の電荷をもった穴という意味で「正孔」と呼ぶ。その正体は、電子で満たされているべきところに電子が1個欠けて、いわば電子の穴になっているもの〕)。

今日では、ホール効果は、流量センサーや圧力センサーから、自動車のイグニッション・タイミング・システムなどまでに及ぶ、さまざまな機器の磁場検出素子に応用されている。1980年、ドイツの物理学者クラウス・フォン・クリッツィングは、低温で極めて強い磁場の下で実験すると、ホール抵抗が飛び飛びの値を取ることに気づき、量子ホール効果を発見した。

▶高性能ペイントボールガンは、発射率を高める目的で「スロウ」を非常に短くするためにホール効果センサーを利用している。「スロウ」とは、銃が作動する前に引き金が移動する距離のこと。

参照：ファラデーの電磁誘導の法則(1831年)、圧電効果(1880年)、キュリーの磁性の法則(1895年)

1880年

圧電効果

ポール＝ジャック・キュリー(1856-1941)、ピエール・キュリー(1859-1906)

▲電子ライターには圧電素子が使われている。ボタンを押すとハンマーが圧電素子にぶつかって電流が生じ、放電電極から、ガスが出る火口に向かって放電してガスに着火する。

「どんなに小さなものでも、(科学的)発見はすべて、獲得したものとして永遠に残ります」と、フランスの物理学者ピエール・キュリーは、結婚の前年にマリーに書き送り、「私たちの科学への夢」を共に紡ごうと促した。10代の若者だったころ、ピエールは数学——特に幾何学——が大好きで、それはのちに彼が結晶学の研究に取り組む際に、大いに役立った。1880年、ピエールと彼の兄ポール＝ジャックは、ある種の結晶に圧力をかけると電気分極が生じることを公開実験で示した。現在「圧電気」(またはピエゾ電気)と呼ばれる現象である。公開実験では、トルマリン、石英、トパーズなどの結晶が使われた。1881年、キュリー兄弟はその逆の現象、すなわち、電場によってある種の結晶が変形することを確かめた。この変形は小さなものだが、その後、音の発生や検出、そして光学機器の焦点合わせに使えることが明らかになった。圧電効果は、レコードピックアップ(訳注：レコードの溝をなぞるレコード針を支えながら針が拾う溝の振幅の情報を電気信号に変換するもので、交換可能な形状なのでレコードカートリッジとも呼ぶ)、マイクロフォン、潜水艦探知にも使われるソナーなどに利用されている。今日では、電子ライターに圧電素子が組み込まれ、ライターのガスに着火するための電圧を発生する役割を果たしている。米軍は、戦場で発電する目的で兵士のブーツに圧電材料を使う可能性を模索している。圧電素子を使ったマイクロフォンでは、音波が圧電材料にぶつかると電圧が変化する。

科学ライターのウィル・マッカーシーは、圧電効果を分子レベルで次のように説明している。「圧電効果は、物質に加えられた圧力が、電気的に中性の分子または粒子を変形して、片側が正に、反対側が負に帯電した、弱い双極子に変えることによって起こる。多数の粒子が双極子になれば、物質全体で電位がある程度高まる」。旧式の蓄音機では、レコード盤に形成されたうねった溝のなかをレコード針が滑っていくが、それによってロッシェル塩でできた針の先端が変形して電圧が生じ、それが音に変換される。

興味深いことに、骨も圧電効果を示し、これによって生じる電圧が骨の形成、栄養供給、さらに、骨にかかる荷重が骨に及ぼす影響に何らかの形で関与している可能性がある。

参照：摩擦ルミネセンス(1620年)、ホール効果(1879年)

戦争チューバ(空中聴音機)

「戦争チューバ」は、戦争の歴史において重要な役割を果たした、多種多様な大型音響探知機につけられた、非公式な通称だ。戦争チューバには、ほとんど滑稽に見えるものも多い(訳注：日本の軍事用の音響探知機は聴音機と呼ばれ、空気中の音を検出するものは「空中聴音機」と呼ばれた)。これらの装置は主に、第一次世界大戦から第二次世界大戦の初期にかけて、航空機や機関砲などの位置を特定するために用いられた。1930年代にレーダー(電磁波を利用した探知システム)が導入されると、びっくりするような姿の戦争チューバはほとんど時代遅れとなったが、情報攪乱のため(たとえば、レーダーは使っていないとドイツ軍に思い込ませるなど)、あるいは、敵がレーダー攪乱法を開発したときなどに、ときおり使われていた。1941年にも、日本軍がフィリピンのコレヒドール島に最初の攻撃を仕掛けるのを探知するために、米軍が戦争チューバを使ったと言われている。

長年のうちに、音響探知機はさまざまな形をとり、1880年代の「トポフォーン」などのように、肩にストラップで固定するラッパのような、個人が装着する装置から、台車に多数のチューバ型集音機を載せて大勢の操作員が動かす巨大な装置まで登場した。ドイツ軍は第二次世界大戦中、夜間にサーチライトを航空機に当てるための補助装置として、Ring-trichterrichitung-shoerer(輪状ホルン音響方向探知機)を使っていた。

1918年12月号の『ポピュラー・サイエンス』誌は、音響方向探知法によって1日で63台のドイツ軍の砲の位置を特定した過程を詳しく紹介している。ある区域の土地一帯に、岩の下に隠して多数のマイクを設置し、ワイヤーで中央局につなげておく。中央局では、あらゆる音が受信された瞬間を正確に記録する。砲の位置を特定する場合には、中央局は上空を通過する砲弾の音、砲のとどろき、砲弾の爆発音を記録する。さらに、大気条件による音波の速度の変化を補正する。そして最後に、同じひとつの音が各受信局で記録された時間の違いを、局どうしの距離(あらかじめわかっている)と突き合わせるわけだ。英軍と仏軍はそのデータに基づき、ドイツ軍の砲を破壊せんと、爆撃機をその方角へと向かわせた。ドイツは砲をカムフラージュすることが多く、その場合音響方向探知なしに発見することはほぼ不可能だった。

▲ワシントンD.C.のボーリング空軍基地に設置された、2個の大型円錐筒からなる空中聴音機(1921年)
▼多数のラッパ状の聴音装置を配置した、日本陸軍の九〇式大空中聴音機を観閲する昭和天皇。写真は右半分が実物で、左はその鏡像である。空中聴音機は英語では「戦争チューバ」を意味するwar tubaとも呼ばれる。レーダーが発明される前に、航空機の位置を特定するために使われた。

参照：音叉(1711年)、聴診器(1816年)

検流計

ハンス・クリスティアン・エルステッド(1777-1851)、ヨハン・カール・フリードリヒ・ガウス(1777-1855)、ジャック=アルセーヌ・ダルソンバール(1851-1940)

検流計は、電流の大きさに応じて回転する針を使って電流を測定する装置である。19世紀中ごろ、スコットランドの物理学者ジョージ・ウィルソンは、検流計の針が踊るように動くのを見たときの畏怖の念を語り、同様の動きをする方位磁針について、次のように記した。「(方位磁針は)コロンブスを新世界へと導き、また、電信の前触れであると同時に先駆形でもあった。それは無言のまま、探検家たちに荒漠たる海を渡らせ、世界の新しい家々へと導いた。しかし、それらの新しい家もほぼ満員になると、今度は旧世界の家々と愛情に満ちた挨拶を交わしたいと望みはじめた。そのとき、磁針は沈黙を破ったのだ。検流計の内部に横たわり震える磁針は、電信の舌であり、早くも技師たちは、それがしゃべっているという言い回しを使っている」。

検流計の最初期形のひとつは、1820年のハンス・クリスティアン・エルステッドの研究から生まれた。彼は、ワイヤーを流れる電流がワイヤーの周囲に磁場を形成し、その磁場により方位磁針が回転することを発見したのである。1832年には、カール・フリードリヒ・ガウスが、信号による検流計の針の振れを利用した電信装置を製作した。これは旧式の検流計で、動く磁石を使っており、近くの磁石や鉄塊に影響されるという欠点があり、また、針の振れは電流に正比例していなかった。1882年、ジャック=アルセーヌ・ダルソンバールは固定した永久磁石を使った検流計を開発した。磁石の両極のあいだにコイル状のワイヤーが配置されており、コイルに電流が流れると、コイルが磁場を発生して回転するというものだ。コイルには針が接続されていて、針の振れ角は電流に正比例する。電流がゼロのときは、小さなねじりばねによって、コイルと針がゼロの位置に戻るようになっていた。

今日では、検流計の針は、ほとんどデジタルの数値表示に置き換わっている。とはいえ、現代もなお、検流計に似たものが、アナログ式のチャートレコーダーで用紙上を走るペンや、ハードディスク・ドライブのヘッドの位置決めなど、さまざまな用途に使われている。

▲ハンス・クリスティアン・エルステッド
▶年代物の微小電流計。電極柱と、DCmAの目盛りがついたダイヤルがある(ニューヨーク州立大学ブロックポート校の設立当初からの物理学実験室の備品)。ダルソンバール式検流計はコイルが動く微小電流計だ。(訳注:検流計は微弱な電流の検出・測定用、電流計は大きな電流も測定できる。)

参照:アンペールの電磁気の法則(1825年)、ファラデーの電磁誘導の法則(1831年)

グリーンフラッシュ

ジュール・ガブリエル・ヴェルヌ(1828-1905)、ダニエル・ジョゼフ・ケリー・オコンネル(1896-1982)

太陽が沈む直前または昇った直後に、ごくまれに見られる神秘的な緑の閃光への関心が急激に高まったのは、1882年にジュール・ヴェルヌが発表した恋愛小説、『緑の光線』(中村三郎訳、文遊社)のおかげだ。ヒロインが摩訶不思議な緑の閃光を追い求める物語だが、その閃光は、「どんな画家にもパレットの上で再現できたことはかつてなく、草木のさまざまな緑の色合いのなかにも、極めて透明な海の色にも、そのような緑が現れたことは一度もない！　もしも天国に緑があるとすれば、この緑以外にあるまい。それは間違いなく真の「希望の緑」だ……。幸運にもそれを一度見ることができた者は、自らの心のうちをはっきりと見、他の人々の心も読み取ることができるようになるのである」(訳者の独自訳)。

▲ 2006年にサンフランシスコで撮影されたグリーンフラッシュ

グリーンフラッシュは、いくつかの光学現象が重なった結果生じ、一般に障害物のない海の水平線の上に現れるものが観察しやすい。沈みゆく太陽を思い描いてみよう。地球の大気は、密度が異なるいくつもの層からなっており、プリズムのように働くので、光は色に応じて異なる角度で曲がる。緑や青の振動数が高い光は、赤やオレンジなどの振動数が低い光よりも大きく曲がる。太陽が水平線の下に沈むとき、振動数が低い赤い光として見えている太陽の姿は地球にさえぎられてしまうが、太陽光のうち振動数が高い緑の部分は一瞬観察者に届き、見える可能性がある。空気の密度の違いにより遠方の物体のゆがんだ像や、拡大像が形成される蜃気楼の現象によって、グリーンフラッシュは強調される。たとえば、冷たい空気は暖かい空気よりも密度が高いため、屈折率も大きい。グリーンフラッシュの際に、普通青色の光は見えないが、それは、青い光は視界の外に散乱されてしまうからだ(**レイリー散乱**を参照のこと)。

長年にわたり科学者たちは、グリーンフラッシュを見たという報告は、沈む夕日を長く見つめすぎたせいで起こった目の錯覚に過ぎないと考えていた。しかし1954年、イエズス会の神父でバチカン天文台長のダニエル・オコンネルが、地中海に太陽が沈む際のグリーンフラッシュをカラーで撮影し、この摩訶不思議な現象が存在することを「証明」した。

参照：オーロラ・ボレアリス(1621年)、スネルの屈折の法則(1621年)、ブラック・ドロップ効果(1761年)、レイリー散乱(1871年)、HAARP(2007年)

1887年

マイケルソン-モーリーの実験

アルバート・エイブラハム・マイケルソン(1852-1931)、エドワード・ウィリアムズ・モーリー(1838-1923)

「何も想像しないでいることは難しい」と、物理学者ジェームズ・トレフィルは書いている。「どうやら人間の精神は、何もない空間を何かの物質で満たしたいようで、歴史の大半を通じ、その物質はエーテルと呼ばれていた。つまり、天体どうしの間の虚空は、一種の希薄なゼリーで満たされているというのだ」。

1887年、2人の物理学者アルバート・マイケルソンとエドワード・モーリーは、宇宙を満たしていると考えられていた、光の媒体エーテルを検出するための先駆的な実験を行った。エーテル説はそれほどおかしなものではない。なにしろ、水の波は水を通して伝わり、音は空気を伝わるのだから。一見したところ、何もない真空を伝わっているようだとしても、やはり光にも、そのなかを伝わる何らかの媒体が必要ではないか？　エーテルを検出するために、マイケルソンとモーリーは1本の光線を2本に分割し、互いに直交する方向に進ませた。どちらの光線も、反射して出発点に戻り、そこでひとつに重ね合わせると、2本の光線が戻ってくるまでにかかった時間に応じた縞模様の干渉パターンが形成されるだろう。もしも地球がエーテルのなかを運動していたなら、2本の光線の一方(エーテルの「風」に向かって進まねばならなかった光線)は、他方より遅れて進んだはずで、それが干渉パターンに反映されるだろう。こうして地球のエーテルに対する運動が検出されるはずだった。マイケルソンはこの考え方を娘に次のように説明した。「2本の光線は、2人の水泳選手みたいに競争するんだ。でも、ひとりは川を必死でさかのぼって、それからターンして戻ってくるのに対して、もうひとりは、距離はまったく同じだけど、ただ川を横切って向こう岸まで泳いで戻ってくるんだ。もしも川に少しでも流れがあれば、2人目の選手が必ず勝つんだよ」。

このような微妙な違いを測定するために、測定装置を水銀のプールの上に浮かべ、振動の影響を極力避けた。また、装置は地球の運動に相対的に回転できるようになっていた。しかし、測定の結果、干渉パターンに明確な違いは認められず、地球は「エーテルの風」のなかを運動してはいないと考えざるを得ないことがわかった。おかげでこの実験は、物理学史上最も有名な「失敗した実験」となった。この発見は、他の物理学者たちがアインシュタインの**特殊相対性理論**を受け入れるひとつの要因となった。

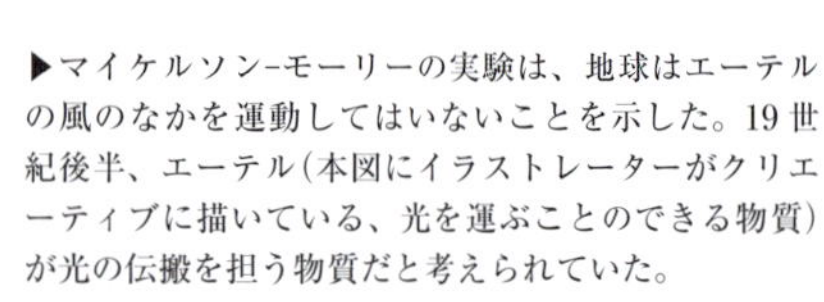

▶マイケルソン-モーリーの実験は、地球はエーテルの風のなかを運動してはいないことを示した。19世紀後半、エーテル(本図にイラストレーターがクリエーティブに描いている、光を運ぶことのできる物質)が光の伝搬を担う物質だと考えられていた。

参照：電磁スペクトル(1864年)、ローレンツ変換(1904年)、特殊相対性理論(1905年)

キログラムの誕生

ルイ・ルフェーブル＝ジノー(1751–1829)

エッフェル塔が開業した1889年以来、キログラム(kg)は、パリ郊外にある国際度量衡局の、温度と湿度を管理された地下保管室で何重にもなった容器のなかに保管されている、塩入れほどの大きさ(訳注：直径、高さともに約39 mm)の白金–イリジウム合金の円筒によって定義されている。保管庫を開けるには鍵が3つ必要だ。多くの国がこの原器の公式な複製をもっており、それが各国における原器となっている。物理学者リチャード・スタイナーは半ば冗談で、「もしも誰かのくしゃみがキログラム原器にかかったなら、その瞬間から世界のすべての重さは間違っていることになる」と述べたことがある。

▲産業界では、質量の基準となる、何らかの物質でできた、本図のような標準質量器をしばしば使ってきた。標準器に傷がついたり変形したりすると、精度が揺らいで問題になっていた。写真でdkgという表示は、「デカグラム」の意味で、10gに等しい質量の単位。

現在キログラムは、唯一人工物で定義される基本単位となっている。たとえば、メートル(m)は今では、実際の棒に刻まれたしるしによってではなく、「1秒の299,792,458分の1の時間に光が真空中を伝わる距離」と定義される。キログラムは、物体を構成している物質の量の基本的な尺度である質量の単位だ。ニュートンの運動の第2法則、$F=ma$（ここでFは力、mは質量、aは加速度である)からわかるように、物体の質量が大きいほど、同じ力のもとでは加速しにくい。

研究者たちは、パリのキログラム原器を傷つけたり汚染したりすることを非常に恐れており、原器が安全な保管庫から外に出たのはこれまでに、1889年、1946年、そして1989年だけだ。ところが、奇妙なことに、世界中に分布している複製のキログラム原器のすべてで質量がパリの原器のものとは異なっていることが、科学者らによって発見された。複製に空気の分子が吸着して重くなったのかもしれないが、パリの原器が軽くなったのかもしれない。このようなずれが生じてしまったことから、物理学者たちは、特定の金属塊には関係しない、不変の基本定数によってキログラムを定義し直す努力を行っている。(訳注：2018年11月の国際度量衡総会で、人工物によらない、基礎物理定数によって定義し直されることが決定した。この変更も含めた新しい国際単位系が、2019年に施行される。）ところで、キログラムの最初の定義は、「水1Lの質量」だったが、1799年にフランスの化学者ルイ・ルフェーブル＝ジノーが、水の最も密度が高い温度における1Lの質量と定義し直した。しかし、このときの水の質量と体積の測定は適正ではなく不正確であった。

参照：落下物の加速(1638年)、メートルの誕生(1889年)

1889年

メートルの誕生

1889年、メートル(m)と呼ばれる長さの基本単位は、白金-イリジウム合金でできた特別な棒を、氷の融点で測った長さだった(訳注：1889年、第1回国際度量衡総会が開催され、国際キログラム原器と国際メートル原器が承認された)。物理学者で科学史家のピーター・ガリソンは、「手袋をした手が、この研磨されたメートルの基準器をパリの保管庫におろしたとき、フランスは文字通り、世界共通の度量衡の鍵を握った。外交と科学、国家主義と国際主義、特殊性と普遍性が、その保管庫の世俗的な神聖さのなかに集結したのだ」と書いている。

長さの基準器は、家屋の建設や交易のために人間が発明した最初の「道具」のひとつだったと推測される。メートル(meter)という言葉は、「ものさし」または「測ること」を意味するギリシア語メトロン(metron)とフランス語のメトル(metre)から来ている。1791年、フランス科学アカデミーは、パリを通る子午線上の赤道から北極までの距離の1000万分の1でメートルを定義することを提案した。そしてフランスは、この距離を測定するために、数年にわたる実測事業を実施した。

メートルの歴史は長く、興味深い。1799年、フランス人たちは、前年に終わった子午線測量の結果からメートルの長さを特定し、基準器として、その長さの白金の棒を製作した。1889年、白金より腐食しにくく硬い白金-イリジウム合金で作り直した基準器が国際原器として承認された。1960年には、クリプトン86原子の量子準位2p10と5d5との間の遷移で生じる放射線の真空中の波長の1,650,763.73倍が1mと定義された。これにより、もはやメートルには、地球の測定との直接の関係はなくなった。そしてついに1983年、光が真空中を299,792,458分の1秒のうちに伝わる距離を1mとすることに世界が同意した。

興味深いことに、最初のメートル原器の棒は1mmの5分の1短かった。これは、フランス人たちが、地球は正確な球ではなく、南北の極に近づくほど平らになっていることを考慮に入れなかったからだ。しかし、この誤差にもかかわらず、メートルの長さは変更されていない。長さの測定の標準として、より高精度にするために、定義が随時変更されてきたのである。

◀数百年にわたり、技術者たちは、より高い精度で長さを測定しようと努力してきた。たとえば、カリパスを使えば、ひとつの物体の上の2点間の距離を測定したり、別の2点間の距離と比較したりできる。

参照：恒星視差(1838年)、キログラムの誕生(1889年)

エトヴェシュの重力偏差計

エトヴェシュ・ロラーンド(1848-1919)

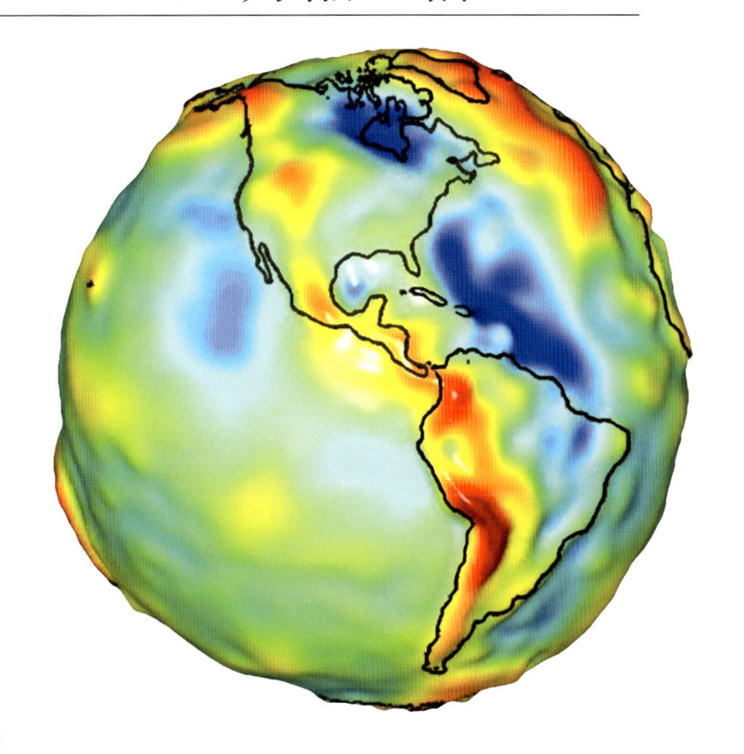

ハンガリーの物理学者で、登山家としても世界的に有名だったエトヴェシュ・ローランドは、ねじり秤(細い線状の金属などをねじることによって、非常に弱い力を測定する装置)を使って、質量どうしが及ぼす重力を研究した最初の人物でこそなかったが、ねじり秤の改良を行い、感度を高めた。実際、エトヴェシュの秤は地球表面において重力場を測定し、表面下に存在する構造を予測する、最高の装置のひとつとなった。エトヴェシュは基本的な理論と研究に重点を置いていたが、彼の装置はのちに石油や天然ガス資源の調査に重要であることが明らかになった。

つまりこの装置は、非常に局所的な重力の変化を測定する、重力偏差計として有効に使える最初の測定器だったのである。たとえば、エトヴェシュが初期に行った実験のひとつが、自分のオフィスのさまざまな場所の重力ポテンシャルの変化をマップ化することで、さらにその直後には、建物全体でマップを作成した。このような測定では、室内にある局所的な質量が、測定結果に影響を及ぼす。エトヴェシュの秤は、巨大な物体や大量の流体のゆっくりした動きによる重力の変化の研究にも利用できる。物理学者のキラーイ・ペテルによれば、100 m離れた地下室からドナウ川の水位の変化が1 cmの精度で測定できたようだが、その測定については詳細な文書の記録はほとんどないそうだ。

エトヴェシュの測定ではさらに、重力質量(ニュートンの万有引力の法則$F=Gm_1m_2/r^2$の質量m)と慣性質量($F=ma$と表記されることが多いニュートンの運動の第2法則で慣性をもたらす質量m)は、少なくとも10^9の精度で等価であることが示された。言い換えれば、エトヴェシュは慣性質量(物体が、加えられた力によって加速されることに対して示す抵抗の尺度)と重力質量(物体の重さを決める因子)は、非常に高い精度で同じだと示したのだ。この発見はのちに、アインシュタインが一般相対性理論を構築する際に有用になる。アインシュタインは、1916年の論文「一般相対性理論の基盤」でエトヴェシュの論文を引用した。

▲NASAの人工衛星GRACE (Gravity Recovery and Climate Experiment)からのデータによって作成された地球の重力場マップ。南北アメリカ大陸の重力場の分布を示す。赤が重力の強い領域。
◀エトヴェシュ・ロラーンド、1889年

参照：ニュートンの運動と万有引力の法則(1687年)、キャヴェンディッシュ、地球の重さを量る(1798年)、一般相対性理論(1915年)

1891年

テスラ・コイル

ニコラ・テスラ(1856-1943)

テスラ・コイルは、何世代もの学生を刺激して、科学や電気的現象の謎に興味をもってもらうという重要な役割を果たしてきた。主流の科学から少し外れたところでは、テスラ・コイルはなかなかの人気で、ホラー映画のマッド・サイエンティストが、人を驚かせるために稲妻のような電光を発生させるのに使ったり、超常現象の研究者たちが、「テスラ・コイルの使用中に、超自然的な現象が顕著になったという報告がある」などと、常識ではよくわからない発言をしたりしている。

1891年ごろに発明家ニコラ・テスラが開発したテスラ・コイルは、高電圧、低電流、高周波数の交流電流を発生することができる変圧器だ。テスラは、電気現象に関する人間の理解を、当時の限界を超えて広げるために、ワイヤーを使わずに電気エネルギーを移動させる実験を行ったが、その際にテスラ・コイルを使った。アメリカの公共放送サービス(訳注：日本のNHK教育番組チャンネルに相当するもの)のウェブサイトには、次のように記されている。「その装置の回路に使われている要素は、当時すでに知られているものばかりでしたが、構造と操作によって、それまで誰も実現したことがなかった結果をもたらしました。その大きな理由は、鍵となる要素、とりわけ、回路の性能の核心にある、コイルでできた特殊な変圧器を、テスラが優れた技能で精緻に作製したことにありました」。

一般に変圧器とは、コイルを通して、ひとつの回路の電気エネルギーを別の回路に移動させる装置だ。1次コイルに流れる交流が、変圧器のコア(芯)に変動する磁束を生じさせ、それにより2次コイルを貫通する変動磁場が誘導され、その結果2次コイルに電圧が生じる。テスラ・コイルでは、高圧コンデンサ(訳注：電荷を蓄えたり放出したりする素子)とスパークギャップを使い、1次コイルに大電流を周期的に流し、2次コイル側に共振を起こす。1次コイルの巻き数に対し、2次コイルの巻き数が多いほど、2次コイル側に生じる電圧は高まる。この方法で数百万ボルトが達成できる。

テスラ・コイルの多くは、最上部に大きな金属球などが設置され、そこから電流が乱れ飛ぶように放電を起こす。テスラは無線送信機などの実用的なものも製作している。また、テスラ・コイルを使って燐光(ある物体が吸収したエネルギーが、光として放出される現象)やX線の研究も行った。

◀テスラ・コイルから銅線に向かって高電圧のアーク放電が起こっているところ。電圧は約10万ボルト。

参照：フォン・ゲーリケの静電発電機(1660年)、ライデン瓶(1744年)、ベンジャミン・フランクリンの凧(1752年)、リヒテンベルク図形(1777年)、ヤコブのはしご(1931年)

魔法瓶

ジェームズ・デュワー(1842-1923)、ラインホルト・ブルガー(1866-1954)

1892年にスコットランドの物理学者ジェームズ・デュワーが発明した魔法瓶(デュワー瓶とも呼ばれる)は、二重構造の瓶で、内壁と外壁のあいだの空間が真空になっており、なかに入れたものをかなりの時間にわたり周囲の温度よりも高温または低温に保つことができる。ドイツのガラス職人ラインホルト・ブルガーが商品化すると、「即座に大当たりし、世界中でベストセラーとなった」と、著述家のジョエル・レヴィーは記す。「理由のひとつは、当時の一流の探検家や先駆者たちに無料で宣伝してもらったからだ。魔法瓶はアーネスト・シャクルトンによって南極まで運ばれ、ウィリアム・パリーに北極へ、ルーズヴェルト大佐とリチャード・ハーディング・デイヴィスにコンゴへ、サー・エドモンド・ヒラリーにエヴェレストへ、そして、ライト兄弟とツェッペリン伯爵によって空へと運ばれた」。

▲魔法瓶は、飲み物の保温・保冷を超えて、ワクチン、血清、貴重な熱帯魚などの運搬に利用されている。研究施設では、液体窒素や液体酸素などの極低温の液体を保存するためにデュワー瓶が使われている。

魔法瓶は、物体が環境と熱を交換する3つの方法をすべて抑制することによって機能する。伝導(鉄の棒の一端を熱すると、他端へと熱が伝わるなどの現象)、放射(暖炉の火が燃え尽きたあとも、暖炉のレンガから熱が出ているのを感じるなどの現象)、対流(なべに入ったスープを下から温めると、スープが循環して全体が温まるなどの現象)の3つだ。魔法瓶の内外の壁にはさまれた狭い中空の領域は、空気が抜かれ真空になっており、伝導と対流による熱の損失を抑えている。また、ガラス製の魔法瓶は、真空に接する面に金属がメッキされ鏡面になっており、赤外放射による熱の損失を抑えている。

魔法瓶には、飲み物の保温・保冷を超えた重要な用途がある。その高い断熱性から、ワクチン、血清、インシュリン、貴重な熱帯魚などの運搬に使われているのだ。第二次世界大戦中、英国軍は約1万本の魔法瓶を製造し、ヨーロッパ大陸に夜間空襲を行うために出撃する爆撃機の操縦士たちに持参させた。現在では、世界中の研究施設で液体窒素や液体酸素などの極低温液体を貯蔵するのにデュワー瓶が使われている。

2009年、スタンフォード大学の研究者らは、魔法瓶の真空領域中に層状に重ねたフォトニック結晶(光の狭い周波数帯域をブロックする、周期的な構造をもつ結晶)を入れておくと、真空だけの場合よりも熱放射が一層よく抑えられることを示した。

参照：フーリエの熱伝導の法則(1822年)、ヘリウムの発見(1868年)

1895年

X線

ヴィルヘルム・コンラート・レントゲン(1845-1923)、マックス・フォン・ラウエ(1879-1960)

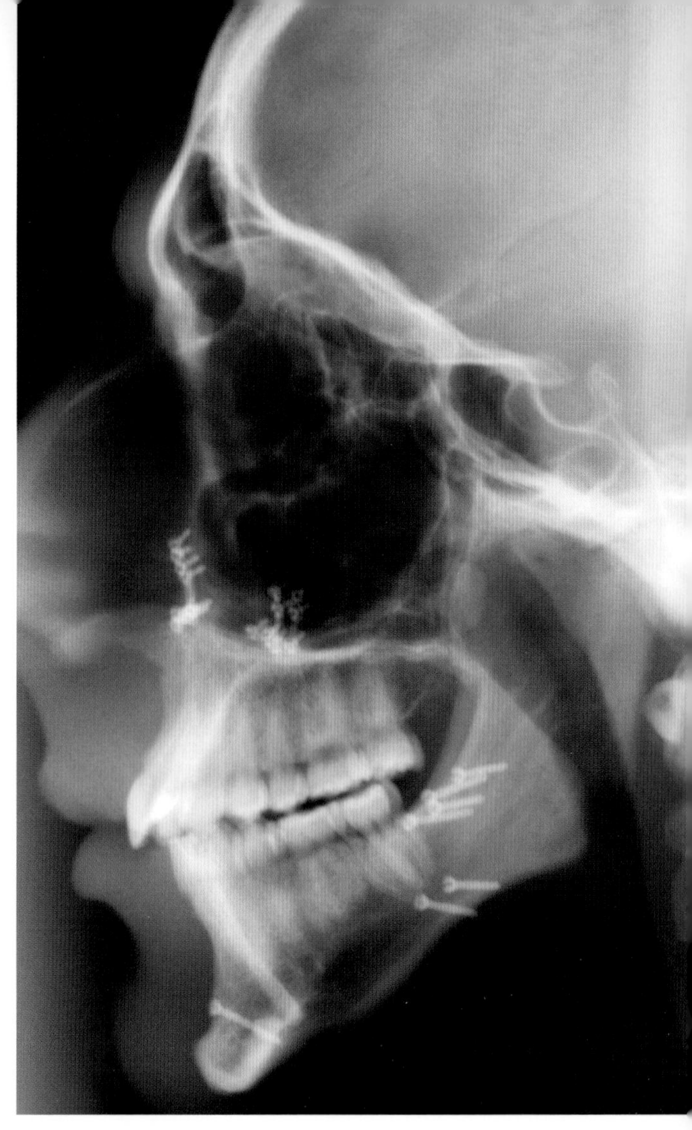

▲人間の頭部を側面から撮影したX線像。顎骨再建のために使われたねじが写っている。

夫が撮影した自分の手のX線像を見るなり、ヴィルヘルム・レントゲンの妻は「恐怖のあまり悲鳴を上げ、それは不吉な死の予兆ではないかと思った」と、著述家ケンドール・ヘヴンは記す。「それからひと月も経たないうちに、ヴィルヘルム・レントゲンのX線は世界中で話題になった。疑い深い者たちは、人類を滅ぼしかねない死の光線と呼んだ。X線に熱中した夢想家たちは、視力を失った人を再び見えるようにし、学生たちの脳内に直接図形を送ることができる奇跡の光線だと呼んだ」。だが、医者たちにとって、X線は病人やけが人の治療法の転換点となった。

1895年11月8日、ドイツの物理学者ヴィルヘルム・レントゲンは陰極線管で実験をしていた際に、陰極線管のスイッチを入れると、1m以上離れたところに放置されていた蛍光板が輝くことに気づいた。陰極線管は厚紙で覆われていたにもかかわらず。彼は、目には見えない何らかの光線が陰極線管から出ているのだと考え、いろいろな実験を行い、やがてその光線が、木、ガラス、ゴムなどのさまざまな物質を透過することを発見した。自分の手をこの目に見えない光線の通り道に入れると、透過したその光線で骨の像がぼんやりと蛍光板に映し出された。当時は未知の謎めいたものだったこの光線を、彼はX線と名づけ、ほかの専門家たちと議論する前にこの現象をもっとよく理解するために、秘密裡に実験を続けた。X線について系統的に研究したことで、レントゲンは最初のノーベル物理学賞を受賞した。

医師たちは、さっそくX線を診断に使い始めたが、X線の性質が詳しく解明されたのは、ようやく1912年ごろになってのことだった。このころマックス・フォン・ラウエが、X線を結晶に照射すると回折パターンが形成されることを発見し、X線は光と同じく電磁波だが、その波長は結晶を構成している分子どうしの距離と同じくらい短く、高いエネルギーをもっていることを検証したのである。現在X線は、X線結晶学(結晶の構造を解明するのにX線を使う)からX線天文学(人工衛星に搭載したX線検出器によって、宇宙にあるX線源から放射されるX線を研究したりする)まで、数えきれないほど多くの分野で利用されている。

参照：望遠鏡(1608年)、摩擦ルミネセンス(1620年)、放射能(1896年)、電磁スペクトル(1864年)、制動放射(1909年)、ブラッグの結晶回折の法則(1912年)、コンプトン効果(1923年)

1895年

キュリーの磁性の法則

ピエール・キュリー(1859-1906)

フランスの物理化学者ピエール・キュリーは、自分は頭がよくないと思い込み、小学校には決して行かなかった。皮肉なことに、のちに彼は妻のマリーと共にノーベル物理学賞を受賞する。彼は、ある種の物質に磁場をかけると物質が磁性を帯びるという現象の研究を行い、1895年、磁場の強さと、それによって物質が帯びた磁性の強さを表す磁化という量、そして温度 T との間に興味深い関係があることを明らかにした。$M=C\times(B_{ext}/T)$ という式で表されるキュリーの法則である。ここで、M は生じる磁化、B_{ext} はかけられた磁場(外部磁場)の磁束密度だ。C は物質によって異なる定数で、キュリー定数と呼ばれる。キュリーの法則によれば、かける磁場を強めれば物質の磁化が大きくなる。また、一定の磁場のもとで温度を上げると、磁化は小さくなる。

キュリーの法則が当てはまるのは、アルミや銅などの「常磁性体」と呼ばれる物質だ。常磁性体では、その内部にひしめいている原子レベルの小さな磁気双極子(S極とN極をもつ微小磁石のようなもの)が、外部磁場の向きに並ぼうとする傾向がある。常磁性体は、磁化してもごく弱い磁石にしかならない。磁場のなかに置くと突然、普通の磁石のような、引力や反発力を示すようになる。外部磁場が存在しないときは、常磁性体の内部の粒子がもつ磁気モーメント(訳注:磁気双極子の磁力の大きさとその向きを示すベクトル量)は向きがばらばらになっており、常磁性体は磁石の性質を失う。磁場のなかでは、磁気モーメントは磁場に平行に並ぼうとするが、熱運動によって向きが乱れ、整列が妨げられる。

ニッケルなどの強磁性体も、キュリー温度 T_C と呼ばれる温度より高温のもとでは、常磁性体と同じ振舞いを示す。キュリー温度よりも低温にある強磁性体は、外部磁場が存在しないときにも「自発磁化」をもつ(訳注:キュリー温度以下にある強磁性体では、隣り合う原子どうしが同じ向きに並ぶ相互作用が働いており、原子の磁気モーメントがそろって、外部磁場がなくても磁化をもつ。これを自発磁化と呼ぶ)。キュリー温度とは、それを超えると強磁性体がこの性質を失う臨界温度のことなのだ。冷蔵庫の扉にくっついている永久磁石や、子どもの玩具として使われるU字形磁石など、皆さんの家にある磁石のほとんどが、強磁性体でできている。

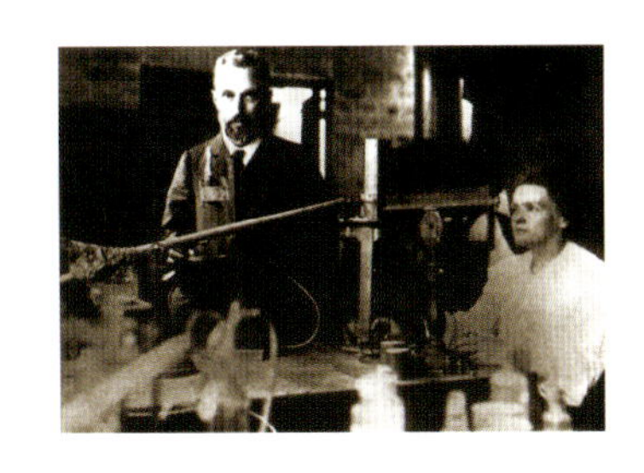

▲ピエール・キュリーと、妻マリーの写真。2人はノーベル賞を共同で受賞した。

▶白金は室温で常磁性体である物質の一例だ。この白金の塊は、ロシアのヤクートにあるコンダー鉱山で採取された。

参照:『磁石論』(1600年)、ホール効果(1879年)、圧電効果(1880年)

放射能

アベル・ニエプス・ド・サン＝ヴィクトール(1805-70)、アントワーヌ・アンリ・ベクレル(1852-1908)、ピエール・キュリー(1859-1906)、マリー・スクウォドフスカ・キュリー(1867-1934)、アーネスト・ラザフォード(1871-1937)、フレデリック・ソディ(1877-1956)

放射性元素の原子核(原子の中心部)がいかに振舞うかを理解するには、コンロにかけたなべのなかでポップコーンがはぜているところを思い描くといい。トウモロコシの粒は、数分にわたり、でたらめな方向に飛び跳ねるが、まったく跳ねない粒もたまにある。これと少し似た話で(訳注：ただし、トウモロコシの場合は「跳ねない」すなわち安定した粒のほうが少数派)、私たちになじみ深い原子の原子核のほとんどは安定で、基本的には、何百年も前からまったく変わっていない。だが、不安定で、自分のかけらを吐き出しながら崩壊する原子核も存在する。このように、原子核がかけらの粒子を吐き出す性質が放射能なのだ。

放射能が発見されたのは、1896年にフランスの化学者アンリ・ベクレルがウラン塩の燐光を観察する実験を行っていたときのことだとされることが多い。ベクレルの発見の1年ほど前、ドイツの物理学者ヴィルヘルム・レントゲンが放電管の実験中にX線を発見しており、ベクレルは燐光性化合物(日光その他の刺激波に照射されたあと、可視光を放射する化合物)はX線も放射するのではないかと考えた。ベクレルはウランの硫酸カリウム塩を、黒い紙で包んだ写真乾板の上に置いた。このウラン塩が光に刺激されると、燐光のほかX線も発するかどうかを確認しようとしていたのだ。

ベクレルが驚いたことに、ウラン塩は写真乾板の包みと共に引き出しにしまってあった間に、写真乾板を感光した。ウランは貫通性のある何らかの線を出しているらしいことがわかったのだ。1898年、2人とも物理学者だったマリーとピエールのキュリー夫妻は、新しい放射性元素を2つ発見した。ポロニウムとラジウムだ。残念ながら、放射能の危険性はすぐには認識されず、一部の医師たちは、ラジウム浣腸などの危険な処置を治療法として使い始めた。その後アーネスト・ラザフォードとフレデリック・ソディが、これらの元素は放射性のプロセスのなかで別の元素に変化していることを発見した。

▲1950年代後半、全米で核シェルターの設置数が増大した。核シェルターは、核爆発で生じる放射性を帯びた破片から人間を守るよう設計されている。原則的には、外部の放射能が安全なレベルへと低下するまで、人間はシェルター内に留まらなければならない。

科学者たちは、放射能で放出されるものは主に3種類であることを特定した。アルファ粒子(ヘリウムの原子核)、ベータ線(高エネルギー電子)、そしてガンマ線(高エネルギー電磁波)である。著述家のスティーヴン・バターズバイは、放射能は現在、医療用画像診断、腫瘍の消滅、古代遺物の年代特定、そして食品保存にも利用されていると記している。(訳注：X線は、原子核の周囲を回っている軌道電子の遷移によって発生する電磁波で、原子核の崩壊によって発生するガンマ線とは発生機構が違う。しかし、波長域は重なっている。)

参照：先史時代の原子炉(紀元前20億年)、X線(1895年)、グレアムの気体の浸出の法則(1829年)、$E=mc^2$(1905年)、ガイガー・カウンター(1908年)、量子トンネル効果(1928年)、サイクロトロン(1929年)、中性子(1932年)、原子力(1942年)、リトルボーイ原子爆弾(1945年)、放射性炭素年代測定法(1949年)、CP対称性の破れ(1964年)

電子

ジョゼフ・ジョン・トムソン(J. J. トムソン)(1856-1940)

「物理学者J. J. トムソンは、よく笑った」と、著述家ジョゼファ・シャーマンは書いている。「しかし彼は不器用だった。彼がもつと試験管は割れ、実験はどうしてもうまくいかなかった」。それでもトムソンが粘り強く研究を続け、ベンジャミン・フランクリンやほかの物理学者たちが推測していたこと、つまり、電気の現象は、単位電荷をもった微粒子の集合が起こしていることをはっきり確かめたのは、私たちにとってありがたいことだ。1897年、J. J. トムソンは、原子よりもはるかに小さな質量をもった、明確に区別できる粒子として電子を特定した。彼は実験に陰極線管を使った。これは、真空に保たれた管の内部で、陽極と陰極(正極と負極)のあいだを、エネルギーをもったビームが流れるようにしたものだ。陰極から出るビーム(陰極線)の正体は当時誰にもわからなかったが、トムソンは磁場を使って陰極線を曲げることに成功した。陰極線が電場や磁場のなかでどのように動くかを観察し、彼はそのビームを構成する粒子はすべて同じで、それを放出する金属には依存しないことを確認した。また、それらの粒子は、質量と電荷の比がどれも同じだった。それまでに同様の事実を発見していた研究者はほかにもいたが、トムソンはこれらの「微粒子」があらゆる形の電気の担い手であり、また物質の基本要素のひとつであることを提唱した最初の科学者のひとりであった。

電子のさまざまな性質については、本書の随所で取り上げている。今では、電子は負の電荷をもち、陽子の1/1836の質量をもつ素粒子であることが知られている。運動する電子は磁場を生み出す。正の電荷をもつ陽子と負の電荷をもつ電子のあいだに働く、クーロン力と呼ばれる引力が、電子を原子に拘束している。2個以上の電子が複数の原子に共有されるとき、化学結合の一形態、共有結合が起こる。

米国物理学会は、次のように述べている。「テレビやコンピュータ、さらにほかのさまざまなものをもたらした、電子に基づく近代的な考え方や技術は、多くの困難な段階を経て進化しました。トムソンが行った注意深い実験と、彼が提唱した大胆な仮説を受けて、ほかの多くの研究者が行った重要な実験と理論の研究により、原子の「内側から」見るという、新しい視野が開かれたのです」。

▶稲妻による放電でも電子の流れが生じる。稲妻の先端は秒速6万mにも達し、温度は3万度に至ることもある。

参照：原子論(1808年)、ミリカンの油滴実験(1913年)、光電効果(1905年)、ド・ブロイの関係式(1924年)、ボーアの原子モデル(1913年)、シュテルン-ゲルラッハの実験(1922年)、パウリの排他原理(1925年)、シュレーディンガーの波動方程式(1926年)、ディラック方程式(1928年)、光の波動性(1801年)、量子電磁力学(1948年)

1898年

質量分析計

ヴィルヘルム・ヴィーン(1864-1928)、ジョゼフ・ジョン・トムソン(J. J. トムソン)(1856-1940)

「20世紀の科学知識の向上に最も貢献した装置のひとつが質量分析計であることは、間違いない」と、著述家のサイモン・デイヴィスは記す。質量分析計は、物質を構成する原子や分子を質量に注目して分離し、その物質に含まれる成分とそれらの存在比を特定する装置だ。その基本原理は、まず調べたい物質(化合物等の試料)をイオン化し、それらのイオンを質量と電荷の比(m/zと呼ばれる)によって分離し、最後にイオンの種類を判別して、イオンどうしの相対量(m/zに現れるピークの相対強度)を特定することで、その物質が何かを突き止めるというものである。試料をイオン化する方法には、高エネルギー電子ビームを照射するなど、さまざまなものがある。それにより生成するイオンには、原子のイオン、分子のイオンのほか、分子の一部がイオンになったものなどが含まれる。たとえば、試料を電子ビームで照射すると、電子が分子に衝突し、分子から電子が弾き飛ばされ、正に帯電したイオンが生じることがある。また、分子結合が切断され、いわば分子が割れて、元の分子の一部の原子団が帯電したものが生じる場合もある。質量分析計では、たとえば、生成されたイオンに電場を通過させて、同じm/zのイオンを1本のビームに集束させて磁場に通す。イオンビームはm/zの値ごとに磁場で曲がる度合いが異なるので、磁場の強度を変えることで、固定された検出器に特定のm/zのイオンのみを集束させることができる(たとえば、軽いイオンのほうが重いイオンよりも強く曲げられるなど)。こうして検出器で、イオン種ごとの相対強度を記録する(訳注:質量分析計では、イオン種のm/zごとの強度をひとつのグラフに示すデータが得られるので、これを質量スペクトルと呼ぶ)。

試料のなかに、分子の一部の原子団が検出された場合には、得られた質量スペクトルを、すでに知られている化学物質のスペクトルと比較することが多い。質量分析計は、ひとつの試料に含まれる異なる同位体(すなわち、元素としては同じだが、原子に含まれる中性子の数が違うもの)の特定、タンパク質の特性解析(「エレクトロスプレーイオン化」という、高分子の分析に適したイオン化法を使う)、そして、宇宙探索などに利用されている。たとえば、太陽系の惑星や、それらの衛星の大気を研究するための宇宙探査機に質量分析計が搭載されたことがある。

物理学者ヴィルヘルム・ヴィーンは1898年、荷電粒子のビームが電場や磁場によってm/zに応じて曲げられることを発見し、質量分析計の基礎を確立した。J. J. トムソンをはじめとするほかの研究者らがその後、装置を改良し精緻化した。

▶土星探査機カッシーニとそれに搭載されていたプローブ、ホイヘンスには、質量分析計が搭載されており、土星の衛星タイタンの大気中や土星周辺の粒子を分析するのに使われた。カッシーニは1997年に打ち上げられた、NASA、欧州宇宙機関、イタリア宇宙局の合同ミッションである。

参照:フラウンホーファー線(1814年)、電子(1897年)、サイクロトロン(1929年)、放射性炭素年代測定法(1949年)

黒体放射の法則

マックス・カール・エルンスト・ルートヴィヒ・プランク(1858-1947)、グスタフ・ロベルト・キルヒホッフ(1824-87)

「量子力学はマジックだ」と、量子物理学者ダニエル・グリーンバーガーは書いている。物体とエネルギーは、粒子と波動という2つの性質を併せもつとする量子論は、光を放出する高温の物体に関する先駆的な研究から生まれた。たとえば、電気ヒーターのコイルは、赤茶色から始まって、温度が上がるにつれ、徐々に鮮やかに赤く光るようになる。ドイツの物理学者マックス・プランクが1900年に発表した黒体放射の法則は、任意の温度において、黒体が放射する特定の波長の放射のエネルギー密度を定量的に与えるものだ。黒体とは、外部から入ってくる放射を、すべての波長にわたって吸収できる熱放射体のことである。

黒体からの熱放射の量は、温度と波長によって異なり、私たちが日常生活で接する物体の多くでは、放射スペクトルの大部分が赤外、または遠赤外領域にあり、人間の目には見えない。しかし、物体の温度が上がるにつれ、スペクトルのピークが移動し、人間の目に物体が輝くのが見えるようになる。

実験室において黒体は、たとえば球形をした大きな中空の剛体に、1ヶ所穴をあけた、空洞と呼ばれるもので非常によく近似できる。穴から空洞の内部に入った放射は、内壁で反射を繰り返し、反射するたびに壁に吸収されて次第に弱まり、同じ穴から再び外に出るときには、その強度は無視できるほど小さくなっていると考えることができる。つまり、入った放射のエネルギーがすべて吸収されたと見なせるため、この空洞は黒体と同じ振舞いをすると考えられるわけだ。プランクは、このような空洞の壁を、微小な電磁的共鳴子が集まったものでモデル化した。そして、これらの共鳴子は、空洞にエネルギーを放出したり、空洞のエネルギーを吸収したりするが、その際エネルギーは連続的な値でやりとりされるのではなく、量子と呼ばれる塊として、飛び飛びの値でやりとりされると仮定したのである。このように共鳴子のエネルギーを離散的なものとする、量子概念を使ったアプローチにより、黒体放射の法則を導き出したプランクは、それによって1918年、ノーベル賞を受賞した。現在では、**ビッグバン**の直後の宇宙はほぼ完全な黒体だったことが知られている。「黒体」という言葉は、1860年にドイツの物理学者グスタフ・キルヒホッフが提唱したものである。

▲明るく輝く溶岩も近似的な黒体であり、その色から溶岩の温度を推測することができる。
◀マックス・プランク。1878年撮影

参照：ビッグバン(紀元前138億年)、光電効果(1905年)

1901年

クロソイド曲線のループ

エドウィン・C. プレスコット(1841-1931)

今度垂直ループのあるローラーコースターを見るときは、わが身が逆さまに宙づりにされて、とんでもない連続カーブを猛スピードで進むに任せる人の気が知れないと思うだけでなく、ループは円形ではなく、涙のしずくが逆さまになったような形をしていることに注意してみてほしい。数学では、このループはクロソイドと呼ばれ、フランスの物理学者コルニュ(1841-1902)が物理光学に用いたので、「コルニュのらせん」と呼ばれることもある。クロソイドは、安全のために、ローラーコースターのループなどに使われている。

オーソドックスなローラーコースターでは、最初に高所まで上昇することで、重力による位置エネルギーを蓄え、その後客車が急降下を始めると同時に、次第に運動エネルギーへと変換していく。円形ループでは、ループを回りきるために必要なループ進入時の速度が、クロソイド・ループよりも大きくなる。したがって、客車がより高速で回転を始めることになり、乗客はループの下半分で大きな向心力を受け(訳注：ローラーコースターの外部で静止している観察者から見れば向心力が働いている。客車にいる乗客は遠心力を感じる)、また、危険な加速度G(1Gが地球上で静止している物体にかかる重力加速度)がかかってしまう。

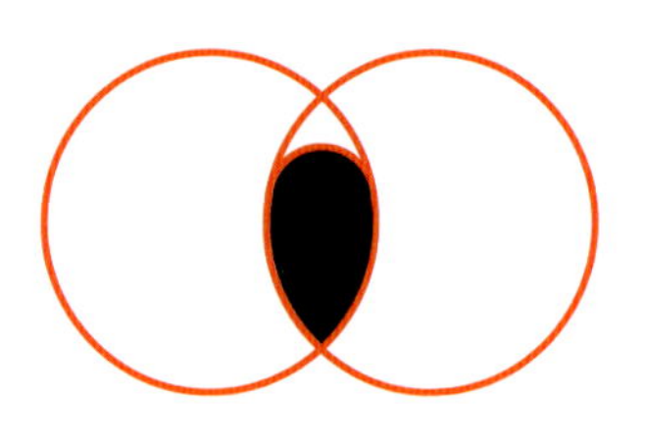

図で説明しよう。クロソイド曲線を円に重ねると(右上の図参照)、クロソイド曲線の頂上は、円の頂上よりも低いことがわかる。ローラーコースターの客車は、ループの頂上付近では運動エネルギーを位置エネルギーに変換するが、クロソイド曲線では高さが低いので、ループ下部でループに入る際に、より低速で十分だし、その分受けるGも小さくてすむ。また、クロソイド曲線では頂上のカーブが円より短くなるので、客車が上下逆さまでスピードが落ちている危険な状態にとどまる時間も短くなる。

涙のしずく形の曲線が使われた最初期の例が、1901年、発明家エドウィン・プレスコットがニューヨークのコニーアイランドに建設した「ループ・ザ・ループ」というローラーコースターだ。プレスコットは、ほとんど独学で機械学を学んだ。彼が1898年に発明した「遠心力レールウェー」(訳注：19世紀中ごろに西欧で流行した初期型のループ型ローラーコースターの総称)は円形ループを採用しており、向心加速が急激にかかるため、客車が高速でループを回転する際に乗客の体に多大な負担がかかった。そこでプレスコットは、1901年に涙のしずく型のローラーコースターの特許を取得したのである。

◀ローラーコースターのループは、円形ではなく、涙のしずくを上下逆さまにした形になっていることが多い。このようなクロソイド型のループは、安全のためにも採用されている。

参照：落下物の加速(1638年)、等時曲線(1673年)、ニュートンの運動と万有引力の法則(1687年)

ブラックライト

ロバート・ウィリアムズ・ウッド(1868-1955)

サイケデリックなものが流行した1960年代にあちこちで見かけられたブラックライト・ポスターを覚えておられる年長の読者の皆さんは、著述家エドワード・J.リエリーの次のような回想に共感されることだろう。「LSDで幻覚を見ている人々は、「ブラックライト」がお気に入りだった。蛍光性の塗料や染料と一緒に「ヘッドショップ」(麻薬用品販売店)で売られていた。蛍光性の衣服やポスターがブラックライトの光のもとで示す視覚効果は、LSDが精神に及ぼす効果に匹敵した」。レストランでもブラックライトを使っているところがあり、ミステリアスな雰囲気を醸し出していた。著者ラレン・ストーバーは、「ジプシー風のサイケデリックなボヘミアン趣味の家には、ジミ・ヘンドリックスのブラックライト・ポスターが貼られており、片隅にラバライトがゆらめく光で輝いているのは珍しくなかった」と書いている。

ブラックライト(英語では「ウッドのランプ」とも呼ばれる)は、近紫外線領域にある電磁波を主に発する電灯である(**ストークスの蛍光の法則**の項を参照)。蛍光管を使ったブラックライトでは、「ウッドのガラス」と呼ばれる、ニッケル酸化物を含む濃い青紫色のガラスが使われていることが多い。ウッドのガラスは可視光のほとんどを遮断し、紫外線(UV)を透過させる性質があるからだ。管の内面は、ピーク波長が400 nm以下の蛍光物質が塗布されている。最初のブラックライトはウッドのガラスを使った白熱電球だったが、このタイプのものは、非効率的で、おまけに熱くなった。現在では、さまざまなタイプのブラックライトが開発されているが、室外の電気殺虫器で昆虫をおびき寄せるために使われているものもある。しかし、コストを抑えるため、これらの市販品ではウッドのガラスを採用しておらず、そのため可視光がかなり発生する(訳注:可視光が昆虫をより引きつけるので、そのため敢えて可視光が発生するものを使う場合もあるようだ)。

▲アメリカ南西部の住人たちは、家のなかに夜行性のサソリが侵入していないか確認するためにブラックライトを使う。サソリの体はブラックライトが当たると明るい蛍光を発する。

人間の目はUVを見ることはできないが、サイケデリックの時代のポスターにブラックライトを当てたときの蛍光や燐光の効果は見ることができる。ブラックライトは犯罪捜査での微量の血液や精液の発見から、皮膚科医療での皮膚のさまざまな状態や感染の検出まで、数えきれないほどの分野で応用されている。

ブラックライトは化学者のウィリアム・H.バイラーによって発明されたが、ブラックライトの開発者としては、1903年にウッドのガラスを発明した、アメリカの物理学者で「紫外線写真の父」と呼ばれるロバート・ウッドがよく知られている。

参照:ストークスの蛍光の法則(1852年)、電磁スペクトル(1864年)、白熱電球(1878年)、ネオン・サイン(1923年)、ラバライト(1963年)

1903年

ツィオルコフスキーのロケットの公式

コンスタンチン・エドゥアルドヴィチ・ツィオルコフスキー(1857-1935)

「現代の宇宙旅行のイメージとして、最も広まっているのは、スペースシャトルの打ち上げだろう」と、著述家ダグラス・キッドソンは記す。「だが、花火から宇宙船への跳躍は大きく、コンスタンチン・ツィオルコフスキーの研究がなければ、不可能だっただろう」。ロシアの学校教師ツィオルコフスキーは、鳥や銃を推進力にして月旅行をするという空想物語は知っていたが、ロケットの運動に関する方程式を解くことによって、物理学の観点から、宇宙旅行は実際に可能であることを示した。「ロケットは、質量の一部を高速で進行方向と逆向きに排出すれば、自ら加速することができる」と気づいたツィオルコフスキーは、ロケットの速度の増加分Δvを、ロケットの最初の総質量m_0(推進剤の質量も含む)と、最後(たとえば、推進剤がすべて燃焼した後など)の総質量m_1、そして、推進剤の有効排気速度v_eという定数で表す、$\Delta v = v_e \cdot \ln(m_0/m_1)$という公式を導出した。

1898年に導出され、1903年に発表された彼のロケットに関する公式から、ツィオルコフスキーはもうひとつ重要な結論を導き出した。それは、1段式のロケットで、ロケット燃料を使うのなら、人間を宇宙に運ぶことは不可能だということだ。なぜなら、そのためには、ロケット全体(搭乗する人間と搭載する機器も含め)の重さの数倍を超える重さの燃料が必要になるからである。そこで彼は、多段式のロケットで宇宙旅行を可能にする方法を解析し、その詳細を明らかにした。多段式ロケットは、複数のロケットを合体させたものだ。1段目の燃料を使い切ったら、1段目は切り離してしまい、2段目のエンジンを噴射させる。

「人類は永遠に地球に留まりはしないだろう」と、ツィオルコフスキーは1911年に記し、こう続けた。「人類は光と空間を求めて、最初はおずおずと、大気圏の限界を突き破り、次に太陽の周囲の宇宙空間を征服するだろう。地球は人類のゆりかごだが、人間は永遠にゆりかごに留まるわけにはいかない」。

◀カザフスタンにあるバイコヌール宇宙基地の発射台に載せられたソユーズ宇宙船とその打ち上げ機。バイコヌールは世界最大規模の宇宙基地である。本図の打ち上げは、1975年のアメリカとソ連の合同宇宙ミッションの一環として行われた。

参照：ヘロンの蒸気機関(西暦50年)、大砲(1132年)、運動量の保存(1644年)、ニュートンの運動と万有引力の法則(1687年)、エネルギー保存の法則(1843年)、ダイナマイト(1866年)、フェルミのパラドックス(1950年)

ローレンツ変換

ヘンドリック・アントーン・ローレンツ(1853-1928)、ヴァルター・カウフマン(1871-1947)、アルベルト・アインシュタイン(1879-1955)

2つの空間座標系を考えよう。それぞれを靴箱で表すことにする。一方の座標系は実験室内で静止している。もう一方の座標系は、ひとつめの座標系の x 軸に沿って一定の速度 v で運動している。固定した靴箱の内部で別の靴箱を滑らせているような状況だ。これらの座標系の変数を区別するため、運動する座標系の変数にはすべて「ダッシュ」を付けることにしよう。さらに、それぞれの座標系の原点に時計を設置する。両者の原点が重なっているときに、2つの時計の時刻をゼロに合わせよう。つまり、$t=t'=0$ だ。さて、ここでようやく、ヘンドリック・ローレンツが、マイケルソン-モーリーの実験を説明するために導入した、相対的に運動する2つの座標系の関係を表す変換がご紹介できる。座標変換とは、ある座標系で数学的に表現された物理現象を、別の座標系から見たときに、その表現がどう変わるかを記したものだ。さて、ローレンツが導入した変換は、次の4つの式で表される。$y'=y$、$z'=z$、$x'=(x-vt)/[1-(v/c)^2]^{1/2}$、$t'=[t-(vx)/c^2]/[(v/c)^2]^{1/2}$ である。ここで、c は真空中の光速を表す。

この式で何がわかるかを見てみよう。速度 v が光速 c に近づくほど高まった場合を考える。第2の座標系で静止している、x 軸に平行な直線定規があるとしよう。その左端の x 座標を a'、右端の x 座標を b' とする。第1の座標系から見たそれぞれの x 座標を a と b で表す。

ローレンツ変換の3つめの式から、$a'=(a-vt)/[1-(v/c)^2]^{1/2}$、$b'=(b-vt)/[1-(v/c)^2]^{1/2}$ である。さて、第2の座標系(定規が静止している座標系)での定規の長さは、$a'-b'=(a-b)/[1-(v/c)^2]^{1/2}$ となる。では、第1の座標系(定規が速度 v で遠ざかって見える座標系)から見た定規の長さ $a-b$ を見てみよう。$a-b=(a'-b')[1-(v/c)^2]^{1/2}$ となる。今、v が c に非常に近い場合を考えているので、v/c は1に大変近く、$[1-(v/c)^2]^{1/2}$ は極めて小さくなることがわかる。したがって、$a-b$ は $a'-b'$ に比べ非常に小さく、第1の座標系からは、定規は極端に縮んで見えるわけだ。具体的に、v が c の0.999倍だったとしよう。このとき、$[1-(v/c)^2]^{1/2}=[1-0.999^2]^{1/2}\fallingdotseq 0.45\fallingdotseq 1/22$ となり、第1の座標系から見ると、定規はそれが静止して見える第2の座標系での長さに比べ、22分の1に縮んで見えてしまう。誰かが定規を持って光速の0.999倍の速度で走ったら、それを実験室に座って見ている人からは、定規は22分の1の長さしかないように見えるのである。

ローレンツが1904年に導入したこの変換は、彼にちなみローレンツ変換と呼ばれている。同様の式が、質量にも当てはまる。静止しているときの質量が m_0 の物体が運動しているときの質量 m は、$m=m_0/[1-(v/c)^2]^{1/2}$ で、物体の速度が光速に近づくと、質量は非常に大きくなることがわかる。1901年、電子の質量が速度によって変化することが、物理学者ヴァルター・カウフマンによって初めて実験により確認された。上記の質量の式からは、宇宙船の速度を光速の近くまで上げることは不可能だとわかる。なぜなら、実験室の座標系から観察すると、その質量は無限大になってしまうからだ。この項で紹介した方程式の背後にある物理については、1887年から一部の科学者たちが議論していた。アルベルト・アインシュタインはローレンツ変換に、空間と時間の基本的な性質に関係するものとしての新しい解釈を与えた。

▲自由の女神の像がローレンツ変換にしたがって収縮する様子を表した図。第1のろうそくが静止時、第2のろうそくが0.9 c、第3のろうそくが0.99 c、第4のろうそくが0.999 c でそれぞれ運動するときの像の高さを近似的に示す。

参照：マイケルソン-モーリーの実験(1887年)、特殊相対性理論(1905年)、タキオン(1967年)

特殊相対性理論

アルベルト・アインシュタイン(1879–1955)

アルベルト・アインシュタインの特殊相対性理論は、人類最大の知的勝利のひとつだ。弱冠26歳のアルベルト・アインシュタインは、この理論の主要基盤のひとつ、「真空中の光速は光源の運動によらず、また、いかなる運動をしている観察者にも同じである」という原理を発見し、これを利用した。この光の性質は、音などとは対照的だ。音速は、たとえば、音源に対する観察者の運動に応じて変化する。アインシュタインは、この光速の不変性から「同時性の相対性」を導き出した。これは、実験室の座標系のなかで座っている観察者が測定して同時に起こっているとわかった2つの出来事も、この座標系に対して相対的に運動している観察者から見れば、異なる時間に起こっているということを意味する。

時間が観察者の運動の速さによって相対的に違うのなら、誰もが自分の時計を合わせる基準として使えるような時計が、宇宙のまんなかにあるなどということは決してない。光速に近い速度で地球から去っていく異星人から見れば、あなたの全人生は一度のまばたきのうちに終わってしまい、彼らが1時間後に戻ってきたとき、あなたはもう何百年も前に死んでいるかもしれない。(この理論が「相対性」理論と呼ばれている理由のひとつは、相対的な運動の状態によって世界が異なって見える、つまり、見え方が「相対的」であることにある。)

▲誰もが自分の時計を合わせる基準として使えるような時計が、宇宙のまんなかにあるなどということは決してない。光速に近い速度で地球から去り、再び戻ってくる異星人から見れば、あなたの全人生は一度のまばたきのうちに終わってしまうだろう。

特殊相対性理論から導き出されるさまざまな奇妙な帰結は、100年以上前から知られていたわけだが、現代の学生たちも、それらの現象を学ぶときには畏怖の念を覚え、困惑する。しかしこの理論は、微小な素粒子から銀河に至るまで、自然を正確に記述しているようだ。

特殊相対性理論のもうひとつの重要な基盤は、「すべての慣性座標系は等価である」という「相対性原理」だが、これを理解するには、地面に対して一定の速度で飛んでいる飛行機を考えてみるといい(慣性座標系とは、慣性の法則が成り立つ座標系のこと。この例では、地面に固定された座標系は慣性座標系で、それに対して一定の速度で運動する座標系はすべて慣性座標系。また、これらの系が等価とは、まったく同じ物理法則が成り立つということ。したがって、この例の飛行機に固定された座標系は慣性座標系)。飛行機は、運動する座標系と見なすことができる。だが、飛行機に搭乗して座っているあなたは、窓の外を見ないかぎり、あなたがどれだけの速度で動いているかはわからない。窓外を通り過ぎる景色が見えないのだから、あなたは地上に静止している飛行機に座っているだけかもしれないのだ。

参照：マイケルソン–モーリーの実験(1887年)、一般相対性理論(1915年)、タイムトラベル(1949年)、ローレンツ変換(1904年)、$E=mc^2$(1905年)、インスピレーションの源としてのアインシュタイン(1921年)、ディラック方程式(1928年)、タキオン(1967年)

$E=mc^2$

アルベルト・アインシュタイン(1879-1955)

「何世代もの子どもたちが、$E=mc^2$という方程式が私たちの世界を変貌させたことを学びながら、育ってきた」と、科学史家のデイヴィッド・ボダニスは記し、さらに続けて「確かにこの式は、原子爆弾からテレビのブラウン管、先史時代に描かれた絵の炭素年代測定法まで、さまざまなものの原理となってきた」と述べる。

1905年に発表した短い論文のなかでアインシュタインは、**特殊相対性理論**の基盤となる原理から、「質量-エネルギーの等価則」とも呼ばれる、名高い$E=mc^2$の式を導出した。手短に言えば、この式は、ある物体の質量は、その物体に含まれるエネルギーの「尺度」であることを示している。ここでcは真空における光速で、秒速約299,792,468 mである。

放射性元素は、$E=mc^2$にしたがって常に質量の一部をエネルギーに変換している。この式はまた、原子爆弾の開発においても、原子核をひとつにまとめている核の結合エネルギーを理解するために使われ、核反応で放出されるエネルギーの大きさの特定などに役立った。

$E=mc^2$は太陽が輝く理由も説明する。太陽の内部では、4個の水素原子核(4個の陽子)が融合して1個のヘリウム原子核になる。ヘリウム原子核は、それを作る元になった4個の水素原子核よりも軽い。このため、この核融合反応では、失われた質量がエネルギーに変換され、太陽を輝かせている。おかげで太陽は地球を温めてくれて、生物の存在が可能になっているわけだ。核融合で失われた質量mが、$E=mc^2$にしたがってエネルギーEを提供するのである。太陽のコアでは毎秒約7億tの水素が、核融合反応によってヘリウムに変換され、膨大なエネルギーを放出している。

▶ 1979年に発行されたソ連の切手。アルベルト・アインシュタインと$E=mc^2$がデザインされている。

参照：放射能(1896年)、特殊相対性理論(1905年)、原子核(1911年)、原子力(1942年)、エネルギー保存の法則(1843年)、恒星内元素合成(1946年)、トカマク(1956年)

1905年

光電効果

アルベルト・アインシュタイン(1879-1955)

特殊相対性理論と**一般相対性理論**をはじめ、アルベルト・アインシュタインは多くの見事な成果をあげたが、彼がノーベル賞を受賞したのは、光電効果を説明づけたことによる。光電効果とは、銅などの金属板に特定の周波数の光を照射すると、金属板から電子が放出される現象だ。具体的には、彼は、光があるエネルギーをもった塊(現在、「光子」と呼ばれるもの)だと考えればこの効果を説明できると示唆した。たとえば、青色光や紫外光などの周波数の高い光は、電子を放出させるが、周波数の低い赤色光では電子は放出できない。赤色光は、たとえ強度を上げたとしても、電子の放出は起こさない。実際、放出される電子のエネルギーは、照射する光の周波数を上げるほど増大する。

光電効果にとって光の周波数が重要なのはなぜだろう？　アインシュタインは、光は古典論的な波動としてではなく、「量子」というエネルギーの塊として振舞っており、そのエネルギーは、光の周波数にある定数(のちにプランク定数と呼ばれるもの)をかけたものに等しいという説を提案した。光子の周波数が閾値に満たなかったなら、電子をはじき出すだけのエネルギーはもっていないというわけだ。低周波数の赤色光の光子を、ごく大まかなたとえで説明してみよう。ボウリングの球に豆をぶつけても、ボウリング球からは、ひとかけらの破片すら砕け落ちはしないだろう。大量の豆をぶつけようが、何の用もなさないだろう。アインシュタインが提示した光子のエネルギーの説は、たとえば、金属の種類によって、ある特定の最小周波数が存在し、それ以下の周波数の光を照射しても光電子はまったく放出されない(訳注：光電子とは、光電効果によって放出された電子のこと)など、多くの現象を説明することができた。現在では、太陽電池などの多くの装置や素子が、光を電流に変換してパワーを生み出している。

1969年、アメリカの物理学者たちが、光子の概念を使わなくても光電効果を説明できるという研究を発表し、したがって光電効果は光子の存在の決定的な説明ではないと主張した。しかし、1970年代に行われた光子の統計学的研究で、電磁場の明らかな量子論的(古典論的ではない)性質が実験によって検証された(訳注：場の量子論では、電磁場を量子化したものが光子)。

◀暗視カメラで撮影した写真。イラクのラマディ・キャンプで赤外線レーザーと暗視システムを使って訓練する米軍のパラシュート部隊。暗視ゴーグルは光電効果による電子の発生を利用して、わずかな光子を増幅する。

参照：原子論(1808年)、光の波動性(1801年)、電子(1897年)、特殊相対性理論(1905年)、一般相対性理論(1915年)、コンプトン効果(1923年)、太陽電池(1954年)、量子電磁力学(1948年)

ゴルフボールのくぼみ

ロバート・アダムズ・パターソン（1829-1904）

ゴルファーの最大の悪夢はバンカーかもしれないが、ゴルファーの最高の友は、フェアウェイで打ったボールを遠くまで飛ばしてくれる、ボール表面のくぼみだ。1848年、聖職者のロバート・アダムズ・パターソンは、マレーシアに自生するサポジラという木のゴム状樹液を乾燥させたものを使った、ゴム製のゴルフボールを発明した（訳注：当時の羽毛を皮で包んだゴルフボールが高価だったため、安価なものを開発したという）。やがてゴルファーたちは、ボールに小さな引っかき傷や切り傷があったほうが飛距離が伸びることに気づき、さっそくボール製造業者たちはハンマーで表面を傷つけたボールを販売しはじめた。

今日では、多数の小さなくぼみに覆われたボールが、表面が滑らかなものよりよく飛ぶのは、いくつかの効果が相まった結果であることが知られている。第一に、小さなくぼみは、飛行中のボールの周囲を取り巻いている空気の層がボールから離れるのを遅らせる。空気が周辺に長くとどまることで、ボールの後ろに伸びる低圧の後流が細い乱流となり、ボールの表面が滑らかなときよりも抵抗が小さくなる。第二に、ゴルフクラブがボールに当たる際には普通、逆回転が加わり、マグヌス効果によって揚力が生じる。つまり、ボールの上側を流れる空気のスピードが上がり、スピンしているボールの上側のほうが下側よりも低圧になる。くぼみが存在すると、このマグヌス効果が高まる。

現在、ほとんどのゴルフボールは表面に250～500個のくぼみがあり、抵抗を半分に低下させている。直線的な辺をもつ六角形などの多角形のくぼみを形成すると、滑らかなお椀型のくぼみよりもさらに抵抗が減るという研究がある。現在、スーパーコンピュータを使って気流をモデル化し、最善のくぼみ形状と配列を突き止めるべく、多数の研究が進行中だ。

1970年代、ポララ・ゴルフというブランド名のゴルフボールには、くぼみが非対称的に配列され、スライスやフックを起こすサイドスピンを抑える対策が施されていた（訳注：ボールがまっすぐ飛ばず、打者の利き手の側にずれるのがスライス、利き手と反対側にずれるのがフック）。しかし、全米ゴルフ協会は、このボールは「ゴルフをプレイするために必要なスキルを衰えさせる」とし、トーナメントの試合でこのボールを使用することを禁じた。協会はさらに、ボールは表面のどこを打たれても基本的に同じ振舞いをすることを要求する対称性ルールを規則に加えた。ポララは訴訟を起こし、結局協会側が140万ドルを支払って和解が成立した。そしてポララはこのボールを市場から撤去した。

▶現在、ほとんどのゴルフボールの表面に250～500個のくぼみがある。ゴルフボールにかかる抵抗が半分に低減できるという。

参照：大砲（1132年）、野球のカーブ球（1870年）、カルマン渦列（1911年）

1905年

熱力学第3法則

ヴァルター・ネルンスト(1864-1941)

茶目っ気のある作家だったマーク・トウェインは、自分の小説の登場人物に、あまりに寒くて乗組員の影がデッキに凍りついたという法螺話を語らせたことがある(訳注：『Following the Equator』。邦訳は『赤道に沿って』飯塚英一訳、彩流社)。いったい、環境はどこまで低温になりうるのだろう？

古典物理学には、熱力学第3法則という法則がある。絶対零度(0K、または −273.15℃)に近づいた系では、すべての過程が停止し、エントロピーが最小値に近づくという法則だ。ドイツの化学者ヴァルター・ネルンストが1905年ごろに到達したもので、この法則は、次のように言い換えることもできる。「系の温度が絶対零度に近づくと、エントロピー、すなわち系の無秩序さ S は、一定値 S_0 に近づく」。古典物理学では、温度が絶対零度まで下がったなら、純物質の完全結晶のエントロピーは0になると考えられる。

古典物理学では、絶対零度ではすべての運動が停止する。しかし、量子力学では「零点振動」が存在し、とりうる最低のエネルギー状態(すなわち基底状態)にある系でも、ある程度広がった空間領域に見出される確率が存在する。したがって、たとえ絶対零度にあっても、結合した2個の原子は、ある固定された距離だけ離れているのではなく、相手に対して互いに激しく振動していると見なさねばならない。このような原子は運動しないのではなく、それ以上エネルギーを奪うことができない状態にあると言わねばならない。その際に残るエネルギーが零点エネルギーである。

「零点振動」という言葉は、固体――極低温の固体も含め――中の原子は、幾何学的に定義される格子点に静止しているのではなく、原子の位置にも運動量にも確率分布が存在するという事実を記述するために物理学者たちが使うものだ。素晴らしいことに科学者たちは、金属ロジウム片を冷却することによって、100ピコケルビン(絶対零度の0.000,000,000,1度上の温度)に到達した。

有限の過程で物体を絶対零度まで冷却することは不可能である。物理学者ジェームズ・トレフィルはこう記している。「私たちがいかに賢くなろうとも、絶対零度と私たちを隔てる障壁を越えることは決してできないのだと、熱力学第3法則は教えている」。

◀ブーメラン星雲の中心部にある、年老いた恒星から放出されるガスが急激に膨張している部分では、星雲ガスが絶対零度から約1度高いだけの温度にまで冷却されており、これまでに観測された宇宙空間のなかで最も低温の領域となっている。

参照：ハイゼンベルクの不確定性原理(1927年)、熱力学第2法則(1850年)、エネルギー保存の法則(1843年)、カシミール効果(1948年)

真空管

リー・ド・フォレスト(1873-1961)

アメリカの技術者ジャック・キルビー(訳注：集積回路の発明によりノーベル物理学賞受賞)は、2000年12月8日のノーベル賞受賞記念講演で、次のように語った。「真空管の発明によって、エレクトロニクス産業が始まりました。……真空管は、真空中の電子の流れを制御するもので、最初はオーディオ装置などの機器に使う信号を増幅するために利用されました。おかげで1920年代には、ラジオ放送が大衆に届くようになりました。真空管は着々とほかの装置にも広まってゆき、1939年には、真空管をスイッチとして使う計算機が初めて登場しました」。

1883年、発明家トーマス・エジソンは、白熱電球を使った実験中に、電球内に金属板を置くと、熱したフィラメントから金属板に電流が「ジャンプ」することを発見した(訳注：エジソン効果と呼ばれている)。これは最も簡素な最初の真空管とも呼べるもので、やがて1906年、アメリカの発明家リー・ド・フォレストによる三極真空管(三極管)の発明へとつながった。三極管は電流を一方向のみに強制的に流すだけではなく、音声信号や無線信号の増幅にも利用できた。彼は管球のなかに金属グリッドを挿入し、微小電流によってグリッドの電圧を変化させて、管の出力電流を大きく変化させることに成功した。すなわち、出力電流を増強し、信号を増幅する機能をもたせたわけである。ベル研究所は、三極管の増幅機能を活用し、アメリカの西海岸と東海岸を結ぶ大陸横断電話回線を実現した(訳注：回線の途中数ヶ所に真空管を配置し、弱まった信号を増幅して強度を回復し、長距離間で伝えた)。やがて真空管は、ラジオなどの装置でも使われるようになった。真空管は増幅のほかに、交流電流を直流電流に変換する機能(訳注：整流機能)や、レーダーシステムで使用されるラジオ周波数の振動を生み出す機能(訳注：発振機能)ももっている。ド・フォレストの作った初期の真空管はあまり真空度がよくなかったが、やがて、真空度を上げれば(訳注：つまり、残留ガスを減らせば)増幅性能も向上することが明らかになった。

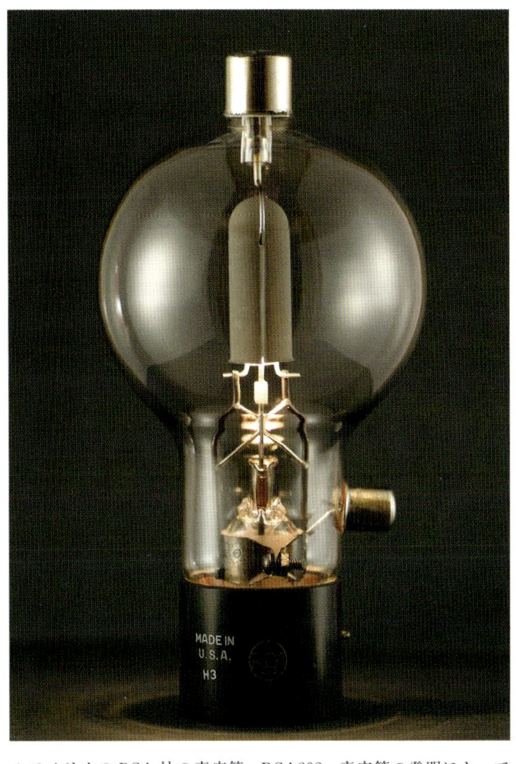

▲アメリカのRCA社の真空管、RCA808。真空管の発明によってエレクトロニクス産業が始まり、1920年代には大衆にラジオ放送が届くようになった。

初期のコンピュータには真空管が使われていた。たとえば、世界初の再プログラム可能な電子デジタルコンピュータ、ENIACは、1946年に発表され、広範囲の計算問題を解くことができたが、1万7000個を超える真空管が使われていた。真空管は、電源を投入して加熱するウォーミングアップの間に壊れることが多かったので、ENIACはなるべく電源を落とさないようにしていた。その結果、壊れる真空管は一日当たり2本にまで抑えられた。

1947年には**トランジスタ**が発明され、続く10年のうちに、増幅用途に使われていた真空管のほとんどが、より安価で信頼性の高いトランジスタに移行してしまった。

参照：白熱電球(1878年)、トランジスタ(1947年)

1908年

ガイガー・カウンター

ヨハネス(ハンス)・ヴィルヘルム・ガイガー(1882-1945)、ヴァルター・ミュラー(1905-79)

冷戦が次第に深刻化していた1950年代、アメリカの業者たちは、裏庭に設置するデラックスな核シェルターを販売した。家族での使用を想定されたそれらのシェルターには、二段ベッド、電話、そして、放射能を検出するためのガイガー・カウンターが備えられていた。当時のSF映画には、放射能で巨大化したモンスターたちと、カチカチと不吉な音を立てるガイガー・カウンターが登場した。

20世紀初頭から、科学者たちは**放射能**を検出するための技術を模索していた。不安定な**原子核**は、自らのかけらを放射線として放出して安定な原子核へと変化するが、このような放射線を出す性質のことを放射能と呼ぶ。放射能を検出する装置のなかで最も重要なもののひとつがガイガー・カウンターで、放射線が入ってきた回数(線量)を数える装置だ。(訳注:放射線には、元の原子核のかけらである粒子〔アルファ線とベータ線〕のほか、余分なエネルギーが電磁波として放出されるもの〔ガンマ線〕がある。一般のガイガー・カウンターはベータ線とガンマ線を検出するが、窓に雲母を用いたものはアルファ線も検出できる。)1908年にハンス・ガイガーが開発し、その後1928年にガイガーとヴァルター・ミュラーが改良を施した。ガイガー・カウンターは、封印した金属の円筒の一端にガラスまたは雲母の窓があり、円筒には金属の心線が通っている。放射線が窓から入射して筒内を通過すると、その軌跡に沿ってイオン対(正の電荷をもった陽イオンと負の電荷をもった電子が1個ずつ)が生じる。ペアのうち正電荷をもった陽イオンが、負に帯電した筒の内壁(陰極)に引き寄せられる。負電荷をもった電子は心線(陽極)に引き寄せられる。心線付近では電場が強いので、集まった電子が付近の中性粒子に激しく衝突し、それをイオン化する。その結果、心線に大きな電流パルスが発生する。これを外部回路の抵抗で電圧パルスに変換し、それを計数する。

▲ガイガー・カウンターは、放射線の検出を示すカチカチという音を立てるほか、放射線量を示すダイヤルもついている。地質学者たちは、放射性鉱物を発見するためにガイガー・カウンターを使用することがある。

大部分のガイガー・カウンターでは、パルスは耳に聞こえるカチカチという音に変換される。だが残念ながら、ガイガー・カウンターは放射線の種類やエネルギーについて情報を提供することはできない。

放射線種も特定できる比例計数管や電離箱も含め、放射線検出器は長年にわたって改良が進められている。ガイガー・カウンターの円筒内に三フッ化ホウ素ガスを封入し、一部の部品をそれに応じて変更すれば、中性子線などのイオン化しない粒子線の測定にも使用できる。この場合、中性子とホウ素原子核の反応で、アルファ粒子(正電荷をもつヘリウム原子核)が生じ、それがほかの正電荷をもつ粒子と同じように検出されるわけだ。

ガイガー・カウンターは安価で持ち運びに便利であり、しかも堅牢だ。放射能漏れが懸念される状況のみならず、地球物理学、原子核物理学、そして医療分野でも頻繁に利用されている。

参照:放射能(1896年)、ウィルソンの霧箱(1911年)、原子核(1911年)、シュレーディンガーの猫(1935年)

制動放射

ヴィルヘルム・コンラート・レントゲン(1845-1923)、ニコラ・テスラ(1856-1943)、アルノルト・ヨハネス・ヴィルヘルム・ゾンマーフェルト(1868-1951)

制動放射とは、電子などの荷電粒子が、**原子核**などによる強い電場を受けて急激に減速する際に発生するX線などの電磁放射のことである。制動放射は、材料科学から宇宙物理学まで、物理学の多くの分野で観察される。

X線を人工的に発生させるX線管も制動放射を利用している。X線管の内部で、高エネルギー電子線が金属ターゲットに衝突してX線が放出されるプロセスを例として考えてみよう。高エネルギー電子線がターゲットと衝突する際、ターゲットの原子に属する電子の一部が、内側の軌道(エネルギー準位が低い軌道)からはじき出される。空になった内側の軌道には、ほかの電子がエネルギーの高い準位から落ちてくる。この際、そのエネルギー差によって決まる波長のX線光子が放出される。このX線の波長は、ターゲットの原子によって決まっているので、このX線を「特性X線」と呼ぶ。

このとき、特性X線のほかに放出されるX線が「制動放射」で、これは、ターゲットとの衝突によって電子が急激に減速されることによって放出される。じつのところ、電荷の減速のみならず、電荷が力を受けて加速または減速する場合には、常に制動放射が起こりうる。急激な減速(または加速)によって生じるので、制動放射で発生するX線は、スペクトルの波長が短い側にも分布している。特性X線が特定の波長にシャープなピークをもつのとは対照的に、制動放射は広い範囲の波長にわたって連続的に分布する。これは、減速(または加速)はさまざまなかたちで起こるからだ。たとえば、原子核に正面衝突する場合や、正に帯電した原子核によって何度もコースをそらされる場合などがある。

物理学者ヴィルヘルム・レントゲンが1895年にX線を発見し、それ以前にニコラ・テスラがX線を観察していたが、制動放射による連続X線を特性X線と区別して、それぞれを別々に研究するようになったのは、何年ものちのことだ。「制動放射」という名称は、1909年に物理学者アルノルト・ゾンマーフェルトによって与えられた。

制動放射は宇宙のいたるところで起こっている。宇宙線は、地球の大気に入ったあと、原子核と衝突して減速し、制動放射を生じる。太陽からのX線は、太陽の内部の高速電子が、太陽の大気を通過する過程で減速することによって生じる。また、ベータ崩壊(ベータ粒子と呼ばれる電子または陽電子が放射される放射性崩壊)が起こるとき、ベータ粒子はもともと属していた元素の原子核によって進行方向を曲げられて、内部制動放射を放出する場合がある。

▶巨大な太陽フレアでは、制動放射などを原因とするX線やガンマ線の連続的な放射が発生する。本図は、それらの調査のため2002年に打ち上げられたNASAの人工衛星RHESSIがミッションを遂行する姿。

参照：フラウンホーファー線(1814年)、X線(1895年)、宇宙線(1910年)、原子核(1911年)、コンプトン効果(1923年)、チェレンコフ放射(1934年)

宇宙線

テオドール・ヴルフ(1868-1946)、ヴィクトール・フランツ・ヘス(1883-1964)

「宇宙線研究の歴史は、科学の冒険物語です」と、ピエール・オージェ観測所(訳注：アルゼンチンにある世界最大の宇宙線観測施設で、宇宙線研究で名高いピエール・オージェの名を冠する)の科学者たちは書いている。「1世紀近くにわたり、宇宙線の研究者たちは、山に登り、熱気球に乗り、世界の果てまで旅して、宇宙からやってくる高速の粒子を理解するために調査してきました」。

地球に衝突する高エネルギー宇宙線粒子の90％近くが陽子で、残りがヘリウム原子核(アルファ粒子)、電子で、さらに、より重い原子核が微量に含まれている。粒子のエネルギーが大きくばらついていることから、宇宙線の起源には、太陽フレアから、太陽系外にある何らかの源まで、さまざまなものがあると推測される。宇宙線の粒子は、地球の大気に突入すると、酸素や窒素の分子と衝突し、より軽い粒子を多数生み出して「シャワー」のような状況を作る。

宇宙線は、1910年にドイツの物理学者にしてイエズス会士のテオドール・ヴルフによって発見された。彼は電位計(訳注：静電力を測って電位または電気量を測定する装置)を使って、エッフェル塔の足元の地面付近と塔の頂上付近の放射線を観測したのである。観測される放射線の源が地上にあるなら、地面から遠ざかるにつれ放射線量は低下するはずだ。彼自身驚いたことに、塔の頂上の放射線量は、放射線が地球の放射能によるものだった場合に期待されるよりも多かった。1912年、オーストリア出身のアメリカの物理学者ヴィクトール・ヘスは、熱気球に検出器を載せて高度5300 mまで上昇し、放射線量が地表の4倍にまで増加することを発見した。

想像力が豊かな人々は宇宙線を「宇宙からの殺人放射線」と呼ぶことがあるが、それは宇宙線が年間10万人を超えるガンによる死亡者の原因になっているかもしれないからだ。また、宇宙線は電子**集積回路**を損傷するのに十分なエネルギーをもっており、コンピュータのメモリに保存されたデータを変えてしまう恐れがある。最も高エネルギーの宇宙線が降り注ぐ事象は、宇宙線がやってくる方向からはその起源が推測できない場合が多く、非常に興味をそそられる。しかしおそらく、超新星(爆発している恒星)と巨大な恒星からの恒星風(訳注：恒星から放出されるプラズマの流れ)が、宇宙線の粒子加速器として機能しているのだろう。

◀宇宙線は、電子集積回路の部品に悪影響を及ぼす可能性がある。たとえば、1990年代のいくつかの研究は、1ヶ月あたり256メガバイトのRAM(コンピュータのメモリ)で約1件のエラーが宇宙線によって誘発されていると示唆している。

参照：制動放射(1909年)、集積回路(1958年)、ガンマ線バースト(1967年)、タキオン(1967年)

超伝導

ヘイケ・カメルリング・オネス(1853-1926)、ジョン・バーディーン(1908-91)、カール・アレクサンダー・ミュラー(1927-)、レオン・N.クーパー(1930-)、ジョン・ロバート・シュリーファー(1931-)、ヨハネス・ゲオルク・ベドノルツ(1950-)

科学ジャーナリストのジョアン・ベイカーはこう書いている。「極低温では、一部の金属や合金は、まったく抵抗なしに電気を通す。これが超伝導体で、その内部では電流がエネルギーを少しも失うことなく数十億年も流れ続ける。電子がペアを作って一斉に運動するので、電気抵抗の原因となる衝突が避けられ、永久運動の状態に近づく」。

じつのところ、固有の臨界温度を下回るまで冷却されると、電気抵抗がゼロになる金属は多い。超伝導と呼ばれるこの現象は、1911年にオランダの物理学者ヘイケ・オネスによって発見された。水銀を絶対零度より4.2 K高いだけの極低温に冷却すると、電気抵抗が低下してゼロになることに彼は気づいたのだ。これは理屈の上では、外部に電源がなくても、電流は、超伝導性のワイヤーで作った輪をいつまでも流れ続けられるということだ。1957年、アメリカの3人の物理学者、ジョン・バーディーン、レオン・クーパー、ロバート・シュリーファーが、超伝導を示している金属の内部の電子がペアを作って、周囲に格子状に並んでいる金属イオンをまるで無視するかのように振舞うメカニズムを明らかにした。少し詳しく説明しよう。金属の内部で、正電荷をもった金属イオンが配列して結晶格子をなしている様子を、金属の網戸で表そう。次に、負電荷をもった1個の電子が、金属イオンの間を進んでいくところを思い描いてほしい。電子は格子に引力を及ぼして、格子を少しゆがめる。このゆがんだところに2個目の電子が引き寄せられて(訳注：格子が密になった部分で正電荷が強まるので)、1個目の電子についてゆく。こうして2個の電子がペアを作り、全体として周囲から受ける抵抗が小さくなるわけだ。

1986年、ゲオルク・ベドノルツとアレクサンダー・ミュラーは、水銀より高い、絶対温度約35 Kで超伝導性を示す物質を発見し、1987年には、さらに高い絶対温度90 Kで超伝導に転移する物質が発見された。もしも室温で超伝導性を示す物質が発見されたなら、それを使えば大量のエネルギーが節約でき、また、高性能の送電システムが開発できるだろう。超伝導体にはさらに、外部磁場をすべて退け、内部に磁場を入れない性質があるので、病院のMRI(核磁気共鳴画像法)診断装置の強力な電磁石を作るのにも使われている。

▶2008年、米国エネルギー省のブルックヘヴン国立研究所の物理学者たちは、2種類の銅酸化物で作った2層構造薄膜が界面高温超伝導を示すことを発見した。高効率電子デバイスの開発につながる可能性がある。本図は、この種の薄膜が1層ずつ形成される様子を描いたイラストである。

参照：ヘリウムの発見(1868年)、熱力学第3法則(1905年)、超流動体(1937年)、核磁気共鳴(1938年)

原子核

アーネスト・ラザフォード(1871-1937)

今日私たちは、陽子と中性子からなる原子核は、原子の中心の極めて高密度な部分だということを知っている。だが、20世紀の最初の10年間、科学者たちは原子核の存在を知らず、原子は、正電荷をもった物質が全体に広がっているなかに、負電荷をもった電子が、パウンドケーキのなかのプラムのように埋まったものだと考えていた(訳注:一般にプラム・プディングモデルと呼ばれる。プラム・プディングはイギリスの伝統的なクリスマスの菓子の一種で、濃厚なパウンドケーキに似ており、プラムなどのドライフルーツが入っている)。アーネスト・ラザフォードとその同僚たちが、アルファ粒子のビームを金の薄膜に当てる実験を行った結果から原子核を発見したことにより、このモデルは完全に否定された。ほとんどのアルファ粒子(現在ではヘリウムの原子核であることが知られている)は薄膜をただ通過しただけだったが、数個がビームの源に向かって跳ね返った。ラザフォードはのちにこのときのことを、「私が経験した最も信じがたい出来事でした……15インチ(約38 cm)の砲弾を1枚のティッシュペーパーに向かって発射したら跳ね返ってきたというぐらい、信じがたい出来事でした」と語った(訳注:ケンブリッジ大学での講演)。

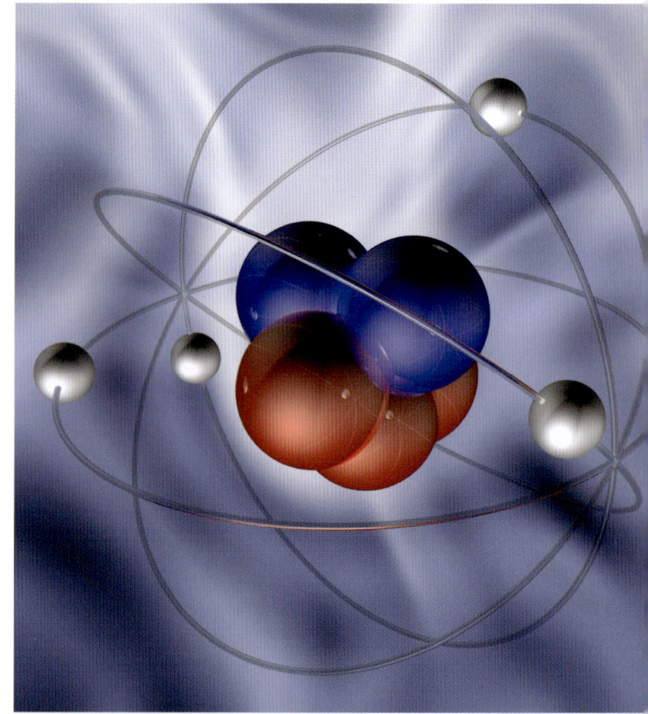

▲中心部に原子核がある、原子の古典的なモデルを画家が描いたもの。本図では、核子(陽子と中性子)と電子の一部しか描かれていない。実際の原子では核の直径は原子全体の直径よりもはるかに小さい。時代が下って、原子核を取り巻く電子は、確率密度を表す雲として描かれることが多くなった。

原子内、したがって金箔内の密度がほぼ均一になるプラム・プディングモデルでは、アルファ粒子のこのような振舞いは決して説明できなかった。もしもこのモデルが正しければ、アルファ粒子は、水中を通過する弾丸のように減速したはずだ。そこでラザフォードは、原子の中心に、桃の種のような「硬い中心部」があり、それがアルファ粒子を跳ね返しているのだと考えた。そして彼は1911年、当時誰も考えていなかった、「中心に正電荷をもつ原子核があり、その周囲を電子が回転している」という原子モデルを提案した。今日私たちが親しんでいるモデルだ。実験で測定されたアルファ粒子と原子核の衝突の頻度を元に、ラザフォードは原子全体の大きさに対する原子核の大きさを推定することができた。サイエンスライターのジョン・グリビンは、原子核は「原子全体の10万分の1の直径しかなく、ロンドンのセントポール大聖堂が原子だったとすると、針の先端ほどの大きさしかない……。そして、地球上のすべてのものは原子でできているのだから、あなたの体も、あなたが座っている椅子も、「硬い物質」よりもはるかに多くの空っぽの空間でできていることになる」と書いている。

参照:原子論(1808年)、電子(1897年)、$E=mc^2$(1905年)、ボーアの原子モデル(1913年)、サイクロトロン(1929年)、中性子(1932年)、核磁気共鳴(1938年)、原子力(1942年)、恒星内元素合成(1946年)

カルマン渦列

アンリ・ベナール(1874-1939)、セオドア・フォン・カルマン〔カールマーン・トードル〕(1881-1963)

物理現象のうち視覚的に最も美しいもののひとつは、最も危険なもののひとつでもある。カルマン渦列(Karman Vortex Street)は、流体の流れが「鈍頭物体」(円柱や、一部の大気圏再突入機など、流線形でなく、流れに対する抗力が大きい形状の物体のこと。航空機の翼の断面、すなわちエアフォイルも、大きな角度で流れがぶつかる場合には鈍頭物体として作用する)を越えるときに、流れがスムーズに物体を離れず、乱れが生じることにより、渦が繰り返し発生する現象だ。ジャーナリストで作家だったアイリス・チャンは、ハンガリー出身の物理学者セオドア・フォン・カルマンが行ったこの渦に関する研究について、次のように解説している。彼の成果のひとつは、彼が「1911年に数学的解析により、エアフォイルから離れる際、気流は平行な2列の渦が並んだ形状になるが、その原因は空気力学的な抗力の存在にあると発見したことだ。カルマン渦列と呼ばれるこの現象は、潜水艦、電波塔、送電線……などの揺れを説明するのに何十年にもわたって使われてきた」。

産業用煙突、自動車のアンテナ、潜水艦の潜望鏡など、基本的には円筒形をした物体の、望ましくない振動を抑えるには、さまざまな方法がある。そのひとつが、両側に交互に生じるカルマン渦を抑制する、らせん型の突起を外周に取り付ける方法だ。カルマン渦が生じると、塔が倒れることもあり、また、自動車や航空機の場合は、気流の抵抗を生む重大な原因となる。

カルマン渦は、川にかかる橋を支える橋脚の下流側に生じたり、あるいは、走る自動車の後ろ側で、落ち葉を巻き上げ渦を描かせたりする。海面に高く突き出た火山島など、地上の巨大な障害物を気流が通過したあとにできる雲の形状は、カルマン渦の最も美しい例だ。カルマン渦は、ほかの惑星の気象を研究する科学者に役立つ場合もある。

フォン・カルマンは自分の理論について、「その理論に私の名前がついているのは名誉なことだ」と述べた。というのも、物理化学者で著述家のイストヴァン・ハルギッタイによると、「彼は、発見されたことのほうが、それを発見した人よりも重要だと考えていた」からだ。カルマン渦発見から20年ほど経ったころに、フランスの科学者アンリ・ベナールが、自分のほうが先にこの渦列を発見していたと主張したとき、フォン・カルマンは反論しなかった。それどころか、もちまえのユーモアで、「ベルリンとロンドンでカルマン街(Karman Street)と呼ばれるものが、パリでアンリ・ベナール街(Avenue de Henri Benard)と呼ばれることに賛成します」(フォン・カルマン著、谷一郎訳『飛行の理論』岩波書店、p.67より引用。英語はその原書、Theodore von Kármán, *Aerodynamics*より引用)と応じ、2人はそれで和解したという。

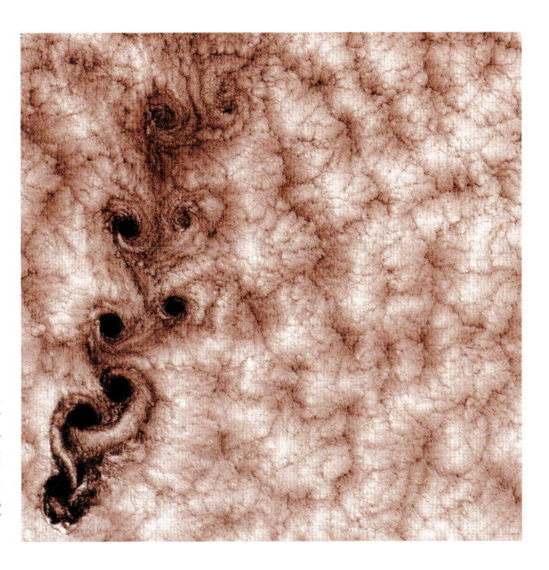

▶ランドサット7号機(訳注:1999年に打ち上げられたアメリカの人工衛星。地球を撮影した写真を更新するのが主目的。画像は無料公開されている)が撮影した、チリ沿岸のファン・フェルナンデス諸島付近の雲に見られるカルマン渦列。これらのパターンの研究は、航空機の翼から地球の気象まで、広範な現象に関与している「流れ」を理解するのに役立つ。

参照:ベルヌーイの定理(1738年)、野球のカーブ球(1870年)、ゴルフボールのくぼみ(1905年)、風速最大の竜巻(1999年)

ウィルソンの霧箱

チャールズ・トムソン・リーズ・ウィルソン(1869-1959)、アレクサンダー・ラングスドルフ(1912-96)、ドナルド・アーサー・グレイザー(1926-2013)

1927年、ノーベル賞晩餐会での受賞記念講演で、物理学者チャールズ・ウィルソンは、スコットランドの山の頂上に雲がかかっている姿を懐かしんだ(訳注：ウィルソンは幼年期をスコットランドで過ごした)。「私は毎朝、太陽が雲海の上に昇って、下側の雲に映った山の影の周りを、色彩豊かな美しい環が取り巻いているのを見ました。その光景の美しさに、私は雲が大好きになりました……」。ウィルソンの雲や霧を愛する心がやがて、最初の**反物質**をはじめ、さまざまな粒子の発見をもたらし、素粒子物理学の世界をすっかり変貌させることになるのだと、誰が予測しただろうか。

ウィルソンが最初の霧箱を完成させたのは、1911年のことだ。それはこんな手順だった。まず、箱を飽和した水蒸気で満たす。次に、ピストンを引いて箱の壁のひとつを動かして気圧を下げ、内部の空気を膨張させる。これにより空気の温度が下がり、空気は過飽和と呼ばれる状態になり、水蒸気が凝結して液滴を作りやすい状況となる。このとき箱のなかを荷電粒子が通過すると、その軌跡にあった空気がイオン化し、そこに水蒸気が引き寄せられて液滴となり、霧が発生する。こうして、外部から入射した荷電粒子の軌跡が、霧の線として描かれるわけだ。たとえば、アルファ粒子(ヘリウムの原子核で、正電荷をもっている)が霧箱のなかを通過すると、アルファ粒子は箱内の空気の原子から電子を奪い、それらの原子は一時的にイオン化する。水蒸気はこれらのイオンを核にして凝結し、その結果、曲芸飛行する飛行機が空に描く煙の文字を思わせるような、細い霧の筋が残る。霧箱に均一な磁場をかけておくと、正、負それぞれに帯電した粒子は、逆向きに湾曲して進む。この湾曲の曲率半径を使えば、外部から飛び込んだ粒子の運動量が特定できる。

▲1963年、本図のブルックヘブン国立研究所の泡箱は、このタイプで世界最大の粒子検出器だった。この装置で発見された最も有名な粒子は、オメガ粒子(訳注：素粒子の一種で、クォーク・モデルの予測にしたがって発見された。負電荷を持ち、Ω^-と表記されることが多い)である。

ウィルソンの霧箱を皮切りに、素粒子の飛跡を観察する装置は進化を続ける。1936年には、物理学者アレクサンダー・ラングスドルフが、放射線検出に有用な「拡散型霧箱」を開発した。これは、底部を低温に冷却して、従来の霧箱よりも長時間にわたって放射線の検出を可能にするものだ。1952年には、物理学者ドナルド・グレイザーが「泡箱」を発明する。泡箱は気体ではなく液体を使うことにより、より高エネルギーの粒子の軌跡を詳細に残すことができる。時代がさらに下って、放電箱が開発された。これは、ヘリウムガスのなかに電極を多数重ねた構造をしており、入射した荷電粒子がヘリウムをイオン化する際に電子をなだれ状に多数発生させ、放電を起こし、これを観察して荷電粒子の飛来する方向を特定するものである。

参照：ガイガー・カウンター(1908年)、反物質(1932年)、中性子(1932年)

セファイド変光星：宇宙の距離をはかる

ヘンリエッタ・スワン・リーヴィット(1868-1921)

イギリスの詩人ジョン・キーツ(1795-1821)は、「明るい星よ、私もお前のように不動のものでありたい」という詩を書いたことがあったが、恒星のなかには、数日から数週間の周期で明るくなっては暗くなるものがあることは知らなかったに違いない。セファイド変光星では、変光周期(明暗の1サイクルの時間)が光度(訳注：天体の明るさの度合い)に比例する。また、これとは別に、単純な距離の関係式があり、光度を使って、地球からその恒星までの距離、あるいは、その恒星が属する銀河系までの距離を推定することができる。セファイド変光星の周期と光度の関係を発見したのは、アメリカの天文学者ヘンリエッタ・リーヴィットだ。したがって彼女は、地球から太陽系銀河以外の銀河までの距離を計算する方法を初めて発見した人物とも呼べるだろう。1902年、リーヴィットはハーバード大学天文台の専任職員となり、大マゼラン星雲と小マゼラン星雲にある変光星を撮影した写真乾板を調べる研究に取り組んだ。1904年には、2枚の写真乾板を重ねる、重ね合わせと呼ばれる時間のかかる手法を使って、大小マゼラン雲に数百個の変光星を発見した。これらの発見に、プリンストン大学のチャールズ・ヤング教授は、「リーヴィット嬢は、なんとすごい変光星の「鬼」であろうか。次々と行われる新しい発見に、とてもついていくことはできない」と記した。

リーヴィットの最大の発見は、25個のセファイド変光星の変光周期を特定し、そこから導き出した周期と光度の関係である。この有名な関係は、1912年に論文として発表された。そのなかで彼女は、変光星の写真乾板から得たデータを、横軸を変光周期の対数、縦軸を光度(各変光星の最大光度と最小光度)とするグラフにまとめ、次のように記した。「(25個の変光星の)最大光度、最小光度、それぞれを表す2つの点列に、各々容易に(点列を近似する)直線を引くことができる。これは、変光星の光度と周期のあいだに単純な関係があることを示している」。リーヴィットはさらに、「これらの変光星は、おそらく地球からほぼ同じ距離にあるであろうから、その周期は変光星の実際の放出光——変光星の質量、密度、表面光度によって決定される——に関連していると考えられる」ことにも気づいていた。残念なことに、彼女はガンのために、研究が完成する前に若くして亡くなった。1925年、スウェーデン王立科学アカデミーのミッタク＝レフラー教授は、彼女の死をまったく知らずに、ノーベル物理学賞の候補者に推薦したい意向を知らせる手紙を彼女に送った。しかし、ノーベル賞は死者には与えられない伝統があり、リーヴィットはその栄誉に与ることはできなかった。

▲ヘンリエッタ・リーヴィット
▶ハッブル宇宙望遠鏡がとらえた渦巻銀河NGC1309の画像。この銀河に含まれるセファイド変光星から放出される光を調べることによって、科学者たちは地球とこの銀河の距離(約1億光年、または30メガパーセク)を正確に特定することができる。

参照：エラトステネス、地球を測定する(紀元前240年)、太陽系の測定(1672年)、恒星視差(1838年)、ハッブル宇宙望遠鏡(1990年)

1912年

ブラッグの結晶回折の法則

ウィリアム・ヘンリー・ブラッグ(1862-1942)、ウィリアム・ローレンス・ブラッグ(1890-1971)

「私は生涯にわたり、化学と結晶に魅了されていました」と、X線結晶学者ドロシー・クロープット・ホジキン(1910-94)は記したが、彼女の研究はブラッグの法則をよりどころとしていた。1912年にサー・W. H. ブラッグとその息子サー・W. L. ブラッグの2人のイギリス人物理学者によって発見されたブラッグの法則は、結晶表面で起こる電磁波の回折が関わる実験の結果を説明する。たとえば、結晶の表面にX線を照射すると、X線は結晶のなかの原子と相互作用し、その結果原子が新たにX線を放射するが、前後に並んだ原子が再放射したX線どうしが干渉を起こす。ブラッグの法則は、この干渉が強め合い、強いX線が反射される条件を与える。それは、$n\lambda=2d\sin\theta$ という式で表される。ここで λ は入射した電磁波(この場合X線)の波長、d は結晶面の間隔、θ は入射線と結晶面の角度である。

結晶面にX線を照射すると、X線は結晶面を何層も奥へと侵入し、やがてどこかの結晶面で反射し、侵入した分の結晶面を逆に進んで、表面から外へ出る。X線が進む距離は、結晶面の間隔と、X線の入射角によって異なる。反射波の強度が最大になるためには、多数の結晶面からの反射波の位相が一致して、建設的な干渉が起こらねばならない。ブラッグの式の n が整数の場合、2つの波は反射後の位相が一致する。たとえば $n=1$ の場合、「1次の」反射が起こる。$n=2$ の場合は、「2次の」反射が起こる。仮に結晶面が2つしか反射に関与しないならば、入射角 θ の値が変化するにつれ、建設的干渉から破壊的干渉への移行が徐々に進む。しかし、多数の結晶面からの反射波が干渉する場合、建設的干渉のピークは鋭くなり、ピークとピークの間の領域ではもっぱら破壊的干渉が起こる。

ブラッグの法則は結晶面の間隔の計算や、放射線の波長の測定に利用できる。結晶格子でX線が干渉を起こし回折として観察される現象はX線回折と呼ばれ、何百年も前から結晶だとの説が出ていた物質が実際に原子が周期的に並んだ結晶構造をもっていることを示す直接の証拠を提供し、科学史で重要な役割を果たしている。

▲ブラッグの法則はやがて、DNAなどの高分子の結晶構造をX線散乱から求める研究をもたらした。

◀硫酸銅。1912年、物理学者マックス・フォン・ラウエはX線を硫酸銅の結晶に照射して回折パターンを記録し、そこに明瞭な斑点が多数現れているのを発見した。X線による実験ができるようになる以前は、結晶面間の距離を正確に知る方法は存在しなかった。

参照：光の波動性(1801年)、X線(1895年)、ホログラム(1947年)、単独の原子を観察する(1955年)、準結晶(1982年)

ボーアの原子モデル

ニールス・ヘンリク・ダヴィド・ボーア(1885-1962)

「かつて誰かが、ギリシア語はホメロスの詩のなかで飛翔すると言った」と、物理学者アミット・ゴスワミ(1936-)は書いている。「量子の概念は、1913年に発表された、デンマークの物理学者ニールス・ボーアの研究によって飛翔しはじめた」。ボーアは、負の電荷をもった電子は原子から容易に離れる一方、正の電荷をもった原子核は原子の中心部を占めていることを十分承知していた。ボーアの原子モデルでは、原子核は私たちの太陽系の中心にある太陽のようなもので、電子は惑星のようにその周囲を軌道に沿って回転していた。

このように単純なモデルには、問題点がつきものだ。たとえば、原子核の周囲を軌道に沿って回転する電子は、電磁放射を放出するはずだった。それによってエネルギーを失った電子は、やがて原子核に落ち込むはずである。そうなれば原子は崩壊してしまうが、現実にはそんなことは起こっていない。原子の崩壊を回避し、さらに水素原子からの放射スペクトルのさまざまな性質を説明するためにボーアは、電子の軌道は、原子核から任意の距離に存在することはできず、許された特定の軌道(または殻と呼ぶこともある)にしか存在できないと仮定した。電子は、梯子を上り下りするように、エネルギーを獲得したときには上の段、すなわち上の殻に飛び上がる。また、エネルギーを失ったときには、もしも下側に段が存在するなら、そこに落ちる。このように殻のあいだを電子が飛び移るのは、特定のエネルギーの光子が原子に吸収されるか、あるいは原子から放出される場合だけである。現在では、ボーアのこのモデルには多数の欠点があり、重い原子には当てはまらないことが知られているほか、電子を特定の質量と速度をもち、特定の半径をもつ軌道を運動するものとしている点で**ハイゼンベルクの不確定性原理**に反している。

物理学者ジェームズ・トレフィルは、次のように記している。「今日では、電子を原子核の周りを回転している微視的な惑星と考えるのではなく、**シュレーディンガー方程式**にしたがって、ドーナツ型の潮だまりのなかの水のように、広がりのある軌道をうろうろと回る確率波と見なしている。……しかし、現在の量子力学的な電子の基本的な描像は、1913年にニールス・ボーアが偉大な洞察に至ったときに確立したのである」。やがて行列力学――量子力学を完全に定義した最初のもの――が、ボーアのモデルにとって代わり、観察されている原子のエネルギー状態間の遷移に、よりよい説明を与えるようになった。

▶マケドニアのオフリド市にある、このような円形劇場の座席は、ボーアの電子軌道の比喩として使える。ボーアのモデルによれば、電子の軌道は原子核から任意の距離に存在できるわけではなく、電子は、離散的なエネルギー準位に対応する特定の殻に存在することだけが許される。

参照：電子(1897年)、原子核(1911年)、パウリの排他原理(1925年)、シュレーディンガーの波動方程式(1926年)、ハイゼンベルクの不確定性原理(1927年)

1913年

ミリカンの油滴実験

ロバート・A.ミリカン(1868-1953)

1923年のノーベル賞受賞記念の講演で、アメリカの物理学者ロバート・ミリカンは、自分は個々の電子を検出したと、世界に断言した。油滴実験を使った自分の研究について、「その実験を見た人は、文字通り電子を見たのです」と述べたのだ。20世紀の初頭、1個の電子がもつ電荷を測定するためにミリカンは、上下にそれぞれ1枚ずつ金属板を配置し、両者の間に電圧をかけた容器の内部に、油を細かい液滴にして噴霧した。油滴のなかには、噴霧器のノズルとの摩擦によって電子を獲得したものがあり、それらは正に帯電した金属板に引き寄せられた。帯電した1個の油滴の質量は、その落下速度を測定すれば計算できる。さらに、ミリカンが金属板間の電圧を調整すると、帯電した油滴を2枚の金属板の間で静止させることができた。そこで彼は、油滴を静止させるために必要だった電圧の値と、油滴の質量(すでに計算によって求めていた)とを使って、油滴全体の総電荷を特定した。この実験を何度も繰り返すことによりミリカンは、油滴が帯びる電荷は、連続的な値ではなく、最低値を整数倍した値だけであることを突き止めた。彼はこの最低値が、1個の電子の電荷であると主張した(約1.592×10^{-19}C)。ミリカンの実験には多大な努力が必要で、彼が得た値は、現在認められている実際の値1.602×10^{-19}Cよりも少し小さかったが、その理由は、彼が実験で使った空気の粘性の値が間違っていたからだ。

現代物理学の教科書の共著者、ポール・ティプラーとラルフ・ルウェリンは、次のように書いている。「ミリカンによる電子の電荷の測定は、数少ない真に重要な物理学の実験のひとつであり……、その単純な直截さは、ほかの実験を評価する基準にふさわしい。……私たちは量子化された電子の電荷の値を測定することには成功したが、これまで述べてきたすべてのなかに、電子の電荷がなぜそのような値なのかをうかがわせるものはまったく存在せず、私たちはその問いの答えをまだ知らないということは、心に留めておくべきである」。

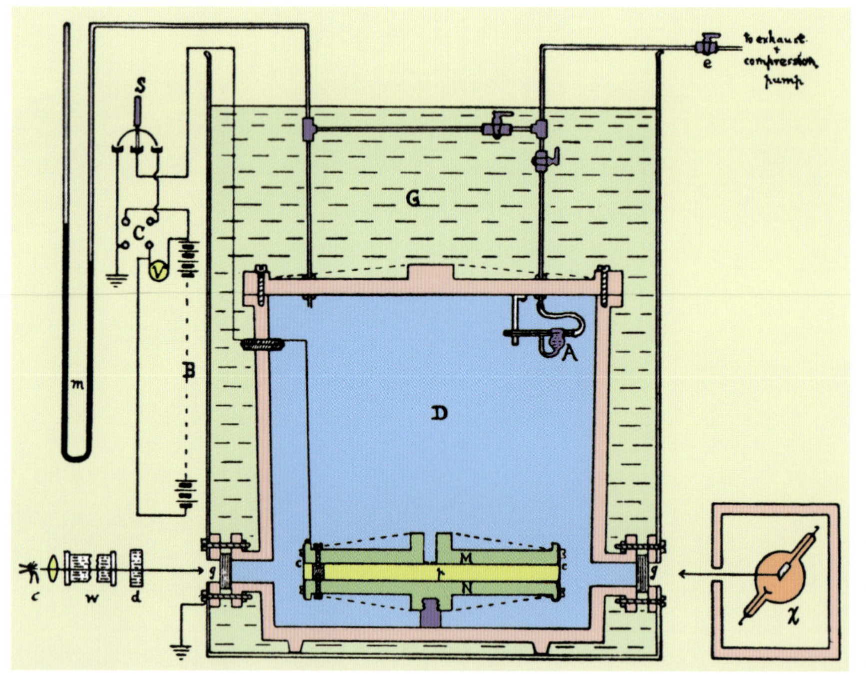

◀ミリカンが自分の実験について書いた1913年の論文の図版のひとつ。噴霧器Aが油滴を容器Dのなかに導入する。平行な板MとNの間には電圧がかかっている。油滴はMとNの間で観察された。

参照：静電気に関するクーロンの法則(1785年)、電子(1897年)

一般相対性理論

アルベルト・アインシュタイン(1879-1955)

アルベルト・アインシュタインは、「物理学の基盤について、より深い知識を獲得しようとする試みは、その基本的概念が最初から一般相対性理論と一致していない限り、すべて絶望的であるようだ」と書いたことがあった。特殊相対性理論(距離と時間は絶対的なものではなく、ある観察者が測定する時計の進む速さは、時計に対するその観察者の運動に依存すると示唆する理論)を発表した10年後にあたる1915年、アインシュタインは一般相対性理論の初期形を私たちに提示してくれた。とりわけ彼は、重力はほかの力のような真の力ではなく、時空内に存在する質量がもたらす時空の湾曲の結果であると主張した。今日私たちは、強い重力場における運動(たとえば太陽の周囲の水星の軌道など)を記述する際には、ニュートン力学よりも一般相対性理論のほうが正確であることを知っているが、日常的な経験の世界を記述する際にはニュートン力学がまだ使われている。

一般相対性理論をよりよく理解するために、質量が空間のどこに存在しようが、その質量は空間を湾曲させるという事実を考えてみよう。1個のボウリングの球が、1枚のゴムシートの上に載っており、シートをくぼませているところを想像していただきたい。これは、恒星が宇宙空間に対して行うことを可視化する、便利な方法だ。この引き延ばされてくぼんだゴムシートの上にビー玉を1個置いて、そのビー玉を横向きに押すと、ビー玉はしばらくの間ボウリングの球の周りを、太陽の周りを回転する惑星のように周回するだろう。ボウリングの球がゴムシートに与えた湾曲は、恒星が宇宙を湾曲させる様子の比喩である。

一般相対性理論は、重力が時間を湾曲させて遅らせることを理解するのにも使える。さまざまな状況で、この理論は**タイムトラベル**も許すようだ。

アインシュタインはさらに、重力の影響は光速で伝搬するとも主張した。したがって、仮に太陽が突然太陽系から取り去られたとすると、地球は光が太陽から地球まで届くのにかかる時間である、約8分後まで、元の太陽の周囲の軌道にとどまったままである。現在多くの物理学者たちが、重力も量子化されて、グラビトンと呼ばれる粒子の形を取るはずだと考えている。ちょうど光が、電磁エネルギーが小さな塊として量子化された光子の形を取るように。

▲アインシュタインは、時空内に存在する質量がもたらした時空の湾曲の結果が重力だと主張した。重力は時間と空間の両方をゆがめる。

参照：ニュートンの運動と万有引力の法則(1687年)、ブラックホール(1783年)、タイムトラベル(1949年)、エトヴェシュの重力偏差計(1890年)、特殊相対性理論(1905年)、ランドール-サンドラム模型(1999年)

弦理論

テオドール・フランツ・エドゥアルト・カルツァ(1885-1954)、ジョン・ヘンリー・シュワルツ(1941-)、マイケル・ボリス・グリーン(1946-)

数学者マイケル・アティヤ(1929-2019)は、次のように書いている。「弦理論に使われる数学は、精妙さと洗練性の点で……それ以前の物理理論に使われていた数学をはるかに超えている。弦理論は、物理学から遠く離れていると思しき領域の数学に、多くの素晴らしい結果をもたらしてきた。これは多くの人にとって、弦理論は正しい方向に向かっているという証拠だ……」。物理学者エドワード・ウィッテン(1951-)は、「弦理論は、たまたま20世紀に出てきてしまったが、21世紀の物理学だ」と記している。

近年のさまざまな「超空間」(訳注：超空間とは、4つを超える数の次元をもつ空間)に関する理論は、私たちが普段認識している空間と時間の次元を超えた多数の次元が存在する可能性を示唆している。たとえば、1921年に発表されたカルツァ-クライン理論は、重力と電磁力を統一して説明するために、5次元以上の時空を仮定した。弦理論の最新の発展のひとつが、超弦理論だ。超弦理論は、10次元または11次元の宇宙を予測する——私たちがなじんでいる、3つの空間次元とひとつの時間次元のほかに、6つまたは7つの空間次元をもつ宇宙だ。多くの超空間理論で、余分な次元を使って表現された自然法則は、より単純でエレガントになる。

弦理論では、クォークやフェルミオン(電子、陽子、中性子、その他)など、最も基本的な粒子のいくつかは、弦と呼ばれる、想像を絶するほど小さな、本質的に1次元の存在によって表すことができる。弦は数学的な抽象概念と思われるかもしれないが、原子にしても、かつては「非現実的」な数学的抽象概念とみなされていたにもかかわらず、やがて観察可能になったということを思い出してほしい。しかし、弦はあまりに小さく、現時点でそれを直接観察する方法は存在しない。

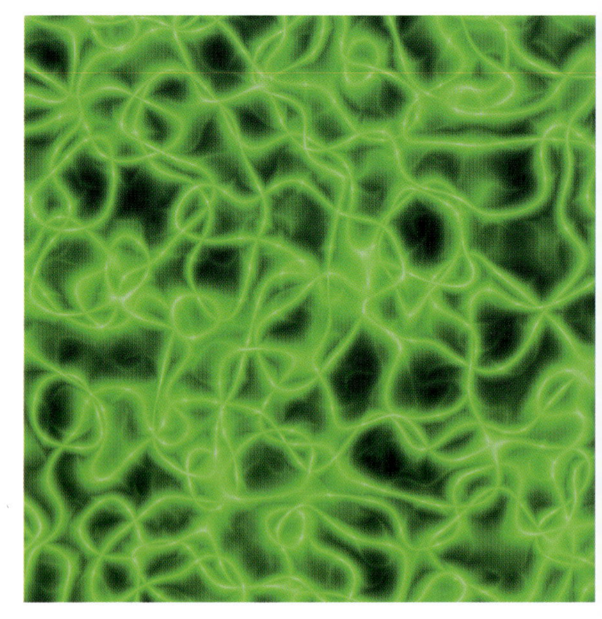

▲弦理論では、弦の振動のパターンによって、その弦がどの種類の粒子であるかが決まる。ひとつの比喩として、バイオリンを使おう。バイオリンのA線(2番目に高音の弦)をはじくと、電子になる。E線(最も高音の弦)をはじくと、クォークになる、という具合である。

いくつかの弦理論では、弦がループ状になったものが通常の3次元空間のなかを動き回るほか、それらのループが余分な空間次元のなかで振動する。振動しているギターの弦は、これを表す単純な比喩にふさわしい。ギターの弦は振動の仕方の違いによって、さまざまな「音」を出すが、それはちょうど、弦理論のループの異なる振動が、クォーク、電子、あるいは、まだ仮説でしかないグラビトン(重力を運ぶ粒子)などの異なる粒子を表すのに対応している。

弦理論研究者たちは、さまざまな余分な次元は「コンパクト化」していると主張する。コンパクト化しているとは、余分な次元が(カラビ-ヤウ空間と呼ばれるものなどの、特殊な構造のなかで)きつく巻き上げられて、原則的に見えなくなっている状態だ。1984年、マイケル・グリーンとジョン・H. シュワルツが弦理論に新たなブレークスルーをもたらした(訳注：10次元の弦理論では、「ゲージ対称性」と呼ばれる対称性が破れてしまう問題があったが、彼らが提案した超弦理論により、この問題が解決した)。

参照：標準模型(1961年)、万物の理論(1984年)、ランドール-サンドラム模型(1999年)、大型ハドロン衝突型加速器(2009年)

インスピレーションの源としてのアインシュタイン

アルベルト・アインシュタイン(1879-1955)

ノーベル賞受賞者のアインシュタインは、史上最大の物理学者のひとりであり、20世紀で最も重要な科学者のひとりだと認められている。彼が提唱した**特殊および一般相対性理論**は、空間と時間についての私たちの理解を革命的に変えた。彼はまた、量子力学、統計力学、宇宙論に大きな貢献を行った。

『Einstein in Berlin(ベルリンのアインシュタイン)』(未訳)の著者トーマス・レヴェンソンは、次のように記している。「物理学は、日常の経験からあまりに遠く離れたところで行われるようになってしまい、アインシュタイン並みの偉業が〔今日〕成し遂げられたとしても、大部分の人間にそれが認識できるかどうか、何とも言えない。アインシュタインが1921年に初めてニューヨークを訪れたとき、数千人が道に並んで、彼の車列を歓迎した……。今日、誰か理論物理学者がそんな反響を受けているところを、想像してみてほしい。そんな光景はあり得ない。物理学者がもっている実在に関する考えと、市民の想像力との感情的な結びつきは、アインシュタイン以降著しく弱まってしまった」。

私が話を聞いた多くの学者たちによれば、アインシュタインに並ぶような人物が今後登場することは決してないだろうとのことである。レヴェンソンは、「広く認められた天才の象徴という意味で、もうひとりのアインシュタインが科学の世界で生まれる見込みはなさそうだ。今日検討されているモデルの極端な複雑さは、ほとんどすべての科学者を課題の一部だけに専属的に取り組まざるを得ない状況に追い込んでいる」と言う。アインシュタインは、現在の科学者たちとは対照的に、他人の協力などわずかしか、あるいは、まったく必要としなかった。アインシュタインの特殊相対性理論の論文には、他の研究者や先行する論文の引用はまったくなかったのである。

独創的なハイテク企業アプライド・マインズ社の会長のひとりでチーフ・クリエーティブ・オフィサー(独創性担当役員)のブラン・フェレンは、「アインシュタインのアイデアのほうが、アインシュタイン自身よりも重要でしょう」と断言する。アインシュタインは近代世界の最も偉大な物理学者だったのみならず、「インスピレーションを刺激するロールモデルで、その生涯と研究の両方が、ほかの無数の偉大な思想家たちの生きざまに火をつけたのでした。彼らが社会に行った貢献の総計と、彼らが次にインスピレーションを与える思想家たちによる貢献は、アインシュタイン個人によるものをはるかに上回るでしょう」。

アインシュタインが引き起こした、止めることのできない「知の連鎖反応」、ひいては、ニューロンとミームが送り出すパルスや多重パルスの信号は、なだれとなり、永遠に響き続けるだろう。

▶ 42歳だった1921年に、ウィーンでの講演の場にて撮影されたアルベルト・アインシュタイン

参照：インスピレーションの源としてのニュートン(1687年)、特殊相対性理論(1905年)、光電効果(1905年)、一般相対性理論(1915年)、ブラウン運動(1827年)、スティーヴン・ホーキング、『スタートレック』に出演(1993年)

1922年

シュテルン-ゲルラッハの実験

オットー・シュテルン(1888-1969)、ヴァルター・ゲルラッハ(1889-1979)

科学ジャーナリストのルイーザ・ギルダーは、「シュテルンとゲルラッハが発見したものは、誰も予想していなかった。シュテルン-ゲルラッハの実験が1922年に発表されると、物理学者たちは大騒ぎになった。その結果は極めて決定的で、これによってそれまで量子の概念に疑いをもっていた多くの人々が考えを改めた」と書いている。

こんな実験を思い描いてほしい。壁の前に吊り下げられた巨大な磁石のN極とS極のあいだに、多数の赤い小さな棒磁石をヘリコプターの羽根のようにスピンさせながら注意深く投げるのだ(訳注：ただし、巨大磁石が作る磁場は、強力だが、均一ではないとする。もしも均一なら、N極とS極に大きさが等しく逆向きの力がかかり、それらの力が打ち消し合って、磁石棒への磁場の影響はなくなってしまうからだ)。小さな棒磁石は、巨大磁石の磁場によって飛ぶ方向をゆがめられたあと、最終的には壁にぶつかって、壁は少し凹むだろう。多くの棒磁石がぶつかれば、壁のあちこちに多数の凹みが残るはずだ。1922年、オットー・シュテルンとヴァルター・ゲルラッハは、電気的に中性な銀原子を用いて、これに似た実験を行った。

◀ドイツのフランクフルト市にある、シュテルン-ゲルラッハの実験が行われた建物の入口近くに設置された、シュテルンとゲルラッハを称える銘板。

銀の原子核の周囲の電子は、最も外側の電子1個が不対電子になっている(訳注：不対電子とは、原子の最外殻にあって、別の電子とペアになっていない電子のこと。銀原子の場合、最も外側の1個以外の電子はすべて電子対を作っている)。この不対電子がスピンして、小さな磁気モーメントをもっているとしよう。ちょうど、私たちの思考実験の赤い棒磁石のように。不対電子のスピンは、原子に磁石の性質をもたらし、原子はN極とS極をもつ小さな方位磁針のように振舞う。シュテルン-ゲルラッハの実験では、ビーム状に発射された銀原子は、検出スクリーンに向かって飛びながら、不均一磁場のなかを通過する。もしも銀原子の磁気モーメントがあらゆる方向をとりうるなら、検出スクリーンには銀原子ビームの軸を中心に広がったパターンが描かれると期待される。なぜなら、不均一な外部磁場によって、微小な「磁石」の一端に、他端よりも少しだけ大きな力が生じ、ランダムな方向の磁気モーメントをもつ原子たちは、ある範囲にばらついた大きさの力を受けるはずだからだ。ところが、シュテルンとゲルラッハがスクリーン上に認めたのは、銀原子ビームの軸の上下の2ヶ所にのみ集中した衝突痕だった。これは、最も外側の1個の電子はスピンが量子化され、2つの方向しかとれないということを示唆していた。

粒子の「スピン」は、古典物理学の、回転する球が角運動量をもっているという概念とはほとんど関係ないことには注意が必要だ。量子論での粒子のスピンは、一種摩訶不思議な量子的現象なのだ。電子、陽子、そして中性子は、とりうるスピンの値が2つある。しかし、電子よりはるかに重い陽子と中性子の磁気モーメントは、電子の場合よりもはるかに小さい。なぜなら、磁気双極子の強度は質量に反比例するからだ。

参照：『磁石論』(1600年)、ガウスと磁気単極子(1835年)、電子(1897年)、パウリの排他原理(1925年)、EPRパラドックス(1935年)

ネオン・サイン

ジョルジュ・クロード(1870-1960)

この項では、私が「郷愁の物理学」と呼ぶものを語らないわけにはいかない。フランスの化学者で技術者でもあったジョルジュ・クロードは、ネオン管を開発し、その屋外広告サインとしての商業的応用の特許を取得した。1923年、クロードはネオン・サインをアメリカに導入した。「やがてネオン・サインは、1920年代から30年代にかけてアメリカのハイウェイ沿いに、闇を貫いて、どんどんと増え始めた」と、アメリカの道路の歴史を研究する文筆家で写真家でもあるウィリアム・カジンスキーは記している。「ネオン・サインは、ガス欠寸前の、あるいは、寝場所を必死に探しているドライバーにとって、神の恵みだった」。

ネオン管は、減圧したネオンなどのガスを封入したガラス管だ。管の壁を貫通するワイヤーに電源が接続されている。電圧が供給されると、電子は陽極に引きつけられるが、その途中でときどきネオン原子と衝突する。衝突した電子がネオン原子から電子を1個弾き飛ばすことがたまにある。その結果自由電子とネオンイオン Ne^+ が生じる。自由電子、Ne^+、そして電気的に中性なネオン原子が、導電性のある**プラズマ**を形成し、そのなかで自由電子は、Ne^+ イオンに引きつけられる。Ne^+ は時々、電子を高いエネルギー準位にとらえることがあり、その電子が低いエネルギー準位に落ちるとき、特定の波長(すなわち特定の色)の光が放射される。たとえば、ネオン・ガスの場合は赤みがかったオレンジ色の光が出る。管内に別種のガスを封入すれば、違う色に光る。

世界各地を旅する著述家のホーリー・ヒューズは、『消えてしまう前に見たい500の場所(500 Places to See Before They Disappear)』(未訳)のなかで、次のように書いている。「ネオン・サインのいいところは、ガラス管を好きな形に曲げられること。そして、1950年代から1960年代にかけてアメリカ人がこぞってハイウェイを走り始めると、広告主たちはそれを利用して、夜の街並みに、カラフルな目新しい光るものをちりばめて、ボウリング場やアイスクリーム・スタンド、チキ・バー(訳注:ポリネシア文化をフィーチャーしたエキゾチックなバー)まで、ありとあらゆるものを売り込み始めた。保存主義者たちが、未来の世代のために、現場で、あるいは博物館でネオン・サインを保存しようと努力している。なにしろ、巨大なネオンのドーナツが2,3個どこにでもなければ、アメリカはアメリカでなくなってしまいそうなので」。

▲レトロな1950年代風のアメリカの洗車場のサイン

参照:摩擦ルミネセンス(1620年)、ストークスの蛍光の法則(1852年)、プラズマ(1879年)、ブラックライト(1903年)

1923年

コンプトン効果

アーサー・ホリー・コンプトン(1892–1962)

少し離れたところにある壁に向かってあなたが叫んでいるところを思い浮かべてほしい。あなたの声は、壁にぶつかった後、あなたのところに戻ってくるだろう。このとき、戻ってきた声が元の声より1オクターブ低くなっているなどとは、あなたは考えないだろう。音波は同じ振動数で返ってくる。しかし、1923年に物理学の専門誌に発表されたように、物理学者アーサー・コンプトンは、X線が電子によって散乱されるとき、散乱後のX線は振動数とエネルギーが元より低くなっていることを示した。この現象は古典論的な、波動モデルによる電磁放射の説明では予測できなかった。実際には、散乱後のX線は、まるでX線がビリヤード球であり、そのエネルギーの一部が電子(こちらもビリヤード球のように振舞うと仮定する)に移ったかのように振舞ったのだ(同じことだが、X線粒子の散乱前の運動量の一部が電子に奪われたとも言える)。ビリヤード球の場合、散乱後の球のエネルギーは、衝突により進行方向がどれだけの角度ずれたかに依存するが、コンプトンは電子に散乱されたX線のエネルギーに、これと同じ角度依存性があることを発見した。このコンプトン効果は、光は波動と粒子の両方の性質をもっているとする量子論のさらなる証拠となった。これに先立ってアルベルト・アインシュタインは、銅などの金属板にある程度以上の振動数の光を照射すると板から電子が放出される**光電効果**は、光が一種の「塊」(今では光子と呼ばれているもの)として、粒子のように振舞っていると考えれば説明できることを示し、量子論の最初の証拠のひとつを提示していた。

X線を純粋な波動と考えるなら、X線が電子にぶつかった場合、電子は入射X線と同じ振動数で発振して、その結果同じ振動数のX線を再放射するはずだ。コンプトンは、X線は光子という粒子として振舞うと考え、$E=hf$と$E=mc^2$という有名な2つの物理の関係式を使って、光子はhf/cという運動量をもっているとした。ここで、Eは光子のエネルギー、fは振動数、cは光速、mは質量、そしてhはプランク定数である。彼の実験で測定された、散乱されたX線のエネルギーは、これらの仮定と一致するものだった。コンプトンが行った実験では、原子が電子を拘束する力は無視でき、電子は基本的にまったく拘束されておらず、任意の方向に散乱されると見なすことができた。

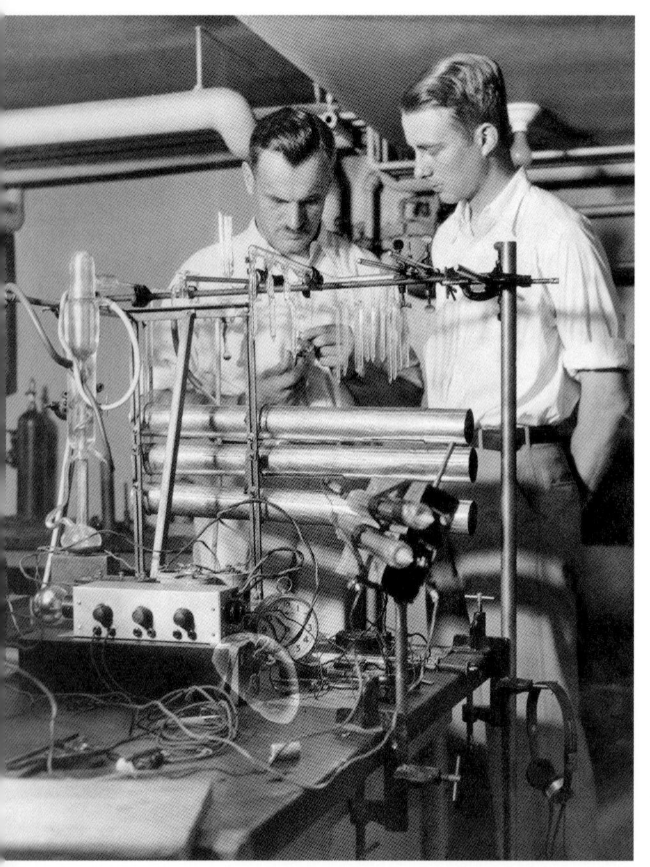

◀1933年、シカゴ大学で大学院生ルイス・アルヴァレズと実験装置の前に立つアーサー・コンプトン(左)。2人ともノーベル物理学賞を受賞した(訳注：コンプトンはコンプトン効果の発見で1927年、アルヴァレズは素粒子の共鳴状態に関する研究で1968年に)。

参照：光電効果(1905年)、制動放射(1909年)、X線(1895年)、電磁パルス(1962年)

ド・ブロイの関係式

第7代ブロイ公爵ルイ＝ヴィクトル・ピエール・レーモン(1892-1987)、クリントン・ジョゼフ・デイヴィソン(1881-1958)、レスター・ハーバート・ジャマー(1896-1971)

原子以下の微小世界に関する多数の研究で、電子や光子(光の量子)などの素粒子は、私たちが日常生活で関わる物体とは似ても似つかないことが示されてきた。これらのものは、実験や観察される現象によって、波動と粒子の両方の性質をもっているように見える。この項でも、皆さんに量子力学の不思議な世界を垣間見ていただこう。

1924年、フランスの物理学者ルイ＝ヴィクトル・ド・ブロイは、物質の粒子は、波動と見なすこともでき、波長(隣り合う波頭どうしの距離)をはじめ、波が一般的にもつさまざまな性質をもっているという説を提唱した。実のところ、すべての物体が波長をもっている。1927年、アメリカの2人の物理学者、クリントン・デイヴィソンとレスター・ジャマーは、電子線をまるで光のように回折させたり干渉させたりすることができることを実験で示し、電子に波動の性質があることを明らかにした。

ド・ブロイの有名な関係式は、物質がもつ物質波の波長は、その粒子の運動量(一般に、質量に速度をかけたもの)に反比例する、具体的には$\lambda=h/p$であると示している。ここで、λは波長、pは運動量、hはプランク定数である。科学ジャーナリストのジョアン・ベイカーによれば、この式を使えば、「ボールベアリングやアライグマなどのより大きな物体は、極めて小さく、肉眼ではとても見えない波長をもっていることがわかる。そのため、それらの物体が波のように振舞っているのを目撃するのは不可能だ。テニスコートを飛び交うテニスボールの波長は約10^{-34}mで、陽子の直径(10^{-15}m)よりもなお小さい」。アリ1匹の波長は、人間1人の波長より長い。

デイヴィソンとジャマーが最初に電子について実験を行って以降、ド・ブロイの仮説は中性子や陽子をはじめとするほかの粒子に対しても確認され、1999年、バッキーボールと呼ばれる、60個の炭素原子でできたサッカーボール形の大きな分子についても確認された。

ド・ブロイは自分の博士論文でこの仮説を提示したが、あまりに斬新な考え方で、論文審査に当たった教授たちは最初、これを承認すべきかどうか迷ったという。ド・ブロイはのちに電子の波動性の発見でノーベル賞を受賞する。

▲1999年、ウィーン大学の研究者たちは、60個の炭素原子で形成されるバックミンスターフラーレン分子(本図)が波のように振舞うことを示した。この分子をビーム状にして(秒速約200m)回折格子を通過させると、波に特有の干渉パターンが現れたのだ。

参照：光の波動性(1801年)、電子(1897年)、シュレーディンガーの波動方程式(1926年)、量子トンネル効果(1928年)、バッキーボール(1985年)

1925年

パウリの排他原理

ヴォルフガング・エルンスト・パウリ(1900–58)

▲『パウリの排他原理、あるいは、犬はなぜ突然固体を突き抜けて落ちたりしないのか』という題のアート作品。パウリの排他原理は、物質はなぜ硬いのか、私たちはなぜ硬い床を突き抜けて落ちたりしないのか、そして、中性子星はなぜ自らの途方もない質量で崩壊しないのかを説明する。

野球場の観客席に人々が座り始めているところを思い浮かべてほしい。一番前の列から埋まっていくだろう。これは原子の周囲の軌道を埋めていく電子の比喩になっている。そして、野球観戦でも原子物理学でも、観客や電子などが何個(または何人)、占有可能な場所に入れるかを支配するルールがある。なにしろ、大勢の人がひとつの小さな座席に一緒に座ろうとしたら、大変なことになるだろうから。

パウリの排他原理は、物質がなぜ堅牢なのかや、2つの物体が同じ場所を占めることがなぜできないかなどを説明する。私たちが床を通りぬけて落ちてしまわない理由や、**中性子星**が途方もない質量のせいで崩壊してしまわない理由もこの原理にある。

もう少し詳しく説明しよう。パウリの排他原理は、同一のフェルミオン(電子、陽子、中性子などの、物質を構成する粒子)が同時に同じ量子状態(スピンの状態も含めて)を占めることはできないという制約だ。たとえば、同じ原子軌道を占めている2個の電子は、スピンが逆向きでなければならない。ある軌道にスピンが逆向きの電子のペアが入ってしまったなら、どちらか一方の電子がその軌道を去らない限り、あらたに電子がその軌道に入ることはない。

パウリの排他原理は十分に検証されており、物理学で最も重要な原理のひとつだ。著述家のミケラ・マッシミは、「分光学から原子物理学まで、そして場の量子論から高エネルギー物理学まで影響を及ぼすパウリの排他原理以上に、広範囲に及ぶ科学の原理はほとんど存在しない」と言う。原子スペクトルや、周期表に並んでいる元素の分類の、根底にある電子の配置を理解したり特定したりできるのも、この原理のおかげだ。科学ジャーナリストのアンドリュー・ワトソンは、次のように書いている。「パウリはこの原理を、1925年という非常に早い時期に提唱した。それは、量子論という新しい理論や、電子スピンという概念が登場するよりも前のことだった。彼の動機は単純なものだった。1個の原子のなかにある多数の電子がすべて、最も低いひとつの状態に落ち込んでしまうのを防ぐ何らかの手立てが必要だったのである。……かくしてパウリの排他原理は、電子どうしが——そしてその他のフェルミオンどうしも——、互いに相手の場所を侵略するのを防いでいるわけだ」。

参照：静電気に関するクーロンの法則(1785年)、電子(1897年)、ボーアの原子モデル(1913年)、シュテルン-ゲルラッハの実験(1922年)、白色矮星とチャンドラセカール限界(1931年)、中性子星(1933年)

シュレーディンガーの波動方程式

エルヴィン・ルドルフ・ヨーゼフ・アレクサンダー・シュレーディンガー(1887-1961)

「シュレーディンガーの波動方程式のおかげで科学者は、研究対象の原子系を可視化しながら、物質がいかに振舞うかを詳細に予測できるようになった」と、物理学者アーサー・I. ミラーは書いている。シュレーディンガーがこの方程式を構築したのは、スイスのスキー・リゾートで愛人と休暇を過ごしていた間のようで、彼女は彼の知性の奔流を「エロスの噴出」(訳注：シュレーディンガーの友人の数学者ヘルマン・ヴァイルの言葉とされる)と同時に刺激したらしい。シュレーディンガーの波動方程式は、究極の実在を波動関数と確率によって記述する。この方程式があれば、私たちは粒子の波動関数を計算することができる。それはこのような式だ。

$$i\hbar\frac{\partial}{\partial t}\psi(\boldsymbol{r},t)=-\frac{\hbar^2}{2m}\nabla^2\psi(\boldsymbol{r},t)+V(\boldsymbol{r})\psi(\boldsymbol{r},t)$$

ここでこの方程式の細部を気にする必要はなく、ただ、$\psi(\boldsymbol{r},t)$が波動関数で、ある時間tのある位置$\boldsymbol{r}$における粒子の確率振幅であることに注意しておけばいいだろう。∇^2は、$\psi(\boldsymbol{r},t)$が空間のなかでいかに変化するかを記述するのに使われる。$V(\boldsymbol{r})$は、各位置$\boldsymbol{r}$における粒子のポテンシャルエネルギーだ。普通の波動方程式が、波が池の表面を伝わっていく様子を記述するのと同じように、シュレーディンガーの波動方程式は、粒子(1個の電子など)に付随する確率波が空間のなかを動く様子を記述する。波頭は、粒子が存在する確率が最も高いところに対応する。この方程式はまた、原子内の電子のすべての準位を理解するのにも役立ち、原子の世界の物理学である量子力学の基盤のひとつとなった。粒子を波として記述することには違和感があるかもしれないが、量子の領域では、このような奇妙な二重性が必要なのだ。たとえば、光は波としても粒子(光子)としても振舞うし、電子や陽子などの粒子も波として振舞う。原子内の多数の電子を、太鼓の皮に生じた波として考えるのも、うまい比喩だ。波動方程式の異なる振動モードが、原子の異なるエネルギー準位に対応するのだから。

1925年に、ヴェルナー・ハイゼンベルク、マックス・ボルン、パスクアル・ヨルダンが構築した行列力学は、粒子のいくつかの性質を行列によって解釈したものだ。行列力学も、シュレーディンガーの波動方程式も、量子力学を定式化したものとして等価であることは重要である。

▶オーストリアの1000シリング紙幣に描かれたエルヴィン・シュレーディンガー(1983年)

参照：光の波動性(1801年)、電子(1897年)、ド・ブロイの関係式(1924年)、ハイゼンベルクの不確定性原理(1927年)、量子トンネル効果(1928年)、ディラック方程式(1928年)、シュレーディンガーの猫(1935年)

1927年

ハイゼンベルクの不確定性原理

ヴェルナー・ハイゼンベルク(1901–76)

「不確実性こそ、唯一確実なことだ」と、数学者ジョン・アレン・パウロス(1945–)は書き、こう続けた。「そして、いかにして不確実性とともに生きるかを知ることが、唯一の安らぎだ」。ハイゼンベルクの不確定性原理は、ある粒子の位置と速度の両方を、高い精度で知ることはできないとする。もう少し詳しく述べると、位置をより正確に測定すると、運動量の測定はより不正確になり、逆の関係もまた成り立つ。不確定性原理は、原子や素粒子の微小な尺度において顕著になる。

不確定性原理が発見されるまでは、ほとんどの科学者が、どのような測定も、使用される測定装置の正確さの度合いだけが精度の限界を決めていると考えていた。ドイツの物理学者ヴェルナー・ハイゼンベルクは、仮に人間が無限に正確な測定装置を作ることができたとしても、粒子の位置と運動量(質量×速度)の両方を正確に特定することはできないと示唆した。不確定性原理は、粒子の位置を測定することによって、その粒子の運動量の測定が妨害されるのはどの程度かを述べているわけではない。粒子の位置を高精度で測定することはできるが、その結果、運動量についてはあまりわからなくなるということだ。

量子力学のコペンハーゲン解釈を受け入れる科学者にとっては、ハイゼンベルクの不確定性原理は、「物理的な宇宙は決定論的なかたちでは存在せず、確率の集まりである」ということを意味する。この解釈ではまた、光子などの素粒子の経路は、無限に正確な測定をもってしても、理論的にすら予測することはできない。

1935年、ハイゼンベルクのかつての師、アルノルト・ゾンマーフェルトがミュンヘン大学で名誉教授の地位に就くと、ハイゼンベルクが後任として教授になるのが順当だった。ところが、ナチスは量子論と相対論を「ユダヤ物理学」と呼び、それらを撲滅し、代わりに「ドイツ物理学」を推進せよと命じた。その結果、ハイゼンベルクはユダヤ人ではなかったにもかかわらず、ミュンヘン大学の教授に就任することはできなくなってしまった。

第二次世界大戦中、ハイゼンベルクはドイツの核兵器開発計画の指揮を執った。ドイツの核開発は失敗に終わったが、科学史家たちは今日もなお、その原因は資源の不足だったのか、ハイゼンベルクのチームに然るべき科学者がいなかったからなのか、ハイゼンベルクがそうした強力な兵器をナチスに与えたくなかったからなのか、それとも何らかの他の原因によるのか、議論を続けている。

▲ヴェルナー・ハイゼンベルクの写真が使われた2001年のドイツの切手
◀ハイゼンベルクの不確定性原理によれば、粒子はおそらく確率の集合としてのみ存在し、無限に正確な測定によっても粒子の経路を予測することは不可能である。

参照：ラプラスの悪魔(1814年)、熱力学第3法則(1905年)、ボーアの原子モデル(1913年)、シュレーディンガーの波動方程式(1926年)、相補性原理(1927年)、量子トンネル効果(1928年)、ボース-アインシュタイン凝縮(1995年)

相補性原理

ニールス・ヘンリク・ダヴィド・ボーア(1885-1962)

デンマークの物理学者ニールス・ボーアは1920年代、光がときには波のように、また別のときには粒子のように振舞うなどの、量子力学のさまざまな謎を理解しようと模索していたときに、彼が「相補性」と名づけた概念を構築した。科学ジャーナリストのルイーザ・ギルダーは次のように書いている。「相補性はボーアにとって、量子の世界のパラドックスは、「根底で何が起こっているのか」を明らかにしようとして「解決」したり矮小化したりすべきものではなく、根源的な真理として受け入れなければならないという、ほとんど宗教的な信念だった。ボーアは相補性という言葉を、次のような一種独特のかたちで使った。「たとえば、波動と粒子の相補性(あるいは、位置と運動量の相補性)とは、一方が完全に存在するなら他方はまったく存在しないということを意味する」と(訳注:古典物理学の、粒子と波動の概念は、量子論では「相補的」かつ「排他的」だということ。ある現象は、粒子と波動両方の面をもっており、両方を理解する必要があるが、観察する際には、粒子と波動、いずれか一方の側面だけが現れる)。ボーアは1927年にイタリアのコモ湖のほとりで行った講演で、波と粒子は「それがほかの系と行う相互作用をとおしてのみ、定義や観察が可能な抽象概念です」と述べた。

▲相補性の物理と哲学は、ときに芸術理論と重なるように思われた。本図のチェコの画家ユージン・イワノフの作品のように、ときに「矛盾する」視点が共存することを許すキュビズムにボーアは惹きつけられていた。

相補性の物理と哲学は、ときに芸術理論と重なるように思われた。サイエンス・ライターのK.C.コールによれば、ボーアは「キュビズム——彼の友人がのちに語ったように、特に、その「ある物体が複数の物であり得て、変化することもあり、顔、腕や脚、デザート用深皿にも見える」というところ——を好んだことでよく知られていた。そしてボーアは、自らの相補性の哲学を構築しはじめ、やがてそれによって、電子がいかに変化しうるか、どのようにして波に見えたり粒子に見えたりするのかを示した。キュビズムと同じように、相補性は同じ自然の枠組みのなかに矛盾する複数の視点があることを許した」。

ボーアは、原子以下の微小世界を私たちの日常の視点から見るのは不適切だと考えた。彼は次のように記した。「私たちが自然を記述するとき、その目的は、現象の真の本質を明らかにすることではなく、経験がもつ多様な側面どうしの関係を可能な限り追跡することだけである」。

1963年、物理学者ジョン・ホイーラーは、相補性原理の重要性を次のように表現した。「ボーアの相補性原理は、今世紀で最も革命的な科学概念であり、量子概念の重要性を完全に理解するために彼が50年にわたって続けた研究の核心である」。

参照: 光の波動性(1801年)、ハイゼンベルクの不確定性原理(1927年)、EPRパラドックス(1935年)、シュレーディンガーの猫(1935年)、ベルの定理(1964年)

1927年

極超音速ウィップクラッキング

ウィップクラッキング(鞭を打つこと)によって生じるソニックブーム(訳注：超音速で飛行する物体によって生じる衝撃波が起こす轟くような音)をテーマにした物理の論文がこれまでに多数発表されており、この現象の詳細なメカニズムを巡るさまざまな興味深い議論が、最近も続いている。物理学者たちは20世紀初頭から、鞭のハンドルを素早く適切な方法で動かすと、鞭の先端は音速を超えることに気づいていた。1927年、物理学者Z.カリエールは、高速撮影法で鞭のシルエットを撮影することにより、鞭のピシッという音にはソニックブームが伴っていることを示した。鞭が音速を超える理由は、従来は、次のように説明されていた。すなわち、鞭の動く部分は、ハンドルから鞭の軸に沿って先端へと進み、徐々に先端の小さな部分へと局所化されていくので、エネルギー保存の法則によって、動く部分の速度が次第に上昇するからだ、と(ただし、摩擦の影響は無視する)。質量mの質点の運動エネルギーは$E=1/2\,mv^2$であり、Eがほぼ一定で、mが小さくなっていくなら、速度vは上昇しなければならない。最終的に、鞭の最先端付近の部分は音速(20℃の乾燥した空気中で時速約1236 km)を超える速度で運動し、空気中で音速を超えるジェット機と同じように、轟くような音を生み出す。以上が従来の説明だった。ともあれ、鞭はおそらく、音速の壁を破った最初の人工物と言えるだろう。

ところが2003年、応用数学者のアラン・ゴリエリーとタイラー・マクミリンは、ウィップクラックを起こす鞭の形状を、先細り形状をした弾性材の棒に沿って運動するループ型のインパルス波としてモデル化した。鞭の超音速クラッキングのメカニズムの複雑さについて、彼らは次のように書いている。「クラック(音)自体が、鞭先端部が超音速で運動する際に生じるソニックブームである。鞭先端の急激な加速が起こるのは、波が棒の先端に達し、運動するループの運動エネルギー、ループに蓄えられた弾性エネルギー、そして棒の角運動量が、棒先端部の微小領域に集中し、それらがすべて棒先端の加速に変換されるからである」。鞭が先細りになっていることで、最高速度がさらに上昇する。

▶ソニックブームは鞭のピシッという音でも生じている。鞭はおそらく、音速の壁を破った最初の人工物と言えるだろう。

参照：アトラトル(紀元前3万年)、チェレンコフ放射(1934年)、ソニックブーム(1947年)

ディラック方程式

ポール・エイドリアン・モーリス・ディラック(1902-84)

反物質の項でも説明しているが、物理学の方程式は、その発見者が予測していなかった概念や結果をもたらすことがある。物理学者フランク・ウィルチェックがディラック方程式について書いたエッセイで述べたように、この種の方程式は魔力をもっているようにさえ思える。1927年ポール・ディラックは、特殊相対性理論の要請を満たす**シュレーディンガー方程式**を発見しようと試みた。彼が構築したディラック方程式は、たとえば次のような形で表すことができる。

$$\left(\alpha_0 mc^2+\sum_{j=1}^{3}\alpha_j p_j c\right)\psi(x,t)=i\hbar\frac{\partial\psi}{\partial t}(x,t)$$

1928年に発表されたディラック方程式は、電子やほかの素粒子(訳注：ここでは、フェルミオンと呼ばれる種類の粒子)を、量子力学と**特殊相対性理論**の両方と矛盾しないかたちで記述する。この方程式はまた、反物質の存在を予測しており、反物質が実験により発見される前にそれを「予言」していたとも言える。この「予言」のもとに、電子の反粒子である陽電子が発見され、近代理論物理学における数学の有用性を示す素晴らしい例となった。この方程式でmは電子の静止質量、$\hbar$は換算プランク定数(訳注：プランク定数hを2πで割ったもの)(1.054×10^{-34}J·s)、cは光速、pは電子の運動量演算子、xとtは空間と時間の座標、$\psi(x,t)$は電子の波動関数である。αは波動関数に作用する線形演算子である。

物理学者フリーマン・ダイソン(1923-)はこの方程式を、実在を把握しようとする人類の探究におけるひとつの重大な段階に当たるとして賞賛した。彼は次のように書いている。「科学では、ひとつの基本方程式の発見によって、ある分野全体が突然一挙に進歩することがある。1926年のシュレーディンガー方程式と1927年のディラック方程式が、それまで原子物理学の摩訶不思議な諸プロセスとみなされていたもののなかに奇跡的な秩序をもたらしたのは、その例である。化学と物理学の途方に暮れるほど複雑な諸側面が、2行の代数記号にまとめあげられたのだ」。

▶ディラック方程式は、ウェストミンスター寺院に飾られている唯一の方程式として、ディラックを顕彰する銘板に刻まれている。本図は、単純化された形式のディラック方程式が記されたウェストミンスターの銘板を画家が独創的に描いたもの。

参照：電子(1897年)、シュレーディンガーの波動方程式(1926年)、特殊相対性理論(1905年)、反物質(1932年)

1928年

量子トンネル効果

ジョージ・ガモフ(1904-68)、ロナルド・W.ガーニー(1898-1953)、エドワード・ウーラ・コンドン(1902-74)

寝室にいるあなたが、隣の寝室との間を隔てている壁に向かってコインを1枚投げるところを想像していただきたい。コインは、壁を突き抜けるだけのエネルギーをもっていないので、壁から跳ね返ってくるだろう。ところが、量子力学では、コインは波動関数という広がりをもったものによって表され、壁を通り抜けた隣の部屋のなかにも存在する確率がある。つまり、コインが実際に壁を通り抜けて、隣の寝室に入りこむ可能性がごくわずかに存在するわけだ。粒子がこのような障壁をトンネルを通るように通過できるのは、量子論ではエネルギーと時間に**ハイゼンベルクの不確定性原理**が当てはまるからである。この原理によれば、粒子がある厳密な瞬間に、ある厳密に決まった量のエネルギーをもっていると言うことはできない。粒子のエネルギーは短い時間尺度のあいだに著しく揺らぎ、したがってエネルギーが障壁を越えるに十分なくらい大きくなる可能性もあるわけだ。

ある種の**トランジスタ**は、こうしたトンネル効果を利用して電子をある部分から別の部分へと移動させる。粒子を放出して崩壊する原子核でもトンネル効果が起こっている。たとえば、ウランの原子核が放射性崩壊するとき、トンネル効果によってアルファ粒子(ヘリウムの原子核)が原子核から外へと飛び出す。1928年にジョージ・ガモフ、そして彼とは独立にロナルド・ガーニーとエドワード・コンドンの共同研究チームが発表した類似の研究によれば、トンネルのプロセスがなければアルファ粒子が原子核から逃れ出ることは不可能だという。

トンネル効果は、太陽内部の核融合のプロセスでも重要だ。トンネル現象がなかったなら、恒星は決して輝かないだろう。走査型トンネル顕微鏡はトンネル効果を利用して、微視的な表面を可視化する。鋭くとがった顕微チップと試料のあいだに流れるトンネル電流を検出しながら、チップで試料表面を走査することで表面形状を把握するのだ。トンネル現象の理論はさらに、初期宇宙のモデルに適用されているほか、酵素の反応速度を上げるメカニズムの解明にも利用されている。

トンネル現象は原子以下の微小な尺度では常に起こっているが、あなたが寝室から壁を通り抜けて隣のキッチンに移動することはほとんどあり得ない(わずかな確率は存在するが)。仮にあなたが1秒に1回壁にぶつかり続けるとしたら、トンネル効果で壁を通り抜ける見込みが十分出てくるには、宇宙の年齢よりも長い時間待たなければならないだろう。

◀米国のサンディア国立研究所で使われている走査型トンネル顕微鏡

参照：放射能(1896年)、シュレーディンガーの波動方程式(1926年)、ハイゼンベルクの不確定性原理(1927年)、単独の原子を観察する(1955年)

ハッブルの(宇宙膨張の)法則

エドウィン・パウエル・ハッブル(1889-1953)

天文学者のジョン・P.ハックラ(1948-2010)は、次のように書いている。「これまでに行われた天文学の発見で最も重要なものが、私たちの宇宙が膨張しているという事実であることは、ほぼ間違いないだろう。それは、宇宙のなかに特別な場所などないというコペルニクスの原理や、宇宙のあらゆる場所に恒星が同様に分布するなら、夜空は満天の星で明るいはずなのに、実際には夜空は暗いという**オルバースのパラドックス**と並ぶ、近代天文学の礎石のひとつである。ハッブルの法則は、天文学者たちに宇宙の動的なモデルを考えるよう仕向け、さらに、宇宙には時間尺度、すなわち年齢があることを示唆している。この法則が発見され得たのは……第一に、エドウィン・ハッブルが近隣の銀河までの距離を推定したからだ」。

アメリカの天文学者エドウィン・ハッブルは、地球上の観察者から遠い銀河ほど、大きな速度で遠ざかっていることを1929年に発見した。銀河どうし、あるいは銀河団どうしの距離は徐々に長くなっており、したがって宇宙は膨張している。

多くの銀河の後退速度(銀河が地球上の観察者から遠ざかっている速度)は、その銀河の赤方偏移から求められる。赤方偏移とは、ある天体からの電磁放射(光)を地球上の検出器でとらえたとき、その波長が光源で放出されたときよりも長くなっている(赤の方にシフトしている)現象だ。赤方偏移が起こるのは、宇宙そのものが膨張しているために、ほかのすべての銀河が私たちの銀河から高速で遠ざかっているからだ。光源と観察者の相対運動のために光の波長が変化するのは、**ドップラー効果**の一例だ。遠方の銀河の速度を特定する方法はほかにも存在する。(ひとつの銀河のなかの恒星たちのように、局所的な重力相互作用の影響に最も強く支配されている物体どうしは、このように相手から遠ざかる運動を示さない。)

地球上の観察者には、遠方の銀河団がすべて地球から遠ざかっているように見えるが、私たちは宇宙の特別な場所に存在しているわけではない。別の銀河にいる観察者にも、やはりほかの銀河団は彼らの場所から遠ざかっているように見える。それは、宇宙全体が膨張しているからだ。これは、初期宇宙を生み出し、その後の宇宙の膨張の出発点となった**ビッグバン**の主要な証拠のひとつである。

▲数千年にわたり、人類は空を見ては、宇宙のなかの自分たちの位置について思いめぐらせてきた。本図は、天体観測を行うポーランドの天文学者ヨハネス・ケプラーとその妻エリザベスを描いたもの(1673年)。エリザベスは最初の女性天文学者のひとりと考えられている。

参照:ビッグバン(紀元前138億年)、ドップラー効果(1842年)、オルバースのパラドックス(1823年)、宇宙マイクロ波背景放射(1965年)、宇宙のインフレーション(1980年)、ダークエネルギー(1998年)、宇宙のビッグリップ(360億年後)

1929年

サイクロトロン

アーネスト・オーランド・ローレンス(1901-58)

著述家のネイサン・デニソンは、加速器について次のように書いている。「最初期の粒子加速器は線形だったが、アーネスト・ローレンスはこの流れに逆らって、一定の磁場内で粒子に高周波電場をかけることにより粒子をローレンツ力(訳注：荷電粒子が磁場中を運動するときに磁場から受ける力。フレミングの左手の法則で示される、磁場と運動方向の両方に垂直な力)によって回転させ、円形軌道で繰り返し加速させることにした。紙切れに描いたスケッチに始まり、彼が最初に設計したサイクロトロンは、たった25米ドルで製作された。ローレンスは、台所用の椅子などのさまざまなパーツを使ってサイクロトロンの開発を続け……ついに1939年、ノーベル賞を受賞した」。

ローレンスのサイクロトロンは、電荷をもった原子レベルの粒子や素粒子を、定磁場と変化する電場(高周波電場)を使ってらせん形の経路上で運動させることにより加速する。このとき、粒子はらせんの中心から出発し、真空チャンバー内で何周も回転して加速し、高エネルギーとなる。この粒子を原子にぶつけ、衝突で生成した物を検出器でとらえることができる。サイクロトロンがそれまでの加速器より有利な点のひとつは、比較的小型の装置で、高エネルギーが達成できることだ。

ローレンスが最初に作り上げたサイクロトロンは、直径が数インチしかなかったが、彼は1939年には、カリフォルニア大学バークレー校で原子を研究するために製造された装置のなかでは、当時最大かつ最も高価なものを製作した。当時原子核の性質はまだ解明されておらず、摩訶不思議だったが、このサイクロトロン――グレッグ・ハーケンによれば「結構な大きさの貨物船を1隻作るに十分な量の鋼鉄と、バークレー市全体の照明に十分な電流を要した」――を使えば、高エネルギー粒子を原子核に衝突させて、核反応を起こすことができると期待された。サイクロトロンは、放射性物質、特に医療で使われるトレーサー(訳注：ポジトロン断層法〔PET〕などの医療検査で、特定の物質を体内で追跡した画像を観察するために使われる放射性同位体)の生成に利用されている。バークレーのサイクロトロンでは、人工的に作られた最初の元素、テクネチウムが誕生した(訳注：1936年のこと)。

サイクロトロンは、高エネルギー物理学の時代をもたらし、操作に大勢の人員を必要とする高価な巨大装置を物理学の研究で使用する流れを起こしたことでも重要だ。サイクロトロンでは、定磁場と、一定の周波数の高周波電場が使われることに注意してほしい。一方、その後開発された「シンクロトロン」では、磁場も電場も変化させることで、粒子を一定の円軌道上で加速させる。ちなみに、高エネルギーの荷電粒子が磁場中でローレンツ力によって曲がるときに電磁波が放射される現象をシンクロトロン放射と呼ぶが、これが初めて観察されたのは、1947年ゼネラル・エレクトリック社においてであった。

◀カリフォルニア大学バークレー校の旧放射線研究所の27インチ-サイクロトロンの前に立つ物理学者ミルトン・スタンレー・リヴィングストン(左)とアーネスト・O.ローレンス(右)

参照：放射能(1896年)、原子核(1911年)、ニュートリノ(1956年)、大型ハドロン衝突型加速器(2009年)

白色矮星とチャンドラセカール限界

スブラマニアン・チャンドラセカール (1910-95)

▲ハッブル望遠鏡がとらえた砂時計星雲(MyCn 18)の画像には、終焉時にある太陽に似た恒星の残骸が輝いている様子が見られる。中心部のやや左よりにある明るい白点は、この希薄な星雲を吐き出した元の恒星が白色矮星となった残骸である。

歌手のジョニー・キャッシュは、彼の歌『Farmer's Almanac(農夫の暦)』のなかで、神は人間が星を見られるようにと、私たちに暗闇を与えたと説明している。しかし、光を発する恒星のなかでも最も発見しにくいのが、「白色矮星」と呼ばれる、進化の終末期にある恒星だ。私たちの太陽をはじめ、大部分の恒星は、高密度の白色矮星として一生を終える。白色矮星の本体を小さじ1杯すくったとしたら、地球上では数トンの重さになるだろう。

科学者たちが白色矮星の存在を検討し始めたのは1844年、全天で最も明るい恒星シリウスの軌道に揺らぎが発見されたときで、暗すぎて観察できない伴星に引かれているのではないかと考えられたのだ。伴星は1862年に発見され、驚くべきことに、地球より小さいのに、太陽と同じくらいの質量をもっていると推測された。白色矮星は、まだかなり高温(訳注：一般に数千〜数万℃)だが、核燃料を使い果たし、死にゆく恒星が崩壊した結果できたものである。

自転しない白色矮星の質量は、太陽質量の1.4倍を超えない。この数値は、1931年に若きチャンドラセカールが、ケンブリッジ大学で博士課程を始めるために乗った、インドからイギリスへ向かう船のなかで導き出したものだ。小規模もしくは中程度の恒星が崩壊するとき、恒星内の電子は小さな容積に凝縮されていくが、やがて**パウリの排他原理**によって、それ以上高密度にはなれないところに到達し、外向きに電子の縮退圧が生じる。しかし、太陽質量の1.4倍を上回る重い恒星の場合は、電子縮退によっても重力による崩壊に抵抗することはできず、恒星は崩壊を続け、その結果、**中性子星**になるか、さもなければ超新星爆発を起こして余分な質量を表面から吹き飛ばす。1983年、チャンドラセカールは恒星進化に関する研究でノーベル賞を受賞した。

数十億年後、白色矮星は冷え切って、もはや電磁波で検出できない(つまり、まったく見えない)、「黒色矮星」となるだろう。白色矮星は最初は**プラズマ**状態だが、のちの冷却段階になると、その多くが巨大な結晶のような構造になると予測されている。

参照：ブラックホール(1783年)、プラズマ(1879年)、中性子星(1933年)、パウリの排他原理(1925年)

ヤコブのはしご(高電圧移動アーク放電)

ケネス・ストリックファーデン(1896-1984)

「生きているぞ！」死体を縫合して作り上げた怪物が、初めて動くのを見たフランケンシュタイン博士は叫んだ。1931年のホラー映画『フランケンシュタイン』のこの場面は、高電圧を利用した特殊効果が多用されていたが、これらはすべて、担当者の電気技師、ケネス・ストリックファーデンが考案したものだ。彼はおそらく、発明家ニコラ・テスラがかつて行った、**テスラ・コイル**をはじめとするさまざまな電気を使ったデモンストレーションにヒントを得たのだろう。その後数十年にわたり、マッド・サイエンティストの象徴として映画ファンの想像力を駆り立てたのが、この映画で使われたV字型の「ヤコブのはしご」だ。

ヤコブのはしごが本書に載っているのは、ひとつにはそれが、マッド・サイエンティストの物理研究の象徴としてよく知られているからだが、放電、空気密度の温度変化、**プラズマ**(イオン化したガス)など、多くの概念を生徒たちにわかりやすく説明する教材として使われ続けているからでもある。

導電性物質で作られた2枚の電極を、少し隔てて設置し、火花を起こさせる、火花間隙(スパーク・ギャップとも呼ぶ)は、映画『フランケンシュタイン』で有名になるはるか以前から使われてきた。十分な電圧が与えられると、火花(スパーク)が生じ、それによって電極間の空気がイオン化され(訳注：つまり、プラズマになり)、電気抵抗が低下する。空気中の原子が励起されて蛍光を発し、肉眼で観察できるアークとなる。

ヤコブのはしごでは、アークが次々と発生しては上昇していく。最初、V字形をなす2枚の電極の最下部、すなわち電極の間隔が最も狭い部分にアークができる。これによって暖められイオン化した空気は、周囲の空気よりも密度が低くなるため上昇し、これによってアークも上へと運ばれる。はしごの上部では、アークの電流経路が長くなり、アークが不安定になる。アークの動的抵抗が上昇し、電力消費も増加し、熱が大量に発生する。はしごの頂上付近でアークがついに崩壊すると、電圧供給の出力が瞬間的に開回路状態になるが、やがて底部の空気誘電体が絶縁破壊を起こして、次の火花が生じ、同じことが繰り返される。

20世紀初頭、これによく似たはしご状の放電が、化学工業で窒素系肥料を生産するため、窒素をイオン化して窒素酸化物を生成するのに応用された。

▲ヤコブのはしごの写真。大きなアークが次々に上昇する様子がとらえられている。電極間に電圧をかけると、最初に、電極間の距離が最も短いはしごの最下部で火花が発生する。
◀ヤコブのはしごとは、旧約聖書の創世記でヤコブが夢に見た、天まで届くはしごのこと(本図は、ウィリアム・ブレイク〔1757-1827〕が描いたもの)。

参照：フォン・ゲーリケの静電発電機(1660年)、ライデン瓶(1744年)、ストークスの蛍光の法則(1852年)、プラズマ(1879年)、テスラ・コイル(1891年)

中性子

サー・ジェームズ・チャドウィック(1891-1974)、イレーヌ・ジョリオ=キュリー(1897-1956)、ジャン・フレデリック・ジョリオ=キュリー(1900-58)

「中性子発見までにジェームズ・チャドウィックがたどった道は長く曲がりくねっていた」と、化学者のウィリアム・H.クロッパーは書いている。「電荷を持たない中性子は、物質のなかを通過しても、観察できるようなイオンの軌跡を残さず、**ウィルソンの霧箱**のなかに筋を残したりしない。実験者にとって、中性子は見えないのである」。物理学者マーク・オリファントは、「中性子はチャドウィックの粘り強い研究の末に発見されたのであり、**放射能**やX線のように偶然発見されたのではない。チャドウィックは、中性子は存在すると直観的に感じ、決して追うのをやめなかった」。

中性子は原子より小さな粒子で、通常の水素原子以外のすべての原子核に含まれている。正味の電荷を持たず、質量は陽子より少し重い。陽子と同じく、3つのクォークでできている。中性子は原子核の内部では安定だが、自由な中性子は放射性崩壊の一種であるベータ崩壊を起こし、平均寿命は約15分である。自由な中性子は、核分裂や核融合で発生する。

1931年、イレーヌ・ジョリオ=キュリー(母親は、ノーベル賞を二度受賞した最初の人物であるマリー・キュリー)と彼女の夫フレデリック・ジョリオは、ベリリウム原子にアルファ粒子(ヘリウム原子核)を当てると不思議な放射が生じ、水素を含んだパラフィンにこの放射線を当てると陽子が放出されることを発見した。1932年、ジェームズ・チャドウィックはさらに実験を行い、この新種の放射は、陽子とほぼ同じ質量で、電荷を持たない粒子、すなわち「中性子」でできているという説を提唱した。自由な中性子は、電荷を持たないので電場で遮られることはなく、物質の奥深くに到達する。

その後研究者たちは、中性子を当てるとさまざまな元素が核分裂——重い元素の原子核が、ほぼ等しい大きさの2つに分裂する核反応——を起こすことを発見した。1942年、アメリカの研究者たちは、核分裂の過程で生じた自由な中性子は連鎖反応を起こし、大量のエネルギーを発生するので、中性子は原子爆弾の製造——と原子力発電所の建設——に利用できることを突き止めた。

▶ブルックヘヴン黒鉛実験原子炉——第二次世界大戦後、平和になって最初にアメリカで建設された原子炉。この原子炉の目的の一つは、ウランの核分裂により科学実験用の中性子を生産することだった。

参照：先史時代の原子炉(紀元前20億年)、放射能(1896年)、原子核(1911年)、ウィルソンの霧箱(1911年)、中性子星(1933年)、原子力(1942年)、標準模型(1961年)、クォーク(1964年)

1932年

反物質

ポール・ディラック(1902–84)、カール・デイヴィッド・アンダーソン(1905–91)

「小説に登場する宇宙船は、「反物質エンジン」で動いていることが多い」と、著述家のジョアン・ベイカーは書いている。「しかし反物質自体は実在し、地球上で人工的に生み出されてもいる。反物質は物質の「鏡像」のようなもので……、両者は長時間共存することはできない――接触すると、対消滅を起こし、一瞬のうちにともに消滅して、その質量に相当するエネルギーが放出される。反物質の存在そのものが、素粒子物理学の根底に対称性があることを示唆している」。

イギリスの物理学者ポール・ディラックは、「私たちが今研究している抽象的な数学が、未来の物理学を垣間見せてくれる」と述べたことがある。実際、彼が1928年に導き出した電子の運動に関する方程式は、反物質の存在を予測していたが、その数年後に反物質が発見された。ディラックの方程式によれば、電子には、質量が等しく電荷が正である反粒子が存在するはずだった。1932年、アメリカの物理学者カール・アンダーソンはこの新しい粒子を実験で確認し、それを「陽電子」と名づけた。1955年、カリフォルニア大学バークレー校の粒子加速器ベヴァトロンで反陽子が生み出された。また1995年には、ヨーロッパの研究機関CERNで初の反水素(訳注：反陽子の周りを陽電子が回っているもの)が形成された。CERN(欧州原子核研究機構)は、世界最大の粒子物理学の実験施設だ。

反物質と物質の対消滅は、現在、陽電子放出断層撮影(PET)として実際的な用途に応用されている。PETは医療用画像診断手法で、陽電子を放出する放射性核種(原子核が不安定で、放射性崩壊を起こす原子)をトレーサーとして病巣に送り、その陽電子が体内の電子と対消滅した際に発生するガンマ線(高エネルギー放射線)を検出することにより、トレーサーの分布を画像化する技術である。

観察可能な宇宙は、ほぼ物質だけでできており、反物質はほとんど存在しないようだが、その理由は不明で、物理学者たちは、理由を与える仮説を提案しつづけている。宇宙のどこかに、反物質のほうが優勢な場所が存在するのかもしれない。

ちょっと見ただけでは、反物質は普通の物質とほとんど区別できないだろう。物理学者のミチオ・カクは、次のように書いている。「反電子と反陽子から反原子を形成することができる。理論上、反人間や反惑星も可能だ。〔しかし〕反物質は普通の物質に接触したとたん、エネルギーとなって消滅するだろう。手に反物質のかけらをもっている人はみな、一瞬のうちに、水素爆弾数千個分の力で爆発するだろう」。

◀ 1960年代、ブルックヘヴン国立研究所の研究者たちは、本図のような検出器を使い、患者に放射性物質を注射し、小さな脳腫瘍に吸収させて研究を行った。いくつもの技術革新で、PETをはじめ、脳の各部位を画像化する、より実用的な装置が開発されてきた。

参照：ウィルソンの霧箱(1911年)、ディラック方程式(1928年)、CP対称性の破れ(1964年)

ダークマター

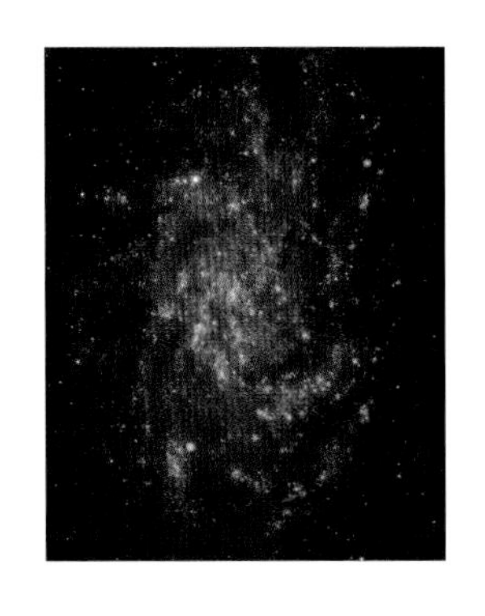

フリッツ・ツヴィッキー(1898-1974)、ヴェラ・クーパー・ルービン(1928-2016)

天文学者ケン・フリーマンと科学教育者のジェフ・マクナマラは、次のように書いている。「理科の先生は、宇宙が何でできているかは元素周期表を見ればわかると生徒に説明することが多いが、これは正しくない。宇宙の大部分——約96% ——は、ダークなもの〔ダークマターと**ダークエネルギー**〕でできているということが今ではわかっている。このダークなものは、一言で説明することはできない……」。ダークマターが何でできているにしても、それは十分な量の光、もしくはほかの形の電磁放射を、放出も反射もしないため、直接観察することはできない。科学者たちは、銀河の回転速度など、観察可能なものに及ぼす重力の影響から、ダークマターの存在を推測している。

ダークマターの大部分はおそらく、通常の素粒子——陽子、中性子、電子、そして既知のニュートリノなど——ではできておらず、ステライルニュートリノ(訳注:重力としか相互作用しないとされるニュートリノ)、アクシオン(訳注:クォークどうしを結び付ける強い力の、ある性質を説明するために仮定された粒子で、光子とごくわずかながら相互作用するとされている)、WIMP(相互作用が弱く、質量をもつ粒子)などの、風変わりな名前をもつ仮説上の粒子からなると推測されている。これらのダークマター候補の粒子は、電磁気と相互作用しないため、検出するのは難しい。WIMPの一種とされるニュートラリーノは、ニュートリノの超対称性パートナー(訳注:超対称性理論と呼ばれる理論で仮定される、ニュートリノと対をなす粒子)で、ニュートリノ同様、物質とはほとんど相互作用しないと考えられるが、非常に重く、動きが遅い点でニュートリノとは逆である。理論家たちは、隣接するほかの宇宙から私たちの宇宙に漏れ出してきたグラビトン——重力を伝えるとされる仮説上の粒子——がダークマターに含まれているという大胆な説も検討している。私たちの宇宙が、より高次元の空間のなかに「漂っている」膜の上にあるのなら(訳注:私たちが暮らしている4次元の世界は、より高次元の時空に埋め込まれたブレーンという膜だという、ブレーン宇宙論のこと)、ダークマターは、近くの別の膜の上にある普通の恒星や銀河として説明がつくのかもしれない。

1933年、天文学者フリッツ・ツヴィッキーは、銀河団(訳注:数百個から数千個の銀河からなる巨大な銀河集団)の辺縁部付近の銀河の運動を研究し、ダークマターが存在する証拠をつかんだ。辺縁部の銀河の運動に基づいて推測される銀河団の質量は、目で観察できる恒星すべてを足し合わせたものよりもはるかに大きかったことから、質量の大部分は、見えない物質のものだと考えられるというわけだ。1960年代後半、天文学者ヴェラ・ルービンは、渦巻銀河に含まれる恒星のほとんどがほぼ同じ速度で周回していることを突き止め、銀河には、観察可能な恒星の少なくとも数倍のダークマターが含まれていなければならないことを示した。2005年、カーディフ大学の天文学者たちは、おとめ座銀河団のなかに、ほぼダークマターだけからなる銀河がひとつあることを発見したと発表した。

フリーマンとマクナマラは次のように記している。「ダークマターは、私たち人間が宇宙にとって不可欠な存在ではないことを改めて教えてくれる……。私たちはそもそも、宇宙の大部分とは違うものでできているのだ……。私たちの宇宙はダークなものでできている」。

▲ダークマターの存在を示す証拠として初期にあがったもののひとつが、1959年に天文学者ルイーズ・ヴォルダースが発見した、さんかく座銀河(M33)と呼ばれる渦巻銀河(本図は、NASAのスイフト人工衛星が撮影した紫外線像)の回転速度が標準的なニュートン力学に従っていないという事実だ。

参照:ブラックホール(1783年)、ニュートリノ(1956年)、超対称性(1971年)、ダークエネルギー(1998年)、ランドール-サンドラム模型(1999年)

1933年

中性子星

フリッツ・ツヴィッキー(1898-1974)、ジョスリン・ベル・バーネル(1943-)、ヴィルヘルム・ハインリヒ・ヴァルター・バーデ(1893-1960)

恒星の一生は、大量の水素ガスが、自らの重力で収縮していくときに始まる。凝集が進むにつれ、恒星は次第に高温になって光を放射し、水素の核融合が起こってヘリウムが形成される。核融合の燃料にあたる水素がなくなると、恒星は冷却しはじめ、ついには、何通りかの最終段階のいずれか――**ブラックホール**、あるいはその気の毒ないとこにあたる**白色矮星**(比較的小さな恒星の場合)や、中性子星など――に至る。

少し詳しく説明すると、巨大な恒星が核燃料を燃やし尽くすと、恒星の中心部が重力のために崩壊し、超新星爆発を起こす。質量が太陽の8〜10倍の恒星は、超新星爆発で全体が吹き飛ぶが、それより少し重い、質量が太陽の10〜20倍の恒星では、外周だけが吹き飛ばされ、中心部は残る。これが中性子星で、重力崩壊で押しつぶされた元の恒星の中心核で、ほとんど**中性子**と呼ばれる電荷をもたない粒子だけでできている。中性子星が完全な重力崩壊によってブラックホールになってしまわないのは、中性子間に**パウリの排他原理**による斥力が生じるからだ。典型的な中性子星は、太陽の約1.4〜2倍の質量をもつ一方、半径は約12 kmしかない。中性子星をつくる物質を「ニュートロニウム」と呼ぶ場合があるが、中性子星は核のほかに複数の層からなり、核には中性子以外の素粒子も含まれているため、ひとつの物質名で呼ぶのは問題があり、正式には承認されていない。この物質は、角砂糖の大きさに全人類を合わせた質量が含まれるほどの高密度とされている。

中性子星は元の恒星より高速で自転しており、強い磁力をもつ場合、磁極からの電磁放射が、自転によって周期的に方向を変え、地球から見ると、非常に規則的なパルス状の電磁放射として観察される。これがパルサーと呼ばれる天体だ。パルサーの発光間隔は数ミリ秒から数秒である。最も速いパルサーは毎秒700回以上回転する。パルサーは1967年、大学院生のジョスリン・ベル・バーネルが一定の周波数で点滅するように見える電波源を特定したことによって発見された。中性子発見の翌年の1933年には、2人の天文学者フリッツ・ツヴィッキーとヴァルター・バーデが、中性子星の存在を提唱していた。

ロバート・L. フォワードのSF小説『竜の卵』(山高昭訳、早川書房)では、重力が強いため山の高さも1 cmしかないような中性子星に生物が生息している。

◀2004年、ある中性子星が「スタークエーク」と呼ばれる現象(訳注：中性子星の外層の張力が高まり、地球の地震で地殻が変化するのと似た変動を起こし、大量のエネルギーが生じる現象)を起こし、猛烈な明るさのフレアが発生して、すべてのX線衛星が機能不全に陥った。これは、中性子星の磁場がねじれて、外層が大きく歪んだために起こったものである(本図はNASAのウェブサイトにあるイラスト)。

参照：ブラックホール(1783年)、パウリの排他原理(1925年)、中性子(1932年)、白色矮星とチャンドラセカール限界(1931年)

チェレンコフ放射

イーゴリ・エヴゲーニエヴィチ・タム(1895-1971)、パーヴェル・アレクセーエヴィチ・チェレンコフ(1904-90)、イリヤ・ミハイロヴィチ・フランク(1908-90)

チェレンコフ放射は、電子などの荷電粒子がガラスや水などの透明な媒体を通過するとき、速度がその媒体中の光速を超えている場合に起こる放射である。最もよく知られているチェレンコフ放射の例は、冷却水が満たされた原子炉の内部で見られるものだ。炉心は、奇妙な感じのする青い光で輝く水に浸っていることが多いが、この光は核反応で生じた粒子が起こしたチェレンコフ放射による。チェレンコフ放射は、1934年にこの現象を研究したロシアの科学者パーヴェル・チェレンコフにちなんで名づけられた。

光が透明な物質のなかを通過するとき、光子が媒体内の原子と相互作用するため、光の速度は、真空中よりも遅くなる。繰り返し警官に停止させられながらハイウェイを走るスポーツカーのようなものと言えるだろう。スポーツカーは、警官がまったくいない場合ほど早くは終点に到着できない。これと同じように、ガラスや水のなかでは、光は真空中の光速の約70%の速度でしか運動できないので、このような媒体のなかでは、荷電粒子のほうが光よりも速く運動する場合がある。

▲アイダホ国立研究所の新型実験炉の炉心で見られたチェレンコフ放射の青い光。炉心は水に浸かっている。

詳しく説明すると、媒体中を移動する荷電粒子は、経路上に存在する原子の内部の電子を動かす。動かされた原子内電子が元の状態に戻る際に電磁波を放出する結果、水上の高速船の船首波や、超音速航空機のソニックブームに似た、強力な電磁波が形成される。これがチェレンコフ放射だ。

このとき放射される電磁波は円錐形で、その円錐角は媒体中の粒子と光それぞれの速度に依存するため、チェレンコフ放射は素粒子物理学者が注目している粒子の速度に関する有用な情報を提供してくれる(訳注：スーパーカミオカンデのニュートリノ観測はその一例)。チェレンコフ放射についての先駆的な研究により、チェレンコフは1958年、2人の物理学者イーゴリ・タムとイリヤ・フランクとともにノーベル賞を受賞した。

参照：スネルの屈折の法則(1621年)、制動放射(1909年)、極超音速ウィップクラッキング(1927年)、ソニックブーム(1947年)、ニュートリノ(1956年)

1934年

ソノルミネセンス

ソノルミネセンスと聞くと私は、1970年代にダンスパーティーで流行っていた「ライト・オルガン」を思い出す。音楽を、ビートに合わせて明滅するカラフルな光に変換する装置のことだ。しかし、ソノルミネセンスは、サイケデリックなライト・オルガンよりもはるかに高温の現象で、はるかに短いパルス発光である。

ソノルミネセンスとは、液体中の泡が音波の刺激により圧壊する際に急激に起こるパルス状の発光のことだ。ドイツの2人の研究者H.フレンツェルとH.シュルテスは1934年、現像を速める目的で、現像液が入ったタンク内で超音波を発生させる実験を行っていた際にこの現象を発見した。現像されたフィルムには、小さな点が多数現れていたのだ。彼らは、超音波の発生により、現像液中に生じた泡が発光し、フィルム上に点が残ったのだと気づいた。1989年、物理学者ローレンス・クラムと彼が指導する大学院生D.フェリペ・ガイタンは、安定したソノルミネセンスを実現し、音の定在波のなかに拘束された1個の泡を圧縮するたびに1回ずつパルス発光させることに成功した。

大まかに言うと、ソノルミネセンスは、音波の刺激により液体中にガスが含まれた空洞ができる(キャビテーションと呼ばれる過程)ときに起こる。この気泡が圧壊するとき、超音速の衝撃波が生じ、気泡の温度は太陽表面を超える高温になり、**プラズマ**が形成される。圧壊は50ピコ秒(ピコ秒は1秒の1兆分の1)以内で終了するが、プラズマ内の粒子どうしの衝突によって、青色光、紫外光、X線が発生する。圧壊する気泡が光を放射する瞬間の直径は約1μmで、バクテリアと同じくらいである。

少なくとも2万Kの温度が生じうるが、これはダイヤモンドを沸騰させるのに十分な高温だ。さらに高い温度を達成できるなら、ソノルミネセンスを使って熱核融合を起こすことができるかもしれないと考える研究者もいる。

テッポウエビはソノルミネセンスに似た現象を起こす。テッポウエビがはさみをいったん開いて閉じるとき、気泡が崩壊し、衝撃波が発生するのだ。この衝撃波は、大きな破裂音を発生して獲物を気絶させるほか、暗い光も生じ、これを光電子増倍管で検出することができる。

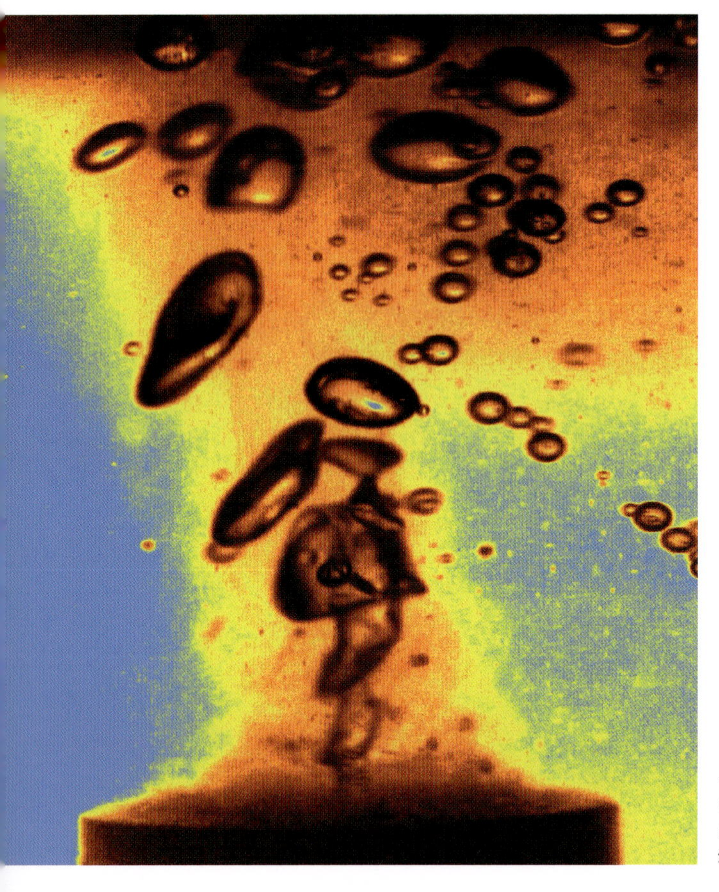

◀液体が超音波によってエネルギーを与えられると、気泡が生じ、すぐに崩壊するという激しい現象が起こる。「キャビテーションで、これらの気泡は急激に圧壊し、太陽表面に近い高温が生じる……」と、化学者のケネス・サスリックは書いている。

参照：摩擦ルミネセンス(1620年)、ヘンリーの気体の法則(1803年)、プラズマ(1879年)

EPRパラドックス

アルベルト・アインシュタイン(1879-1955)、ボリス・ポドルスキー(1896-1966)、ネイサン・ローゼン(1909-95)、アラン・アスペ(1947-)

「量子もつれ」とは、量子論的粒子どうしのあいだ、たとえば2個の電子のあいだや2個の光子のあいだなどに生じる緊密な結びつきのことだ。粒子のペアがいったんもつれあうと、一方の粒子に起こった特定の種類の変化が、もう一方の粒子に瞬時に反映され、その現象は両者の距離が数インチであろうが、惑星間距離ほど離れていようが、まったく関係なく同じである。量子もつれはあまりに直観に反しているため、アルベルト・アインシュタインはこれを「薄気味悪い遠隔作用」と呼び、量子論には欠陥があるという証拠だと考えた。とりわけ、量子系は多くの状況で、観察されて特定の状態になるまでは、起こりうるさまざまな状態が重なり合った、どっちつかずの状態にあるとする、いわゆるコペンハーゲン解釈の欠陥を露呈するものだと、彼には思われたのだ。

1935年、アルベルト・アインシュタイン、ボリス・ポドルスキー、そしてネイサン・ローゼンは、この欠陥を指摘した論文を連名で発表し、以後この論文で批判された量子もつれの矛盾は、EPRパラドックス(訳注：EPRは彼らの名前の頭文字を並べたもの)として有名になった。ひとつの源から放出された2つの粒子を思い浮かべてみよう。どちらの粒子も、そのスピンは＋と－という逆向きの2つの状態が重なった、量子論的重ね合わせの状態にある。どちらの粒子も、測定前には特定のスピンをもっていない。さて、これら2つの粒子は、別れ別れに飛んで行ってしまう。一方はフロリダに、もう一方はカリフォルニアに。量子もつれによれば、フロリダの科学者が飛んできた粒子のスピンを測定したところ、＋だったとすると、相対性理論では光速よりも速い(すなわち超光速)コミュニケーションが禁じられているにもかかわらず、その瞬間にカリフォルニアに飛んでいった粒子はスピンが－の状態になる。注意しなければならないのは、情報の超光速コミュニケーションは一切起こっていないということだ。フロリダの科学者は、量子もつれを利用してカリフォルニアの科学者にメッセージを送ることはできない。なぜなら、フロリダの人は粒子のスピンを操作することはできないからだ。粒子のスピンはあくまで測定するまでは＋と－の確率がそれぞれ50%の重ね合わせなのだ。

▲「薄気味悪い遠隔作用」を描いたイラスト。2個の粒子がいったんもつれあうと、たとえ両者が惑星間距離ほど遠く離れていても、一方の粒子に起こった特定の種類の変化が、瞬時にもう一方の粒子に反映される。

1982年、物理学者のアラン・アスペは、ひとつの原子から同時に発生させ、確実に相関し合っている2つの光子を反対向きに進ませる実験を行った。彼はこの実験で、2つの光子が任意の大きな距離で離されている場合でも、EPRパラドックスが実際に起こっていることを示した。

現在量子もつれは、痕跡を残さずには盗聴できないようにメッセージを送るための量子暗号という技術分野で研究されている。また、多数の計算を並行して同時に行うことにより、従来のコンピュータよりもはるかに速く計算できる、単純な**量子コンピュータ**(訳注：量子ビットは、0と1を任意に組み合わせた状態を取ることができる。また、量子ビットの状態は、同じシステム内のほかのすべての量子ビットの状態と量子もつれの関係にある)が開発されている。

参照：シュテルン-ゲルラッハの実験(1922年)、相補性原理(1927年)、シュレーディンガーの猫(1935年)、ベルの定理(1964年)、量子コンピュータ(1981年)、量子テレポーテーション(1993年)

シュレーディンガーの猫

エルヴィン・ルドルフ・ヨーゼフ・アレクサンダー・シュレーディンガー(1887-1961)

シュレーディンガーの猫と聞くと、私は幽霊、いやむしろ、気味の悪いゾンビ——生きているようにも死んでいるようにも見える、蘇った死体——を思い出してしまう。1935年、オーストリアの物理学者エルヴィン・シュレーディンガーは、このパラドックスに関する論文を発表したが、その内容はあまりに衝撃的で、科学者たちは現在もなお、この問題に関心と懸念を持ち続けている。

シュレーディンガーは、そのころ提唱されていた、「ひとつの量子系(1個の電子など)は、観察されるまでは、それが取りうるさまざまな状態がすべて重ね合わさった状態にある」という、量子力学のコペンハーゲン解釈に憤っていた。まるで、観察されていないときに原子や素粒子は具体的に何をしているのかと尋ねても意味がなく、実在は観察者によって生み出されると言っているかのように思えたのだ。観察されるまでは、系はあらゆる可能性を帯びているという。これは、私たちの日常生活にとって、どんな意味があるのだろう？

生きている猫が、放射線源、**ガイガー・カウンター**、そして猛毒が入った密封フラスコと共にひとつの箱のなかに入れられている状況を思い浮かべてほしい。放射性崩壊が起こると、ガイガー・カウンターがそれを検出し、ハンマーが作動してフラスコを割り、猛毒が放出されて猫は死んでしまう。この放射線源が、1時間に1個粒子を放出する確率は50%だとしよう。だとすると、1時間後、猫が生きている確率と死んでいる確率はどちらも50%だ。コペンハーゲン解釈によれば、猫は2つの状態が混じり合った、重ね合わせと呼ばれる状況にあり、生きていると同時に死んでいるようである。一部の理論家たちは、箱を開くとき、猫を観察するという行為そのものが「重ね合わせ状態を収束させ」、猫を生きているか死んでいるかいずれかの状態にするのだと主張した。

シュレーディンガーは、彼の思考実験はコペンハーゲン解釈の無効性を示したのだと主張し、アルベルト・アインシュタインもそれに同調した。この思考実験からは多くの疑問が生まれた。ここで有効な「観察者」とは何を指すのか？　ガイガーカウンターなのか？　そばを飛んでいるハエなのか？　猫が自分を観察して、自分の状態を収束させることもあるのか？　この思考実験は、実在の性質について、一体何を本当に述べているのだろうか？

▶箱を開くとき、観察の行為そのものが重ね合わせ状態を収束させ、シュレーディンガーの猫を生きているか死んでいるかのどちらかにするのかもしれない。本図では幸い、シュレーディンガーの猫は生きて出てくる。

参照：放射能(1896年)、ガイガー・カウンター(1908年)、相補性原理(1927年)、量子トンネル効果(1928年)、EPRパラドックス(1935年)、並行宇宙(1956年)、ベルの定理(1964年)、量子不死(1987年)

超流動体

ピョートル・レオニドヴィッチ・カピッツァ(1894-1984)、フリッツ・ヴォルフガング・ロンドン(1900-54)、ジョン(・ジャック)・フランク・アレン(1908-2001)、ドナルド・ミズナー(1911-96)

▲アルフレッド・ライトナーの1963年の教育映画、『液体ヘリウム、超流動体』のひとこま。撮影された液体ヘリウムは超流動相にあり、吊るされたカップの内壁を薄膜状になって這い上がり、外壁を下って、カップの底に液滴を形成している。

まるでSF映画に出てくる、自ら這いまわる液体のような、超流動体の奇妙な振舞いは、数十年にわたって物理学者たちの関心を引き続けてきた。超流動状態の液体ヘリウムを容器のなかに入れると、ヘリウムは容器の壁を這い上がって外に出てしまう。超流動体はまた、容器を回転させても静止したままである。超流動体は微小なひび割れや穴を必ず見つけ出すようで、普通の容器は超流動体には使えない。カップに注いだコーヒーを――コーヒーをカップのなかでかき混ぜて回転させて――テーブルの上に置くと、数分後にはコーヒーは静止している。あなたがこれと同じことを超流動ヘリウムで行うと、1000年後にあなたの子孫がそこに戻ってきたとき、ヘリウムはまだ回転しているだろう。

超流動はいくつかの物質に見られるが、ヘリウム4――2個の陽子、2個の中性子、2個の電子からなる、ヘリウムの同位体のうち最も多く存在するもので、地殻中に自然に存在している――で研究されることが多い。温度がラムダ点と呼ばれる極低温の転移点(2.17 K)を下回った瞬間、液体状のヘリウム4は摩擦がまったくないかのように流れ出し、また、通常の液体ヘリウムの数百万倍で、最高の金属熱伝導体よりはるかに高い熱伝導性をもつようになる。「ヘリウムⅠ」は、2.17 Kより高温の液体ヘリウムを指し、「ヘリウムⅡ」はこの温度より低温の液体ヘリウムを指す。

超流動は1937年に3人の物理学者ピョートル・カピッツァ、ジョン・F.アレン、ドナルド・ミズナーによって発見された。1938年フリッツ・ロンドンは、ラムダ点以下の温度の液体ヘリウムは2つの部分からなるという説を提唱した。ヘリウムⅠと同じ性質を示す常流動体の部分と、超流動体の部分(粘性が実質的に0である)だ。常流動体から超流動体への転移は、液体中の原子がこぞって同じひとつの量子状態に入り始め、それらの原子の波動関数が重なり合い始めるときに起こる。**ボース-アインシュタイン凝縮**と同様、原子はその個としてのアイデンティティーを失い、塗りつぶされて一体化したひとつの大きな存在であるかのように振舞う。超流動体の内部粘性は0なので、超流動体に形成された渦は原理的に永遠に回転し続ける。

参照：氷の滑りやすさ(1850年)、ストークスの粘性の法則(1851年)、ヘリウムの発見(1868年)、超伝導(1911年)、シリーパティ(1943年)、ボース-アインシュタイン凝縮(1995年)

1938年

核磁気共鳴

イジドール・イザーク・ラービ(1898-1988)、フェリックス・ブロッホ(1905-83)、エドワード・ミルズ・パーセル(1912-97)、リヒャルト・ローベルト・エルンスト(1933-)、レイモンド・ヴェハン・ダマディアン(1936-)

「科学研究には、自然が隠している秘密を解明するための強力なツールが必要だ」と、ノーベル化学賞を受賞したリヒャルト・エルンストは書いている。「核磁気共鳴(NMR)は、固体物理学から材料科学まで……そして、人間の脳の働きを理解しようとする心理学にまで及ぶ、ほぼすべての科学分野で、もっとも多くの情報を提供する有用な科学ツールのひとつであることが立証されている」。

原子核の中性子、陽子のいずれかが奇数個のとき、その原子核は核スピンという自転に当たる性質を帯び、それに由来する磁気モーメントという量をもつため、小さな磁石のように振舞う。外部から強い磁場をかけると、その磁場が力を及ぼし、磁気モーメントをもった原子核はコマのように軸を振りながら回転する歳差運動を起こす。核スピンには、エネルギー準位が複数ある(たとえば水素の原子核なら、エネルギー準位は2つ)。このエネルギー準位の差は、外部磁場を強くすれば大きくなる。さて、外部磁場をかけたのに続き、このエネルギー準位の差に等しいエネルギーをもつ電磁波(ラジオ波の周波数帯域に当たる)を照射すると、核スピンはエネルギー準位間で遷移を起こし、高いエネルギー準位に移るものが多数出てくる。その後電磁波を停止すると、核スピンは準位の低い状態に再び落ちる(「緩和する」と言う)が、この際に準位差に等しいエネルギーの電磁波が放出される。緩和は放出されるエネルギーの受け手(電子である場合が多い)が多いほど速く起こり、NMRではこの緩和の違いから多くの情報を読み取ることができる。なぜなら、これらのNMR信号は、注目している原子核(人体なら水素原子核を使う場合が多い)の周囲の化学的環境によって変化するからだ。

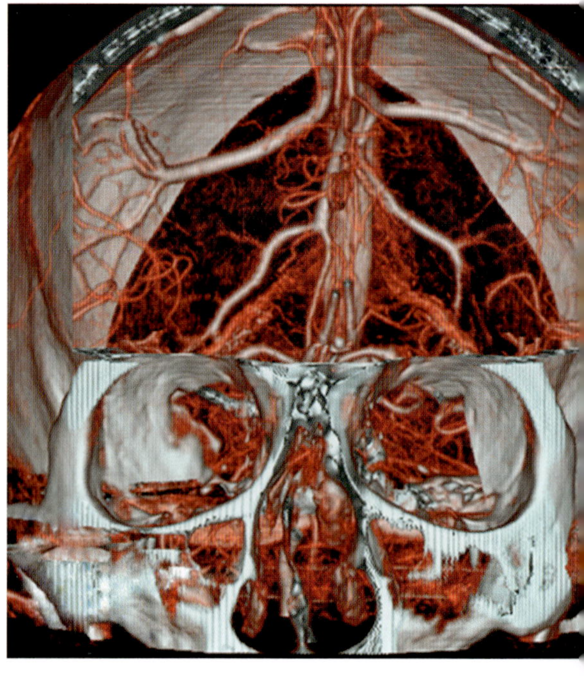

▲脳血管系(動脈)の、実際のMRI/MRA(磁気共鳴血管造影)画像。この種のMRI検査は、脳動脈瘤の特定によく使われている。

このため、NMRを使った研究では分子に関する豊かな情報が得られるのである。

核磁気共鳴は、1938年に物理学者イジドール・ラービによってはじめて測定された。1945年には、物理学者フェリックス・ブロッホ、エドワード・パーセル、そして彼らの同僚たちにより、核磁気共鳴の測定法が改良された。1966年、リヒャルト・エルンストはフーリエ変換分光法を開発し、ラジオ周波数パルスを使って、NMR信号を周波数の関数としてスペクトル表示することを可能にした。1971年には、医師のレイモンド・ダマディアンが水分子に含まれる水素の緩和速度が正常な細胞と悪性細胞とで異なることを示し、医療診断におけるNMR利用の可能性を開いた。1980年代前半、NMRを利用した核磁気共鳴画像法(MRI)の実用化が始まり、人体の軟組織の水素原子核の核磁気モーメントを使った組織の状態の解析が医療現場で行われるようになった。

参照：ヘリウムの発見(1868年)、X線(1895年)、原子核(1911年)、超伝導(1911年)

原子力

リーゼ・マイトナー(1878-1968)、アルベルト・アインシュタイン(1879-1955)、レオ・シラード(1898-1964)、エンリコ・フェルミ(1901-54)、オットー・ロベルト・フリッシュ(1904-79)

核分裂とは、ウランなどの原子核が、2つ以上の部分に分裂する過程であり、普通、自由な中性子と、元より軽い原子核を複数生じるほか、大量のエネルギーを放出する。この中性子が別のウラン原子核を分裂させ、これと同じ過程が次々と繰り返されるのが連鎖反応だ。エネルギーを発生させるために使われる原子炉は、制御された速さでエネルギーが放出されるように、抑制されたプロセスを利用する。一方の核兵器は、無制御の高速プロセスを利用する。核分裂の生成物も放射能をもつことが多く、このため原子炉には核廃棄物の問題がつきまといがちだ。

1942年、シカゴ大学の競技場の下にあるスカッシュ・コートで、物理学者エンリコ・フェルミとその同僚たちは、ウランを使って、制御された核分裂連鎖反応を実現した。フェルミはこのとき、ウランの原子核が2つに分裂し、同時に大量のエネルギーを放出することを示した、2人の物理学者リーゼ・マイトナーとオットー・フリッシュの1939年の研究に基づき開発を進めたのだった。1942年の実験でフェルミは、金属製の制御棒に中性子を吸収させることにより、反応速度を制御した。ジャーナリストのアラン・ワイズマンは著書のなかで次のように記している。「3年も経たないうちに、ニューメキシコの砂漠で、彼らはこの正反対のことを行った。このときの核反応は(プルトニウム原子爆弾の爆発実験)、まったく歯止めをかけることなく、暴走するに任せることになっていた。途方もない量のエネルギーが解放され、その後ひと月以内に、この行為は日本の2つの都市に対して繰り返された……。それ以来人類は、核分裂の、劇的な破壊と、それに続く終わりのない苦痛という、二重の破壊性に恐怖と興味の両方を抱いている」。

アメリカが主導したマンハッタン計画とは、第二次世界大戦中に実施された世界初の原子爆弾を製造するプロジェクトのコード・ネームだ。ドイツの科学者たちが原子爆弾を開発しているのではないかと危惧していた物理学者レオ・シラードは、アルベルト・アインシュタインに働きかけた。アインシュタインは1939年にルーズヴェルト大統領に手紙を書き、この危険を彼に知らせたのだった。原子爆弾のあとに開発された第二の核兵器(「H爆弾」とも呼ばれる水素爆弾)は、核融合反応を利用していることに注意。

▲リーゼ・マイトナーは核分裂を発見したチームの一員だった(1906年の写真)。
▶テネシー州のオークリッジ国立研究所Y-12施設内のカルトロン(質量分析計)の、第二次世界大戦中のオペレータたち。大戦中、ウラン鉱石を精製して核分裂性物質を得るのに使用された。原子爆弾を製造するためのマンハッタン計画のあいだ、作業者たちは秘密裡に働いた。

参照：放射能(1896年)、$E=mc^2$(1905年)、原子核(1911年)、リトルボーイ原子爆弾(1945年)、トカマク(1956年)

1943年

シリーパティ

「国立アメリカ歴史博物館(運営はスミソニアン協会)のシリーパティ・コレクションは、このユニークな製品がいかにしてアメリカで広まったかについて、興味深いことをいろいろと教えてくれます」と、主任アーキビスト(訳注：アーキビストとは、永久保存する価値のある文書その他の形の情報を保管・保存する専門家のこと)のジョン・フレックナーは言う。「私たちがこのコレクションに関心をもっているのは、シリーパティが発明、事業、起業家精神、そして息の長い人気商品のケーススタディだからです」。

偶然生まれたこのカラフルな粘土のような玩具で、みなさんも子どものころに遊んだことがあるかもしれないが、シリーパティは1943年、ゼネラル・エレクトリック社の技術者ジェームズ・ライトがシリコーンオイルにホウ酸を混ぜたときに誕生した。彼が驚いたことに、この素材は驚異的なさまざまな性質をもっており、ひとつには、ゴムボールのように弾んだ。のちにアメリカのマーケティングの第一人者ピーター・ホジソンがこの素材に玩具となる可能性があることを見抜き、卵形のプラスチック容器に入れて発売開始したところ、成功したのだった。商標権はアメリカのクレヨラ社にある。

現在では、元々のシリコーンポリマーに添加物が加えられており、一例を挙げると、ジメチルシロキサン65%、シリカ17%、チキソトロールST(ひまし油誘導体の商標名)9%、ポリジメチルシロキサン4%、デカメチルシクロペンタシロキサン1%、グリセリン1%、そして二酸化チタン1%というレシピがある。シリーパティは弾むのみならず、十分な時間を与えれば、液体のように流れて、水たまりのように広がってたまる。

2009年、ノースカロライナ州立大学にある11階建ての建物の屋根から、重さ50ポンド(約23 kg)のシリーパティのボールを落とす実験を学生たちが行った。ボールは地面にぶつかり、多数の断片になって散らばった。シリーパティは、加わる力によって粘性が変化する非ニュートン流体の例だ。加わる力にかかわらず粘性が一定の流体は「ニュートン流体」と呼ばれ、非ニュートン流体とは対照的に、さらさらと水のように流れる。ニュートン流体の粘性は、温度と圧力に依存するが、加わる力には依存しない。

流砂は非ニュートン流体のもうひとつの例だ。あなたが流砂に埋まってしまったとしよう。あなたがゆっくり動けば、流砂は水のように振舞い、あなたは比較的容易に抜け出すことができるだろう。逆に急いで動くと、流砂は固体のように振舞い、抜け出すのは困難になるだろう。

◀シリーパティや、それに類似した塑像用粘土系素材は、非ニュートン流体の例で、風変わりな流れ特性をもち、粘性の値が外力によって変化する。シリーパティは粘性流体のように振舞うこともあるが、弾性固体として振舞うこともある。

参照：ストークスの粘性の法則(1851年)、超流動体(1937年)、ラバライト(1963年)

水飲み鳥

マイルス・V. サリヴァン（1917-2016）

「永久機関があるとすれば、これがそうに違いない」と、エド・ソーベイとウッディ・ソーベイはユーモラスに書いている。「水飲み鳥は、一見エネルギー源なしに動いているように思える。しかし、少しよく見ると、水飲み鳥は熱機関の良い例だとわかる。外部のランプや太陽から熱が供給されているのだ」。

ニュージャージーのベル研究所の科学者マイルス・V. サリヴァンが1945年に発明し、1946年に特許取得した水飲み鳥は、それ以来、科学者や教育者を惹きつけつづけている。水飲み鳥が、支点を中心に、コップに入った水にくちばしを浸けては、反り返る動作をいつまでも続けるように見える背後に、いくつもの物理の原理が働いているのも、その魅力のひとつである。

水飲み鳥は次のような仕組みで動作する。頭部はフェルトのような素材で覆われている。下側の胴体部の容器には、揮発性で比較的低温で気化するジクロロメタンの液体が入っている。鳥の内部は空気が抜かれているので、内部は気化したジクロロメタンで満たされている。鳥の動作は、頭部と胴体部の温度差によって起こる。頭部と胴体の温度差が、内部に気圧差を生むのである。

水に濡れた頭が上に立っている状態から説明を始めよう。このとき、濡れたフェルトから水が蒸発し、気化熱が奪われるので頭部はやがて冷える。その結果、頭部のジクロロメタン蒸気の一部が凝結して液化する。冷却と液化により頭部の気圧が下がる。そのため、内部の管を通して、胴体から液体が頭部へと引き上げられる。液体が頭部に移動するにつれ、鳥は頭が重くなり、前に傾いて水の入ったコップに再び浸かる。こうして頭が下になると、内部の管の端がジクロロメタンの液面から離れ、胴体部の蒸気が泡となって管を通り、頭部に移動し、頭部の液体と入れ替わる。液体は胴体に戻り、鳥は元の頭が上の状態に戻る。コップに十分な水があって、頭部が下がってくるたびにそれを濡らすことができる限り、このプロセスは繰り返される。

このような動作を続ける鳥を利用して、実際に少量のエネルギーを生み出すことが可能である。

▶ 1945年に発明され、1946年に特許が取得された水飲み鳥は、以来物理学者と教育者を惹きつけ、楽しませ続けている。この鳥がいつまでも繰り返す上下運動は、いくつかの物理の原理を使って説明できる。

参照：サイフォン（紀元前250年）、永久機関（1150年）、ボイルの法則（1662年）、ヘンリーの気体の法則（1803年）、カルノーの熱機関（1824年）、クルックスのラジオメーター（1873年）

1945年

リトルボーイ原子爆弾

J. ロバート・オッペンハイマー(1904-67)、ポール・ウォーフィールド・ティベッツ・ジュニア(1915-2007)

1945年7月16日、ニューメキシコの砂漠で世界初の原子爆弾の爆発を見守っていた、アメリカの物理学者J. ロバート・オッペンハイマーの胸に、ヒンズー教の詩篇『バガヴァッド・ギーター』の一節、「今や我は死となった、世界の破壊者に」が浮かんだ。オッペンハイマーは、第二次世界大戦中に行われた、世界初の原子爆弾を製造するためのマンハッタン計画の科学部門の指揮者だった。

核兵器は、核分裂、核融合、もしくはそれらの組み合わせによって爆発する。原子爆弾は総じて、ウランまたはプルトニウムの特定の同位体が分裂して軽い原子に分かれるときに中性子とエネルギーを放出する、核分裂の連鎖反応を利用する。熱核爆弾(水素爆弾)は、核融合によって破壊力を得る。少し詳しく説明すると、水素の同位体は非常に高温になると、融合して重い元素を形成し、その際にエネルギーを放出するのだ。このような高温は、核分裂爆弾によって核融合燃料を圧縮し加熱することによって実現する。

「リトルボーイ」は、ポール・ウォーフィールド・ティベッツ大佐が機長を務める爆撃機エノラ・ゲイによって、1945年8月6日に日本の広島市に投下された原子爆弾の名前だ。リトルボーイは全長約3.0 mで、140ポンド(64 kg)の濃縮ウランを搭載していた。機体から離れたあとは、4個のレーダー高度計がリトルボーイの高度を測定し続けた。最大の破壊力を得るため、高度580 mで爆発させることになっていたのだ。4個の高度計のいずれかひとつが目標の高度を認めたとき、リトルボーイの内部に設置したコルダイト火薬(推進薬)が点火され、その爆発でウラン235の塊が筒内を猛烈な勢いで進み、反対側の端に置かれたもうひと塊のウラン235に衝突して一体化し、臨界量を超えたところで持続する核反応が起こったのである。爆発後、「ものすごい雲が……わきあがり、恐ろしいキノコ雲が、とてつもなく高く成長した」とティベッツは回想した。1945年12月末までに約14万人が死亡したと推定される(訳注:広島市による)——爆発そのもので亡くなった人と、放射能の影響が徐々に及んで亡くなった人がほぼ半々だったようだ。オッペンハイマーは、のちに次のように述べた。「科学で物事の深淵が発見されるのは、それが有用だからではない。発見することが可能だから発見されるのである」。

▶ 1945年8月、ピット内で牽引用の架台に載せられたリトルボーイ。リトルボーイは全長約3.0 mだった。この爆弾は、数ヶ月のうちに14万人もの命を奪ったとされる。

参照:先史時代の原子炉(紀元前20億年)、フォン・ゲーリケの静電発電機(1660年)、グレアムの気体の浸出の法則(1829年)、ダイナマイト(1866年)、放射能(1896年)、原子力(1942年)、トカマク(1956年)、電磁パルス(1962年)

恒星内元素合成

フレッド・ホイル(1915-2001)

▲ NASAのSTEREO-B太陽観測衛星が2007年2月25日にとらえた、太陽の前面を通過する月。4波長の極紫外光で撮影されたもの。STEREO-Bは地球よりも太陽から遠いので、月は普通より小さく見える。

「謙虚であれ、汝は糞でできているのだから。気高くあれ、汝は星でできているのだから」というセルビアのことわざは、水素とヘリウムよりも重い元素は、恒星の内部で生み出され、その恒星がついに死んで爆発したときに、宇宙にまき散らされなければ、宇宙のなかにこれほどの量で存在したりはしなかったことを、現代に生きる私たちに思い出させてくれる。最も軽い2つの元素、ヘリウムと水素は**ビッグバン**の約3分後に生み出されたとされているが、さらに元素合成(新たな原子核の合成)が進んで、より重い元素が誕生するには、巨大な恒星が長期にわたって核融合反応を続ける必要があった。超新星爆発では、恒星のコア(訳注:恒星の中心部分。核とも呼ぶ)の爆発で核反応が激しく一気に進むことで、一層重い元素が急速に生成された。金や鉛などの非常に重い元素は、超新星爆発の極度の高温状態で、激しく運動する中性子が既存の原子核に衝突して生み出される。今度、友だちの指にはまっている金の指輪を見たなら、巨大な恒星が超新星爆発を起こしたときのことを思い浮かべてほしい。

恒星の内部で重い元素が合成されるメカニズムに関する先駆的な理論的研究は、1946年にフレッド・ホイルによって行われた。彼は、非常に高温の原子核がいくつも組み合わさって鉄になる過程を示したのである。

この項を書きながら私は、オフィスにある剣歯虎(訳注:サーベルタイガーとも呼ばれる。約8000年前に絶滅したとされるネコ科の哺乳類)の頭骨に触れている。恒星がなければ、このような頭骨は存在し得ないのだ。先に述べたように、骨のなかのカルシウムなど、大部分の元素は最初に恒星の内部で形成され、その後その恒星が死んだときに宇宙のなかにまき散らされた。恒星がなかったなら、サバンナを駆け回る虎は、幽霊のように消えてしまう。その血液に必要な鉄もなければ、吸い込む酸素もないし、たんぱく質やDNAに使う炭素もない。大昔の死にゆく恒星の内部で生み出された原子は、とてつもなく遠くまで吹き飛ばされ、やがて、私たちの太陽の周囲に形成された惑星のなかに落ち着いたのである。これらの超新星爆発がなければ、霧に覆われた沼も、コンピュータチップも、三葉虫も、モーツァルトも、少女の涙もなかったのだ。恒星の爆発がなかったなら、天はあったとしても、地はなかったに違いない。

参照:ビッグバン(紀元前138億年)、フラウンホーファー線(1814年)、$E=mc^2$(1905年)、原子核(1911年)、トカマク(1956年)

1947年

トランジスタ

ユリウス・エドガー・リリエンフェルト(1882-1963)、ジョン・バーディーン(1908-91)、ウォルター・ハウザー・ブラッテン(1902-87)、ウィリアム・ブラッドフォード・ショックレー(1910-89)

今から1000年ののち、歴史を顧みる私たちの子孫は、1947年12月16日を人類の情報時代の幕開けとして心に刻むことだろう。この日、ベル研究所の物理学者ジョン・バーディーンとウォルター・ブラッテンは、2つの上部電極(細長い金箔リボン2本をプローブのようにして、先端が非常に接近するように配置した)を、基板下部電極(平らな金属板で、上部電極のそれぞれと電源を介して接続されていた)の上に載せた、特殊処理を施したゲルマニウムに接触させた。そして、一方の上部電極に微小な電流を流すと、もう一方の上部電極に大きな電流が流れる現象を発見した。こうしてトランジスタが誕生したのである。

これだけ大きな発見をしたのに、バーディーンの反応は妙に物静かだった。その夜、キッチンのドアから自宅に入った彼は、妻に向かって、「私たちは今日、ちょっと重要な発見をしたよ」とつぶやき、それ以上何も言わなかった。バーディーンとブラッテンの所属する研究部門のリーダーでやはり物理学者だったショックレーは、この素子の大きな可能性を理解し、その後数ヶ月間半導体研究に打ち込み、半導体に関する知識の向上に貢献した。ところがのちに、ベル研究所のトランジスタの特許が、バーディーンとブラッテンの2人の名前は掲げながら、ショックレーの名前は載せずに出願されたことに腹を立て、ショックレーは独自により性能の優れたトランジスタを開発した。

トランジスタは、電気信号の増幅やスイッチ動作に使われる半導体素子である。半導体材料の伝導性は、電気信号を与えるなどの方法で制御できる。構造に応じて、トランジスタの2つの端子間に電圧または電流を与えると、第3の端子を流れる電流が変化する。

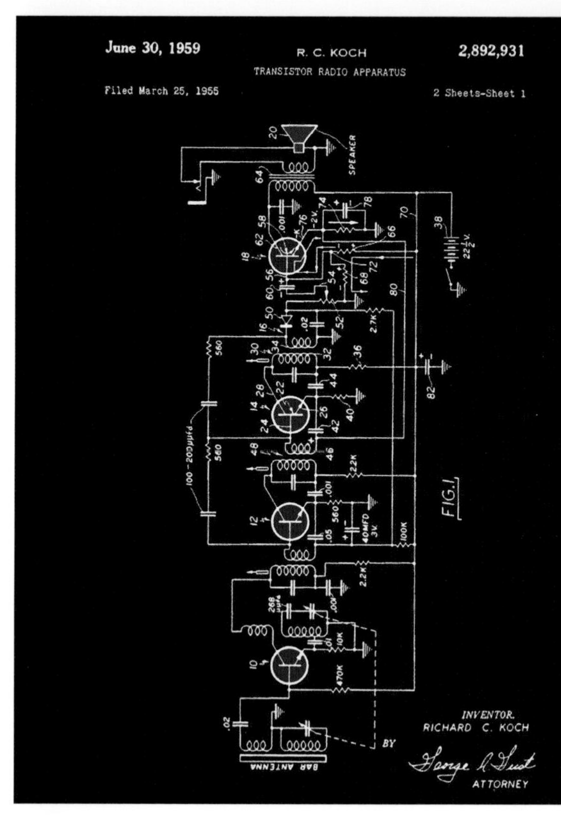

▲1954年10月に発表されたRegency TR-1ラジオは、大量生産された初の実用トランジスタラジオだった。本図はリチャード・コッホのトランジスタラジオの特許に掲載された図の1枚。コッホはTR-1を生産した企業の社員だった。

2人の物理学者、マイケル・リオーダンとリリアン・ホーデンスは、次のように書いている。「現代の生活で、マイクロチップと、それをもたらしたトランジスタ以上に重要なものなど、なかなか思い浮かばない。世界中の人々が、起きているあいだ毎時間、幅広い恩恵――携帯電話、ATM、腕時計、計算機、コンピュータ、自動車、ラジオ、テレビ、ファックス、コピー機、信号、そして何千もの電子デバイス――を当たり前だと思っている。トランジスタが20世紀に生まれた最も重要な人工物であり、私たちの電子時代の「神経細胞」であることは間違いない」。今後、グラフェン(炭素原子がグラファイトと同じ六角格子のハチの巣状に並んだ、厚さが1原子しかないシート状の物質)とカーボンナノチューブでできた高速トランジスタが実用化されるだろう。最後に、世界で初めて実際に出願された初期型トランジスタの特許は、1925年の物理学者ユリウス・リリエンフェルトのものであることに触れておきたい。

参照：真空管(1906年)、量子トンネル効果(1928年)、集積回路(1958年)、量子コンピュータ(1981年)、バッキーボール(1985年)

ソニックブーム

チャールズ・エルウッド・“チャック”・イェーガー(1923-)

「ソニックブーム」という言葉は普通、航空機が超音速で飛行する際に生じる大音響を意味する。航空機によって押しのけられた空気が極度に圧縮され、衝撃波を形成する結果、轟音が発生する。雷鳴は自然に起こるソニックブームの例で、稲妻の放電で空気が急激に熱せられ、その結果超音速で熱膨張する際に生じる。鞭を打つときのピシッという音も、鞭の先端が音速を超えたスピードで運動する際に生じる小規模なソニックブームによって発生する。

ソニックブームの波動現象を視覚化するために、高速ボートが後ろにV字形の航跡を残して進んでいくところを想像していただきたい。あなたが手を水に浸けたとしよう。航跡が手に当たると、あなたは打たれたように感じるだろう。航空機が空気中で音速(マッハ1、すなわち冷たい空気のなかで時速約1062 km。ジェット機が飛行するのは普通冷たい空気のなか)を超える速度で飛行するとき、空気中に生じる衝撃波は、航空機の後方に伸びる円錐の形になる。円錐の後端がついにあなたの耳に届くとき、大音響が鳴り響く。衝撃波を形成するのは航空機の機首の先端に限らず、尾翼や主翼の前縁などからも生じる。ソニックブームは、航空機がマッハ1以上の超音速で飛行するあいだはずっと発生しつづける。

1940年代、「音速の壁」を超えるのは不可能ではないかという説が唱えられていた。これは、朝鮮のパイロットたちが、自ら操縦する航空機をマッハ1に近い速度で飛ばそうと試みたものの、激しく揺さぶられて繰り返し打撃を受け、機体が破壊され、数名のパイロットが死亡した事故があったかららしい。公式に音速の壁を初めて破った人物は、アメリカのパイロット、チャック・イェーガーで、1947年10月14日、ベルX-1機に搭乗中のことだった。陸上で音速の壁が破られたのは1997年になってからで、その際使われたのは、ジェットエンジン駆動のイギリス車であった。興味深いことに、イェーガーもマッハ1に近づくと朝鮮のパイロットたちと同じ問題に直面したが、自分の航空機が発生させた轟音と衝撃波を追い越すと、奇妙な静寂を経験したという。

◀プラントル-グロワートの特異点(訳注：航空機によって音速の壁が破られるとき、それまで進行方向で上昇し続けていた圧力と温度が、音速を超えたとたん急激に低下する。この現象を圧力計数が発散して無限大になる特異点として理論的に表現したもの)で現れるベイパー・コーン(訳注：水蒸気の円錐の意)。遷音速(訳注：マッハ0.8〜1.3程度の速度)で飛行する航空機の周囲に発生することがある。本図は太平洋上空で音速の壁を破っているF/A-18ホーネット戦闘機。

参照：ドップラー効果(1842年)、ツィオルコフスキーのロケットの公式(1903年)、極超音速ウィップクラッキング(1927年)、チェレンコフ放射(1934年)、風速最大の竜巻(1999年)

1947年

ホログラム

ガーボル・デーネシュ(1900-79)

3次元の像を平面状の記録媒体に記録し、のちに再生する技術であるホログラフィーは、1947年に物理学者ガーボル・デーネシュ(訳注：出身国のハンガリーの慣習に従い、姓名順に表記している。英語圏の慣習にならい、名姓順にデニス・ガボールと、英語読みで表記されることも多い)によって発明された。彼はノーベル賞受賞スピーチでホログラフィーについて次のように語った。「私にとっては、方程式ひとつ書くことも、抽象的なグラフひとつ示すことも、まったく必要ではありません。もちろん、ホログラフィーを説明するのに好きなだけ数学を使うことはできますが、その本質は物理学の議論によって説明し、理解することができるのです」。

かわいらしい桃の実などの物体がひとつあるとしよう。この桃のホログラム(訳注：ホログラフィーによって記録された像をホログラムと呼ぶ。言葉としてはホログラムが先に誕生した)を、写真フィルム上に、桃を多くの視点から見た像として記録することができる。透過型ホログラムという、ホログラムの裏面から光を当てて3次元像を再生するタイプのものを製造するには、まず**レーザー**光をビームスプリッターで分割し、参照光と物体照明光に分ける。参照光は桃とは相互作用せず、鏡を介して記録用フィルムへと向かう。物体照明光は桃へと向かう。桃で反射された光は参照光と重ね合わされて、フィルム上に干渉パターンを形成する。それは縞や渦巻の模様のパターンで、何の図なのかまったくわからない。だが、このフィルムを現像し、そこに記録されたホログラムに、参照光を当てたときと同じ角度でレーザー光を照射すると、桃の3次元像が空間のなかに再現される。ホログラムが記録されたフィルムに刻まれた細かい間隔の縞模様が光を回折し、光が3次元像を形成するのだ。

2人の物理学者、ジョゼフ・カスパーとスティーヴン・フェラーは、次のように書いている。「初めてホログラムを見るときは、頭が混乱して、信じられないと感じるに違いない。その光景があると思しきところに手を伸ばしても、触れられるものは何もないとわかるだけだ」。

▲50ユーロ紙幣のホログラム。セキュリティホログラムを偽造するのは非常に難しい。

「透過型ホログラム」は、現像したフィルムの裏側から光を透過させて表から見るもので、「反射型ホログラム」は、光源からの光をフィルムの表面で反射させて見る。レーザー光を使わなければ見ることのできないホログラムもあるが、レインボー・ホログラム(クレジットカードに広く使われている、裏側の金属メッキに反射された光が像を再現するもの。虹のようなさまざまな色の縞模様として見える)はレーザーを使わずに見ることができる。ホログラフィーは、大量のデータを光学的に貯蔵するのにも使える。

参照：スネルの屈折の法則(1621年)、ブラッグの結晶回折の法則(1912年)、レーザー(1960年)

量子電磁力学

ポール・エイドリアン・モーリス・ディラック(1902-84)、朝永振一郎(1906-79)、リチャード・フィリップス・ファインマン(1918-88)、ジュリアン・セイモア・シュウィンガー(1918-94)

「量子電磁力学(QED)は、これまでに提案された自然現象の理論のなかで、最も正確なものだと言える」と、物理学者ブライアン・グリーンは書いている。「量子電磁力学をとおして物理学者たちは、光子の役割を「可能な最小のエネルギーの塊」として特定し、また、電子などの荷電粒子と光子の相互作用を、予測可能で説得力のある、数学的に完全な枠組みのなかで明らかにすることができた」。QEDは、光と物質の、そして荷電粒子どうしの相互作用を数学的に記述する。

1928年、イギリスの物理学者ポール・ディラックがQEDの基盤を確立し、1940年代後半に、リチャード・P.ファインマン、ジュリアン・S.シュウィンガー、朝永振一郎の3人の物理学者がこれを精緻化し発展させた。QEDは、電子などの荷電粒子は、電磁力を伝える粒子である光子を放出したり吸収したりして相互作用を行うという考え方に立脚している。興味深いことに、これらの光子は「仮想的」で、検出することはできないが、それでも相互作用の「力」を提供する。相互作用する粒子たちは、光子のエネルギーを吸収したり放出したりする際に、運動の速度や方向を変えるのだから。これらの相互作用は、ファインマン・ダイアグラムという、くねくねと折れ曲がった図形で表現できる。さらに、この図を使って物理学者たちは、描かれている相互作用が起こる確率を計算することができる。

QED理論によれば、ひとつの相互作用で交換される仮想光子の数が多いほど(つまり、相互作用が複雑になるほど)、そのプロセスが起こる確率は低くなる。QEDの予測の精度は驚異的だ。たとえば、ある電子に付随する磁場の強度の予測値は、実験値に非常に近く、その精度でニューヨークとロサンゼルスの間の距離を測定したなら、誤差は人間の髪の毛1本の太さ以内に収まるほどだ。

QEDは、後続の理論の出発点の役目を果たし、たとえば、1960年代に始まった、**クォーク**どうしを結び付ける強い相互作用を、グルーオンと呼ばれる粒子の交換によって記述する「量子色力学」などの理論の基本モデルとなっている。クォークとは、結合しあって陽子や中性子などを形成する粒子である。

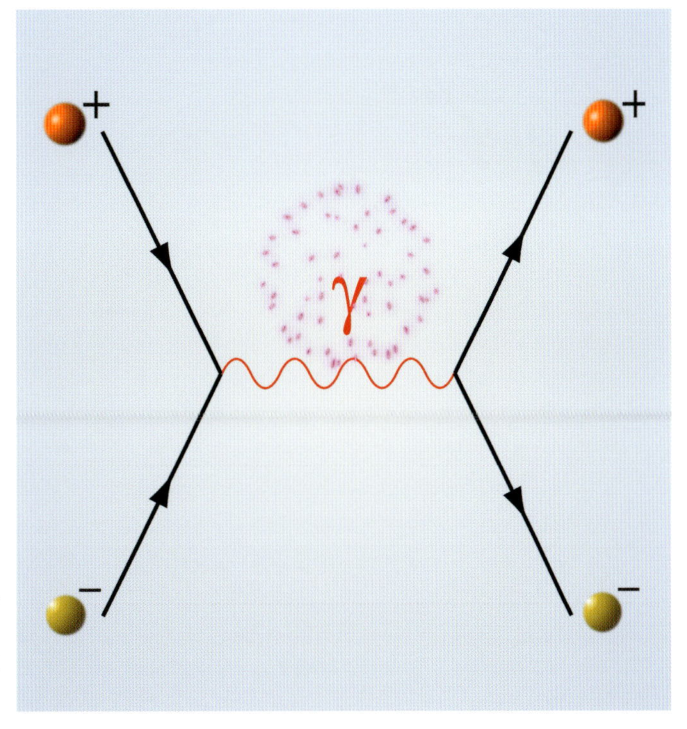

▶電子と陽電子が対消滅して光子を生み出し、その光子が消滅して新たな電子-陽電子対が生成する過程を描いたファインマン・ダイアグラム。ファインマンは自分が考案したこのダイアグラムがたいそう気に入り、自分のバンの側面にまで描いていた。

参照：電子(1897年)、光電効果(1905年)、標準模型(1961年)、クォーク(1964年)、万物の理論(1984年)

テンセグリティ

ケネス・スネルソン(1927-2016)、リチャード・バックミンスター・"バッキー"・フラー(1895-1983)

古代ギリシアの哲学者、エフェソスのヘラクレイトスは、世界は「多数の緊張がひとつに調和したものだ」と記した。この哲学を最も魅力的に具現化したもののひとつが、テンセグリティ構造だ。テンセグリティの発明者バックミンスター・フラーは、この構造を「張力の海に浮かぶ多数の圧縮物の島々」と説明した(訳注：英語では「緊張」も「張力」も同じtensionという言葉で表される。日本語でも、どちらも張り詰めたものである)。

何本かの棒(圧縮材)と、綱(張力材)だけで構成されたひとつの構造物を思い浮かべてほしい。綱は2本の棒の端と端を結びつけている。形が変形しにくい棒どうしが接触することはない。このような構造は、重力に対しては安定にできる。しかし、非常に脆そうに見えるこのような構造物が、どうして長期的に安定なのだろう？

このような構造物の構造安定性は、張力(たとえば、綱が及ぼす引っ張る力)と圧縮力(たとえば、棒を圧縮する方向の力)とのバランスによって維持されている。これらの力の例として、ばねを考えてみよう。垂れ下がっているばねの両端を押しつけるとき、私たちはばねを圧縮している。逆にばねの両端を引き離すとき、私たちはばねに張力を及ぼしている。

テンセグリティ系では、圧縮材に当たる剛性をもった支柱が、張力材に当たる綱を引き延ばす方向の力を及ぼし、それによって綱が支柱を圧縮するという関係にある。綱の1本で張力が増加すると、構造全体の張力が増加し、その結果支柱にかかる圧縮力が増加して全体のバランスが維持される。全体として、ひとつのテンセグリティ構造に働いているすべての力を合わせたものは、あらゆる方向でゼロになっている。さもなければ、構造物は飛んで行ってしまう(弓で射た矢のように)か、崩壊するかのいずれかだろう。

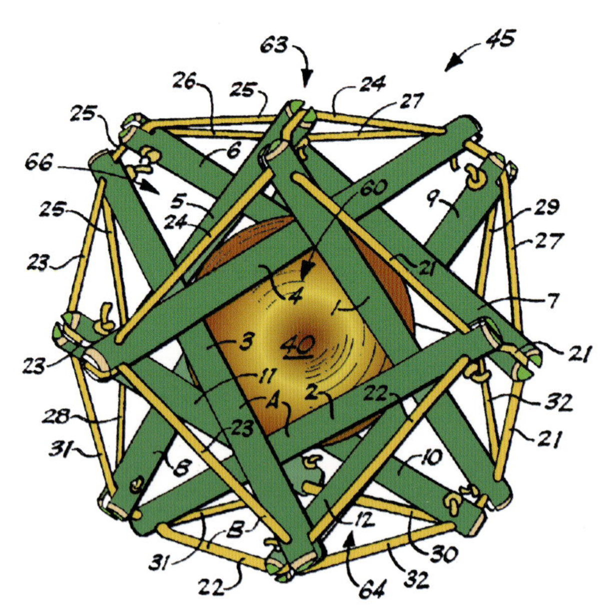

▲1972年にG.モギルナーとR.ジョンソンの「テンセグリティ構造パズル」に与えられた米国特許3,695,617号の図面の一枚。剛性のある柱が緑色で示されている。パズルの目標のひとつは、柱をずらして内部の球を取り出すことである。

1948年、彫刻家のケネス・スネルソンは、西洋の凧のようにも見える、「Xピース」というテンセグリティ構造を作品として発表した。のちにバックミンスター・フラーは、この種の構造を指す「テンセグリティ」という言葉を作り出した。フラーは、彼の作品である巨大なジオデシックドーム(訳注：三角形を組み合わせて作られた球形のオブジェ)の強度と有効性は、テンセグリティと同様な、張力を空間に分布させてバランスを取ることによる構造安定化に基づいていると述べた。

ある意味私たちも、圧縮力を受けている骨が、張力材である腱とのあいだでバランスを取っているテンセグリティ構造である。生物細胞の内部に存在する、顕微鏡でなければ観察できない細胞骨格(訳注：細胞の内部で、細胞の形を維持し、また細胞の運動に必要な力を発生させる繊維状の構造)も、テンセグリティ系に似ている。じつのところ、テンセグリティ構造のほうが、生物の細胞の内部で観察される現象をまねているのだ。

参照：トラス(紀元前2500年)、アーチ(紀元前1850年)、I形鋼(1844年)、リラの斜塔(1955年)

カシミール効果

ヘンドリック・ブルクト・ゲルハルト・カシミール(1909-2000)、エフゲニー・ミハイロヴィッチ・リフシッツ(1915-85)

カシミール効果とは普通、真空中に非常に狭い間隔で平行に置かれた2枚の帯電していない金属板の間に働く奇妙な引力を指す。カシミール効果を理解するひとつの方法は、場の量子論による真空の性質を思い描くことだろう。2人の物理学者、スティーヴン・ルクロフトとジョン・スウェインは次のように書いている。「現代物理学では、真空はからっぽなどころか、完全に消滅させることは決してできない、揺らぐ電磁波に満ちていると考えられている。常に波立ち、波を止めることは決してできない海のように。これらの波は、可能なすべての波長で出現し、それらの存在は、からっぽな空間にはある程度の量のエネルギーが含まれているということを意味している」。そのエネルギーは、「零点エネルギー」と呼ばれている。

2枚の金属板を極度に接近させると(たとえば数nmの距離まで)、それより長い波長の波は2枚の間隔に収まらなくなり、そのため2枚の板の間の真空エネルギーの総量が板の外側よりも小さくなって、結果として金属板どうしが引きつけ合うようになる。2枚の板が、間の空間に「はまらない」すべての揺らぎを排除しているのだと見なすこともできるだろう。この引力は、1948年にヘンドリック・カシミールによって初めて予測された。

カシミール効果の応用を提案する理論がこれまでにいくつも登場している。その「負のエネルギー密度」を利用すれば、時空の異なる領域どうしをつなぐ通過可能なワームホールを開けたままにできるだろうという案から、空中浮揚装置の開発に使おうという案まで、さまざまなものがある。空中浮揚案が登場したのは、物理学者エフゲニー・リフシッツが、カシミール効果で反発力が生じる可能性を理論的に予測したからだ。マイクロロボット、もしくはナノロボット(訳注:大きさ1mm以下のロボットをマイクロロボット、1μm以下のものをナノロボットと呼ぶ)的な装置の研究者たちは、それほど小さな機械を設計するのだから、カシミール効果を考慮しなければならないだろう。

量子論の真空は、実のところ、幽霊のように突然現れては消える仮想粒子の海である。この観点からすると、カシミール効果は、一部の波長が禁止されることによって、板の間に存在する仮想光子が外側より少なくなるために起こると考えることができるだろう。板の外側の光子の大きな圧力が、2枚の板を押しつけるのだ。ただし、カシミール効果の力は、零点エネルギーを使わない別の方法でも説明できることをお断りしておく。

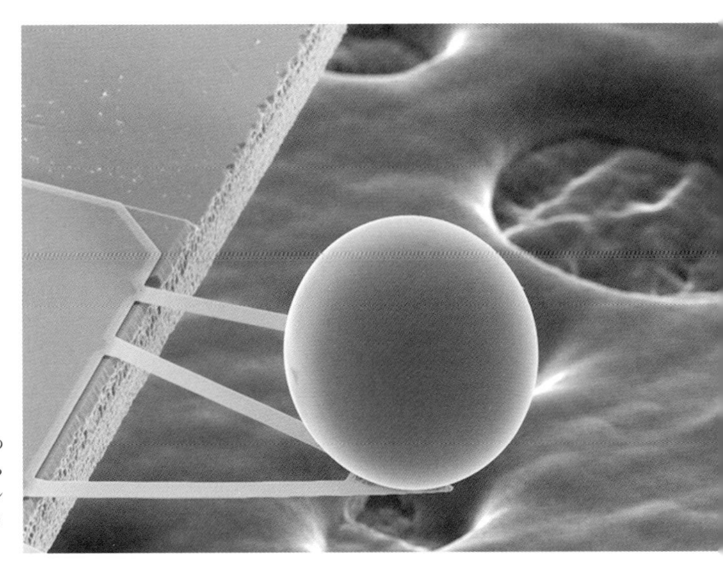

▶この走査電子顕微鏡写真に示されている、直径が1mmの10分の1を少し上回る球は、カシミール効果により、なめらかな板(本図には示されていない)に向かって動く。カシミール効果の研究で、科学者たちは、微小機械のパーツの機能をより予測しやすくなる。(写真はウマール・モヒディーン提供)

参照:熱力学第3法則(1905年)、ワームホール・タイムマシン(1988年)、量子的復活(100兆年後以降)

1949年

タイムトラベル

アルベルト・アインシュタイン(1879-1955)、クルト・ゲーデル(1906-78)、キップ・ステファン・ソーン(1940-)

時間とは何だろう？　タイムトラベルは可能だろうか？　これらの疑問は数百年にわたり、哲学者と科学者を惹きつけてきた。今日私たちは、タイムトラベルは確かに可能だと知っている。たとえば、高速で運動している物体では、研究室の座標系のなかにある静止した物体よりもゆっくりと時間が進む。あなたが光速に近いスピードで飛ぶロケットで遠方の宇宙まで行って戻ってくることができるとすると、戻ってきたとき地球は数千年もの未来にある。科学者たちは、このような時間の遅れの効果を多くの方法で検証している。たとえば1970年代、科学者たちは原子時計を飛行機に乗せて、これらの時計が地上の時計に比べわずかに遅れていることを示した。また、非常に重い物体の近くでも時間は遅れる。

これよりはるかに難しいと思えるのだが、既知のどんな物理法則にも抵触しないやり方で、過去に旅するタイムマシンは理論的には可能で、それを作製する方法が多数提案されている。これらの方法の多くが、強い重力か、またはワームホール(まだ仮説でしかないが、時空のある一点と、離れた別の点を直結する「近道」のこと)を利用するものだ。アイザック・ニュートンにとって時間は、まっすぐに流れる川のようなものだった。川をそらせることができるものは何もなかった。アインシュタインは、時間の川は湾曲することもあると示したが、時間がループ状に回帰する――過去にさかのぼるタイムトラベルに当たる――ことは決してないとした。1949年、数学者のクルト・ゲーデルは、さらに踏み込んで、時間の川はループ状に回帰できることを示した。少し詳しく述べると、ゲーデルは一般相対性理論のアインシュタイン方程式の、回転する宇宙についての解として、過去へのタイムトラベルが可能なものを発見したのである。史上初めて、過去へのタイムトラベルに数学的基盤が与えられたのだ。

▲もしも時間が空間と同じようなものなら、過去は何らかのかたちで、今なお「昔のあそこに」存在しているのかもしれない。あなたが出かけたあとも、あなたの家は依然としてそこにあるように。もしも時間をさかのぼって過去に旅することができるなら、あなたは過去のどの天才に会いに行くだろうか？

歴史を通して物理学者たちは、ある現象が物理法則によってはっきりと禁じられていない場合、やがてその現象は起こりうることがしばしば発見されるという経験をしてきた。今日、最先端の科学研究機関でタイムマシンの設計が広く行われており、ソーンの「ワームホール・タイムマシン」、リチャード・ゴットによる宇宙ひもを利用したゴット・ループ型のもの、やはりゴットが提案したゴット・シェル(訳注：高密度の物質でできたシェル〔殻〕の内部では、外部よりも時間の流れが遅いことを利用する方式)、ティプラー-ストッカム・シリンダー(訳注：ある時空のなかで無限に長く重い円筒が長軸を中心に自転しているとき、円筒付近では光円錐が傾斜して、時間がループ状に閉じ、タイムトラベルが可能になるという説にもとづく方式)、そしてカー・リング(訳注：ロイ・カーは、回転するブラックホールは、中心に通常の特異点ではなくリング状に並んだ特異点があるので、そこを通過したのち、時空の別の点に出ることができると考えたようだ)などを利用するマシンが研究されている。今後数百年のあいだに、私たちの子孫は、今の私たちには想像もできないほど自由に時空を旅することができるようになっているのかもしれない。

参照：タキオン(1967年)、ワームホール・タイムマシン(1988年)、特殊相対性理論(1905年)、一般相対性理論(1915年)、時間順序保護仮説(1992年)

放射性炭素年代測定法

ウィラード・フランク・リビー(1908-80)

「もしもあなたが、物がどれくらい古いかを知ることに関心をお持ちなら、1940年代のシカゴ大学は一見の価値がある」と、ノンフィクション作家ビル・ブライソンは書いている。「当時そこでは、ウィラード・リビーが、放射性炭素年代測定法を確立しつつあったのだ。この手法のおかげで科学者たちは、骨やその他の有機的な遺物の年代を正確に特定できるようになった。それまでは、そんなことは決してできなかった……」。

放射性炭素年代測定では、炭素を含む試料中における、炭素の放射性同位体である炭素14(^{14}C)の存在量を測定する。この手法は、「^{14}Cは、宇宙線が大気中の窒素原子にぶつかったときに生成され、生物圏内ではその存在率が常に一定である」という事実に基づいている。宇宙線によって生成した^{14}Cは、やがて植物に取り込まれ、その植物を動物が食べる。動物が生きているあいだは、体内の^{14}C存在率は、大気中の存在率とほぼ同じである。^{14}Cは、既知のある割合で指数関数的に崩壊し続け、徐々に窒素14へと変化するので、動物が死んで、もはや環境から新たに^{14}Cが取り込まれなくなると、動物の遺骸は次第に^{14}Cを失っていく。6万年以上前の試料でない限り、試料中の^{14}Cの量を特定することで、その試料の年代を推定することができる。6万年よりも前の試料では含まれる^{14}Cが少なすぎて、正確な測定ができなくなる。放射性崩壊する^{14}Cの半減期は約5730年である。つまり、5730年ごとに試料中の^{14}C量は半分になるわけだ。年代によって大気中の^{14}C量は多少変動するため、年代推測の精度を上げるために小さな較正が行われる。また、大気中の^{14}Cは1950年代に増加したが、これはこの時期に核実験が頻繁に行われたせいである。ミリグラム単位の微量の試料の^{14}C量を測定するには、加速器**質量分析法**を使うことができる。

放射性炭素年代測定が実用化される以前は、紀元前約3000年の第1エジプト王朝以前の試料には、信頼性のある年代を特定することができなかった。これは、クロマニヨン人がフランスのラスコーの壁画を描いたのはいつかや、これまでに起こった最後の氷河期はいつ終わったのかなどを知りたい考古学者にとっては、たいへん歯がゆいことだった。

▶炭素は非常に多く存在するので、考古学の発掘調査中に発見された古代の骨格や、木炭、皮革、木、花粉、角など、多くの種類の物質に放射性炭素年代測定を使える可能性がある。

参照：オルメカ文明のコンパス(紀元前1000年)、砂時計(1338年)、放射能(1896年)、質量分析計(1898年)、原子時計(1955年)

フェルミのパラドックス

エンリコ・フェルミ(1901-54)、フランク・ドレイク(1930-)

ルネッサンスの時代、再発見された古代の文献と、新しい知識の両方が、中世のヨーロッパを知的変革、驚嘆、独創性、冒険、そして実験の光であふれさせた。では、もしも異星人と接触できたとしたら、どんなことが起こるか、想像してみてほしい。異星人の科学的、技術的、そして社会学的な情報が大量に入ってくることで、いっそう大規模なルネッサンスが新たに起こるだろう。私たちの宇宙は古く広大なのに――私たちの天の川銀河だけでも2500億個の恒星が存在すると推定されている――、「なぜ私たちはまだ地球外文明と接触していないのだろう？」と、物理学者エンリコ・フェルミは1950年に問いかけた。もちろん、これには多くの回答が可能だ。進化した異星人は存在しうるが、私たちは彼らの存在に気づいていないのだ、というのがひとつの答えである。あるいは、知性をもった異星人は宇宙のなかに極めてまれにしか存在しないので、私たちが彼らと接触することは決してないだろう、という答えもありうる。フェルミが提起した、今では「フェルミのパラドックス」と呼ばれる疑問が刺激となり、物理学や天文学から生物学に至るさまざまな分野で、この問いに答えようとする研究がいくつも生まれている。

1960年、天文学者のフランク・ドレイクは、私たちの銀河系に存在し、私たちが接触することができるかもしれない地球外文明の数を見積もる、次のような方程式を提案した。

$$N = R^* \times f_p \times n_e \times f_l \times f_i \times f_c \times L$$

ここで、Nは私たちとのコミュニケーションが可能かもしれない(たとえば、異星人が技術をもっており、検出可能な電波を送り出すなどで)異星人の文明の数である。R^*は、私たちの銀河系のなかで1年に誕生する恒星の平均数である。f_pは、これらの恒星のうち、惑星をもつものの割合だ(これまでに、数百個の太陽系外惑星が発見されている)。n_eは、ひとつの恒星系(訳注：恒星と、その周囲を公転する惑星からなる系)がもつ、地球のように生命を維持できる可能性がある惑星の平均数。f_lは、n_eの惑星のうち、生物が実際に出現するものの割合。f_iは、f_lのうち、知性をもつ生物が実際に出現するものの割合。f_cは、知性をもつ生物が、ほかの惑星の生物が検出できるような信号を発信する水準の技術をもつようになる確率。Lは、知的生物の技術文明がそのような信号を発信できる期間(技術文明の持続する期間)である。以上のパラメータには、具体的な数値を決定するのは難しいものが多いため、ドレイクの方程式はフェルミのパラドックスに答えるというよりは、フェルミのパラドックスの複雑さを示す役目を果たしている。

▶1950年、物理学者エンリコ・フェルミは、私たちの宇宙は古く広大なのに、「なぜ私たちはまだ地球外文明と接触していないのだろう？」と問いかけた。

参照：ツィオルコフスキーのロケットの公式(1903年)、タイムトラベル(1949年)、ダイソン球(1960年)、人間原理(1961年)、シミュレーションのなかで生きる(1967年)、時間順序保護仮説(1992年)、宇宙の孤立(1000億年後)

太陽電池

アレクサンドル・エドモン・ベクレル(1820-91)、
カルヴィン・サウザー・フラー(1902-94)

1973年、イギリスの化学者ジョージ・ポーター(訳注：光反応解析技術の開発に取り組み、1967年に短時間エネルギーパルスによる高速化学反応の研究でノーベル化学賞を受賞)は、「私たちは太陽のエネルギーを動力源として利用することに成功するだろうと、私は確信しています……。もしも太陽光線が兵器だったなら、太陽エネルギーは数世紀前に使われていたでしょう」と語った。たしかに、日光から効率的にエネルギーを作ろうという努力には、長い歴史がある。1839年、19歳のフランスの物理学者エドモン・ベクレルが、ある種の物質は、光を当てると微弱な電流を生じることに気づき、物質に光を照射することによって起電力が生じる、**光起電力効果**を発見した。しかし、太陽エネルギー技術の最も重要なブレークスルーが起こったのは、1954年のことだった。このとき、ベル研究所の3人の科学者——ダリル・シャピン、カルヴィン・フラー、ゲラルド・ピアーソン——が、日光を電力に変換する最初の実用的なシリコン太陽電池を発明したのだ。この電池が太陽光のエネルギーを電力に変換する効率はたったの6%程度だったが、現在の最新の太陽電池では、変換効率が40%を超えることも可能だとされている。

みなさんも、屋根にソーラーパネルが設置されている建物や、道路標識の電源としてソーラーパネルが使われているのを見たことがあるだろう。これらのパネルには、太陽電池が組み込まれている。太陽電池の多くは、上下2層のシリコンの薄い板でできている。さらに、日光の吸収率を高めるため、表面に反射防止膜がコートされている。太陽電池が利用可能な電流を生み出すことができるのは、上側のシリコンに微量のリンが、下側のシリコンには微量のホウ素が加えられているからだ。これらの添加物のおかげで、上の層には電子が多くなり、下の層には電子が少なくなる(このように、負電荷をもつ電子が1個欠乏したことを、正電荷をもつ正孔〔プラス電荷をもった穴という意味〕ができたと言う)。これら上下の層を接触させると、上層の電子が下層に移動して、接触面の付近では、余分な電子も、電子の欠乏(正孔)もない層ができる。しかし、上層では元の状態よりも電子が減っているので、正に帯電し、同様に下層は負に帯電しているので、接合部には電界ができる。太陽光の光子が接合部に当たると、光のエネルギーによって新たに電子と正孔が発生し、電界があるため、電子は上層へ、正孔は下層へと移動する。光子が次々と当たれば、次々と電子と正孔が発生し、上層と下層を導線でつなげば、そこに電流が流れる。こうして太陽光で電力が生み出せるわけだ。家庭の電力として使うには、こうして発生した直流電流をインバータと呼ばれる装置を使って交流に変換しなければならない。

▲家庭の屋根に設置されたソーラーパネル
◀ブドウ園の施設の電源に使われているソーラーパネル

参照：アルキメデスの熱光線(紀元前212年)、電池(1800年)、燃料電池(1839年)、光電効果(1905年)、原子力(1942年)、トカマク(1956年)、ダイソン球(1960年)

1955年

リラの斜塔

マーティン・ガードナー(1914-2010)

ある日、図書館のなかを歩いていたあなたは、あるテーブルの端に高く積み重ねられた本が、重さで傾いて、今にもバランスを崩してテーブルから落ちてしまいそうになっているのに気づく。あなたは、ふと思う。一番下の本はテーブルの上に載せたままで、たくさんの本を少しずつずらして重ね、一番上の本を、部屋の中ほどまで——例えばテーブルの端から5フィート(約1.5 m)の距離まで——せり出させることはできるだろうか？　それとも、そんな本の山は、自分の重さで倒れてしまうだろうか？　話を単純にするため、本はどれもまったく同じとし、ひとつの高さに本は1冊だけ——つまり、一番下の本以外は、どの本もほかの1冊の本だけに載っている——とする。

この問題は、少なくとも19世紀初頭から物理学者たちを悩ませており、1955年には、『アメリカン・ジャーナル・オブ・フィジックス』誌で「リラの斜塔」として取り上げられた。1964年にマーティン・ガードナーが『サイエンティフィック・アメリカン』誌でこれを論じたときにも、再び注目が集まった。

本を少しずつずらして n 冊積み重ねても、山全体の重心がテーブルの上にありさえすれば山は崩れない。言い換えれば、山のなかの任意の本Bより上にあるすべての本の重心が、Bの端ぎりぎりまでにあれば、全体が倒れることはないのだ。驚いてしまうが、この方法で、本の山を好きなだけの距離テーブルの端から突き出させた状態で安定に積むことができる。マーティン・ガードナーは、この事実を「無限オフセット-パラドックス」と呼んだ。本3冊分の距離だけ山を突き出させたければ、227冊積んだ見上げるような山が必要だ。10冊分の距離にしたければ、2億7240万600冊の本を積まねばならない。そして50冊分をお望みなら、1.5×10^{44} 冊を超える本が必要になる。n 冊の本で達成できる突き出し距離を求める式は、本の長さを単位として、$0.5\times(1+1/2+1/3+\cdots+1/n)$ である。これは、調和級数を0.5倍したものになっている。調和級数はごくゆっくりと発散する。したがって、本の山の突き出し距離をほんの少し長くしたいだけで、膨大な数の本をさらに積まねばならなくなるわけだ。この問題については、各段1冊のみという冊数制限をなくした条件での解答が検討され、さらに興味深い研究が続いている。

◀たくさんの本をテーブルの端に積み重ねて、その山を崩すことなく、好きなだけ長くテーブルから突き出させることはできるだろうか？　それとも、そんな山は自分の重さで崩れてしまうだろうか？

参照：アーチ(紀元前1850年)、トラス(紀元前2500年)、テンセグリティ(1948年)

単独の原子を観察する

マックス・クノール(1897-1969)、エルンスト・アウグスト・フリードリヒ・ルスカ(1906-88)、エルヴィン・ヴィルヘルム・ミュラー(1911-77)、アルバート・ヴィクトール・クルー(1927-2009)

▲非常に尖ったタングステンの針の電界イオン顕微鏡(FIM)像。小さな丸い形状が個々の原子である。長く引き延ばされた形状の一部は、画像取得中(約1秒間)に原子が動いたものである。

「クルー博士の研究は、自然の基本的な構成要素の微小な世界への新しい窓を開き、生体組織から合金に至るまで、あらゆるものの構造を理解するための、強力な新しいツールを与えてくれた」と、ジャーナリストのジョン・マーコフは書いている。

世界が初めて、電子顕微鏡を使って1個の原子を「見た」のは、シカゴ大学の教授アルバート・クルーが原子レベルの解像度をもつ走査型透過電子顕微鏡(略してSTEM)1号機の開発に成功し、使ったときのことだった(訳注：STEMそのものは1938年にマンフレート・フォン・アルデンヌによって発明された)。原子に相当する概念は、紀元前5世紀にギリシアの哲学者デモクリトスによって提案されていたが、原子は光学顕微鏡で観察するにはあまりに小さすぎた。1970年、クルーは画期的な論文、「単独の原子の可視性」を『サイエンス』誌に発表し、そのなかでウランとトリウムの原子の証拠となる写真を示した。

クルーのこの高解像度STEMの発明には、あるエピソードがある。「イギリスでの会議に出席したあと、帰りの飛行機で読む本を空港で買い忘れたクルーは、飛行機の座席に座るとメモ帳を引っ張り出し、既存の顕微鏡を改良する2つの方法をざっと書きとめたのだ」と、マーコフは記している。その後クルーは、試料をより高解像度で走査できる、改良型の電子線源(電界放射型電子銃)を設計したのである。

電子顕微鏡は、電子ビームを試料に当てて試料の像を得る。1933年ごろにマックス・クノールとエルンスト・ルスカが発明した「透過電子顕微鏡」では、薄膜状の試料を透過した電子ビームが、さらに数個の磁界型電子レンズ(ソレノイドコイルに電流が流れ、磁界を発生する)を通過して、蛍光板上に試料の拡大像を結ぶ。これとは違う方式の「走査電子顕微鏡」では、電子ビームをまず静電界型の電子レンズと磁界型電子レンズで細く絞り、その後試料に照射して、試料上の微小な点に焦点を合わせてから、試料表面を走査して画像を得る。STEMはこれら2つの方式を組み合わせたものである。

1955年、物理学者エルヴィン・ミュラーは「電界イオン顕微鏡」を使って原子を観察した。この顕微鏡では、金属試料を針のように尖らせて、ヘリウムなどのガスのなかで電界をかける。金属の尖った先端部に電界が集中し、これに接触した気体原子はイオン化し、電気力線に沿ってスクリーンまで達し、そこで輝点となり、試料の原子構造を拡大した像を形成する。物理学者ピーター・ネリストが次のように書いているとおりだ。「この(気体原子がイオン化されて検出される)プロセスは、針の表面の原子構造の段差など、特定の場所で起こりやすいので、結果として得られる画像には、試料の根底に存在する原子構造が反映されている」。

参照：フォン・ゲーリケの静電発電機(1660年)、『顕微鏡図譜』(1665年)、原子論(1808年)、ブラッグの結晶回折の法則(1912年)、量子トンネル効果(1928年)、核磁気共鳴(1938年)

1955年

原子時計

ルイ・エッセン(1908-97)

時計の精度は何世紀ものあいだに徐々に高まってきた。14世紀のドーヴァー城の時計などの初期の機械式時計では、1日数分の狂いが生じた。17世紀に振り子時計が普及すると、何時かという時間のみならず、分の単位まで記録できるほど正確になった。20世紀になると、振動する水素結晶(水晶振動子)を使ったクォーツ時計では、ずれは1日1秒以内となった。1980年代、セシウム原子時計では、ずれは3000年に1秒未満となった。さらに2009年には、NIST-F1(訳注:NISTはアメリカ国立標準技術研究所の略称で、この研究所で開発されたもの)と呼ばれる、セシウム泉型時計が、ずれが6000万年に1秒になるほどの精度を達成した。

原子時計が正確なのは、ひとつの原子がもつ異なる2つのエネルギー準位に関わる現象を利用しているからだ。この準位間のエネルギー差に相当する、特定の周波数のマイクロ波だけが原子を励起させることを利用して、マイクロ波の周波数を正しく合わせるわけである。セシウム133というセシウムの同位体では、この共鳴周波数が9,192,631,770 Hz(約9.2ギガHz)である。セシウム133は、この周波数のマイクロ波を浴びたときだけ励起する。励起した原子は、レーザー光を当てると、蛍光を発する(光子を放出するので)。この蛍光が最大となるマイクロ波の周波数を9,192,631,770 Hzと特定するわけだ。こうして特定された周波数から、1秒の長さを決める。世界中の多数のセシウム時計でこの測定が行われ、それらの結果を平均して、1秒の国際単位が決定されている。

原子時計の重要性を示す使用例のひとつが、GPS(全地球測位システム)だ。数基の人工衛星を使うGPSシステムを使えば、私たちは自分が地球上のどこにいるかを特定できる。その精度を確保するためには、このシステムの人工衛星が正確なラジオ周波数パルスを送信しなければならない。でなければそれを受信したカーナビゲーションシステムやスマートフォンなども含めたさまざまな装置が、自分の位置を正しく決められないからだ。

▲2004年、アメリカ国立標準技術研究所(NIST)は、構造部が米粒くらいの大きさの微小原子時計をデモンストレーションした。このチップサイズの原子時計に、レーザーとセシウム原子の蒸気が封入されたセルが含まれている。

正確な原子時計が初めて作られたのは、1955年、イギリスの物理学者ルイ・エッセンが、セシウム原子のエネルギー遷移を利用した時計を作ったときのことだ。ほかの原子やほかの方式に基づく時計の研究が世界中の研究施設で今も継続して行われ、精度のさらなる向上と、コストの低下がはかられている。

参照:砂時計(1338年)、記念日時計(1841年)、ストークスの蛍光の法則(1852年)、タイムトラベル(1949年)、放射性炭素年代測定法(1949年)

並行宇宙

ヒュー・エヴェレット3世(1930-82)、マックス・テグマーク(1967-)

著名な物理学者の多くが今、私たちの宇宙に並行して多数の宇宙が存在し、それらの宇宙は、ケーキの層、ミルクセーキの泡、あるいは無限に枝分かれする木についた芽のようなものとしてイメージすることができるかもしれないという説を唱えている。このような並行宇宙論のなかには、隣の宇宙から私たちの宇宙のなかに漏れ出している重力が検出されて、隣にそんな宇宙があったのだと気づく可能性を指摘するものもある。たとえば、遠方の恒星からの光が、この宇宙からたった数mmしか離れていない並行宇宙のなかにある、私たちには見えない物体の重力によって曲げられるかもしれないというのだ。奇妙に聞こえるかもしれないが、多宇宙という概念のすべてが、それほど突飛ではないのである。アメリカの政治科学者デイヴィッド・ラウブによって実施され、1998年に発表された、72名の著名な科学者を対象とする調査で、物理学者の58%(スティーヴン・ホーキングも含めて)が何らかの形の多宇宙理論を信じていることがわかった。

並行宇宙論には多くの種類が存在する。たとえば、ヒュー・エヴェレット3世の1956年の博士論文「普遍波動関数の理論」は、「宇宙は常に「枝分かれ」して、無数の並行世界を生み出している」という理論を概説する。この理論は量子力学の多世界解釈と呼ばれ、宇宙(世界)が量子レベルでいくつかの経路を選択せねばならなくなったとき、すべての選択肢が実際に起こるように、選択肢の数だけ宇宙が分岐すると考える。もしもこの理論が正しければ、ありとあらゆる奇妙な世界がある意味「存在」するわけだ。いくつかの世界では、第二次世界大戦でヒトラーが勝ったことになる。私たちが簡単に観察できるこの宇宙は、存在しうる無数の宇宙すべての集合の、ほんの一部でしかないという考え方を表すために、このすべての宇宙の集合を指して「多宇宙」という言葉が使われることもある。

もしも私たちの宇宙が、無数の宇宙からなる多宇宙のひとつなら、私たちの住む、見える宇宙とまったく同じコピー——そこには、私たちの地球も、あなたの正確なコピーも含まれている——が、別の宇宙として存在するのかもしれない。物理学者マックス・テグマークによれば、私たちの「見える」宇宙の正確なコピーのうち、私たちの最も近くにあるものは、平均して約$10\sim10^{100}$m離れているはずだという。あなた自身のコピーが無限に存在するのみならず、あなたを少しだけ変えたもののコピーも無限に存在する。また、カオス的な**宇宙のインフレーション理論**(訳注：空間は指数関数的な急激な膨張を一貫して続けており、そのなかで新たな宇宙が次々と生まれているという、永久インフレーション説のこと。多数存在するインフレーション理論のひとつ)も、ほかの多数の宇宙が誕生したことを示唆している。そのなかにはあなたの無数のコピーが、多くの点でより素敵だったり、ちょっといただけなくなったりした状態で存在しているのかもしれない。

▶量子力学のいくつかの解釈では、宇宙が量子レベルでいくつかの経路を選択せねばならなくなったとき、すべての選択肢が実際に起こるように、選択肢の数だけ宇宙が分岐するとする。多宇宙理論では、私たちがいる観察可能な宇宙は、ほかの多くの宇宙も含む実在の一部に過ぎないことになる。

参照：光の波動性(1801年)、シュレーディンガーの猫(1935年)、人間原理(1961年)、シミュレーションのなかで生きる(1967年)、宇宙のインフレーション(1980年)、量子コンピュータ(1981年)、量子不死(1987年)、時間順序保護仮説(1992年)

1956年

ニュートリノ

ヴォルフガング・エルンスト・パウリ(1900–58)、フレデリック・ライネス(1918–98)、クライド・ロラン・カワン・ジュニア(1919–74)

▲シカゴ近郊のフェルミ国立加速器研究所では、加速器で生成した陽子を使ってニュートリノの強力なビームを発生させている。物理学者たちはこのニュートリノビームを遠方にある検出装置に入射させることにより、ニュートリノ振動を観察することができる。本図は、粒子の放射性崩壊で放出されたニュートリノをできるだけ細くビーム状に集束させるために中間生成物の粒子に磁場をかけて集束させる「ホーン」と呼ばれる装置である(ニュートリノ自体は電荷を持たないので、磁場で集束されない)。

1993年、物理学者レオン・レーダーマン(1922-2018)は次のように記した。「ニュートリノ(中性微子)はけっこう気に入ってる素粒子だ。ニュートリノはほとんど属性をもたない。質量がなく(あったとしてもごくわずか)、電荷もなく、半径もない。おまけに、強い力もはたらいていない。婉曲にいえば「とらえどころがない」のだ。ようやく存在しているみたいなくせに、何百万キロメートルの厚さの鉛を貫通することができ、しかもさほど衝突にまきこまれることもない」(高橋健次訳『神がつくった究極の素粒子(上)』草思社、p.22より引用)。

1930年、物理学者ヴォルフガング・パウリは、ある種の放射性崩壊(訳注：ここでは、電子を放出する放射性崩壊のこと)でエネルギーが失われる現象を説明づけるため、電荷を持たず、質量はきわめて小さな粒子が存在するという仮説を提唱した。失われたエネルギーは、まだ検出されていない、この幽霊のような粒子が持ち去っているのだというわけだ。この粒子は、その後フェルミによってニュートリノと名づけられ、1956年に、2人の物理学者フレデリック・ライネスとクライド・カワンがサウスカロライナ州の原子炉で行った実験で初めて検出された。

私たちの体の1インチ四方(6.5 cm^2)に、毎秒1000億個のニュートリノが太陽から飛んできては通過しているが、そのうち1個とて、私たちと相互作用することは事実上ない。素粒子物理学の**標準模型**によれば、ニュートリノは質量をもたない。ところが1998年、地下に設置されたスーパーカミオカンデという日本のニュートリノ検出器を使った研究で、ニュートリノには実はごくわずかながら質量があることが確認された。スーパーカミオカンデは、大量の水の周囲に、ニュートリノの衝突で放出される**チェレンコフ放射**を検出するための検出器を膨大な数設置したものだ。ニュートリノと物質の相互作用は極めて弱いため、ニュートリノを検出するには、検出の確率を上げるために巨大な検出装置が必要になる。ニュートリノの検出装置はまた、**宇宙線**などのさまざまな背景放射を遮るために、地下に設置されている。

現在、ニュートリノには3つの種類が知られている。この種類をフレーバーとも呼ぶ。ニュートリノは振動することによって、3つのフレーバーの間を移動することができる。宇宙を旅する間に、振動しつつフレーバーを変えているのだろう。科学者たちは、太陽がエネルギーを生成する核融合反応で生じると期待されるニュートリノの数に比べ、実際に検出されるニュートリノが極端に少ない理由は何かを巡り、長年悩んでいた。だが、従来の検出器では、あるひとつのフレーバーのニュートリノしか検出できず、太陽からのニュートリノの約3分の2は検出されていなかったことが明らかになり、太陽ニュートリノが予測値よりも少ないのは単に見かけ上だけのことだと判明した。

参照：放射能(1896年)、チェレンコフ放射(1934年)、標準模型(1961年)、クォーク(1964年)

トカマク

イーゴリ・エヴゲーニエヴィチ・タム(1895-1971)、レフ・アンドレーヴィチ・アルツィモヴィチ(1909-73)、アンドレイ・ドミートリエヴィチ・サハロフ(1921-89)

地球に光とエネルギーがたっぷり供給されているのは、太陽の内部で起こっている核融合反応のおかげだ。人類は、核融合を地球上で使って安全にエネルギーを作り出し、自分たちの必要を満たすための電力を、より直接的に得られるようになるだろうか？　太陽の内部では、4個の水素原子核(4個の陽子)が融合してヘリウムの原子核が生まれる(訳注：陽子-陽子連鎖反応と呼ばれる)。生まれたヘリウム原子核の質量は、元になった4個の水素原子核の質量の総和よりも小さく、その差に当たる失われた質量は、アインシュタインの$E=mc^2$にしたがってエネルギーに変換される。核融合に必要な高温高圧の状態は、太陽自体の大きな重力によって確保される。

科学者たちは、水素の同位体(重水素と三重水素)からなるガスが、自由に運動する原子核と電子からなるプラズマになるのに十分な高温・高密度の状態を作り出すことによって、地上で核融合反応を起こしたいと考えている。こうして生じたプラズマの中で、重水素と三重水素の原子核が核融合反応を起こし、ヘリウム原子核と中性子に変化する際に、エネルギーを放出させることを目指している(訳注：この反応は、太陽の内部での陽子-陽子連鎖反応とは異なる)のである。残念ながら、核融合に必要な極度の高温に耐える容器は、物質では作れない。ひとつの解決策が、「トカマク」という装置である。トカマクは、中空のドーナツ形の容器の内部に作られた磁場の内部にプラズマを封じ込める技術だ。高温プラズマを封じ込めるには、磁気圧縮、マイクロ波、電気、そして加速器からの中性粒子のビームを使うなどの方法がある。こうしてドーナツ形に封じ込められたプラズマは、壁に触れることなくトカマクの内部を周回する。現在、世界最大のトカマクは、現在フランスに建設中の国際熱核融合実験炉(ITER、日本語では「イーター」)である。

トカマクの研究者たちは、システムの稼働に必要なエネルギーよりも多くのエネルギーを生成できるシステムの構築を目指して努力を続けている。そのようなトカマクが完成したなら、多くの利益がもたらされるだろう。第一に、必要な燃料は水素で、簡単に入手できる。第二に、核融合は、現在核分裂型原子炉――ウランなどの重い元素の原子核が小さな原子核へと分裂する際に大量のエネルギーが生じる――がかかえている高レベル放射性廃棄物の問題は免れる。

トカマクは1950年代にソヴィエト連邦の物理学者イーゴリ・エヴゲーニエヴィチ・タムとアンドレイ・サハロフが発明し、レフ・アルツィモヴィチが完成させた。現代の科学者たちは、強力なレーザー光で燃料ペレットを爆縮させて、超高密度の高温プラズマを実現して核融合を起こす、「慣性核融合」の実用化の可能性も模索している。

▶球状トカマクの構想に基づいた画期的な磁場型核融合装置、NSTX(ナショナル・スフェリカル・トーラス・エクスペリメント、すなわち球状トーラス実験)の写真。NSTXはオークリッジ国立研究所、コロンビア大学、ワシントン大学(シアトル)の協力のもと、プリンストンプラズマ物理研究所によって建設された。

参照：プラズマ(1879年)、$E=mc^2$(1905年)、原子力(1942年)、恒星内元素合成(1946年)、太陽電池(1954年)、ダイソン球(1960年)

集積回路

ジャック・セイント・クレール・キルビー(1923-2005)、ロバート・ノートン・ノイス(1927-90)

「集積回路は発明される運命にあったようだ」と、技術史家のメアリー・ベリスは書いている。「2人の発明家が、互いに相手のやっていることなどまったく知らずに、ほとんど同じ集積回路、すなわちICを、ほとんど同時に発明したのだから」。

エレクトロニクス分野で使われるIC(小さなチップ状なのでマイクロチップとも呼ばれる)は、半導体素子を利用して小型化した電子回路で、現代においては、コーヒーメーカーからジェット戦闘機まで、数えきれない電子装置に利用されている。半導体材料の導電性は、電場をかけることによってコントロールできる。モノリシックIC(単結晶の半導体材料の1枚のチップの上に電子回路を構成したもの)の発明により、従来は個別のトランジスタ、抵抗、コンデンサ、そしてそれらをつなぐワイヤーだったものを、すべて1枚の単結晶半導体(半導体チップ)の上に作りこむことができるようになった。抵抗やトランジスタなどの個々の構成要素からなるいくつもの回路を手作業で組み立てるのに比べ、ICはフォトリソグラフィーの手法によって、より効率的に製作することができる。フォトリソグラフィーとは、シリコンウェハなどの材料の表面に、さまざまな幾何学的形状が描かれたマスクと呼ばれる型を介して光を照射し、マスク上の形状を転写する手法である。ICでは構成要素が小さく、また密集して配置されているので、回路としてのスピードもはるかに向上している。

物理学者のジャック・キルビーは1958年にICを発明した。彼とはまったく無関係に研究をしていた別の物理学者、ロバート・ノイスは、その6ヶ月後にICを発明した。ノイスは半導体材料としてシリコンを使い、キルビーはゲルマニウムを使った。今日では、郵便切手の大きさのチップに10億個以上のトランジスタが集積できる。性能と集積密度の向上――そして価格の低下――はどんどん進み、物理学者で企業経営者のゴードン・ムーアはこの状況を、「もしも自動車産業が半導体産業と同じ急速なペースで向上したなら、ロールスロイスは今ごろ1ガロンのガソリン当たり50万マイル走行していただろう。しかも、駐車しておくよりも捨てるほうが安くなっているだろう(訳注:駐車場の代金を払ってまで古いものを使い続けているよりも、さらに燃費がよくなっている新車を買ったほうが安くつくほどの燃費向上率になっているだろうから、という意味だと思われる)」と表現した。

キルビーはテキサスインスツルメンツ社に就職した最初の年、有給休暇の数が足りず、7月後半にはかの社員たちが夏休みを取っているあいだも仕事を続け、ICを発明した。9月までには、キルビーは実用模型を完成させ、翌年の2月6日、テキサスインスツルメンツはこの特許を出願した。

◀マイクロチップの外装(たとえば、本図の左に見える長方形のもの)の内側に、トランジスタ素子などの小さな部品を含む集積回路が入っている。外装は、それよりも小さい集積回路を保護し、また、チップを回路基板に接続する端子を保持する。

参照：キルヒホッフの電気回路の法則(1845年)、トランジスタ(1947年)、宇宙線(1910年)、量子コンピュータ(1981年)

月の裏側

ジョン・フレデリック・ウィリアム・ハーシェル(1792-1871)、ウィリアム・アリソン・アンダース(1933-)

月と地球のあいだに働く重力が特殊な関係になっているため、月の自転の周期は、月が地球を公転する周期とまったく同じである。そのため、月は常に同じ面を地球に向けている。英語では、地球からは見ることのできない月の裏側を、「月の暗黒面(dark side of the moon)」と呼ぶことが多い。1870年、有名な天文学者サー・ジョン・ハーシェルは、月の裏側には普通の水をたたえた海があるかもしれないと記した。のちに空飛ぶ円盤マニアたちは、月の裏側には地球外生命体の秘密基地が隠されているかもしれないと憶測した。実際には、どんな秘密がそこにあったのだろう？

ついに1959年、ソヴィエトの無人月探査機ルナ3号が月の裏側を初めて写真撮影し、私たちは月の裏側の様子を初めて見ることができた。ソヴィエト連邦科学アカデミーは、月の裏側の最初の地図を1960年に発表した。物理学者たちは、地球の電波の干渉を防ぐことができる月の裏側に、大型電波望遠鏡を設置することを提案している。

▲月の裏側は、異様に荒くぼこぼこした表面で、地球を向いている面とはまったく違った姿だ。本図は、1972年にアポロ16号の乗組員たちが月周回軌道から撮影した写真である。

月の裏側は、実際には常に暗いわけではなく、地球を向いた表側と裏側は同じ量の太陽光を受けている。面白いことに、表側と裏側の様子は大きく異なる。特に、地球を向いた側には大きな「海」(昔の天文学者には海のように見えた、比較的平らな領域)がたくさんある。これに対して、裏側は多くの隕石に打たれたのか、クレーターが多い。表と裏でこれほど様子が異なる理由のひとつは、約30億年前に表側で火山活動が活発化し、そのため、比較的滑らかな玄武岩質溶岩が流れ出て表面を覆ったためと推測される。裏側では地殻が厚く、内部の溶融物質を封じ込めることができたのかもしれない。科学者たちは、ほかの原因についても議論を続けている。

1968年、アメリカのアポロ8号のミッションで、人類はついに月の裏側を直接見ることができた。このミッションで月周回飛行を行った宇宙飛行士のウィリアム・アンダースは、月の裏側をこう説明した。「裏側は、私の子どもたちが一時遊んでいた砂山のようでした。どこもぼこぼこで、何の特徴もなく、ただ窪みや穴がたくさんあっただけです」。(訳注：2019年1月、中国の月探査機、嫦娥(じょうが)4号が、月の裏側に史上初の着陸を成功させた。)

参照：望遠鏡(1608年)、土星の環の発見(1610年)

ダイソン球

ウィリアム・オラフ・ステープルドン(1886-1950)、フリーマン・ジョン・ダイソン(1923-)

1937年、イギリスの哲学者にして小説家でもあるオラフ・ステープルドンは、自らの小説『スターメイカー』(浜口稔訳、国書刊行会)で、ある巨大な人工建造物を描いている。「長い時が過ぎるにつれ……自然の惑星をもたない恒星の多くが、同心円状の人工的な世界によって周囲を取り巻かれていく。いくつかの恒星では、内側の環には数十個の、外側の環には数千個の惑星が埋め込まれており、これらの惑星は、太陽からの距離に応じて、その距離で可能な生命体に適した状態になっている」(本書のための独自訳)。

『スターメイカー』にインスピレーションを得た物理学者フリーマン・ダイソンは1960年、恒星を取り囲み、その恒星のエネルギーの大部分をとらえることのできる球形の殻という仮説上の構造物について論じた技術論文を、権威ある科学専門誌『サイエンス』に発表した。技術文明が進歩するにつれ、高度化した技術に必要な莫大な量のエネルギーをまかなうために、このような構造物が設計されるだろうというのだ。ダイソンは実際、恒星の周囲を軌道に沿って周回する小さな多数の人工物が全体として作る球形の殻を考えていたのだが、SF作家、物理学者、教師、そして学生たちは、ダイソンの論文が発表されて以降、恒星を中心とした緻密な球の構造物で、その内面に異星人たちが住めるようなものの可能性を探りつづけており、その球にはどんな性質が必要かを探っている。

ひとつ例を挙げると、地球と太陽の距離に半径が等しいダイソン球が提案されている。この球の表面積は、地球の表面積の5億5000万倍である。興味深いことに、中心の恒星はこの球形の殻に対して正味の重力を及ぼさないので、球の位置を常時修正しない限り、球はふらふらとずれて、危険な状態になりかねない。同様に、球の内面に存在する生物や物体も、重力によって球に拘束されてはいない。これを少し修正した案では、生物は惑星に住み続けることができ、恒星のエネルギーをとらえるために球を利用することができるようになっている。ダイソンは、厚さ3mの殻をもった球を作るに十分な惑星物質とその他の物質が、太陽系には存在していると推測した。ダイソンはまた、ダイソン球は恒星の光を吸収し、容易に定義できるかたちでエネルギーを再放出するため、遠方にあるダイソン球を地球人が検出することも可能だと考えた。研究者たちは、このような構造物の証拠かもしれないものを発見するために、該当しそうな赤外線信号をすでに探し始めている。

◀恒星を取り囲み、そのエネルギーの大部分をとらえるというダイソン球の想像図。本図に示された稲妻は、球の内面でエネルギーがとらえられていることを示すものである。

参照：太陽系の測定(1672年)、フェルミのパラドックス(1950年)、太陽電池(1954年)、トカマク(1956年)

レーザー

チャールズ・タウンズ(1915-2015)、セオドア・ハロルド・(テッド・)メイマン(1927-2007)

「レーザー技術は、幅広い実用的な用途で重要になった」と、レーザーの専門家ジェフ・ヘクトは書いている。「医療分野や家庭用電気製品から、遠距離電気通信や軍事技術まで。レーザーは最先端の科学研究でも重要なツールとなっている——これまでに、レーザーそのもの、ホログラフィー、レーザー冷却、そして**ボース-アインシュタイン凝縮**(訳注:ボース-アインシュタイン凝縮が起こる極低温は、レーザー冷却の技術なしには実現できなかった)など、レーザー関連の研究でノーベル賞を受賞した科学者は18人にのぼる」。

レーザー(laser)という言葉は、light amplification by stimulated emission of radiation(放射の誘導放出による光の増幅)の各単語の頭文字を並べたもので、レーザーは「誘導放出」と呼ばれる、原子レベルで起こる現象を利用している。この現象は、1917年にアルベルト・アインシュタインによって理論的に発見された。誘導放出では、適切なエネルギーをもった光子(光の量子)が励起状態(エネルギーが高い状態)にある電子を刺激して、基底状態(エネルギーが低い安定な状態)に強制的に戻す際に、別の光子が放出される。この第二の光子は、最初の光子と「コヒーレント」、すなわち、位相と波長が等しいほか、偏光、進行方向も等しい。レーザー装置では、こうして生じた光子が繰り返し反射されて原子がもつ電子を刺激し続けられる「光共振器」という光学機器を使い、光を増幅して強い放射光を放出させる。さまざまな種類の光(電磁放射)を発生するレーザー装置を作ることが可能で、X線レーザー、紫外線レーザー、赤外線レーザーなどがある。こうして発生させたレーザーは、非常に正確に平行な状態にでき(平行に調整することを「コリメート」という)、長距離を進んでも広がらなくなる。たとえばNASAの科学者たちは、地上で発生させたレーザー光線を、宇宙飛行士が月面に設置した反射装置で反射させることに成功した。月面では、このレーザー光線は約2.5 kmに広がっているのだが、普通の懐中電灯の光の広がりに比べれば、ほとんど広がっていないようなものだ。

▲弾道ミサイル攻撃に対する防御技術として開発されているレーザー兵器システムに搭載される数個のレーザーの相関を研究する光学技術者。米国空軍調査研究所の指向性エネルギー局は、ビーム制御技術の研究を行っている。

1953年、物理学者チャールズ・タウンズと彼の大学院生らは、世界初のマイクロ波レーザー(メーザー)を出力させたが、この装置は連続放射ができなかった。セオドア・メイマンは、1960年に最初の実用的なレーザー装置を開発した。ただし、パルス発振しかできなかった。現在レーザーは、DVDやCDのプレーヤー、光ファイバー通信、バーコードリーダー、そしてレーザープリンターで大々的に利用されている。このほか、出血や痛みがほとんどない外科手術用のメスや、銃の照準合わせなどにも使われている。レーザーを使って戦車や戦闘機を破壊する技術の研究も続けられている。

参照:ブルースターの光学の法則(1815年)、ホログラム(1947年)、ボース-アインシュタイン凝縮(1995年)

終端速度

ジョゼフ・ウィリアム・キッティンジャー2世(1928-)

みなさんのなかにも、殺人銅貨というちょっとぞっとする話を聞いたことのある人が大勢いらっしゃると思う。ニューヨークのエンパイアステートビルから1セント銅貨を落とすと、銅貨は猛烈なスピードまで加速し、下の道を歩いている人の脳を貫いて、死なせてしまうという話だ。

道を歩いている人には幸いなことに、終端速度の物理が彼らをそんな恐ろしい結末から守ってくれる。1セント銅貨は、約152 m落下すると最大速度に到達する(時速約80 km)。弾丸は、この10倍の速度で飛ぶことからすると、銅貨が誰かを殺すことはなさそうだ。したがって殺人銅貨の話はでたらめだったとわかる。上昇気流も銅貨の落下速度を遅くする。それに、銅貨は弾丸のような形はしていないので、頭に落ちたとしても、頭皮すら大して傷つかないだろう。

媒質(空気や水など)のなかを運動する物体は、抗力(空気抵抗など)を受けて速度が遅くなる。空気中を自由落下している物体の場合、抗力は、速度の2乗、物体の運動方向への投影面積、そして空気の密度に比例する。物体の落下速度が速いほど、抗力は大きくなるわけだ。銅貨が加速しながら落下するにつれ、空気からの抗力は徐々に大きくなり、やがて硬貨は、終端速度と呼ばれる一定の速度で落下するようになる。落下物が等速運動に入るのは、物体に働く空気の粘性に由来する抗力が重力と等しくなった時である。

スカイダイバーが手足を広げてダイブするときに達する終端速度は時速約190 kmである。頭を下にした姿勢でダイビングをする場合は、終端速度は時速約240 kmになる。

▲スカイダイバーは、手足を広げてダイブすると、時速約190 kmの終端速度に達する。

自由落下によって人間が到達した最大の終端速度は、1960年にアメリカの軍人ジョゼフ・キッティンジャー2世が達成したもので、彼が気球からジャンプした際の高度が高かった(そしてそれゆえ空気が希薄だった)ため、時速988 kmに達したと推測されている。彼は高度31,300 mからジャンプし、高度5500 mでパラシュートを開いた。

参照:落下物の加速(1638年)、地球脱出速度(1728年)、ベルヌーイの定理(1738年)、野球のカーブ球(1870年)、スーパーボール(1965年)

人間原理

ロバート・ヘンリー・ディッケ(1916-97)、ブランドン・カーター(1942-)

「宇宙についての知識が増えるにつれ、……宇宙がほんの少し違うかたちに組み立てられていたなら、私たちがここにいて、この問題について考えていることはなかったということがあきらかになってきた。宇宙はまるで、私たちのために作られた、可能なデザインのなかで最も壮大なエデンの園のようだ」と、物理学者のジェームズ・トレフィルは書いている。

この主張を巡っては、今なお議論が続いているが、この人間原理と呼ばれる考え方には、科学者も一般の市民も関心を抱いている。この原理が初めて詳細に説明されたのは、1961年に天文学者ロバート・ディッケが発表した論文においてであり、その後、物理学者ブランドン・カーターをはじめとする研究者らがこれを発展させた。この、今も議論を呼ぶ人間原理は、少なくとも一部の物理パラメータは、生命体が進化できるように調整されているように見えるという事実を中心に展開している。たとえば、私たちが生きているのは炭素という元素のおかげだが、炭素は最初、地球がまだ形成される前に、恒星の内部で作られた。炭素の生成を推進する恒星内部の核反応は、少なくとも一部の研究者には、炭素の生成を促進するのに「ちょうどいい」ものであるように見える。

宇宙のすべての恒星が、太陽質量の3倍よりも重たければ、恒星の寿命はたった5億年で、多細胞生物が進化するだけの時間はなくなってしまう。また、**ビッグバン**の1秒後に宇宙の膨張速度が10^{17}分の1だけ遅かったなら、宇宙は今の大きさになる前に崩壊していただろう。一方、宇宙の膨張が速すぎたなら、陽子と電子が結びついて水素原子が生まれることは決してなかっただろう。それに、重力の強さ、あるいは、原子核や中性子の崩壊の原因となる「弱い力」の強さが、ごくわずかでも違っていたなら、高度な生命体が進化することはなかっただろう。

無限の数のランダムな(設計されたのではない)宇宙が存在する可能性があり、私たちの宇宙は、そのうち炭素に基づく生命体の出現が許されるもののひとつに過ぎない。一部の研究者たちは、親宇宙から絶えず多数の子宇宙が生まれ出ており、しかも子宇宙は親宇宙のものと似通った一組の物理法則を受け継ぐのではないかと考えている。地球の生命体の生物学的形質の進化と似たプロセスである。多くの恒星をもつ宇宙が長生きをし、多くの恒星をもつ子宇宙を多数生み出す機会に恵まれるなら、つまるところ、恒星に満ちた私たちの宇宙はそれほど珍しい存在ではないのだろう。

▶基本的な物理定数のいくつかが少しでも異なっていたなら、炭素に基づいた知性をもつ生命体が進化するのは、非常に難しかっただろう。信仰心をもつ人々の一部にとって、これは、宇宙は人間の存在を可能にするよう微調整されているという印象を与えている。

参照：並行宇宙(1956年)、フェルミのパラドックス(1950年)、シミュレーションのなかで生きる(1967年)

1961年

標準模型

マレー・ゲルマン(1929-)、シェルドン・リー・グラショー(1932-)、ジョージ・ツワイク(1937-)

「物理学者たちは、1930年代までには、すべての物質を、電子、中性子、陽子というたった3種類の粒子からなるものとして説明できるようになっていた」と、スティーヴン・バターズビーは書いている。「しかし、望みもしない余分な粒子——ニュートリノ、陽電子と反陽子、パイ中間子とミュー中間子、K中間子、ラムダ粒子、シグマ粒子など——が出現しはじめ、1960年代中頃には、基本粒子とされる粒子が100種類ほど発見されていた。きわめて混乱した状況だった」。

理論と実験の連携でまとめあげられた、標準模型と呼ばれる数学モデルが登場し、これまでに物理学者たちが発見した素粒子物理学の現象の大半を説明することができるようになった(訳注：標準模型は重力については説明できない。後述)。標準模型によれば、素粒子は大きく2つのグループに分けられる。ボソン(力を媒介する粒子で、ゲージ粒子とも呼ばれる)とフェルミオンだ。フェルミオンには、6種類のクォーク(陽子も**中性子**も3個のクォークでできている)と、やはり6種類のレプトン(**電子**や、1956年に発見されたニュートリノなど)がある。ニュートリノは、ごくわずかな(しかしゼロではない)質量しかもたず、ほとんど乱されることなく通常の物質を通り抜けるため、検出するのは非常に難しい。現在私たちは、これらの素粒子の多くについて、粒子加速器の内部で原子を衝突させて分裂させ、そのとき生じた破片(割れた原子核など)を調べて知識を得ている。

標準模型では、物質を構成するフェルミオンが、力を媒介するゲージ粒子(光子やグルーオンなど)を交換することによって力が作用すると説明する。ヒッグス粒子は、標準模型のなかで唯一未発見の粒子だったが、2012年、CERNのLHCでの実験で、新粒子が発見され、翌年これがヒッグス粒子であることが確認された。ヒッグス粒子は、ほかの素粒子がなぜ質量をもつかを説明する。重力の力は、質量をもたないグラビトン(重力子)と呼ばれる粒子の交換によって生じると考えられているが、グラビトンはまだ実験によって検出されていない。実のところ標準模型は、重力が含まれていないので、不完全なのである。一部の物理学者は、標準模型に重力を加えて、大統一理論を構築しようと努力している。

1964年、2人の物理学者、マレー・ゲルマンとジョージ・ツワイクは、クォークという概念を提案した。これは、ゲルマンが1961年に、バリオンと総称される8種類の重い粒子を説明するために、八道説と呼ばれる模型を提案した直後のことであった。この模型では、バリオンを3個のクォークでできたものとして説明できるのである。標準模型への最初の大きな一歩が踏み出されたのは、この少し前の1960年、物理学者シェルドン・グラショーが、電磁気力と弱い力を統一する理論を発表したときのことだった。

◀コスモトロン。10億電子ボルト、すなわちGeVレベルのエネルギーで粒子を運動させられる世界初の加速器であった。コスモトロンはシンクロトロン型の加速器で、1953年に設計上の最高エネルギーである3.3 GeVに到達し、素粒子の研究に使用された。

参照：弦理論(1919年)、中性子(1932年)、ニュートリノ(1956年)、クォーク(1964年)、神の粒子(1964年)、超対称性(1971年)、万物の理論(1984年)、大型ハドロン衝突型加速器(2009年)

電磁パルス

ウィリアム・R.フォースチェンのベストセラー小説『One Second After(1秒後)』(未訳)では、高高度核爆発で壊滅的な電磁パルスが放たれ、航空機、心臓ペースメーカー、ハイテク自動車、そして携帯電話が瞬時に機能しなくなり、アメリカは「文字通りにも比喩的にも暗黒状態」に陥る。食べ物は欠乏し、社会は暴力的になり、多くの町が焼かれる——すべて、いかにもありそうな筋書きだ。

電磁パルスは普通、大気中での核爆発によって発生する大量のパルス状の電磁放射のことを指し、多くの電子機器の機能を停止させるため深刻な問題になっている。1962年、アメリカは太平洋上で、高度400 kmの核実験を行った。スターフィッシュ・プライムと呼ばれるこの実験は、約1445 km離れたハワイで電子機器に被害を及ぼした。交通信号は消えた。防犯ベルは停止した。電話会社のマイクロ波中継器は故障した。もしも今日、カンザスの上空400 kmで核爆弾が1個爆発したとすると、米国上空では地磁気が非常に強いため、米国本土全体に影響が及ぶと推測されている。上水道システムも多くは電気ポンプに依存しているため、水の供給にも支障をきたすだろう。

核爆発の直後、強力なガンマ線(高エネルギー電磁放射)がバースト状に一気に放出されて電磁パルスが始まる。ガンマ線が空気の分子を構成する原子と相互作用し、**コンプトン効果**というプロセスで電子が放出される。この電子が大気をイオン化し、強い電場を発生させる。電磁パルスの強度と影響は、爆弾が爆発した高度と、その場所の地磁気の強さに大きく依存する。

核兵器を使わなくても、それほど強度が高くない電磁パルスなら、たとえば磁気濃縮型爆薬発電機——高性能の爆薬により磁気を濃縮し、ある程度強力な電磁パルスを発生させる発電機——などを使って、発生させることが可能だ。

電子機器を電磁パルスから守るには、ファラデー・ケージ——電磁エネルギーを直接地面に向かわせることができる金属のシールド——のなかに入れておくといい。

◀発展型空中指揮機(AABNCP)として使われるE-4型機が、電磁パルスシミュレータのなかでテストを受けているところを側面から撮影した写真(ニューメキシコ州、カートランド空軍基地にて)。E-4は電磁パルスに曝されてもシステムに損傷を受けないよう設計されている。

参照：コンプトン効果(1923年)、リトルボーイ原子爆弾(1945年)、ガンマ線バースト(1967年)、HAARP(2007年)

1963年

カオス理論

ジャック・サロモン・アダマール(1865-1963)、ジュール=アンリ・ポアンカレ(1854-1912)、エドワード・ノートン・ローレンツ(1917-2008)

バビロニア神話のティアマトは、海を人格化した女神で、原初のカオスを表す恐ろしい存在だった。カオスは、制御不能な未知のものの象徴となった。現代のカオス理論は、初期条件に敏感に依存する広範な現象の研究が含まれる、成長を続ける刺激的な研究分野である。カオス的な振舞いは、「ランダム」で予測不可能に見えることが多いが、厳密な数学的規則に従うものも多く、その規則を記述する方程式を構築し、研究することが可能である。カオスの研究で有効な、重要な研究ツールのひとつが、コンピュータ・グラフィックスだ。ランダムに光が点滅するカオス的玩具から、タバコの煙の筋や渦まで、カオス的な振舞いは一般に不規則で無秩序だ。ほかにも、気象パターン、一部の神経や心臓の活動、株式市場、そして、ある種のコンピュータ電気回路網などの例がある。カオス理論はさまざまな視覚芸術にも応用されている。

科学分野には、よく知られているわかりやすいカオス的物理系がいくつも存在する。たとえば、流体の熱対流、超音速航空機のパネルのフラッタと呼ばれる振動、ある種の化学反応の振動、流体力学、人口変動、周期的に振動する壁に衝突する粒子、振り子や回転子のさまざまな運動、非線形電気回路、梁の座屈(訳注:座屈とは、部材に圧縮力をかけていき、力

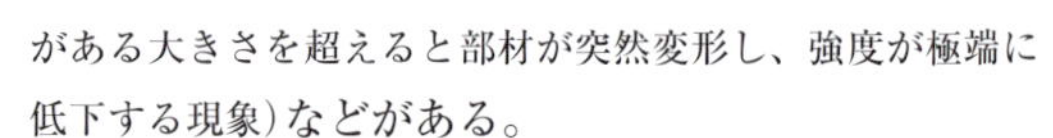

がある大きさを超えると部材が突然変形し、強度が極端に低下する現象)などがある。

カオス理論の起源は、19 世紀と 20 世紀の境目あたりにまでさかのぼることができる。このころ、ジャック・アダマールやアンリ・ポアンカレなどの数学者が、運動する物体の複雑な軌道を研究した。1960 年代前半、マサチューセッツ工科大学の気象学者、エドワード・ローレンツは、一連の式を使って、大気中の対流のモデルを構築した。彼の方程式は単純だったが、彼はすぐに、そこにカオスの特徴のひとつが現れているのに気づいた——初期条件がごくわずかでも変化すると、予測のつかない、異なる結果になるのだった。ローレンツは 1963 年の論文でこのことを、「世界のどこかで蝶が羽をはばたかせると、その影響はやがて、数千 km も離れた場所の気象に及ぶ」と説明した。今日私たちは、この初期条件への敏感さを「バタフライ効果」と呼んでいる。

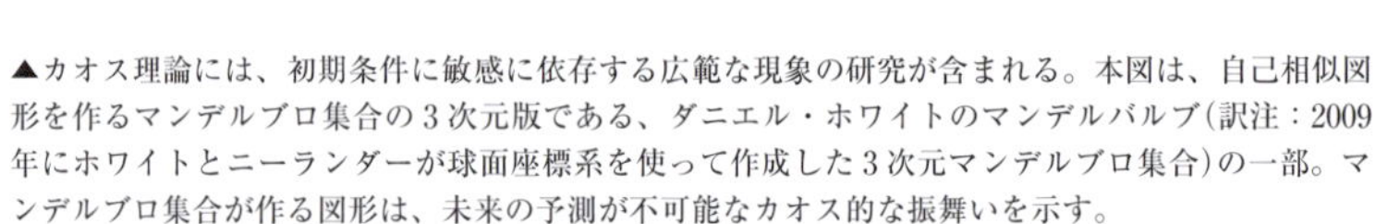

▲カオス理論には、初期条件に敏感に依存する広範な現象の研究が含まれる。本図は、自己相似図形を作るマンデルブロ集合の3次元版である、ダニエル・ホワイトのマンデルバルブ(訳注:2009年にホワイトとニーランダーが球面座標系を使って作成した3次元マンデルブロ集合)の一部。マンデルブロ集合が作る図形は、未来の予測が不可能なカオス的な振舞いを示す。
◀バビロニア神話によれば、ティアマトは竜と大蛇を生みだした。

参照:ラプラスの悪魔(1814 年)、自己組織化臨界現象(1987 年)、風速最大の竜巻(1999 年)

1963年

クエーサー

マーテン・シュミット(1929-)

「クエーサーは、サイズは小さいのに膨大なエネルギーを放出する、宇宙で最も不可解な物体のひとつです」と、ハッブル宇宙望遠鏡のウェブサイト「ハッブルサイト」の科学者たちは書いている。「クエーサーは、地球が属する太陽系に比べ、それほど大きくないのに、数十億個の恒星を含むひとつの銀河全体の100倍から1000倍の光を放出しています」。

数十年間にわたる謎ではあるが、現在、大部分の科学者はクエーサーは非常に遠方にある非常に活発な銀河で、その中心にある**超巨大ブラックホール**が、付近の銀河物質が内部に落下する際に、エネルギーを放出しているのだと考えている。最初のクエーサーは、電波望遠鏡(宇宙からの電波を受信する装置)による観測で発見され、その信号に対応する天体の画像はなかった。1960年代前半、これらの不思議な電波源に初めて、位置が対応する、ぼんやり見える天体が観測され、「準恒星状電波源」、略してクエーサーと呼ばれるようになった。クエーサーから放出される電波のスペクトル(ある物体が放射する光や電磁波の強度が波長によっていかに異なるかを示すため、横軸に波長を取り、縦軸にその波長の光もしくは電磁波の強度を表示したもの)は、当初はまったく不可解だった。しかし1963年、オランダに生まれアメリカで長年研究している天文学者マーテン・シュミットが、この奇妙な強度分布は、水素のスペクトル線が極度に赤方偏移したものであるという見事な発見を行った。この赤方偏移は宇宙の膨張によるもので、これらのクエーサーが、極めて遠方にある非常に古い銀河に属することを示していた(**ハッブルの宇宙膨張の法則**と**ドップラー効果**を参照のこと)。

現在、20万個を超えるクエーサーが知られているが、その大部分は、電波の弱いクエーサーである。クエーサーは暗く見えるのだが、それはクエーサーが約7億8000万光年から280億光年もの遠方にあるからで、実際には、宇宙のなかで知られている、最も明るく、大量のエネルギーを放出する天体である。クエーサーは1年に10個の恒星、あるいは、1分に600個の地球を呑みこむことができると推定されている。クエーサーは、周囲のガスと塵を消費してしまうと、「光を停止する」と考えられている。このとき、そのクエーサーが属している銀河は、活動期を終えて普通の銀河になる。クエーサーは初期宇宙にはもっと多数存在したと推測される。なぜなら、それらのクエーサーが周囲の物質を消費してしまうだけの時間はまだ経過していなかっただろうから。

▶中心にクエーサー、すなわち、エネルギーを放出している成長中のブラックホールをもつ銀河の想像図。天文学者たちは、NASAのスピッツァー宇宙望遠鏡およびチャンドラ宇宙望遠鏡を使って、これと同様のクエーサーを、遠方にある多数の銀河のなかに発見した。本図では、X線の放出が白い光線として描かれている。

参照：望遠鏡(1608年)、ブラックホール(1783年)、ドップラー効果(1842年)、ハッブルの宇宙膨張の法則(1929年)、ガンマ線バースト(1967年)

1963年

ラバライト

エドワード・クレイヴン・ウォーカー(1918-2000)

ラバライト(米国特許3,387,396号)は装飾用の照明器具で、透明な筒の内部に入った水のなかを多数の球が漂っている。これを本書に加えたのは、普及率の高さもさることながら、そこに単純だが重要ないくつもの原理が体現されているからだ。多くの教育者が、ラバライトを使って、熱の放射、対流、伝導などを教室で実演し、実験し、また議論している。

ラバライトは1963年、イギリス人エドワード・クレイヴン・ウォーカーによって発明された。ジャーナリストのベン・イケンソンは、次のように書いている。「第二次世界大戦で従軍したウォーカーは、戦後フラワーチルドレンの物言いとライフスタイルを身につけた。トーマス・エジソンとオースティン・パワーズを足して2で割ったような人物で、イギリスでサイケデリックが流行した時代のヌーディストだった――おまけに、なかなか抜け目のないマーケティングのスキルをもっていた。「私のライトを買えば、もうドラッグなど買う必要なし」という決め台詞を使うことで知られていた」。

ラバライトを作るには、混じり合わない2種類の液体を見つけなければならない。あるラバライトでは、底に取りつけられた40 Wの白熱電球が、背の高い先細りになったガラス瓶を温める。瓶には水が満たされ、そこにワックスと四塩化炭素の混合物で作った小球がたくさん入っている。ワックスは、室温では水よりも少し密度が高い。ライトの底が温められるにつれ、ワックスは水よりも速く膨張し、柔らかくなり、流動性をもちはじめる。ワックスの比重(水を基準とする相対密度)が低下するにつれ、小球は瓶の最上部まで上昇し、やがて冷却して沈む。ラバライトの台にあるコイルは熱を広げる役割を担うほか、小球の形状を保っている**表面張力**を破る。こうして形が崩れた多数のワックスの小球は瓶の底で再び集まって球形になる。

ラバライトの内部でワックスの小球が行う複雑で予測できない運動は、乱数作成に利用されている。そのような乱数発生器が、1998年の米国特許5,732,138号で記述されている。

悲しいことに、2004年、ラバライトをコンロで加熱しようとしたフィリップ・クインという青年が亡くなった。ライトが爆発し、ガラスの破片が彼の心臓に刺さったためだ。

◀ラバライトは、単純だが重要な物理法則を示すもので、多くの教育者が教室での実演、実験、議論にラバライトを使っている。

参照:アルキメデスの原理(紀元前250年)、ストークスの粘性の法則(1851年)、表面張力(1866年)、白熱電球(1878年)、ブラックライト(1903年)、シリーパティ(1943年)、水飲み鳥(1945年)

神の粒子

ロベール・ブルー(1928-2011)、ピーター・ウェア・ヒッグス(1929-)、フランソワ・アングレール(1932-)

『人生に必要な物理50』の著者ジョアン・ベイカーは、こう書いている。「1964年、スコットランドの高地を歩いていた物理学者ピーター・ヒッグスは、粒子に質量を与える方法を思いついた。彼はこれを「すごいアイデア」と呼んだ。粒子は、ある力場のなかを泳いでいる間、動きが遅くなるために、より重く見える、というのだ。この力場は、今ではヒッグス場と呼ばれている。ヒッグス場によって表される粒子がヒッグス粒子で、ノーベル賞受賞者のレオン・レーダーマンは、これを「神の粒子」と名づけた」(本書のための独自訳)。

素粒子は2つのグループに大別される。ボソン(力を伝える粒子で、ゲージ粒子とも呼ばれる)とフェルミオン(**クォーク**、**電子**、**ニュートリノ**など、物質を作る粒子)だ。前者であるヒッグス粒子は**標準模型**に含まれるが、長年にわたり実際に観測されたことはなかった。科学者たちは、**大型ハドロン衝突型加速器**(LHC)――ヨーロッパに建設された、従来よりも高エネルギーの粒子加速器――で、この粒子の存在を示す証拠が得られるのではないかと期待していた。LHCで2012年に行われた実験で、ヒッグス粒子の可能性があるデータが得られ、それが正しいことが2013年に確かめられた。

ヒッグス場は、ねっとりしたハチミツの池のようなものと考えればわかりやすいかもしれない。この池(場)のなかを、質量のない素粒子が通過しようとすると、ハチミツが粒子にくっつく。つまりこの場は、質量のない素粒子を、質量をもつ粒子に変えてしまう。いくつかの理論によれば、ごく初期の宇宙では、すべての基本的な力(強い力、電磁力、弱い力、重力)がひとつのスーパー・フォースに融合されていたが、宇宙が冷えるにつれ、異なる力が出現したのだという。物理学者たちはすでに、弱い力と電磁力を「電弱力」に統一することに成功しており、やがて4つの力のすべてが統一されるだろうと期待されている。さらにピーター・ヒッグス、ロベール・ブルー、フランソワ・アングレールは、**ビッグバン**の直後は、あらゆる粒子が質量をもっていなかったという説を提唱している。宇宙が冷えるにつれ、ヒッグス粒子とそれに伴う場が出現した。光子などの一部の粒子は、べとつくヒッグス場を、質量を得ることなく通過することができる。しかし、そうでない粒子は、ハチミツにはまったアリのように、重くなってしまう。

ヒッグス粒子は、陽子の100倍以上の質量をもっている可能性もある。加速器での衝突のエネルギーが高いほど、生じた破片のなかに重い粒子が存在する可能性が高まるので、ヒッグス粒子を発見するには大型の加速器が必要なのだ。

▲小型ミューオン・ソレノイド(CMS)は、**大型ハドロン衝突型加速器**の敷地内に掘られた巨大な穴のなかに設置されている粒子検出器だ。この検出器は、ヒッグス粒子を探す取り組みや、**ダークマター**の性質について洞察を得るのを助けてくれると期待されている。

参照：標準模型(1961年)、万物の理論(1984年)、大型ハドロン衝突型加速器(2009年)

クォーク

マレー・ゲルマン(1929-)、ジョージ・ツワイク(1937-)

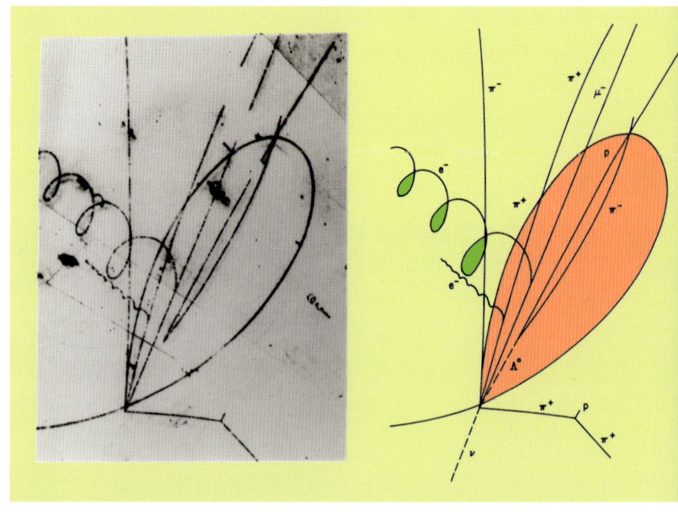

▲科学者たちは、米国立ブルックヘヴン研究所の泡箱で記録された粒子の軌跡の写真(左)を、チャームの色荷をもったバリオン(具体的にはチャームラムダと呼ばれるラムダ粒子の一種。バリオンとは、3個のクォークからなる粒子の総称)が存在する証拠とした。本図のプロセスでは、下から画面に入ったニュートリノ(右のイラストの破線)が陽子と衝突して多数の他の粒子が生まれ、それらの粒子が軌跡を残している。

ごったがえしの粒子の世界へようこそ。理論家たちは1960年代、陽子や中性子などの素粒子どうしの関係に見られるパターンは、これらの粒子は実は素粒子ではなく、クォークと呼ばれる、より小さな粒子でできていると考えれば説明できることに気づいた。

クォークには6つの「フレーバー」と呼ばれる種類が存在し、それぞれアップ、ダウン、チャーム、ストレンジ、トップ、ボトムと呼ばれている。このうち安定なのはアップクォークとダウンクォークだけで、この2種類が宇宙に最も多く存在する。ほかの重いクォークは、高エネルギー衝突実験で作り出される。(レプトンと呼ばれる別のグループの粒子 ── **電子**など ── は、クォークではできていないことに注意。)

クォークは、1964年に2人の物理学者マレー・ゲルマンとジョージ・ツワイクによって独立に提案され、1995年までに、粒子加速器の実験で6種すべての証拠が得られた。クォークは、電子の電荷の絶対値(素電荷と呼ぶ)を単位にして、分数値の電荷をもつ。たとえば、アップクォークは $+2/3$ の、ダウンクォークは $-1/3$ の電荷をもつ。**中性子**(電荷をもたない)は2個のダウンクォークと1個のアップクォークからなり、陽子(正の電荷をもつ)は2個のアップクォークと1個のダウンクォークからなる。クォークどうしは、強い力と呼ばれる、ごく短い距離でしか働かない力によって結合されている。強い力は、グルーオンと呼ばれる粒子によって媒介される。クォークとグルーオンは、色荷と呼ばれる量子数をもっており、グルーオンを交換することでクォークが色荷をやりとりすることが強い力の源となっている。このような強い力の関わる相互作用を記述する理論は、「量子色力学」と呼ばれている。クォークという名称を考案したのはゲルマンで、『フィネガンズ・ウェイク』(訳注:ジェームズ・ジョイスの小説)のなかのナンセンスな文章、「マーク大将のために三唱せよ、くっくっクォーク!」から取ったものである。

ビッグバンの直後、宇宙はクォークとグルーオンの**プラズマ**で満たされていた。なぜなら、温度が高すぎて、ハドロン(陽子や中性子などの粒子)は形成されなかったからだ。ジュディー・ジョーンズとウィリアム・ウィルソンは共著のなかで、次のように書いている。「クォークには、猛烈な知のパンチ力がある。クォークは、自然は3つの面からなることを意味している……。無限という巨大なものが砕けた破片を片手に、そしてもう片方の手には宇宙の構成要素を握って、クォークは科学の最も野心的な姿を表している──と同時に、その最も謙虚な姿勢も備えている」。

参照:ビッグバン(紀元前138億年)、プラズマ(1879年)、電子(1897年)、中性子(1932年)、量子電磁力学(1948年)、標準模型(1961年)

CP対称性の破れ

ジェームズ・ワトソン・クローニン(1931-2016)、ヴァル・ログストン・フィッチ(1923-2015)

あなたも、私も、鳥も、ミツバチも、今日生きているのは、CP対称性の破れとさまざまな物理法則のおかげである。これらのものが、私たちの宇宙の進化の始まりである**ビッグバン**において、物質と**反物質**の比に影響を及ぼしたらしいのだ。CP対称性の破れの結果、原子以下の微小領域において、ある種のプロセスに非対称性が生じる。

物理学の重要な概念の多くは、たとえば、何かの性質が保存される、つまり、何かが一定のままであるなどの、対称性として姿を現す。「CP対称性」のCの部分は、粒子が反粒子と入れ替わっても——つまり、粒子の電荷や、その他の量子論的性質の正負を入れ替えても——、物理法則は同じなはずだとする。(専門用語では、Cは荷電共役対称性と呼ばれる。)P対称性、つまりパリティ対称性は、空間座標の反転における対称性のことだ——たとえば、左と右を入れ替えたり、あるいは、3つの空間次元x、y、zを$-x$、$-y$、$-z$に変換するなどの操作をしても物理法則が不変という意味だ。少し具体的に説明すると、パリティ対称性とは、ある反応の鏡像は同じ反応率で起こるということを意味する(一例を挙げると、原子核が放射性崩壊する際、崩壊過程の生成物は、上方にも下方にも同じだけ放出される)。

1964年、2人の物理学者ジェームズ・クローニンとヴァル・フィッチは、中性K中間子という粒子が、CP対称性を保存しない崩壊を起こすことを発見した。つまり、弱い力(元素の放射性崩壊を司る力)が媒介する核反応は、CP対称性を破っていたのだ。この反応では、中性K中間子はその反粒子に変換し(中性K中間子を作っているクォークがすべて反クォークに置き換わることによって)、その逆の変換も起こるのだが、その確率は完全には一致しないのである。CP対称性が保存されるなら、両者の確率は同じでなければならない。

ビッグバンの際、CP対称性の破れと、まだ知られていないその他の高エネルギー物理的相互作用の働きにより、現在観察されている、宇宙における物質の反物質に対する優位性がもたらされた。これらの作用がなかったなら、陽子と反陽子がほぼ同数生まれ、すぐに対消滅を起こしてしまったはずで、物質が形成されることはなかっただろう。

▶1960年代前半、米国立ブルックヘヴン研究所のAGシンクロトロン(磁場が強収束性のシンクロトロン)からのビームと、本図に示す検出装置が使われた実験で、荷電共役変換(C)とパリティ変換(P)の対称性が保存されないことが証明され、ジェームズ・クローニンとヴァル・フィッチにノーベル物理学賞をもたらした。

参照：ビッグバン(紀元前138億年)、放射能(1896年)、反物質(1932年)、クォーク(1964年)、万物の理論(1984年)

1964年

ベルの定理

ジョン・スチュワート・ベル(1928-90)

EPR パラドックスの項で、「量子もつれ」について述べた。量子もつれとは、たとえば2個の電子や、2個の光子の間に生じる、直観に反する緊密な結びつきのことである。2個の粒子がもつれあうと、両者がどんなに遠く離れていようが、片方の粒子に起こった特定の種類の変化が、もう一方の粒子に瞬時に反映される。一方の粒子が地球にあり、もう一方の粒子がたとえば月に移動していたとしても、この現象は起こる。量子もつれの現象はまったく直観に反しているため、アルベルト・アインシュタインはこれを、量子力学の欠陥の表れと考えた。ひとつの可能性として提案されたのが、この現象は、既存の量子力学には含まれていない、何らかの未知の「局所的な隠れた変数」によって起こっており、実は粒子はやはり、それを取り巻くごく近傍の状況だけに影響を受けているという説だった。つまり、そのような隠れた変数のおかげで、本当は局所的な作用で起こっていることが、あたかも非局所的な薄気味悪い相互作用であるかのように見えているだけであり、観測できない隠れた変数を導入すれば、量子もつれの現象を説明できるはずだというのだ。ようするにアインシュタインは、遠く離れた出来事が、局所的に存在している粒子に瞬時に、つまり、光よりも速く、影響を及ぼしうるということが受け入れられなかったのだ。

ところが1964年、物理学者ジョン・ベルは、局所的な隠れた変数を導入するどんな物理理論も、量子力学が予測する内容(たとえば粒子のスピンの向きについての予測)をすべて再現することはできないことを理論的に示した。実際、私たちの物理的世界の非局所性は、ベルの定理と、1980年代前半以降得られた、これを検証するためのさまざまな実験の結果によって確かめられているようだ。ベルの議論の概要を説明すると、こうなる。ベルはまず、「局所的な隠れた変数」論者の立場に立って、先に挙げた例で言えば、地球にある粒子と月にある粒子は、どちらも明確な値(たとえばスピンの)をもっていると仮定しましょうと言った(量子力学では、2個の粒子のいずれも、測定前にはスピンは特定の向きにはなっていないことに注意)。さて、このような粒子は、地球と月、それぞれにいる科学者が、それぞれの粒子を測定する結果について、量子力学が予測するとおりの測定値を与えるだろうか？　ベルは、ある種の実験の結果の統計分布は、量子力学による予想とは一致しないことを数学的に証明した。これはアインシュタインの結論とは違っており、したがって宇宙が「局所的」だという仮定は間違っているのである。

▲哲学者、物理学者、そして神秘主義者たちが、ベルの定理を大いに利用している。ベルの定理は、アインシュタインは間違っており、宇宙は根本的に「相互結合しており、相互依存した、分離不可能なもの」であると示しているようだ。

哲学者、物理学者、そして神秘主義者たちが、ベルの定理を大いに利用している。フリッチョフ・カプラは、次のように書いている。「ベルの定理は、“実在は、ばらばらの部分が局所的な結びつきによってつながってできている”という考え方は、量子論とは相いれないことを示し、アインシュタインの立場に強烈な一撃を与えた。……ベルの定理は、宇宙は根本的に相互結合しており、相互依存した分離不可能なものであることを示している」。

参照：相補性原理(1927年)、EPR パラドックス(1935年)、シュレーディンガーの猫(1935年)、量子コンピュータ(1981年)

スーパーボール

「バン、ドン、ボン！」。元気なオノマトペで、その記事は始まった。『ライフ』誌1965年12月3日号の、スーパーボールの記事である。「あっちへこっちへ、そのボールはまるで生きているかのように、左右の壁にぶつかりながら廊下を転がっていく。これがスーパーボール。間違いなく、これまでに登場した最もよく跳ねる球状体だ。心理学者がアメリカの流行につけているあらゆる順位表で、スーパーボールは暴れるバッタのように、トップに躍り出た」。

1965年、カリフォルニアの化学者ノーマン・スティンレーは、玩具メーカーのワムオー社と共に、新開発の合成ゴム素材ゼクトロンを使って、素晴らしいスーパーボールを開発した。肩の高さから落とすと、スーパーボールはその90％の高さまで跳ね返ることができ、硬い面の上では1分間跳ね続ける(テニスボールは10秒しか跳ね続けない)。物理で使われる反発係数eという物性値は、衝突前の速度に対する衝突後の速度の比で定義されるが、スーパーボールでは0.8〜0.9程度だ。

1965年の初夏に市民への販売が始まると、秋までには全米で600万個を超えるスーパーボールが飛び跳ねていた。米国国家安全保障担当補佐官のマクジョージ・バンディは、職員たちに楽しんでもらうため、ホワイトハウスにスーパーボールを5ダース届けさせた。

よく跳ねるボールという意味で「バウンシー・ボール」と呼ばれることもある(訳注：主にイギリスで)。スーパーボールの秘密は、炭素原子が長い鎖状につながって弾性を示す、ポリブタジエンというゴムに似た化合物にある。ポリブタジエンが硫黄の存在する環境で高圧のもと加熱されると、「加硫」と呼ばれる化学反応が起こり、これらの長い鎖は、より耐久性の高い材料になる。長い鎖をつなぐ短い硫黄の「橋」が、スーパーボールの柔軟性を制約する結果、高い弾性を示すようになり、跳ね返りのエネルギーの大部分がボールの運動エネルギーへと戻る。鎖分子の架橋を増やすために、ジ-オルト-トリル-グアニジン(DOTG)などの他の化合物が加えられる。

エンパイアステートビルの最上部からスーパーボールを落とすとどうなるだろう？　ボールの直径が2.5 cmだったとすると、約100 m(25〜30階分)落ちると、ボールは時速約113 kmの**終端速度**に達する。e＝0.85だったとすると、跳ね返り速度は時速約97 kmになり、24 m(7階分)の高さまで上がる。

▶肩の高さから落とすと、スーパーボールはその90％の高さまで跳ね返ることができ、硬い面の上では1分間跳ね続ける。反発係数は0.8〜0.9ほどである。

参照：野球のカーブ球(1870年)、ゴルフボールのくぼみ(1905年)、終端速度(1960年)

1965年

宇宙マイクロ波背景放射

アーノ・アラン・ペンジアス(1933-)、ロバート・ウッドロー・ウィルソン(1936-)

宇宙マイクロ波背景放射(CMB)は、宇宙を満たしている電磁放射で、138億年前、私たちの宇宙の進化の開始点、**ビッグバン**で起こったまばゆい「爆発」の名残である。宇宙が冷えながら膨張するにつれ、高エネルギー光子(**電磁スペクトル**のなかの、ガンマ線や**X線**に当たる光子)の波長が長くなり、エネルギーが低いマイクロ波に移行した。

1948年ごろ、宇宙論研究者のジョージ・ガモフとその同僚たちが、このマイクロ波背景放射が検出される可能性を指摘していたところ、1965年、ニュージャージー州のベル電話研究所の物理学者、アーノ・ペンジアスとロバート・ウィルソンが、温度3Kの熱放射に対応する、マイクロ波の奇妙な過剰ノイズを検出した。この「背景」ノイズの原因である可能性のあるさまざまな要因——たとえば、彼らの大型屋外検出器に付着したハトの糞など——を確認した結果、彼らは実は、宇宙で最も古い放射を観察していたのであり、しかもそれは、ビッグバン説の証拠であったことが突き止められた。ちなみに、宇宙の遠方からの光が地球に届くには時間がかかるため、私たちが空を見るときはいつも、過去も見ていることに注意。

より精度の高い測定が、1989年に打ち上げられたCOBE(宇宙背景放射探査機)衛星によって行われ、マイクロ波の温度は2.735Kと特定された。COBEのミッションでは、背景放射の強度のわずかな揺らぎを測定することもでき、これらの揺らぎは宇宙のなかで銀河などの構造が形成されるきっかけとなった密度のむらに当たると考えられる(訳注:その後2001年に打ち上げられたWMAP〔ウィルキンソン・マイクロ波異方性探査機〕と、2009年に打ち上げられたプランク人工衛星により、宇宙背景放射の揺らぎがより高解像度で観測されている)。

科学の発見は運に左右される。ノンフィクション作家のビル・ブライソンは、次のように書いている。

「ペンジアスとウィルソンは、宇宙背景放射を探していたわけではなく、発見したときもそれが何であるのかまったく知らず、その特徴の解釈など、どの論文にも記述しなかったにもかかわらず、1978年のノーベル物理学賞を受賞した」。アナログテレビにアンテナをつなぎ、どこの放送局にもつながっていないことを確かめて画面を見ると、「ちらちら動いているノイズ信号の光のうち約1%が、この大昔のビッグバンの名残に当たる。この次そんな画面を見るときは、何も映っていないと文句を言うのではなく、あなたは宇宙の誕生を見ているのだと思い出してほしい」。

◀ニュージャージー州ホルムデルのベル電話研究所に設置されたホーンリフレクタ型アンテナは、通信衛星に関する画期的な研究のために建設された。ペンジアスとウィルソンは、このアンテナを使って宇宙マイクロ波背景放射を発見した。

参照:ビッグバン(紀元前138億年)、望遠鏡(1608年)、電磁スペクトル(1864年)、X線(1895年)、ハッブルの(宇宙膨張の)法則(1929年)、ガンマ線バースト(1967年)、宇宙のインフレーション(1980年)

ガンマ線バースト

ポール・ウルリヒ・ヴィラール(1860–1934)

ガンマ線バーストは、光のなかで最もエネルギーが大きいガンマ線が、突然大量に放出される現象だ。ピーター・ウォードとドナルド・ブラウンリーは共著のなかで、次のように書いている。「もしもあなたがガンマ線バーストを目で見たとすると、夜空が一晩に一度明るくなるのが見えるはずだが、これらの遠方で起こる現象は、私たちが生まれつき備えている感覚ではとらえられないだろう」。しかし、ガンマ線バーストがもっと地球の近くで起こったとすると、「あなたは1分間は生存しているだろうが、次の1分間には、死んでいるか、放射能中毒で死につつあるだろう」。実際、4億4000万年前のオルドビス紀後半に起こった大量絶滅は、ガンマ線バーストによるという説を提案している研究者たちがいる。

最近まで、ガンマ線バーストは高エネルギー天文学最大の謎だった。ガンマ線バーストは、1967年にアメリカの軍事衛星によって偶然発見された。そもそもこの衛星は、大気圏内核実験などを禁止する部分的核実験禁止条約をソ連が順守しているかどうかを確認するために空をスキャンしていたのだ。ガンマ線バーストでは普通、最初に数秒の強力なバーストが起こったのに続き、それより長く続く、波長の長い残光が生じる。物理学者たちは現在、ガンマ線バーストの大部分は、自転する大質量の恒星が崩壊してブラックホールになる際の超新星爆発で放出される、細いビーム状の高強度放射であると考えている。これまでのところ、観察されたすべてのガンマ線バーストは私たちの天の川銀河の外で発生したもののようだ。

数秒間で、太陽がその一生に生み出すのと同じくらいの量のエネルギーを放出できるメカニズムについては、科学者たちもまだ正確には理解していない。NASAの科学者たちは、恒星が崩壊するとき、爆発で生じる爆風が、恒星の内部を光速に近いスピードで駆け巡り、恒星内になおも残存している物質と衝突する際にガンマ線が生じるのではないかという説を提案している。

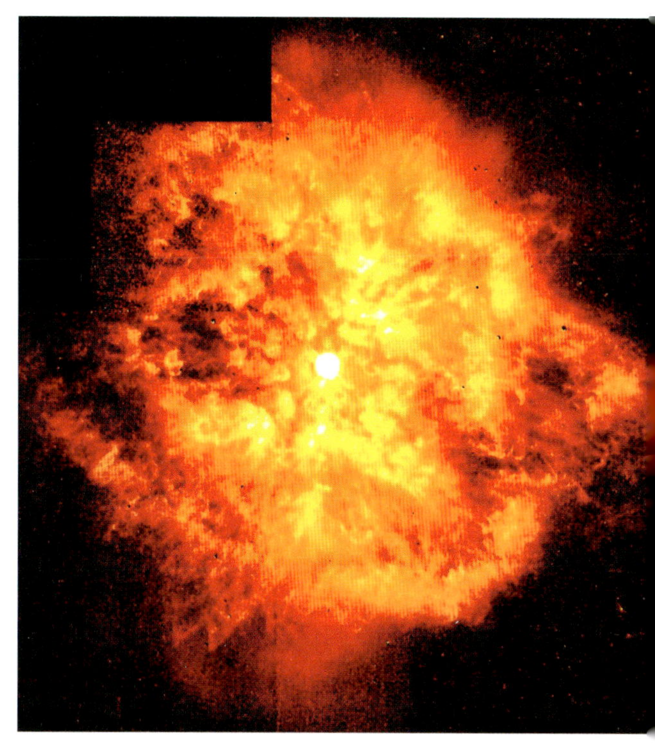

▲ハッブル宇宙望遠鏡がとらえたウォルフ-ライエ星(訳注:スペクトルに、普通の恒星のような水素の吸収線がなく、ヘリウム、窒素、炭素などの幅広い輝線が見られる天体で、水素の核融合反応が終了した恒星進化の終盤の姿と考えられる)WR-124とそれを取り巻く星雲の画像。この種の恒星が持続性ガンマ線バーストの発生源なのかもしれない。ウォルフ-ライエ星は、強い恒星風のために質量を急激に失った大質量恒星である。

ガンマ線は、1900年、化学者ポール・ヴィラールがラジウムの**放射能**の研究中に発見した。2009年、天文学者たちは、約138億年前に**ビッグバン**で宇宙が始まってからたった6億3000万年後に爆発を起こしていた巨大な恒星からのガンマ線バーストを検出した(訳注:GRB 090423と呼ばれている)。つまりこれは、これまでに観察された最も遠方のガンマ線バーストで、この宇宙が経てきた長い時間のなかの、まだほとんど研究されていない時代にあったことになる。

参照:ビッグバン(紀元前138億年)、電磁スペクトル(1864年)、放射能(1896年)、宇宙線(1910年)、クエーサー(1963年)

1967年

シミュレーションのなかで生きる

コンラート・ツーゼ(1910–95)、エドワード・フレドキン(1934–)、スティーヴン・ウルフラム(1959–)、マックス・テグマーク(1967–)

私たちが宇宙についてより多くを学び、コンピュータを使って複雑な世界をシミュレートできるようになってくると、真面目な科学者でさえ、現実というものの本質に疑問がわいてくる。私たちはもしかすると、コンピュータ・シミュレーションのなかで暮らしているのではないだろうか、という疑問だ。

私たちがいる宇宙のなかの小さな領域で、私たちは既に、ソフトウェアと数学的ルールを使って、生物に似た振舞いをシミュレートできるコンピュータを開発している。いつの日か、熱帯雨林のように複雑で生命に満ちたシミュレーション空間のなかに住む、思考する存在を作り出すことができるかもしれない。おそらく将来、現実そのものをシミュレートできるようになるだろうし、より高度な生命体が宇宙のどこかほかの場所ですでにそうしている可能性だってある。

これらのシミュレーションの数が、宇宙の数より多かったならどうなるだろう？　宇宙物理学者のマーティン・リースは、「ひとつの宇宙のなかにあるたくさんのコンピュータが、たくさんのシミュレーションを生み出しているなら」、シミュレーションの数は宇宙の数を上回るだろうし、だとすると、私たちは人工生命体なのかもしれないと言う。彼は次のように書いている。「多宇宙の考え方を受け入れるなら、……これらの宇宙のいくつかには、やがて自らの一部をシミュレートする能力が生じるのは必然で、だとすると、一種の無限後退のように、シミュレーションをいくら遡っても真の現実にはたどり着けない状況に陥ってしまうかもしれないし……、多数の宇宙と多数のシミュレート宇宙との大集合のなかの、どこに私たちがいるのか、まったくわからなくなるだろう」。

宇宙物理学者のポール・デイヴィーズも、次のように述べている。「最終的には、すべての仮想世界がコンピュータの内部に作られて、それらの世界に住む意識をもつ存在は、自分が誰かほかの人の技術によるシミュレーションの産物だとはまったく知らないという状況になるだろう。すべての大本の世界に対し、膨大な数の仮想世界が存在することになるだろう——それらの仮想世界のいくつかには、自らにとっての仮想世界をシミュレートする機械が存在しているだろうし、このシミュレーションは無限に続き、シミュレーション世界のシミュレーション世界が限りなく生み出されるだろう」。

ほかの研究者たち、たとえばコンラート・ツーゼ、エドワード・フレドキン、スティーヴン・ウルフラムらは、物理的な宇宙はセル・オートマトン——コンピュータ上の格子状のセルと単純な数学的ルールによる離散的なモデル——の上に存在する純粋に数学的な構築物だという説を提唱している。ちなみに、宇宙はデジタルコンピュータだという仮説は、1967年にドイツの技術者ツーゼによって初めて提案された。

◀▲コンピュータの性能がますます上がるにつれ、いつの日か私たちは、すべての宇宙と現実そのものをシミュレートできるようになるだろうし、より高度な存在が宇宙のどこか別の場所ですでにそうしている可能性もある。

参照：フェルミのパラドックス(1950年)、並行宇宙(1956年)、人間原理(1961年)

タキオン

ジェラルド・ファインバーグ(1933-92)

タキオンは、光速より速く(超光速)運動するという仮想的な素粒子だ。物理学者ニック・ハーバートはこう書いている。「現在、ほとんどの物理学者が、タキオンが存在する可能性はユニコーンが存在する可能性より少し高いだけだと考えているが、これらの仮説上の超光速運動の性質に関する研究は、まったくの無駄ではない」。このような粒子は時間をさかのぼることができるので、技術者でサイエンスライターのポール・ナーインは、ユーモアたっぷりに次のように書いている。「ある日タキオンが発見されるなら、その重大な出来事の前日、発見者の、「タキオンが明日発見されました」という知らせが新聞各紙に掲載されるはずだ」。

実は、アルベルト・アインシュタインの相対性理論は、物体が光速を超えることを禁じてはいない。ただ、光速よりも遅い物体は、真空中の光速である秒速約299,000 kmよりも速く運動することはできないと言っているだけなのだ。しかし、あらかじめ光速を超えており、どんなに減速しても速度が決して光速を下回らないなら、超光速物体は存在する可能性がある。この思考の枠組みを使い、私たちは宇宙に存在するすべてのものを3つに分類することができる。常に光速より遅い速度で動いているもの、ちょうど光速で運動しているもの(光子)、そして、常に光速より速い速度で運動しているもの、の3つだ。1967年、アメリカの物理学者ジェラルド・ファインバーグは、このような仮説上の超光速粒子を、ギリシア語で「速い」を意味するtachys(タヒース)を元に、「タキオン」と名づけた。

光速より遅い速度で運動している物体が光速を超えられない理由のひとつは、**特殊相対性理論**によれば、その過程で物体の質量が無限大になってしまうことにある。相対性理論にしたがい質量が増加するこの現象は、高エネルギー物理学で十分に検証されている。タキオンがこの矛盾をもたらすことがないのは、タキオンが光速を下回る速度で存在することが決してないからだ。

タキオンはおそらく、私たちの宇宙が進化を始めた最初の瞬間、**ビッグバン**において生み出されたのだろう。しかしタキオンは、数分のうちに時間を逆戻りして宇宙の起源に還り、その原初のカオスのなかに消えてしまったのだろう。もしも今日タキオンが生み出されたなら、**宇宙線**シャワーのなかか、あるいは、実験室内での粒子の衝突現象の記録から検出できるかもしれないと、物理学者たちは考えている。

▶タキオンはSFで使われている。もしもタキオンでできた異星人が、乗ってきた宇宙船から出てきてあなたに近づいてくるとすると、あなたには、異星人が宇宙船の外に出るよりも先に、あなたのところまでやってくるのが見えるだろう。彼が宇宙船から出るところの画像は、彼の超光速の身体よりも、あなたに届くまでに長い時間がかかるだろうから。

参照：ローレンツ変換(1904年)、特殊相対性理論(1905年)、宇宙線(1910年)、タイムトラベル(1949年)

ニュートンのゆりかご

エドム・マリオット(1620年ころ〜1684年)、ヴィレム・スフラーフェサンデ(1688-1742)、サイモン・プレブル(1942-)

ニュートンのゆりかごは、1960年代後半に有名になって以来、物理の教師と学生の心をとらえ続けている。設計したのはイギリスの俳優サイモン・プレブルで、彼の会社が販売する木枠を使ったものを、彼が1967年に「ニュートンのゆりかご」と名づけた。現在最も普及しているのは、通常5個または7個の金属球が、ワイヤーで吊るされ、ひとつの面内で振動するタイプだ。球はすべて同じ大きさで、静止しているときはすべての球が接触しあっている。外側の球を1個引き離したあと、解放すると、その球は静止しているほかの球に衝突して停止し、反対側の端にある球が1個、斜め上に跳び上がる。この一連の運動で、運動量とエネルギーがそれぞれ保存されるが、より詳細な分析を行うには、球の複雑な相互作用を考慮しなければならない。

最初に引き離した球を解放し、それが静止しているほかの球にぶつかるとき、衝撃波が生じ、すべての球を通して伝わる。この種の衝突実験は17世紀フランスの物理学者エドム・マリオットが行っていた。オランダの哲学者にして数学者でもあったヴィレム・スフラーフェサンデも、ニュートンのゆりかごと似た装置を使って衝突実験を行った。

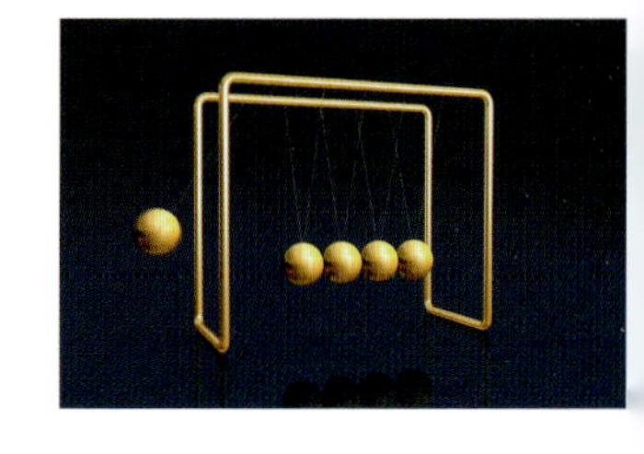

現代のニュートンのゆりかごは、実にさまざまな大きさのものがある。たとえば、これまでに作られた最大のニュートンのゆりかごのひとつは、20個のボウリングの球でできており(各6.9 kg)、長さ6.1 mの綱で吊り下げられている。逆に、最も小さなものは、2006年に『ネイチャー』誌に発表された「量子論的ニュートンのゆりかご」に記述されたもので、ペンシルベニア州立大学の物理学者たちがニュートンのゆりかごの量子版を作ったのだ。論文の著者らは次のように書いている。「ニュートンのゆりかごを量子力学で記述される粒子に拡張すると、それは幽霊のような雰囲気を帯びてくる。衝突する粒子は、お互いから跳ね返るだけではなく、互いに相手を通り抜けることも可能になる」。

『アメリカン・ジャーナル・オブ・フィジックス』誌にはニュートンのゆりかごへの参照が頻繁に登場する。この雑誌は物理の教師に向けたもので、ニュートンのゆりかごが教育目的で今なお注目されていることがうかがえる。

◀▲ニュートンのゆりかごの球の運動では、運動量とエネルギーが保存されるが、詳細な解析には球どうしの複雑な相互作用を考慮しなければならない。

参照：運動量の保存(1644年)、ニュートンの運動と万有引力の法則(1687年)、エネルギー保存の法則(1843年)、フーコーの振り子(1851年)

メタマテリアル

ヴィクトル・ゲオールギエヴィチ・ヴェセラゴ (1929-2018)

いつの日か科学者たちは、身にまとうと透明人間になれるマントを開発できるだろうか？　たとえば、『スタートレック』の異星人、ロミュラン人が戦艦を敵の目に見えなくするために使っている遮蔽装置のような。この困難な目標への最初の数歩がすでに、「メタマテリアル」という人工材料を使って踏み出されている。メタマテリアルとは、物質に微視的尺度の構造やパターンを施すことにより、自然界ではあり得ないかたちで電磁波を操作するよう設計された材料のことだ。

2001年までは、知られているすべての物質は正の屈折率(屈折率は、光が界面を通過するときの曲がり方を決める)をもっていた。ところが2001年、カリフォルニア大学サンディエゴ校の科学者たちが、負の屈折率をもつ、特殊な複合材料についての論文を発表した。屈折率が負の場合、**スネルの法則**において、入射光は、入射してきた側へと曲がる。この奇妙な材料は、ガラス繊維、銅のリング、そしてワイヤーからなり、光をこれまでにない新たなかたちで集束させることができる。初期の試験で、この材料を通過したマイクロ波は、スネルの法則で通常予測されるのとは逆向きに出てくることが示された。物理学的興味もさることながら、これらの材料は将来、新種のアンテナ、その他のデバイスの開発につながる可能性がある。理論的には、負の屈折率をもった材料でできた1枚のシートは、スーパーレンズとして機能し、光の波長の限界を超えた高解像度の観察画像を作り出すことができる。

初期の実験の大部分がマイクロ波を使ったものだったが、2007年、物理学者アンリ・レツェクが率いるチームが、可視光に対して負の屈折率をもつように振舞う複合材料を実現した。そのような材料を作り出すために、レツェクのチームは、金属とガラスを多数の層にして重ねたものに、さらにナノスケールの金属格子層を挿入した。この金属格子が可視光を導き、負の屈折率材料に期待される向きに曲げる。これは、可視光が別種の物質どうしの境界を通過する際に本来曲がる向きとは逆向きに進むよう操作するため、物理学者らが工夫して成功した初めての例だった。この現象が将来、分子サイズの微小な対象物を画像化できる光学顕微鏡や、対象物を見えなくする透明マントなどの実現へとつながる可能性を示唆する物理学者たちもいる。メタマテリアルの可能性は、ソ連の物理学者ヴィクトール・ヴェセラゴによって1967年に初めて理論的に予測された。2008年、科学者たちは、近赤外光に対し負の屈折率をもつ「フィッシュネット構造」(訳注：2枚の金属板の間に絶縁体をはさみ、微小な穴を多数配置した構造)を発表した。

▲アメリカ国立科学財団の研究者たちが開発した、屈折率が負であるかのように光を曲げる材料の、画家によるイメージ画。層状構造の材料が、自然界に存在している昔からの材料ではあり得ないかたちで光を屈折させる(すなわち、曲げる)。

参照：スネルの屈折の法則(1621年)、ニュートンのプリズム(1672年)、虹の説明(1304年)、世界一黒い塗料(2008年)

1969年

光が届かない場所がある部屋

エルンスト・ガボール・シュトラウス(1922-83)、ヴィクター・L. クリー・ジュニア(1925-2007)、ジョージ・トカルスキー(1946-)

アメリカの作家イーディス・ウォートン(1862-1937)は、「光を広げるには2つの方法がある。ロウソクになるか、光を反射する鏡になるかだ」と記した。物理学の「反射の法則」によれば、鏡のような面で反射が起こるとき、光波が面に入射する角度と、そこから反射する角度は等しい。あなたと私が、鏡で覆われた平らな壁で囲まれた暗い部屋のなかにいるとしよう。部屋のあちこちに、曲がり角や、横道のように奥まったところがある。部屋の形にかかわらず、私が部屋のどこかでロウソクを灯すと、あなたは部屋のどこにいようが(横道の奥も含め)ロウソクの明かりを見ることができるだろうか？　この問題は次のように、ビリヤードで表現することもできる。「任意の多角形のビリヤード台の上で、ビリヤードの玉を、ショットによって任意の2点間を移動させられるだろうか？」と。

さて、あなたと私がL字形の部屋に閉じ込められたとしよう。あなたと私が部屋のどこに立っていようと、あなたは私が手に掲げているロウソクの光を見ることができる。光線はあちこちの壁で反射して、必ずあなたの目に入るからだ。しかし、あまりに複雑すぎて、光が決して到達できない点(ダークスポット)が存在するような多角形をした部屋を考えることができるだろうか？(ただし、人間もロウソクも透明で、ロウソクは点光源だとする。)

この難問が初めて印刷物の形で提起されたのは、1969年で、数学者ヴィクター・クリーによる。だが、この問題を初めて思いついたのは、数学者エルンスト・シュトラウスで、1950年代のことだった。1995年に答えが発表されるまで、誰もこの難問を解くことができなかったというのは驚きだ。ダークスポットがある部屋の形を考え出したのは、アルバータ大学の数学者ジョージ・トカルスキーである。彼が発表した部屋の平面図には、26の辺があった。続いてトカルスキーは、辺が24本の例を発表した。これまでのところ、この24角形の奇妙な部屋が、現在知られている「ダークスポットがある部屋」のうち最も辺の数が少ない多角形である。物理学者と数学者は、これより辺の数が少ない多角形が、ダークスポットのある部屋として存在するのかどうか、まだわかっていない。

光の反射に関する、これに類似した問いはほかにも存在する。1958年、数学者ロジャー・ペンローズとその同僚たちは、平らではなく、湾曲した壁に囲まれた、特定の形をした部屋で、ダークスポットがあるものが存在することを示した。

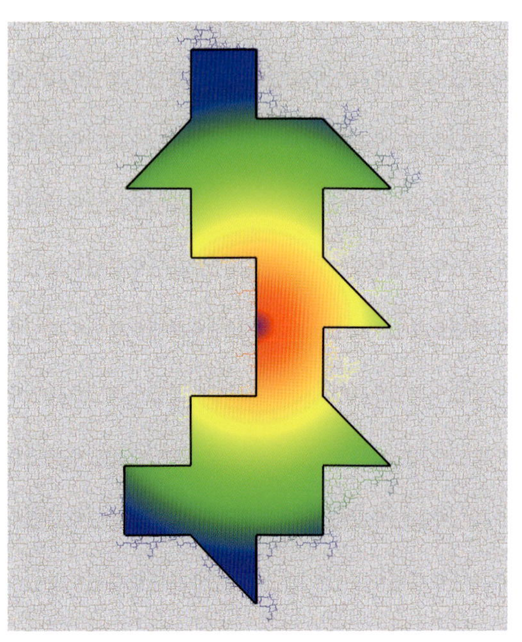

◀ 1995年、数学者ジョージ・トカルスキーは、本図に示す26角形の「ダークスポットがある部屋」を発見した。この部屋には、特別なひとつの点があり、そこにロウソク(光源)を置くと、部屋の別の1点がダークスポットになる(訳注：光源とダークスポットは入れ替えることができる)。

参照：アルキメデスの熱光線(紀元前212年)、スネルの屈折の法則(1621年)、ブルースターの光学の法則(1815年)

超対称性

ブルーノ・ズミノ(1923-2014)、崎田文二(1930-2002)、ユリウス・ヴェス(1934-2007)

「物理学者たちは、まるで『スタートレック』の筋書きさながらの物質の理論を作り上げた」と、ジャーナリストのチャールズ・サイフェは書き、さらに続ける。「それによると、どの粒子にも、まだ発見されていない分身、私たちが知っている粒子とはまったく違う性質をもった、正体不明の双子、「超対称性パートナー」があるという……。もしも超対称性が正しければ、これらの……粒子が、宇宙の質量のほとんどを占めている摩訶不思議な**ダークマター**の源なのかもしれない」。

超対称性理論によれば、**標準模型**のすべての粒子には、それよりも重い超対称性パートナーが存在する。たとえば、**クォーク**(互いに結合して、陽子や中性子などの別の粒子を作り出す微小な粒子)には、スクォークと呼ばれる、重いパートナーが存在するという。ちなみにスクォークとは、超対称性(スーパーシンメトリック)クォークの略である。電子(エレクトロン)の超対称性パートナーはセレクトロンだ。超対称性の先駆者には、崎田文二、J. ヴェス、B. ズミノらがいる。

超対称性が作り出された動機のひとつは、理論についての純粋な美意識だ。超対称性は、知られている粒子の一連の性質に、満足のいく対称性を加える。ブライアン・グリーンは、もしも超対称性が存在しなかったなら、として、次のように書いている。「それはまるでバッハが、独創的なパターンの音楽的対称性を構成するために、からみあう夥しい数のパートを書き上げたあとに、展開の解決にあたる最後の1小節を書き残したようなものだ」。超対称性はまた、クォークや電子などの最も基本的な粒子が、想像を絶するほど小さな、基本的に1次元の、弦と呼ばれるもので表されるという**弦理論**の、重要な要素である。

科学ジャーナリストのアニル・アナンサスワーミーは、次のように記す。「この理論が重要なのは、次のようなシナリオが考えられるからだ。初期宇宙の高エネルギー・スープのなかでは、粒子とその超対称性パートナーは区別できなかった。どの「粒子-超対称性パートナー」ペアも、ひとつの質量のない実体として共存していた。だが、宇宙が膨張し、冷えていくにつれ、この超対称性は崩壊した。パートナーと超対称性パートナーは別々の道を歩み、それ自体の質量をはっきりともつ個々の粒子になったのである」。

サイフェは、「これらの謎のパートナー粒子たちが検出されぬままなら、超対称性理論は単なる数学的玩具になってしまう。プトレマイオスの宇宙のように、それは宇宙の成り立ちを説明するかに見えて、実は現実を反映していないものとして終わるだろう」と結んでいる。

◀▲超対称性理論によれば、標準模型のすべての粒子には、未発見の重いパートナー粒子が存在する。初期宇宙の高エネルギー条件のもとでは、粒子とその超対称性パートナーは区別できなかった。

参照:弦理論(1919年)、標準模型(1961年)、ダークマター(1933年)、大型ハドロン衝突型加速器(2009年)

1980年

宇宙のインフレーション

アラン・ハーヴェイ・グース(1947-)

ビッグバン理論では、私たちの宇宙は138億年前には極めて高密度で高温の状態にあり、その後膨張を続けているという。だが、これだけでは宇宙で観察されているいくつかの特徴を説明できず、理論として不完全だ。1980年、物理学者アラン・グースは、ビッグバンの10^{-35}秒後、宇宙はたった10^{-32}秒のあいだに陽子以下のサイズからグレープフルーツの大きさにまで膨張した——大きさが10^{50}倍も膨れ上がった——という説を提唱した。現在、観察されている宇宙の背景放射の温度は、比較的均一であるように見える。私たちに見ることができる宇宙の、遠く離れた部分どうしは、途方もない距離で離れており、かつて結びついていたとはとても思えないにもかかわらず。これを説明するには、これらの部分は元々ごく近くにあった(そのため同じ温度になった)が、その後光速を超える速さで急膨張した、すなわちインフレーションを起こしたと、考えるほかない。

インフレーションはさらに、宇宙が全体として極めて「平坦」——つまり、平行な光線は、強い重力をもつ物体の近くでずれる以外、平行であり続ける状況であること——に見えることも説明してくれる。初期宇宙に存在したあらゆる湾曲は、ボールの表面を引き延ばし続ければやがて平らになるように、引き延ばされて滑らかになってしまったわけだ。インフレーションはビッグバンの10^{-30}秒後に終わり、宇宙はゆるやかな膨張を続けるようになった。

インフレーションを起こしている空間の微視的領域の内部の量子揺らぎは、宇宙的な尺度まで引き延ばされ、宇宙の巨視的構造の芽になる。科学ジャーナリストのジョージ・マッサーは、「インフレーションのプロセスに、宇宙物理学者たちは驚嘆しつづけている。それは、銀河のような巨大な物体が、ほんの小さなランダムな揺らぎに始まったことを意味する。望遠鏡は顕微鏡になる。なぜなら、望遠鏡で空をのぞくことによって、物理学者たちは自然のルーツを見ることができるのだから」と書いている。また、アラン・グースは次のように記す。「遠いところで別のビッグバンがいくつも起こり続けているのだろうかとか、超高度な文明にはビッグバンを再現することができるのだろうかといった、興味をそそる問題を、インフレーション理論は考えさせてくれる」(訳注:インフレーションがビッグバンと相前後して起こったらしいということは、共通認識になっているようではあるが、インフレーション理論は、現状ではまだ仮説段階で、さまざまな異なる理論が提案されており、観測によるさらなる検証がまたれる。)

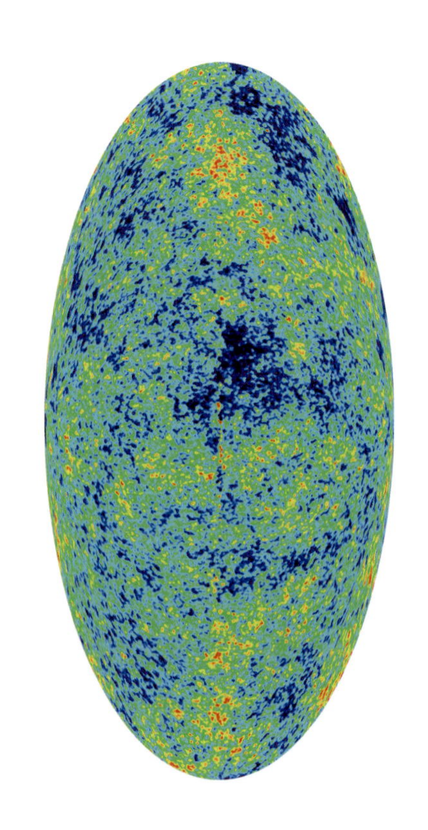

▶ウィルキンソン・マイクロ波異方性探査機(WMAP)がもたらしたマップは、宇宙背景放射が比較的均一に分布していることを示している。宇宙背景放射は130億年以上前に初期宇宙で生まれた。インフレーション理論は、本図に見える「むら」がやがて銀河になった可能性を示唆する。

参照:ビッグバン(紀元前138億年)、宇宙マイクロ波背景放射(1965年)、ハッブルの宇宙膨張の法則(1929年)、並行宇宙(1956年)、ダークエネルギー(1998年)、宇宙のビッグリップ(360億年後)、宇宙の孤立(1000億年後)

1981年

量子コンピュータ

リチャード・フィリップス・ファインマン(1918-88)、デイヴィッド・エリエゼル・ドイッチュ(1953-)

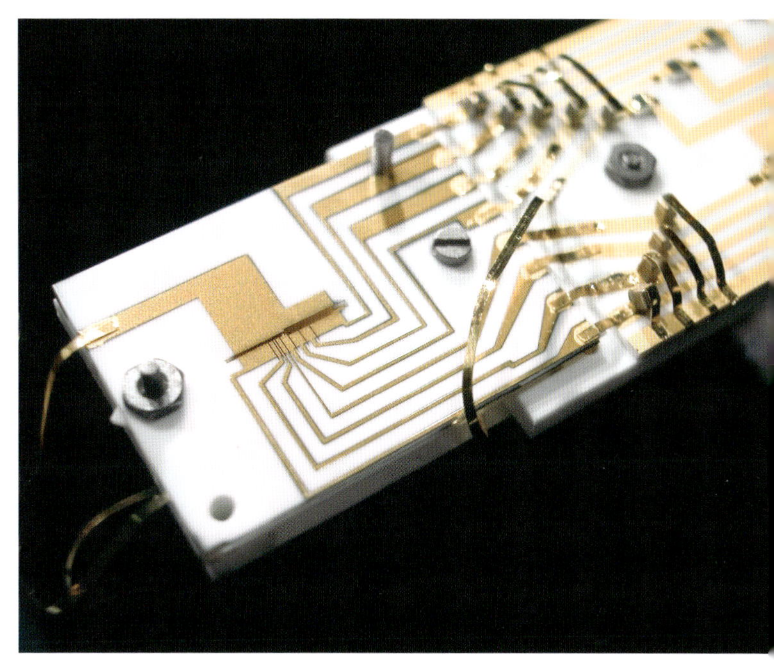

▲2009年、米国国立標準技術研究所(NIST)の物理学者たちは、本図の左側中央部のイオントラップのなかで、信頼性の高い量子情報処理を実演した。イオンは濃色のスリット部の内部にとらえられている。金の電極のそれぞれにかける電圧を変えることで、トラップ内の6つの区域の間でイオンを移動させることができる。

量子コンピュータの可能性を検討した最初の科学者のひとりが、物理学者のリチャード・ファインマンだ。彼は1981年、コンピュータはどこまで小さくできるのかと考えた。コンピュータがついに原子の組み合わせにまで小型化したなら、そのコンピュータは量子力学の奇妙な法則を利用しているはずだと、彼は推測した。1985年、物理学者デイヴィッド・ドイッチュは、そのようなコンピュータは実際どのように機能するかを想像し、従来のコンピュータでは事実上無限の時間が必要だった計算が、量子コンピュータなら素早く完了できることに気づいた。

量子コンピュータでは、情報を0か1で表す通常の二進コードではなく、原理的には同時に0でありかつ1である量子ビットを使う。量子ビットは、たとえば個々の電子のスピン状態などの、粒子の量子状態を使って作る。量子状態は重ね合わせができるので、量子コンピュータは、量子ビットの可能なすべての組み合わせを同時にテストすることができる。1000量子ビットのシステムは、2^{1000}通りの解の候補を一瞬にしてテストできる。2^{1000}(約10^{301})がどれくらいの大きさかを実感していただくために申し上げると、観察可能な宇宙に存在する原子は、約10^{80}個しかない。

2人の物理学者、ミカエル・ニールセンとアイザック・チャンはこう書いている。「量子計算など、コンピュータの進化において現れる一時の技術的流行のひとつにすぎないと片づけてしまいたくなる……。だがこれは間違いだ。なぜなら、量子コンピュータは情報処理のひとつの抽象的なパラダイムで、技術のなかではさまざまな異なる実行の形態がありうるからだ」。

もちろん、実用的な量子コンピュータを作るには、多くの難題がまだ存在している。環境からごくわずかでも干渉されたり、不純物が混入したりするだけで、量子コンピュータの動作は混乱してしまいかねない。サイエンスライターのブライアン・クレッグはこう書いている。「これらの量子技術者たちは……まず最初にシステムに情報を入力し、次にコンピュータの動作を始動し、そして最後に、結果を出力しなければならない。これらの段階のどれもが、一筋縄ではいかない……。まるで暗闇で、両手を後ろ手に縛られた状態で複雑なジグソーパズルをやっているようなものだ」。

参照：相補性原理(1927年)、EPRパラドックス(1935年)、並行宇宙(1956年)、集積回路(1958年)、ベルの定理(1964年)、量子テレポーテーション(1993年)

準結晶

サー・ロジャー・ペンローズ(1931-)、ダニエル・シェヒトマン(1941-)

旧約聖書のエゼキエル書1章22節の、生き物の頭上に高く広がっていた「恐れを呼び起こす」、水晶のように輝く大空のようなものというくだりを読むと、私はよく、風変わりな準結晶を連想してしまう。1980年代、秩序と「非周期性」——言い換えれば、並進対称性がなく、パターンをずらしてコピーを重ねようとしても、元のパターンに一致しない性質——とが驚くべきかたちで共存する準結晶は、物理学者たちに衝撃を与えた。

この物語は、ペンローズ・タイルから始まる。ペンローズ・タイルとは、2種類の単純な幾何学形状で、隙間も重なりもなく並べて平面を覆うことができるもので、そのときのタイルのパターンは、浴室の床の単純な六角形タイルとは違い、周期的に繰り返すことはない。ペンローズ・タイルは、数理物理学者ロジャー・ペンローズにちなんで名づけられたが、五角星形と同様に、5回の回転対称性をもっている。タイルのパターン全体を72度回転させると、元のタイルとまったく同じに見える。数学者で著述家のマーティン・ガードナーは、こう書いている。「高度な対称性のあるペンローズ・パターンを作ることは可能だが……、ほとんどのパターンは、宇宙と同じように、秩序と、秩序からの予期せぬ逸脱との、不思議な混合物だ。広がるにつれ、パターンは常に自らを繰り返そうと努力しているようだが、それを十分達成することは決してないようだ」。

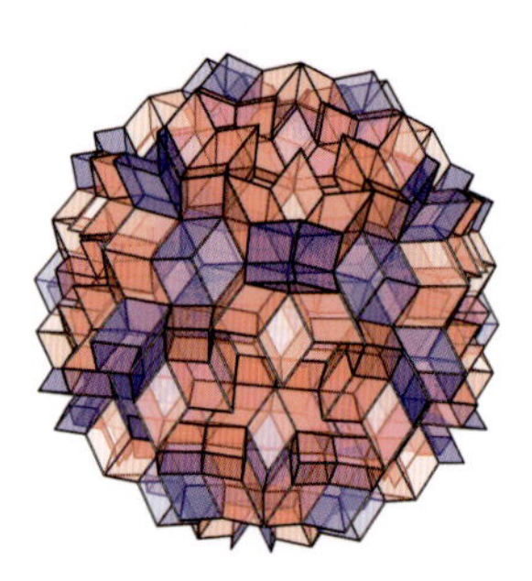

ペンローズの発見以前、ほとんどの科学者は、5回の回転対称性に基づく結晶を作ることは不可能だと考えていたが、ペンローズ・タイルのパターンに似た「準結晶」がその後発見され、注目すべき性質をもっていることが明らかになった。たとえば、金属準結晶は熱伝導度が低く、また、摩擦係数が低いので、異物が付着しにくいよう表面を滑らかにするためのコーティングに利用することができる。

1980年代前半、科学者たちは、結晶のなかには、非周期格子に基づいた原子配列のものがあるのではないかと考えていた。1982年、材料科学者のダニエル・シェヒトマンは、アルミニウム-マンガン合金の電子顕微鏡写真のなかに、ペンローズ・タイルに似た5回の回転対称性をはっきりと示す非周期構造を発見した。当時この発見はあまりに衝撃的で、「五角形の雪の結晶を発見したような驚きだ」と言った人たちがいたほどだ。

▲2種類の単純な幾何学形状によるペンローズのタイル貼り。ペンローズ・タイルを並べると、隙間も重なりもなく、しかも周期的に繰り返さない、ひとつのパターンで平面を覆うことができる。
◀ハチの巣の六角対称性は周期的である。
◀ペンローズのタイル貼りの3次元への拡張。2種類の菱面体のタイル貼りによる20面体。準結晶の模型となっている可能性がある。

参照：ケプラーの『六角形の雪の結晶について』(1611年)、ブラッグの結晶回折の法則(1912年)

万物の理論

マイケル・ボリス・グリーン(1946–)、ジョン・ヘンリー・シュワルツ(1941–)

「わたしの希望は、物理学の一切が、単純でエレガントな方程式にまとめられ、Tシャツの胸にやすやすと描けるようになる日を見ることなんだな」(高橋健次訳『神がつくった究極の素粒子(上)』草思社、p. 44より引用)と、物理学者のレオン・レーダーマンは書いた。また、やはり物理学者のブライアン・グリーンは、「私たちは物理学史上はじめて、宇宙の基本的特徴の一つ一つを説明する能力を備えた枠組みを手にしている。……〔それは〕素粒子の性質、そして素粒子が相互作用し、影響しあう力の性質を説明しうる」(林一・林大　共訳『エレガントな宇宙』草思社、p. 36より引用)と書いている。

万物の理論とは、自然界の4つの基本的な力を統一して記述する理論のことで、まだ実現していない。4つの力とは、強い順番に、1)強い核力──原子核を一体に保つ力で、複数のクォークを結びつけて素粒子にする。恒星が輝くのもこの力による。2)電磁力──電荷どうし、磁石どうしなどのあいだに働く力。3)弱い核力―元素の放射性崩壊を司る力。そして、4)重力──たとえば地球を太陽につなぎとめている力だ。1967年ごろ物理学者たちは、電磁力と弱い力が「電弱力」として統一できることを示した(訳注：ワインバーグ-サラム理論を指す)。

異論がないわけではないが、万物の理論の候補のひとつに挙がっているのがM理論だ。M理論では、宇宙は10の空間次元とひとつの時間次元をもつとされる。3次元を超える余分な次元が存在するという考え方は、重力がほかの力に比べ極端に弱いのはなぜかという「階層問題」の解決につながる可能性がある。重力が、これらの余分な次元に漏れ出してしまうのなら、その弱さを説明できるかもしれないからだ。人類が万物の理論を本当に発見し、4つの力をひとつの短い方程式にまとめあげたとしたら、物理学者たちは、タイムマシンはほんとうに可能なのかや、ブラックホールの中心で何が起こるのかなどの問題の解決に近づくことができるだろうし、また、宇宙物理学者スティーヴン・ホーキングが言ったように、それは私たちに「神の心を読む」能力を与えるだろう。

この項を1984年にしたのは、この年に2人の物理学者、マイケル・グリーンとジョン・シュワルツが超弦理論で重要なブレークスルーを行ったからだ(訳注：2人は、あるタイプの超弦理論は、物理理論として矛盾がなく、重力も含めて説明することが不可能ではないことを示し、超弦理論が脚光を浴びるようになった)。**弦理論**を拡張したM理論(訳注：弦理論のような弦ではなく、2次元や5次元の膜が基本的構成要素だとする理論)は、1990年代に発展した。

▶粒子加速器は、素粒子に関する情報を提供し、物理学者が万物の理論を構築するのを助ける。本図は、ブルックヘヴン国立研究所で使われていた、コッククロフト-ウォルトン高電圧発生装置。陽子の初期加速を行った。ここで加速された陽子は、線形加速器を経てシンクロトロンに導入される。

参照：ビッグバン(紀元前138億年)、マクスウェルの方程式(1861年)、弦理論(1919年)、ランドール-サンドラム模型(1999年)、標準模型(1961年)、量子電磁力学(1948年)、神の粒子(1964年)

1985年

バッキーボール

リチャード・バックミンスター・“バッキー”・フラー(1895-1983)、ロバート・フロイド・カール・ジュニア(1933-)、ハロルド(ハリー)・ウォルター・クロトー(1939-2016)、リチャード・エレット・スモーリー(1943-2005)

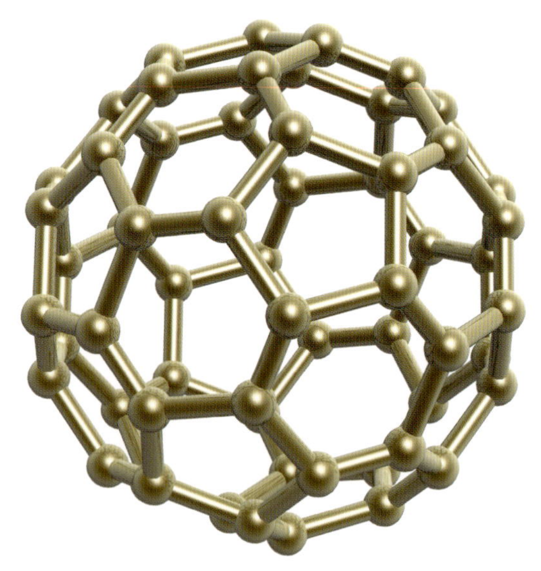

▲バックミンスターフラーレン(またはバッキーボール、化学式は C_{60})は、60個の炭素原子でできている。炭素原子はすべて、ひとつの五角形と2つの六角形が合う頂点に位置する。

バッキーボールのことを考えるといつも、私は分子レベルの小さなサッカー選手たちが、このごつごつしたサッカーボール形の炭素分子をキックして、さまざまな科学分野でゴールを決めているところを想像して楽しくなってしまう。バックミンスターフラーレン(バッキーボールと呼ばれ、化学式 C_{60} で表されることもある)は、60個の炭素原子でできており、1985年に3人の化学者、ロバート・カール、ハロルド・クロトー、リチャード・スモーリーによって作られた。1つの五角形と2つの六角形が合うすべての頂点に炭素原子が1個存在する。この名称は、ジオデシックドームなどの大きな鳥かごのような構造物を建設した、建築家で発明家のバックミンスター・フラーにちなんだものだ。C_{60} の形がジオデシックドームに似ていることから、発見者らがこう名付けた。その後 C_{60} は、ロウソクのすすから隕石まで、ほとんどあらゆるもののなかに発見されている。また、研究者たちは、いくつかの特定の金属原子を、鳥かごの鳥のように C_{60} 構造の内部に置くことに成功している。C_{60} は電子を容易に受け取ったり与えたりするので、いつか電池や電子デバイスに使われる日が来るかもしれない。炭素でできたナノチューブ(訳注：炭素原子が六角形に並んだものがネットワーク構造をなして筒の形を作っているもの)が初めて作られたのは、1991年だ。カーボンナノチューブは非常に頑丈なので、今後、分子スケールの電気ワイヤーとして使われるようになるかもしれない。

バッキーボールはいつもニュースになっているようだ。C_{60} を体内の薬剤送達やHIV(ヒト免疫不全ウイルス。エイズ・ウイルスのこと)の阻害などに使うための研究が行われている。また C_{60} は、そのさまざまな量子力学的性質や超伝導特性が理論的にも関心を呼んでいる。2009年、化学者ユンフェン・ゲンと同僚らが、バッキーボールをパールのネックレスのようにつないだ「バッキーワイヤー」を産業規模で作り出す便利な方法を発見した。『テクノロジー・レビュー』誌によれば、「バッキーワイヤーは、生物学、電気、光学、磁気の、ありとあらゆる応用に便利であるはずだ。……これらのバッキーワイヤーは、表面積が大きく、光電効果で生じた自由電子を効率よく伝えられるので、非常に効率の高い集光器にもなりそうだ。分子回路基板の配線として電子機器に応用される可能性もある」。

2009年にはこのほか、負に帯電したバッキーボールを格子状に配列した構造と、そのなかで動き回る正に帯電したリチウムイオンからなる高伝導性材料が新たに開発された。この構造や、それに関連する構造に関する実験が今も続いており、未来の電池に利用できる「超イオン伝導体」(訳注：融点よりも低い温度で、溶融塩や電解質溶液に匹敵するイオン伝導度を示す固体のこと)材料の実現が目指されている。

参照：電池(1800年)、ド・ブロイの関係式(1924年)、トランジスタ(1947年)

量子不死

ハンス・モラヴェック(1948-)、マックス・テグマーク(1967-)

1987年にハンス・モラヴェックが、そして後年マックス・テグマークが提唱した、量子不死やそれに関連する気が遠くなるような概念は、先に**並行宇宙**の項で論じた、量子力学の多世界解釈に基づいている。多世界解釈とは、宇宙(「世界」)は、量子レベルで進路の選択に直面するときはいつも、多数の宇宙に分裂して、実際に多数の選択肢のすべてをたどるという理論だ。

「量子不死」の提唱者たちによれば、多世界解釈は、人間は事実上永遠に生きることができることを意味する。たとえば、あなたが電気椅子に座っているとしよう。ほとんどすべての並行宇宙で、電気椅子はあなたの命を奪うだろう。しかし、わずかながら、代替宇宙のなかには、あなたが生き残るものもある——たとえば、執行人がスイッチを入れたときに電気部品がひとつ壊れるなどして。電気椅子が故障する宇宙のどれかひとつのなかで、あなたは生き延び、そこでその後も経験をし続けることができる。あなた自身の立場からすれば、あなたは事実上永遠に生きるわけだ。

ひとつ思考実験をしてみよう。ただし、ご家庭では絶対に試さないでください。さて、あなたは自宅の地下室のなかで、1個の放射性原子の崩壊に基づき、作動するかもしれないし、作動しないかもしれないハンマーの隣にいるとしよう。各回の実験で、ハンマーがあなたの頭蓋骨を打ち砕き、あなたが命を失う確率は五分五分だ。もしも多世界解釈が正しければ、この実験を行うたびあなたは、ハンマーに命を奪われる宇宙と、ハンマーが動かない宇宙の2つに分裂する。この実験を1000回行うと、おどろくべきことに、あなたは自分が生きていることに気づくだろう。ハンマーが作動する宇宙のなかでは、あなたは死んでいるはずだ。しかし、生きているバージョンのあなたの立場からすると、ハンマーの実験はどこまでも続き、そしてあなたは生き続ける。なぜなら、多宇宙の各分岐において、あなたが生き残る宇宙が存在するからだ。もしも多世界解釈が正しければ、あなたはやがて、自分は決して死なないことに気づくだろう！

▶量子不死の提唱者たちによれば私たちは、常に付きまとう死への不安を永遠に回避することができる。ごく少数ながら、代替宇宙のなかに、あなたが永遠に生き続けるものが存在するので、あなた自身の観点からすれば、あなたは永遠に生きる。

参照：シュレーディンガーの猫(1935年)、並行宇宙(1956年)、量子的復活(100兆年後以降)

1987年

自己組織化臨界現象

パー・バク(1948-2002)

「電子の集合、あるいは、ひと山の砂粒、バケツ1杯の水、多数のばねからなる弾性ネットワーク、ひとつの生態系、あるいは、株式仲買人のコミュニティーを考えてみよう」と、数理物理学者ヘンリク・イエンセンは書いている。「これらの系はどれも、何らかの力または情報の交換をとおして相互作用する多数の要素でできている。……これらのものを本質にまで単純化した、多くの系に共通する典型的な振舞いをもたらすような、シンプルなメカニズムはないだろうか?……」

1987年、物理学者のパー・バク、チャオ・タン、カート・ウィーゼンフェルドは、ひとつにはこのような問いに答えるために、彼らが構築した自己組織化臨界という概念を発表した。自己組織化臨界は、砂粒の山が崩れる現象によって説明されることが多い。砂山に砂を一粒ずつ落として、次第に山を高くしていくと、やがてほぼ一定の形が持続する、定常的な臨界状態に達する(訳注:山はある大きさ以上には成長できず、そこに達したあとは、加えた砂粒に等しい量の砂粒が流れ落ちて、形状が維持される状態がしばらく続く)。この状態では、山の斜面はある一定の角度の前後で揺らぐ。この状態は安定ではなく、新たな砂粒が加えられるたびに、突然、崩壊が誘発される可能性がある。この崩壊の規模は、大小かなりの幅がある。自己組織化臨界を起こすような砂山の数値モデルはいくつか存在するが、現実の砂山の振舞いは、モデルでは把握しきれないことも少なくない。1995年にノルウェーのオスロ大学で行われた名高い「オスロ・ライス-パイル実験」では、米粒のアスペクト比が高い(粒が細長い)ときは、米粒の山は自己組織化臨界を起こした。しかし、米粒が比較的丸いときは、自己組織化臨界は見られなかった。このように、自己組織化臨界は系の詳細な特徴に敏感に依存するのだろう。サラ・グルムバハーと同僚らが、鉄とガラスの微小な球を使って崩壊モデルを研究した際には、すべての例で自己組織化臨界が確認された。

自己組織化臨界は、地球物理学から進化生物学、経済学、宇宙論まで、さまざまな分野に適用できると期待されており、小さな変化が突然、系全体の連鎖反応をもたらすような、複雑な現象の多くを結び付けることができる可能性がある。自己組織化臨界の重要な要素のひとつが、べき乗分布則だ。砂の山の例で言えば、大規模な崩壊は小規模な崩壊に比べ、ごくわずかしか起こらないことを意味する。たとえば、1000粒の砂の崩壊は1日に一度しか起こらないだろうが、10粒の崩壊は1日に100度起こるだろうというような、極端な現象はまれにしか起こらないことを統計的に記述する法則である。さまざまな状況で、複雑に見える構造や振舞いが系のなかに出現するが、それらを単純なルールで記述することができるようだ。

▲雪崩も自己組織化臨界を示す可能性があるという研究がいくつか行われている。雪崩の規模と発生頻度の関係が明らかになれば、雪崩のリスクの定量化が可能になるかもしれない。

◀これまでの自己組織化臨界の研究には、米粒の山の安定性に関する実験などがあった。

参照:キラーウェーブ(1826年)、ソリトン(1834年)、カオス理論(1963年)

ワームホール・タイムマシン

キップ・ステファン・ソーン(1940-)

タイムトラベルの項で紹介したように、1949年に提案されたクルト・ゲーデルのタイムマシンは、とてつもなく大規模なものだった——機能するには、宇宙全体が回転しなければならなかった。反対に、極端に小さなものを利用するタイムトラベル装置には、量子の泡という微小なものから作った、宇宙のワームホールを利用するものがある。1988年にキップ・ソーンと同僚らが、権威ある『フィジカル・レビュー・レターズ』誌で提案した。その論文で彼らは、異なる2つの時間に存在している領域をつなぐワームホールについて述べたが、そのようなワームホールなら、過去を現在に結びつけることができそうだ。ほとんど一瞬でワームホール内を通過することになるので、これを過去にさかのぼるタイムトラベルに利用することができるだろう。H.G.ウェルズの小説『タイムマシン』(金原瑞人訳、岩波書店など)に出てくるタイムマシンとは違い、ソーンのタイムマシンは、私たちの文明には、当分の間とても作り出せそうにないほどの膨大な量のエネルギーを使わねばならない。それにもかかわらず、ソーンは実に楽観的に、論文で次のように書いている。「無限に進歩した文明になら、ひとつのワームホールから、過去にタイムトラベルができるマシンを作ることができる」。

ソーンの言う、通過すると過去に行けるワームホールは、空間のいたるところに存在している量子の泡のなかにある、顕微鏡でも見えないほど小さなワームホールを広げてやれば作れるかもしれない。広げたなら、次にワームホールの片方の口を光速近くまで加速して、遠方に移動し、それからUターンさせて元のところに戻す。別の方法では、ワームホールの片方の口を、重力が極めて強い物体の近くに置き、その後元のところに戻す。どちらの場合も、時間の遅れにより、遠くまで移動して戻ってきたワームホールの口は、動かなかった口よりも短い時間

▲宇宙のワームホールを描いたアーティストの作品。ワームホールは、空間を横切る近道としても、また、タイムマシンとしても働く可能性がある。本図では、ワームホールの2つの口が、黄色と青で示されている。

しか経過していない。たとえば、加速したほうの口にある時計は2012年なのに、静止していた口の時計は2020年になっているなどの状況だ。2020年側の口からワームホールに入ると、内部で2012年という過去に戻ることができるわけだ。しかし、ワームホール・タイムマシンが作られる前の過去に戻ることはできない。ワームホール・タイムマシンを作ろうとするときに直面する難題のひとつが、ワームホールの口を開いた状態に保つためには、相当な量の負のエネルギー(たとえば、いわゆるエキゾチック物質〔訳注:通常とは違う特異な性質をもつ物質〕がもつエネルギー)が必要になるだろうということだ。このようなものは、現在の技術で作り出すのは不可能だ。

参照:タイムトラベル(1949年)、カシミール効果(1948年)、時間順序保護仮説(1992年)

1990年

ハッブル宇宙望遠鏡

ライマン・ストロング・スピッツァー・ジュニア (1914-97)

アメリカの宇宙望遠鏡科学研究所の人々は、次のように書いている。「天文学が生まれてまだ間もない、ガリレオの時代から、天文学者たちはひとつの目標を共有してきました――より多く、より遠く、より深く見る、という目標です。1990年のハッブル宇宙望遠鏡の打ち上げは、その旅における最も目覚ましい前進へと、人類を加速させました」。地上に設置された望遠鏡では、残念なことに、観察結果が地球の大気によってゆがめられてしまう。大気は星をまたたかせたり、電磁放射の一部を吸収してしまうからだ。ハッブル宇宙望遠鏡は大気の外側を周回するので、質の高い画像がとらえられる。

天からやってきた光は、望遠鏡の主鏡である凹面鏡(直径2.4 m)で反射され、主鏡より小さな副鏡へと向かう。副鏡は、その光を、主鏡の中央に開いた穴を通った奥側で集束させる。この光はさまざまな科学機器へと進み、可視光、紫外光、赤外光が記録される。スペースシャトルを使ってNASAが運んだハッブル宇宙望遠鏡は、グレイハウンド・バス(訳注：アメリカの長距離バス)ほどの大きさで、太陽電池パネルを動力源とする。また、軌道を安定させ、宇宙の目標に光軸を正しく向けるために、**ジャイロスコープ**を搭載している。

ハッブル宇宙望遠鏡が行った数えきれないほどの観察が、宇宙物理学のブレークスルーにつながっている。科学者たちがこの望遠鏡を使って、さまざまなセファイド変光星までの距離を高い精度で測定することができたおかげで、宇宙の年齢をこれまで以上に正確に特定することができた。ハッブル宇宙望遠鏡はまた、新しい恒星が誕生している場所かもしれない原始惑星系円盤という天体の存在を明らかにした。さらに、進化のさまざまな段階にある銀河や、遠方の銀河の内部で起こる**ガンマ線バースト**の、可視光領域の残光の観察、それに、いくつもの**クエーサー**の特定を行った。このほか、ほかの恒星の周囲に存在する太陽系外惑星や、宇宙をますます速いペースで膨張させているらしい**ダークエネルギー**の存在も明らかにした。また、ハッブル宇宙望遠鏡のデータは、銀河の中心には超大質量ブラックホールが存在することが多いことや、これらのブラックホールの質量は、銀河の他の特性と相関性があることを立証している。

1946年、アメリカの宇宙物理学者ライマン・スピッツァー・ジュニアは、宇宙望遠鏡設置の必要性を人々に納得させ、その実施を提案した。彼の夢は、彼の存命中に実現した。

◀ハッブル宇宙望遠鏡のジャイロスコープの交換作業中のスティーヴン・L.スミス、ジョン・M.グランスフェルド、両宇宙飛行士(1999年)。小さな姿に写っている。

参照：ビッグバン(紀元前138億年)、望遠鏡(1608年)、星雲説(1796年)、ジャイロスコープ(1852年)、セファイド変光星：宇宙の距離をはかる(1912年)、ハッブルの宇宙膨張の法則(1929年)、クエーサー(1963年)、ガンマ線バースト(1967年)、ダークエネルギー(1998年)

時間順序保護仮説

スティーヴン・ウィリアム・ホーキング(1942-2018)

もしもタイムトラベルが可能なら、過去に戻ってあなたのおばあさんを殺してしまい、そもそも自分が生まれる可能性をなくしてしまう、といった、さまざまなパラドックスを避けることはできるだろうか？　過去への旅は、既知の物理法則で禁じられているわけではなく、今はまだ仮説段階の、ワームホール(時空の近道)や強い重力(**タイムトラベル**の項を参照のこと)を利用した技術によって可能になるかもしれない。だが、タイムトラベルが可能だとしたら、どうして私たちは今、そうやって違う時代からやってきた観光客がいる証拠を目にしていないのだろう？　小説家ロバート・シルヴァーバーグは、タイムトラベル観光客が起こしうる問題を雄弁に述べた。「極端なことを言えば、累積する観光客のパラドックスは、こんな光景をもたらすだろう。つまり、キリストの磔刑を見ようと、数十億人のタイムトラベラーが過去のその時点に押し寄せて、聖地全域を埋め尽くし、トルコ、アラビア、そしてインドやイランにまであふれだすのだ……。だが、この出来事が起こった実際の瞬間、そのような群衆は存在しなかった……。私たちが、窒息しそうなほど大勢で過去に群がる日が近づいている。私たちは、すべての「昨日」を自分たちで満たし、祖先を締め出すだろう」。

「未来からやってきたタイムトラベラーなど誰も見たことがない」という事実などを根拠に、物理学者スティーヴン・ウィリアム・ホーキングは、タイムマシン、特に巨視的なサイズのものの製作は、物理法則が禁じているという、時間順序保護仮説を提唱した。この仮説の詳細な特徴や、それが実際に妥当かを巡って、現在も議論が続いている。これらのパラドックスは、一連の偶然の出来事によって単純に回避されるのだろうか？　たとえば、あなたが過去に行けたとしても、あなたが自分のおばあさんを殺すことは、あれこれの偶然が重なって回避されるというような。それとも、時間をさかのぼるタイムトラベルは、重力の量子力学的側面に関する法則などの、自然の基本法則によって禁じられているのだろうか？

もしかすると、過去へのタイムトラベルは可能だとしても、だれかが過去を訪れた瞬間、そのタイムトラベラーは、別の並行宇宙に入ってしまうため、私たちの過去は変わらないのかもしれない。元々の宇宙は何の変化も受けないが、新しく生まれた並行宇宙のなかには、そのタイムトラベラーのすべての行動が含まれているだろう。

◀▲スティーヴン・ホーキングは、タイムマシン、特に巨視的なサイズのものの製作は、物理法則が禁じているという、時間順序保護仮説を提唱した。この仮説の詳細な点を巡り、現在も議論が続いている。

参照：タイムトラベル(1949年)、フェルミのパラドックス(1950年)、並行宇宙(1956年)、ワームホール・タイムマシン(1988年)、スティーヴン・ホーキング、『スタートレック』に出演(1993年)

量子テレポーテーション

チャールズ・H. ベネット(1943-)

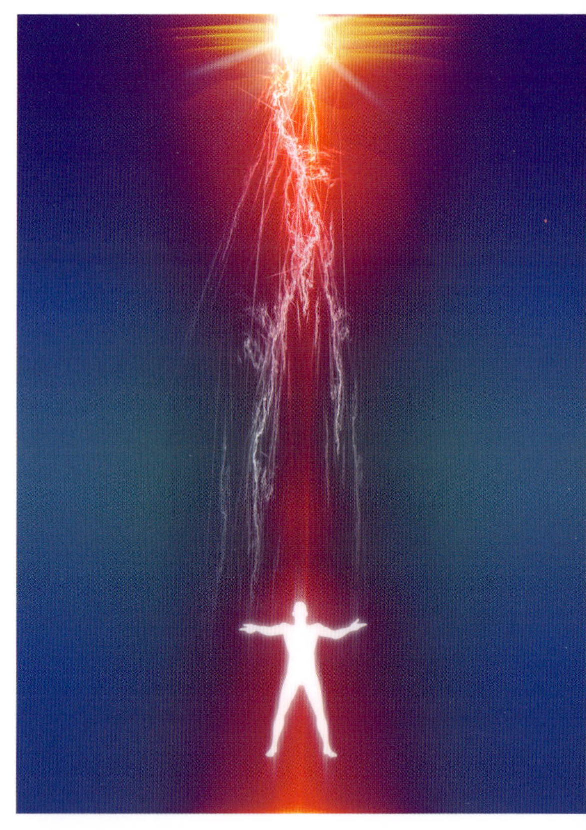

▲研究者たちは、光子のテレポーテーションに成功し、また、2個の離れた原子(イッテルビウムイオン)の間で情報をテレポートすることにも成功している。今から数世紀後には、人間もテレポートできるのだろうか？

『スタートレック』では、どこかの惑星で起こった危険な状況から船長が脱出しなければならなくなると、彼は宇宙船にいる瞬間移動装置の技術者に向かって、「私をビームにして引き上げてくれ」と頼む。数秒のうちに、船長はその惑星から姿を消し、宇宙船にもどっている。最近になるまで、物質のテレポーテーションは、空想でしかなかった。

1993年、コンピュータ科学者のチャールズ・ベネットと同僚らは、量子もつれ(EPRパラドックスの項で論じている)を使って、1個の粒子の量子状態を、離れたところへ送る方法を提案した。2個の粒子(光子など)をもつれあわせると、一方の粒子に起こった特定の種類の変化は、もう一方の粒子に瞬時に反映され、しかもこれは、粒子どうしが数cmの距離にあろうが、惑星間距離で離れていようが、同様に起こる。ベネットは、一方の粒子Aの量子状態の情報の一部をスキャンして、離れたところにあるもう一方の粒子Bに送る方法を提案したのだ。スキャンした情報を使って、粒子Bの状態を、粒子Aの状態に変える。やがて粒子Aの状態は、スキャンしたときのものから変化するだろう。この方法では、送るのは粒子の状態だが、これによって、粒子Aが新しい場所にジャンプしたと考えることができる。2つの粒子の量子状態がまったく同じなら、それらを区別することはできないのだから。このテレポーテーションの方法では、既存の手段(レーザービームなど)を使って情報を受け手に送るので、光速を超える速度でテレポーテーションが起こることはない。

1997年、研究者たちは光子のテレポーテーションに成功し、2009年には、イッテルビウムイオンの状態を、1m離れた高真空トラップ内に拘束され、1個目のイオンとは量子もつれ以外の手段ではつながっていない2個目のイッテルビウムイオンにテレポートすることに成功した。今のところ、人間はおろか、ウイルスでさえ、量子テレポーテーションで送ることは、人類の技術的能力を超えている。

量子テレポーテーションは、暗号計算や情報検索などのタスクを、従来のコンピュータよりはるかに速く行う量子コンピュータどうしの長距離量子通信を促進するのに、今後役立つかもしれない。そのようなコンピュータでは、同時に裏でもあり表でもあるコインのような、重ね合わせられた状態にある量子ビットが使われる。

参照：シュレーディンガーの猫(1935年)、EPRパラドックス(1935年)、ベルの定理(1964年)、量子コンピュータ(1981年)

スティーヴン・ホーキング、『スタートレック』に出演

スティーヴン・ウィリアム・ホーキング(1942-2018)

調査によれば、宇宙物理学者スティーヴン・ホーキングは、21世紀が始まった時点で、「最も有名な科学者」と考えられている。彼が多くの人々にインスピレーションを与えていることから、ホーキング博士を特別に本書の一項目とすることにした。アインシュタインと同様、ホーキングは大衆文化にも入り込み、多くのテレビ番組に本人として出演しているが、『新スタートレック』もそのひとつだ。最高の科学者が文化の象徴になるのは極めて稀なので、この項目のタイトルは、この側面における彼の重要性を称賛するものである。

ブラックホールに関する多くの原理が、スティーヴン・ホーキングに帰せられる。たとえば、質量Mのシュヴァルツシルト・ブラックホールの蒸発速度は、$dM/dt=-C/M^2$だという法則がそうだ。ここでCは定数、tは時間である。また、ブラックホールの温度はその質量に反比例するという法則もホーキングによる。物理学者リー・スモーリンはこう書いている。「エヴェレスト山と質量が等しいブラックホールは、原子核1個以下の大きさだが、恒星の中心よりも高い温度で明るく輝いているはずだ」。

1974年ホーキングは、ブラックホールは熱的に素粒子を生成し、それを放射しているはずだという説を提唱した。ホーキング放射と呼ばれるプロセスだ。この年彼は、ロンドン王立協会の最年少フェローのひとりに選ばれた。ブラックホールはこの放射によって質量を放出していき、やがて蒸発して消えてしまう。1979年から2009年まで、ホーキングはケンブリッジ大学のルーカス教授職にあった。かつてサー・アイザック・ニュートンが務めたポストだ。ホーキングはまた、虚数時間のなかでは、宇宙には端も境界もなく、したがって、「宇宙がいかに始まったかは、科学法則によって完全に決定されていた」(訳注：端や境界がなければ、物理変数が無限大になって物理法則が使えなくなる特異点がなくなるため)と推測した。ホーキングは、ドイツの『デア・シュピーゲル』誌の1988年10月17日号で、次のように述べた。「宇宙がいかに始まったかが科学の法則で特定できるのだから……、宇宙がいかに始まったかを特定するために神に訴えかける必要はないだろう。だからといって、神が存在しないという証明にはならない。神は必要ではないことを示しているだけだ」。

▲『新スタートレック』で、スティーヴン・ホーキングはホログラムのアイザック・ニュートンとアルベルト・アインシュタインとともにポーカーのゲームをする。

▶スティーヴン・ホーキングに大統領自由勲章を授与する前に、ホワイトハウス内でホーキングと会話するバラク・オバマ大統領(2009年)。ホーキングは、全身の筋肉が萎縮してほぼ完全に麻痺してしまう、運動ニューロン病を患っていた。

参照：インスピレーションの源としてのニュートン(1687年)、ブラックホール(1783年)、インスピレーションの源としてのアインシュタイン(1921年)、時間順序保護仮説(1992年)

1995年

ボース-アインシュタイン凝縮

サティエンドラ・ナート・ボース(1894-1974)、アルベルト・アインシュタイン(1879-1955)、エリック・オーリン・コーネル(1961-)、カール・エドウィン・ワイマン(1951-)

ボース-アインシュタイン凝縮(BEC)を起こしている極低温の物質は、個々の原子がアイデンティティーを失い、まとまって奇妙な集団と化すという風変わりな性質を示す。このプロセスをイメージしやすくするため、アリが100匹いるアリの巣を思い浮かべていただきたい。1Kの1700億分の1——遠方の惑星間宇宙よりも低い温度——まで温度を下げると、どのアリも、巣全体に広がるひとつの奇妙な雲になってしまうのだ。アリの雲はすべて重なり合って、巣はひとつの厚い雲で満たされてしまう。個々のアリはもはや見えない。しかし、温度を上げると、アリの雲は分化して、元の100匹のアリに戻り、厄介ごとなど何も起こらなかったかのように、アリの日々の仕事に精を出す。

BECは、ボース粒子からなる極低温の気体がとる状態だ。ボース粒子とは、同じ量子状態に任意の個数が入りうる粒子である。極低温では、ボース粒子の波動関数は重なり合い、普通は微視的な現象である量子力学的効果が、はるかに巨視的な尺度で見られる。BECは最初、1925年ごろに物理学者サティエンドラ・ボースとアルベルト・アインシュタインによって予測されたが、実験室内で実現されたのは、1995年になってのことだった。このとき、2人の物理学者エリック・コーネルとカール・ワイマンが、ルビジウム87の原子(ボース粒子である)からなるガスを絶対零度に近い低温にまで冷却した。このとき**ハイゼンベルクの不確定性原理**——気体原子の速度が低下すると、原子の位置はより不確定になるとする——によって、原子はひとつの巨大な「超原子」へと凝縮し、ひとつの実体として振舞う。いわば量子アイスキューブだ。実際のアイスキューブとは違い、BECは非常に不安定で、すぐに崩れて通常のガスに戻ってしまう。それにもかかわらずBECは、量子理論、超流動、光パルスの減速、そして**ブラックホール**のモデル作成に至るまで、物理学の多くの分野で研究されており、今後もそうした分野が増えることだろう。

研究者たちは、このような極低温を作り出すために、**レーザー**と磁場を使って原子を捕捉し、減速させる。レーザービームは原子に圧力を及ぼし、減速と冷却を同時に行う。

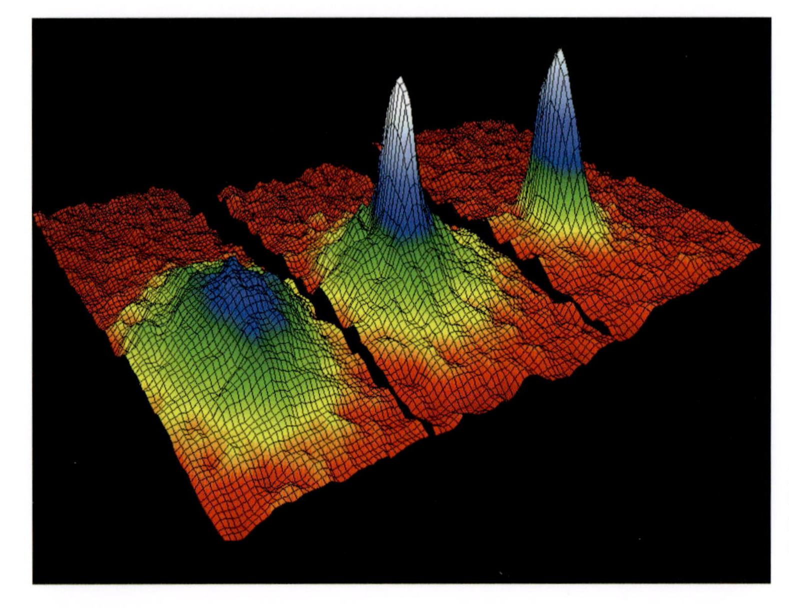

◀『サイエンス』誌の1995年7月14日号で、JILA(元の宇宙物理学研究連合)は、BECの実現を報告した。本図は、凝縮(青色のピーク)を順を追って示している。JILAはNIST(米国標準技術局)と、コロラド大学ボールダー校によって運営されている。

参照：ハイゼンベルクの不確定性原理(1927年)、超流動体(1937年)、レーザー(1960年)

ダークエネルギー

「50億年前、不思議なことが宇宙に起こった」と、科学ジャーナリストのデニス・オーヴァバイは書く。「まるで神が反-重力装置にスイッチを入れたかのように、宇宙の膨張が加速し、宇宙の銀河はそれまでにない速さで互いに遠ざかりはじめた」。その原因は、ダークエネルギーらしい。ダークエネルギーは、宇宙全体に広がり、宇宙の膨張を加速していると考えられるエネルギーだ。ダークエネルギーは大量に存在し、宇宙の質量とエネルギー全体の3分の2近くを占めている。宇宙物理学者ニール・ドグラース・タイソンと天文学者ドナルド・ゴールドスミスによれば、「ダークエネルギーの起源を説明できただけで……、自分たちは宇宙の根本的な秘密を明らかにしたのだと、宇宙論研究者たちは主張できるだろう」。

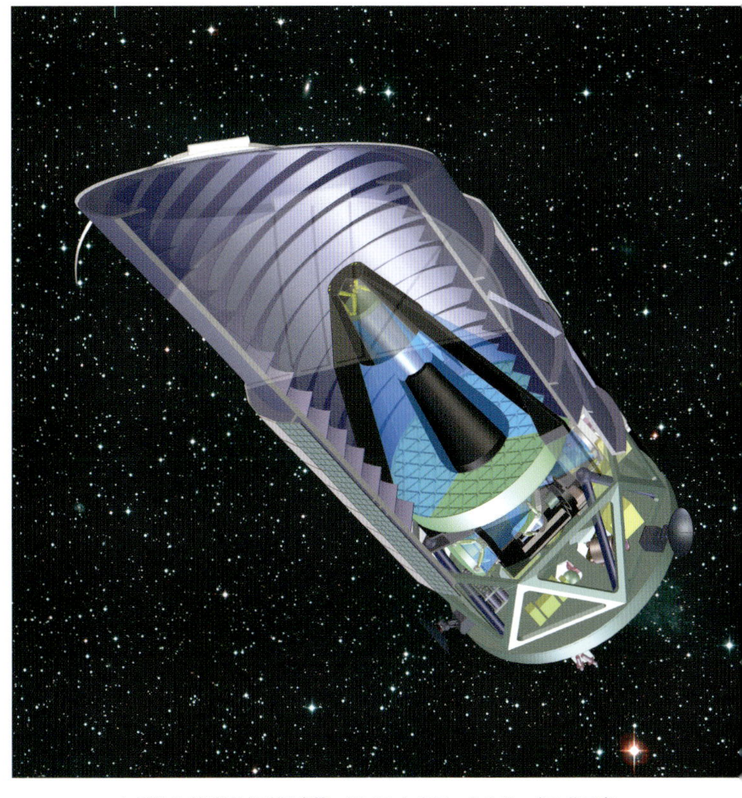

▲ SNAP(超新星加速探査機。NASAと米国エネルギー省の共同事業)は、宇宙の膨張を測定し、ダークエネルギーの性質を明らかにする目的で提案されている人工衛星である。

ダークエネルギーの証拠が現れたのは、1998年、遠方に存在するある種の超新星(爆発を起こしている恒星)の観測においてであった。それらの超新星が地球から遠ざかる速度が加速していたのだ。同年、アメリカの宇宙論研究者マイケル・ターナーが「ダークエネルギー」という言葉を作り出した。

宇宙膨張の加速が続けば、私たちが属している超銀河団の外側にある銀河は、やがて後退速度が光速を超えてしまい、決して見えなくなってしまうだろう。ダークエネルギーのせいで、最終的には、物質(原子から惑星までの形態のものはすべて)がずたずたに引き裂かれる、宇宙の**ビッグリップ**が起こり、宇宙は消滅するだろう、と予測するシナリオも存在する。だが、たとえビッグリップを免れたとしても、宇宙は孤独な場所になるだろう(**宇宙の孤立**の項参照)。タイソンは次のように書いている。「ダークエネルギーは……ついには、後世の人々が宇宙を理解しにくくするだろう。この銀河に今いる宇宙物理学者たちが、注目に値する記録を残さない限り……未来の宇宙物理学者たちは、外側の銀河については一切知ることができないだろう……ダークエネルギーは、宇宙という本のすべての章を読む彼らの権利を拒否するだろう。……ひょっとすると、(今日の)私たちも、宇宙の何らかの基本的なピースで、かつては存在したが、もはや失われてしまったものに気づいていないがために、答えを手探りし続けているのではあるまいか？　そんなものは絶対に発見できないにもかかわらず」。

参照：ハッブルの宇宙膨張の法則(1929年)、ダークマター(1933年)、宇宙マイクロ波背景放射(1965年)、宇宙のインフレーション(1980年)、宇宙のビッグリップ(360億年後)、宇宙の孤立(1000億年後)

1999年

ランドール-サンドラム模型

リサ・ランドール(1962-)、ラマン・サンドラム(1964-)

ランドール-サンドラム(RS)のブレーン理論は、物理学の「階層問題」に対処しようと試みるものだ。階層問題とは、自然界の基本的な4つの力のうち、重力がほかの力、すなわち、電磁力、強い核力、弱い核力よりも極端に弱いという事実にまつわるさまざまな疑問のことである。重力は強いと思われるかもしれないが、ゴム風船の表面に生じた静電気力は、風船を壁に留まらせ、地球全体の重力に打ち勝つに十分だということを思い出してほしい。RS理論は、重力が弱いのは、それが別の次元に集中しているからだとする。

物理学者リサ・ランドールとラマン・サンドラムによる1999年の論文、「小余剰次元から導出される大質量階層(A Large Mass Hierarchy from a Small Extra Dimension)」が世界中で注目されたという証拠に、ランドール博士は、この論文や他の論文で、1999年から2004年のあいだに世界で最も引用された理論物理学者だった。ランドールはまた、プリンストン大学物理学部で終身在任権をもつ教授となった最初の女性であることでも特筆に値する。RS理論をイメージしやすくするには、3つの明らかな空間次元とひとつの時間次元をもっている、私たちの普通の世界を、特大のシャワーカーテンのようなものと想像してみるといい。このようなものを、物理学者たちは「ブレーン」と呼ぶ。あなたと私は、カーテンにくっついて一生を送る水滴のようなもので、別のブレーンが、ほんの少しの距離だけ離れたところに、別の空間次元のなかに存在しているかもしれないことなどまったく気づいていない。重力をもたらす素粒子、グラビトンは、主にこの、別の「隠れたブレーン」のなかに存在しているかもしれないのだ。**電子**や陽子など、**標準模型**内の他の粒子は、私たちの「見える宇宙」が存在する「見えるブレーン」の上にある。重力は、実はほかの力と同じぐらい強いのだが、私たちの「見えるブレーン」に「漏れ出して」くるときに薄められて弱まる。私たちの視覚をもたらす光子は、「見えるブレーン」に張りついており、そのため、私たちが「隠れたブレーン」を見ることはできないのである。以上がRS理論の大まかな紹介だ。

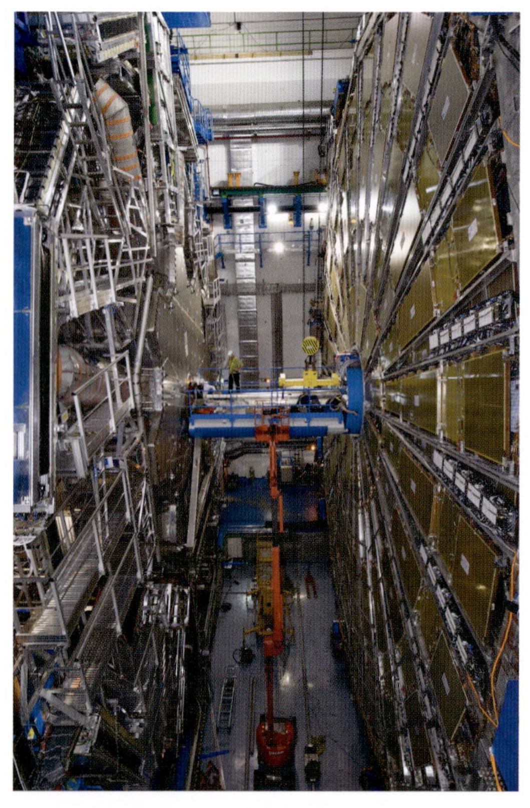

▲ ATLASは、**大型ハドロン衝突型加速器**に設置された粒子検出器だ。質量の起源や余剰次元の存在を示す証拠の可能性があるものを探すために使われている。

これまでのところ、グラビトンを実際に発見した人は誰もいない。しかし、高エネルギー粒子加速器を使うことにより、科学者たちは、余分な次元の存在を示す証拠となる可能性もある、グラビトンという素粒子を発見できるかもしれない。

参照：一般相対性理論(1915年)、弦理論(1919年)、並行宇宙(1956年)、標準模型(1961年)、万物の理論(1984年)、ダークマター(1933年)、大型ハドロン衝突型加速器(2009年)

風速最大の竜巻

ジョシュア・マイケル・アーロン・ライダー・ワーマン(1960–)

『オズの魔法使い』の物語では、ドロシーが竜巻によって魔法の国まで運ばれてしまうが、これはまったくのおとぎ話ではない。竜巻は、自然がもつ最も破壊的な力のひとつだ。初期のアメリカ開拓者たちが中央平原を旅して、初めて竜巻に遭ったとき、バッファローの成獣が空に巻き上げられるのを目撃した人々もいた。竜巻の渦の内側では気圧が相対的に低下し、冷却と凝縮が起こり、漏斗状の雲ができて、嵐が目に見える形をとる。

1999年5月3日、科学者たちは、時速約318マイル(512 km)という、地表付近での竜巻の最大風速を記録した。大気科学者のジョシュア・ワーマンが率いるチームが、成長しつつあるスーパーセル——メソサイクロンと呼ばれる、地上数kmの高さに生じる回転上昇気流を中心にもつ、大きな空気塊で、低気圧をなすもの——の追跡をはじめた。ワーマンは、トラックに載せた**ドップラー**レーダー装置を使い、この日オクラホマ州で発生した嵐に向けて、マイクロ波パルスを発射した。マイクロ波は、雨やその他の粒子に衝突して跳ね返ってくるが、その際に周波数が変わっているので、研究者たちは地上約30 mでの風速を正確に見積もることができる(訳注：ワーマンは、1995年ごろからドップラーレーダー装置の製作をはじめた。1998年に荒天研究所を設立し、竜巻を初期から追跡するVORTEXプロジェクトを実施している)。

嵐は一般に、上昇気流によって特徴づけられる。科学者たちは、このような上昇気流が、一部の嵐では回転する竜巻になるのに、ほかの嵐ではそうならない理由を研究し続けている。上昇気流は地面からのぼりはじめ、別の方向から吹いてくる高度の高い風と相互作用する。竜巻で形成される漏斗型構造は、気圧が低い領域に、空気と塵がなだれ込む際に渦が形成されてできる。竜巻のなかでは空気は上昇しているが、漏斗形状自体は嵐雲から始まって、竜巻が形成されるにつれて地面に向かって伸びていく。

竜巻の大部分が、アメリカ中部の「竜巻の通り道(トルネード・アレー)」で発生する。竜巻は、地表近くの熱せられた空気が、上空で局所的に生じた冷たい空気の下にとらえられることで生じるのかもしれない。冷たい空気は重いので、暖かい空気の周囲に漏れ出すように降下し、それと入れ替わるように暖かく軽い空気が急激に上昇する。アメリカでは、メキシコ湾からの暖かく湿った空気が、ロッキー山脈からの冷たく乾燥した空気とぶつかる際に竜巻が発生しやすい。

▶ 1999年5月3日、オクラホマ州中部でVORTEX-99チームが観測した竜巻。

参照：気圧計(1643年)、キラーウェーブ(1826年)、ドップラー効果(1842年)、ボイス・バロットの気象の法則(1857年)

2007年

HAARP

オリヴァー・ヘヴィサイド(1850-1925)、アーサー・エドウィン・ケネリー(1861-1939)、グリエルモ・マルコーニ侯爵(1874-1937)

陰謀説を主張する人々によれば、高周波活性オーロラ調査プログラム、略してHAARPは、究極の極秘ミサイル防衛装置、世界中の天気や通信を妨害する手段、あるいは、数百万の人々の精神をコントロールするものだそうだ。だが実のところ、HAARPはそのような恐ろしいものではない。とはいえ、やはり興味深いことには違いない。

HAARPは、アメリカ空軍、アメリカ海軍、国防高等研究計画局(DARPA)などが出資する実験的なプロジェクトだ。その目的は、大気の最外層のひとつ、電離圏の研究の促進である。アラスカの35エーカー(4000 m^2)の平地に設置された180本のアンテナ・アレイは2007年にフル稼働に達した。HAARPは、高周波送信システムによって、360万ワットの電波を、地上約80 kmから始まる電離圏の内部へと送る。その後、電離圏をこのようにして加熱した結果、どのような影響が生じたかを、地上のHAARP施設にあるさまざまな高感度装置によって研究する。

電離圏は、民間の通信にも軍事通信にも影響を及ぼすため、科学者たちが電離圏の研究に関心を抱いているのもうなずける。大気のこの領域では、太陽光によって荷電粒子が生じる(**プラズマ**の項参照)。アラスカが設置場所に選ばれたのは、そこではオーロラ放射(**オーロラ・ボレアリス**の項参照)などの、多種多様な電離圏の現象や状況が観測できるからだ。科学者たちは、電離圏の下部で反応を引き起こすようにHAARPの信号を調節し、オーロラ電流を発生させ、低周波を地球に送り返すことができる。低周波は海中深くまで届くため、海軍が潜水艦隊に方向を指示するために利用できる可能性がある――潜水艦がいかに深く潜っていようとも。

1901年、グリエルモ・マルコーニが大西洋横断無線通信を成功させると、人々は、電波はいったいどうやって地球の湾曲に沿って曲がるのかといぶかった。1902年、電気技師のオリヴァー・ヘヴィサイドとアーサー・ケネリーは独立に、大気の上層に導電性の層が存在し、電波はその層で反射して地表に戻ってくるのではないかという説を提唱した。現在では、この電離層が長距離通信を可能にしている。その一方で、太陽フレアが電離層に及ぼす影響により、通信の遮断が起こることもある。

▲ HAARPの研究で、アメリカ海軍は、海表面のはるか下の海中にいる潜水艦と、より容易に通信できるようになるかもしれない。
◀ HAARPの高周波アンテナ・アレイ

参照：プラズマ(1879年)、オーロラ・ボレアリス(1621年)、グリーンフラッシュ(1882年)、電磁パルス(1962年)

世界一黒い塗料

すべての人工材料は、アスファルトや炭でさえ、黒く見えても多少は光を反射する——しかし、未来を創造する人々は、すべての色の光を吸収し、反射は一切しない、完全に黒い材料を作る夢を、そんなことであきらめはしなかった。2008年、「世界一黒い塗料」、スーパーブラック——すなわち、科学が知る「これまでで最も黒い」物質——を作ったアメリカの科学者チームについてのリポートが広まり始めた。この風変わりな材料は、カーボンナノチューブ、すなわち、原子1個分の厚さの炭素シートを筒状に巻いたものからできている。理論的には、完全に黒い材料は、表面に任意の角度で当たった任意の波長の光を吸収する。

レンセラー工科大学とライス大学の研究者たちは、毛の代わりにナノチューブが並んで立っている、微視的カーペットとでも呼べそうなものを作り、研究した。このカーペットの表面の凹凸が、光の反射率を極小化できるように調整されているのがスーパーブラックだと考えればいい。

この黒いカーペットに使われている小さなナノチューブは、当たった光の0.045%しか反射しない。この黒は、普通の黒い塗料の100倍以上黒い。この「究極の黒」はやがて、太陽エネルギーをより効率的にとらえる目的や、より感度の高い光学機器の設計に利用されるようになるかもしれない。このスーパーブラック材料から光が反射するのを極力抑えるため、研究者たちはナノチューブカーペットの表面を、不規則に荒れた状態にした。かなりの割合の光が、カーペットの毛に相当するナノチューブ——顕微鏡で見ると、隣接するチューブとチューブはかなり離れている——どうしの隙間に「閉じ込められて」しまうのだ。

スーパーブラック材料の初期のテストはすべて可視光を使って行われた。しかし、他の波長の電磁波を阻止、または、極めてよく吸収する材料が、軍事用途で物体を検出されにくくするために、いつの日か利用されるかもしれない。

世界一黒い物質の開発は決して終わらない。2009年、ライデン大学の研究者たちが、窒化ニオブの薄膜が非常に高い吸光性を持ち、見る角度によってはほぼ100%光を吸収することを示した。2009年にはこのほか、日本の研究者たちが、テストした広範囲にわたる波長で、ほとんどすべての光子を吸収するカーボンナノチューブの薄膜を発表した。

◀2008年、科学者たちは当時知られている物質のなかで最も黒い材料を作り出した。それは言わば、カーボンナノチューブのカーペットで、黒いスポーツカーの塗料の100倍以上黒かった。世界一黒い材料の開発は続く。

参照：電磁スペクトル(1864年)、メタマテリアル(1967年)、バッキーボール(1985年)

2009年

大型ハドロン衝突型加速器

イギリスの『ガーディアン』紙によれば、「素粒子物理学は、想像を絶するものを追究する信じがたい手段だ。最も小さな宇宙の破片をピンポイントで見つけるために、世界最大の装置を建設しなければならない。宇宙創造の最初の100万分の1秒を再現するために、凄まじいスケールでエネルギーを収束しなければならない」。サイエンス系のノンフィクション作家ビル・ブライソンも、こう書いている。「素粒子物理学者は、驚くほど直接的な方法で、宇宙の秘密を占う。粒子をいっしょくたにして乱暴に放り投げて、何が飛び出すか確かめるのだ。このプロセスは、スイス製の腕時計を2本、猛烈な勢いでぶつけて、その残骸を調べて、元の時計の成り立ちを推測するという暴挙になぞらえられてきた」。

欧州原子核研究機構(CERN)が建設した大型ハドロン衝突型加速器(LHC)は、世界最大かつ最高エネルギーの粒子加速器で、逆方向に進む2本の陽子(一種のハドロン)のビームを衝突させることを主な目的としている。ビームは、真空中にあるLHCリングのなかを強力な電磁石に導かれて周回し、一周するごとに粒子がエネルギーを得る。超伝導電磁石が使われ、巨大な液体ヘリウム冷却系統によって冷やされている。**超伝導**状態に入ると、配線も接点もほとんど抵抗を示さずに電流を通す。

LHCは、フランスとスイスの国境にまたがる全周27 kmのトンネルの内部に設置されており、実験が成功すれば、粒子に質量がある理由を説明するという仮説上の素粒子、ヒッグス粒子(**神の粒子**とも呼ばれている)の理解を深めることができると期待されていた。実際、2012年の実験でヒッグス粒子の可能性があるデータが得られ、2013年にヒッグス粒子であることが確かめられた。LHCはまた、**超対称性**——既存の各素粒子に対し、はるかに質量が重いパートナー粒子(たとえば、電子〔エレクトロン〕の超対称性パートナーはセレクトロン)が存在するという仮説——で予測される粒子の発見をもたらすかもしれない。さらにLHCで、私たちが経験している3つの空間次元を超えた更なる空間次元が存在するという証拠が出てくる可能性もある。ある意味LHCは、2本のビームを衝突させることにより、**ビッグバン**直後に存在した条件に近いものを再現しているとも言える。いくつもの物理学者チームが、特殊な検出器を使って、衝突で生成した粒子を解析する。最初の陽子-陽子衝突がLHCで記録されたのが2009年だった。

◀LHCのATLAS検出器用のカロリメータの搭載作業。8本のトロイダル磁石がカロリメータを囲むように配置されている。カロリメータはこのあと検出器の中心部に挿入される。陽子どうしが検出器の中心部で衝突する際に生じた粒子のエネルギーを、このカロリメータで測定する。

参照：超伝導(1911年)、弦理論(1919年)、サイクロトロン(1929年)、標準模型(1961年)、神の粒子(1964年)、超対称性(1971年)、ランドール-サンドラム模型(1999年)

宇宙のビッグリップ

ロバート・R. コルドウェル(1965-)

宇宙の最終的な運命は、**ダークエネルギー**が宇宙の膨張をどの程度加速させるかなど、多くの要因によって決まる。ひとつの可能性として、加速が一定のペースで進むケースが考えられる。たとえば、1 km 走るたびに時速が 1 km ずつ増加する自動車のように。この場合、最終的には、すべての銀河が互いに光速を超える速さで遠ざかりはじめ、個々の銀河は暗い宇宙のなかで孤立してしまう(**宇宙の孤立**の項を参照)。ついにはすべての恒星の光が消える。バースデーケーキに立てたロウソクが次第に燃え尽きていくようなものだ。しかし、このほかに、ケーキのロウソクがずたずたに引き裂かれるというシナリオもある。ダークエネルギーが、「ビッグリップ」──素粒子から惑星や恒星に至るまで、あらゆる物質が引き裂かれてばらばらになる現象──を起こし、宇宙を破壊してしまうというのだ。また、ダークエネルギーが生む斥力(訳注:引力とは逆に、物体どうしを遠ざける力)の効果が何らかの理由で失われると、宇宙のなかでは重力が優勢になり、宇宙は「ビッグクランチ」という、ビッグバンの逆の収縮によって終焉するだろう。

▲ビッグリップでは、惑星、恒星、そしてすべての物質がずたずたに引き裂かれる。

ダートマス大学の物理学者ロバート・コルドウェルと同僚らは、2003 年に、膨張のスピードを徐々に上げていく宇宙がビッグリップを起こすという仮説を初めて発表した。この加速する膨張と並行して、私たちの「観察可能な宇宙」は徐々に縮小し、最終的には素粒子の大きさになるという。宇宙がいつ終焉するのか、正確なことはわからないが、コルドウェルの論文のひとつの例は、今から約 220 億年後に終わる宇宙について詳しく述べている。

この宇宙がビッグリップで終わるとすると、宇宙の終焉から約 6000 万年前に、重力はあまりに弱くなり、銀河を一体にまとめることができなくなるだろう。ビッグリップの約 3 ヶ月前には、太陽系はもはや重力では拘束されなくなるだろう。地球は、宇宙終焉の 30 分前に爆発する。原子は最後の瞬間の 10^{-19} 秒前にずたずたに引き裂かれるだろう。**中性子**と陽子のなかで**クォーク**を拘束している核力も、最後は膨張の勢いに圧倒されてしまう。

1917 年にアルベルト・アインシュタインが、宇宙のなかの物体の重力で宇宙が収縮しないのはなぜかを説明するために、「宇宙定数」というかたちで、重力に対抗する斥力を提案していたことは、注目に値する。

参照:ビッグバン(紀元前 138 億年)、ハッブルの宇宙膨張の法則(1929 年)、宇宙のインフレーション(1980 年)、ダークエネルギー(1998 年)、宇宙の孤立(1000 億年後)

1000億年後

宇宙の孤立

クライヴ・ステープルス・“ジャック”・ルイス(1898-1963)、ゲリット・L. ヴァーシュアー(1937-)、ローレンス・M. クラーク(1954-)

地球外の種族が私たちと直接接触する可能性は、たいへん低いと思われる。天文学者のゲリット・ヴァーシュアーは、私たちと同じく初期の段階にある地球外文明が存在するとしても、それらの文明は、この観察可能な宇宙における現時点で、せいぜい10か20しか存在しないだろうし、そのひとつひとつが、互いに2000光年離れて孤立しているだろうと考えている。ヴァーシュアーは、「私たちは事実上、銀河のなかで孤独なのだ」と言う。文学者で作家でもあり、英国教会の神学にも造詣が深かったC. S. ルイスは、宇宙に存在する知性ある生命体が遠く離れているのは、「堕落した種(しゅ)の精神の影響が広がるのを防ぐ」ための、神によるひとつの隔離手段だと提唱した。

ほかの銀河と接触するのは、今後一層難しくなるだろう。たとえ宇宙の**ビッグリップ**が起こらないとしても、宇宙が膨張することにより、やがて銀河どうしは光速を超えるスピードで引き離され、私たちにはほかの銀河は見えなくなるだろう。私たちの子孫は、重力により付近の数個の銀河が寄せ集められて超銀河ができたときに形成された、恒星の小集団のなかに自分たちがいるのを観察するだろう。この小集団はその後、変化しそうにない、果てしない暗黒のなかに鎮座し続けるだろう。この超銀河内の恒星は見えるだろうから、空は完全に暗黒ではないだろうが、超銀河の外側を**望遠鏡**で覗き込んでも、何も見えないだろう。2人の物理学者、ローレンス・クラウスとロバート・シェラーは、1000億年後には、死んだ地球は、「広大な虚空に抱かれた恒星の島」となった超銀河のなかを「ひとりさびしく漂う」だろうと書いている。最終的には、超銀河そのものが崩壊し、**ブラックホール**となって消え去るだろう。

私たちが地球にやってきた異星人に出会うことが決してないのだとしたら、おそらく、宇宙旅行する生命体は極めて珍しく、星間飛行は非常に難しいということなのだろう。だが、私たちの周囲には異星人の証拠があるのに、私たちがそれに気づいていないという可能性もある。1973年、電波天文学者のジョン・A. ボールは、動物園仮説を提案し、それについて次のように書いた。「完璧な動物園(もしくは、完璧な荒野または保護区域)とは、動物たちが飼育員と交流することがまったくなく、飼育員の存在に気づいていない動物園ではないだろうか」。

◀ハッブル宇宙望遠鏡が撮影した触角銀河の画像。2つの銀河が衝突を起こしているところを見事にとらえている。私たちの子孫は、重力により付近の数個の銀河が寄せ集められて超銀河ができたときに形成された、恒星の小集団のなかに自分たちがいるのを観察するのかもしれない。

参照：ブラックホール(1783年)、黒眼銀河(1779年)、ダークマター(1933年)、フェルミのパラドックス(1950年)、ダークエネルギー(1998年)、宇宙の消失(100兆年後)、宇宙のビッグリップ(360億年後)

宇宙の消失

フレッド・アダムズ(1961–)、スティーヴン・ウィリアム・ホーキング(1942–2018)

詩人のロバート・フロストは、「世界は火に包まれて終わるという人もいれば、凍てついて終わるという人もいる」と書いた(訳注：1920年に出版されたフロストの詩、"Fire and Ice"「火と氷」の一節)。私たちの宇宙の最終的な運命は、その幾何学的形状、**ダークエネルギー**の振舞い、物質の量などの要因に依存する。宇宙物理学者のフレッド・アダムズとグレゴリー・ラーフリンは、現在恒星に満たされている私たちの宇宙が、やがて進化の最終段階に入ると、恒星も銀河も、そして**ブラックホール**さえも消滅して、素粒子の広大な海になるという、暗澹とした終末を提唱している。

ひとつのシナリオでは、宇宙の死はいくつかの段階を経て進む。私たちの「現在」の時代には、恒星が生み出すエネルギーによって、宇宙物理的プロセスが進んでいる。私たちの宇宙は約138億年前に誕生したとはいえ、大多数の恒星がやっと輝き始めたばかりだ。残念ながら、すべての恒星は100兆年後には死んでしまい、銀河には新たに恒星を作り出すための原材料が枯渇しているため、恒星の形成も停止する。この時点で、恒星に満ちた宇宙の時代は終わりに近づく。

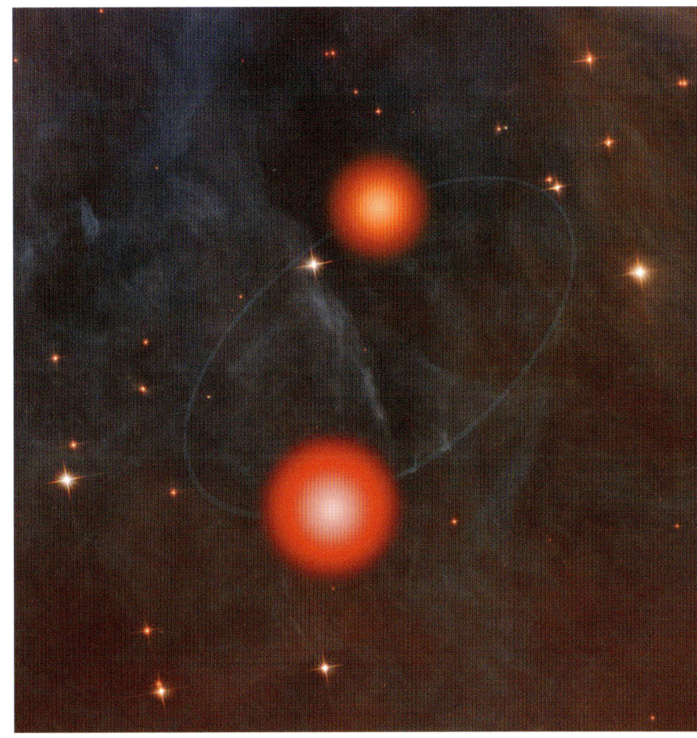

▲ 2006年に発見された、重力によって結び付けられた2つの褐色矮星。アーティストが作画したもの。

「第2の時代」には、宇宙は膨張を続けるが、エネルギー資源と銀河は縮小する。そして物質は、銀河の中心に集まってくる。恒星として輝くだけの質量をもたない褐色矮星が、生きながらえる。この状況に至るまでに既に、死んだ恒星の燃え尽きた残骸が重力によって引き寄せられて集まっており、これらの干からびた物体は、**白色矮星**、**中性子星**、そしてブラックホールなどの超高密度物体を形成しているだろう。だがやがては、これらの白色矮星や中性子星も、陽子の崩壊により分解してしまうだろう。

「第3の時代」――ブラックホールの時代――は、重力がすべての銀河を、見ることのできない、巨大なブラックホールへと変えてしまった時代だ。宇宙物理学者スティーヴン・ホーキングが1970年に提唱したように、ブラックホールはやがて自らの途方もない質量をまき散らしてしまう。したがって巨大銀河程度の質量をもったブラックホールは、最終的には、10^{98}〜10^{100}年のうちに完全に蒸発してしまうだろう。

ブラックホールの時代の幕が下りたあとには、何が残っているのだろう？　寂しい宇宙の虚空を何が満たすのだろう？　生き残る生命体はいるのだろうか？　最終的には、私たちの宇宙は、茫漠とした「電子の海」になるのかもしれない。

参照：ブラックホール(1783年)、スティーヴン・ホーキング、『スタートレック』に出演(1993年)、ダークエネルギー(1998年)、宇宙のビッグリップ(360億年後)

量子的復活

ルートヴィヒ・エードゥアルト・ボルツマン(1844-1906)

直前のいくつかの項で論じたように、宇宙の運命は未知で、私たちの宇宙から新たな宇宙が「芽を出し」、永遠に宇宙創成が続くと仮定する理論家たちもいる。だが、私たち自身の宇宙に限った話をしよう。ひとつの可能性として、私たちの宇宙は永遠に膨張を続け、粒子はますますまばらになるというシナリオがある。いかにも悲しい結末だ。しかし量子力学によれば、このすかすかの宇宙においてさえ、エネルギー場の残渣にランダムな揺らぎがあるはずだ。降ってわいたように、粒子たちが真空から飛び出してくるだろう。このような活動は普通は小さく、大きな揺らぎはめったにない。しかし、粒子は必ず出現し、時間はいくらでもあるので、水素原子や、エチレン($H_2C=CH_2$)などの分子のように、大きなものも出現するはずだ。そんなもの大したことないと思われるかもしれないが、もしも私たちの未来が無限なら、長い間待てば、ほとんど何でも、ひょっこりと出現する可能性がある。出現するものの大部分は、アモルファス状態のぐちゃぐちゃしたものだろうが、ときどき、ごくわずかな数のアリ、惑星、人間、あるいは金で作られた、木星ほどの大きさの脳が出現する可能性がある。時間は無限にあるのだから、あなたは必ず再び現れると、物理学者キャサリン・フリースは言う。量子的復活が私たち全員に起こる。よかったね。

現在、真面目な研究者までもが、宇宙に「ボルツマン脳」があふれている可能性を検討している。ボルツマン脳とは、熱平衡状態からランダムな揺らぎによって出現した自意識をもった実体で、宇宙を自由に漂うむき出しの脳として描かれるものだ。もちろん、ボルツマン脳はほとんどありえない物体で、私たちの宇宙が存在してきた138億年のあいだにひとつでも出現した可能性はほぼゼロである。物理学者トム・バンクスが行った計算によると、熱的揺らぎが脳を生み出す確率は e の -10^{25} 乗である。しかし、無限に広い空間が無限に長い時間存在しているなら、このような薄気味悪い、意識をもったものがひょっこり出現する。ボルツマン脳は何を意味するかに関する文献は、2002年に出版されたリサ・ダイソン、マシュー・クレヴァン、レオナルド・サスキンドの、「典型的な知性をもつ観察者は、宇宙進化の結果ではなく、むしろ熱的揺らぎから出現する可能性がある」と意味するらしい論文を皮切りに、現在、ますます増加している。

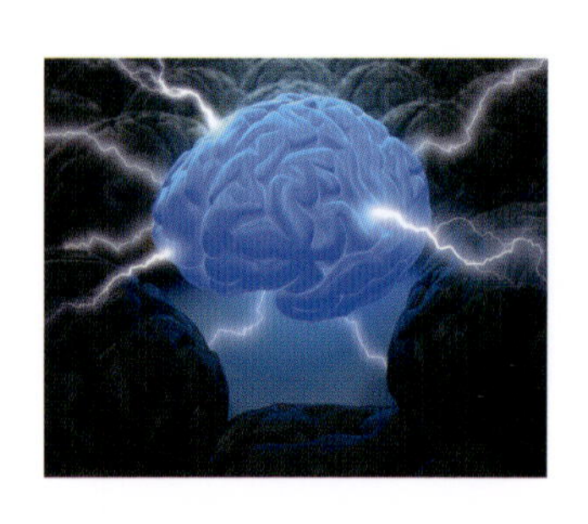

◀▲熱的揺らぎから生じた、肉体から切り離された脳であるボルツマン脳は、いつの日か私たちの宇宙で、以前から存在していた、自然に進化した知性をもつ生命体よりも数の上で優勢になり、支配的になるのかもしれない。

参照：カシミール効果(1948年)、量子不死(1987年)

人名索引

ア行

カ行

サ行

タ行

ナ行

ハ行

マ行

ヤ・ラ・ワ行

写真の出典

本書に示した古く、また珍しいイラストレーションは、汚れのない読みやすい状態で入手することが難しかったため、時には私の一存で画像処理を行って汚れや傷を消したり、薄くなった部分を濃くしたり、またディテールを強調したり説得力のある画像にしたりするために、白黒の画像にわずかな色付けをした場合もある。歴史純粋主義者であっても、このように軽微でアーティスティックな修整は許容してくれるだろうし、この本に魅力を持たせ、幅広い読者にとって興味深く魅惑的な美しさを与えたいという私の目的を理解してくれるだろうと望んでいる。物理のトピックや歴史の信じられないほどの深さと多様性を私が愛していることは、写真や図版を通して明らかになっていることだろう。

NASA Images: p. 1(下) NASA/WMAP Science Team; p. 2 NASA; p. 29 NASA; p. 32 NASA/JPL/Space Science Institute and D. Wilson, P. Dyches, and C. Porco; p. 44 NASA/JPL; p. 47 NASA/JPL-Caltech/T. Pyle (SSC/Caltech); p. 51 NASA; p. 58 NASA and The Hubble Heritage Team (AURA/STScI); p. 62 NASA/JPL-Caltech/T. Pyle (SSC); p. 84 HiRISE, MRO, LPL (U. Arizona), NASA; p. 86 NASA/JPL-Caltech/R. Hurt (SSC); p. 87 NASA/JPL-Caltech; p. 103 NASA; p. 125 NASA/JPL/University of Texas Center for Space Research; p. 132 NASA/JPL; p. 136 NASA; p. 142 NASA, ESA and The Hubble Heritage Team (STScI/AURA); p. 145 NASA; p. 149 Bob Cahalan, NASA GSFC; p. 151 NASA, the Hubble Heritage Team, and A. Riess (STScI); p. 171 R. Sahai and J. Trauger (JPL), WFPC2 Science Team, NASA, ESA; p. 175 NASA/Swift Science Team/Stefan Immler; p. 176 NASA; p. 187 NASA/Wikimedia; p. 205 Apollo 16 Crew, NASA; p. 213 NASA/JPL-Caltech; p. 220 NASA; p. 221 NASA, Y. Grosdidier (U. Montreal) et al., WFPC2, HST; p. 228 NASA, WMAP Science Team; p. 236 NASA; p. 248 NASA, ESA, and the Hubble Heritage Team (STScI/AURA) -ESA/Hubble Collaboration; p. 249 NASA, ESA, and A. Feild (STScI)

Used under license from Shutterstock.com: p. iii © Eugene Ivanov; p. xii © Catmando; p. 1(上) © Maksim Nikalayenka; p. 5 © Sean Gladwell; p. 7 © Roman Sigaev; p. 8 © zebra0209; p. 13(上) © Zaichenko Olga; p. 13(下) © Andreas Meyer; p. 16 © lebanmax; p. 20(上) © Hintau Aliaksei; p. 20(下) © Tischenko Irina; p. 22 © William Attard McCarthy; p. 24 © Lagui; p. 25(上) © Graham Prentice; p. 26 © Chepko Danil Vitalevich; p. 30(下) © Mike Norton; p. 31 © Christos Georghiou; p. 35(上) © Roman Shcherbakov; p. 38 © Tobik; p. 39 © Graham Taylor; p. 40 © Steve Mann; p. 42 © Rich Carey; p. 45 © YAKOBCHUK VASYL; p. 48 © Awe Inspiring Images; p. 49 © Harper; p. 50 © Tatiana Popova; p. 56 © Patrick Hermans; p. 59(上) © Andrea Danti; p. 64 © STILLFX; p. 66 © Tischenko Irina; p. 67 © Ulf Buschmann; p. 68(上) © ynse; p. 69 © jon le-bon; p. 71(左下) © Sebastian Kaulitzki; p. 71(上) © Solvod; p. 72(下) © Bill Kennedy; p. 73 © Martin KubÃ?Â¡t; p. 74(上) © Brian Weed; p. 74(下) © Norman Chan; p. 75 © Noel Powell, Schaumburg; p. 76(上) © Oleg Kozlov; p. 77(下) © Ronald Sumners; p. 78(下) © Kenneth V. Pilon; p. 79 © Mana Photo; p. 80(下) © S1001; p. 80(上) © Teodor Ostojic; p. 81 © anotherlook; p. 82(下) © Kletr; p. 85(上) © Awe Inspiring Images; p. 88(上) © Elena Elisseeva; p. 88(下) © Sebastian Kaulitzki; p. 89(上) © coppiright; p. 90 © bezmaski; p. 91 © Jim Barber; p. 93 © iofoto; p. 96 © Diego Barucco; p. 97(上) © Tischenko Irina; p. 98(下) © Mark Lorch; p. 98(上) © kml; p. 99 © Ellas Design; p. 100(上) © Gorgev; p. 102(下) © Jose Gil; p. 104 © Shchipkova Elena; p. 105(上) © John R. McNair; p. 106 © Johnathan Esper; p. 107(上) © Joseph Calev; p. 107(下) © Mark William Penny; p. 108 © Dmitri Melnik; p. 109(下) © Konstantins Visnevskis; p. 111 © Stephen McSweeny; p. 112 © nadiya_sergey; p. 114(上) © Yellowj; p. 115 © Allison Achauer; p. 116 © ErickN; p. 117 © nikkytok; p. 118 © Tatiana Belova; p. 120(下) © Scott T Slattery; p. 122 © Jessmine; p. 123 © WitR; p. 124 © Chad McDermott; p. 127 © Maridav; p. 128 © Lee Torrens; p. 131 © Jhaz Photography; p. 133(上) © beboy; p. 134(下) © Marcio Jose Bastos Silva; p. 135 © ex0rzist; p. 138 © patrick hoff; p. 141 © FloridaStock; p. 144 © Alex; p. 146 © Perry Correll; p. 148 © Chepe Nicoli; p. 152(下) © immelstorm; p. 152(上) © Mopic; p. 153 © 1236997115; p. 155 © Mark R.; p. 156 © Ivan Cholakov Gostock-dot-net; p. 159 © Norman Pogson; p. 161 © Alegria; p. 162 © EML; p. 164(下) © garloon; p. 165 © Eugene Ivanov; p. 172(上) © Geoffrey Kuchera; p. 179 © -baltik-; p. 180 © Olga Miltsova; p. 182 © Carolina K. Smith, M.D.; p. 184 © Kesu; p. 185 © Ken Freeman; p. 194 © JustASC; p. 195 © Vladimir Wrangel; p. 196 © photoBeard; p. 197(下) © Dwight Smith; p. 197(上) © Otmar Smit; p. 198 © 2happy; p. 201 © Sandy MacKenzie; p. 204 © Sandro V. Maduell; p. 208 © Joggie Botma; p. 209 © redfeniks; p. 212(下) © f. AnRo brook; p. 214 © Huguette Roe; p. 218 © argus; p. 219 © Todd Taulman; p. 222(下) © Bruce Rolff; p. 222(上) © Tonis Pan; p. 223 © Alperium; p. 224(上) © ErickN; p. 224(下) © Martin Bech; p. 227(下) © Petrunovskyi; p. 227(上) © Andrejs Pidjass; p. 230(中) © Tischenko Irina; p. 232 © sgame; p. 233 © Linda Bucklin; p. 234(下) © Elena Elisseeva; p. 234(上) © Evgeny Vasenev; p. 235 © edobric; p. 237(下) © Mopic; p. 237(上) © Tischenko Irina; p. 238 © Markus Gann; p. 239(上) © Anton Prado PHOTO; p. 244(上) © danilo ducak; p. 245 © Olaru Radian-Alexandru; p. 247 © sdecoret; p. 250(下) © iDesign; p. 250(上) © Jurgen Ziewe

Other Images: p. 6(上) © istockphoto.com/akaplummer; p. 6(下) © istockphoto.com/SMWalker; p. 9 Wikimedia/Ryan Somma; p. 11 Stan Sherer; p. 17(上) Wikimedia/Björn Appel; p. 18 Rien van de Weijgaert, www.astro.rug.nl/~weygaert; p. 19 John R. Bentley; p. 27 Sage Ross/Wikimedia; p. 30

(上) © Allegheny Observatory, University of Pittsburgh; p. 33(上)(下) Wikimedia/Beltsville Agricultural Research Center, US Dept. of Agriculture/E. Erbe, C. Pooley; p. 34 N. C. Eddingsaas & K. S. Suslick, UIUC; p. 35(下) Shelby Temple; p. 36 US Air Force/J. Strang; p. 37 Softeis/Wikimedia; p. 41(下) Joan O'Connell Hedman; p. 55(下) Jan Herold/Wikimedia; p. 57 Bert Hickman, Stoneridge Engineering, www.capturedlightning.com; p. 59(下) Teja Krašek, http://tejakrasek.tripod.com; p. 60 © Bettmann/CORBIS; p. 65 Wikimedia; p. 72(上) Mark Warren, specialtyglassworks.com; p. 76(下) Wikimedia; p. 82(上) J. E. Westcott, US Army photographer; p. 85(下) Wikimedia; p. 92(上) Wikimedia; p. 94 © Justin Smith/Wikimedia/CC-By-SA-3.0; p. 101 Stéphane Magnenat/Wikimedia; p. 102(上) Hannes Grobe/AWI/Wikimedia; p. 109(上) John Olsen, openclipart.org; p. 110 US Navy; p. 113(下) © istockphoto.com/iceninephoto; p. 121 Mila Zinkova; p. 126 © istockphoto.com/isle1603; p. 129(下) Heinrich Pniok/Wikimedia; p. 130 © istockphoto.com/PointandClick; p. 140 U.S. Army/Spc. Michael J. MacLeod; p. 143 Wikimedia; p. 147, 150 Courtesy of Brookhaven National Laboratory; p. 157 Wikimedia; p. 158 Frank Behnsen/Wikimedia; p. 160 Lawrence Berkeley National Laboratory/Wikimedia; p. 166 © istockphoto.com/STEVECOLEccs; p. 168 Randy Wong/Sandia National Laboratories; p. 170 NARA; p. 173, 174 Courtesy of Brookhaven National Laboratory; p. 177 Idaho National Laboratory; p. 178 K. S. Suslick and K. J. Kolbeck, University of Illinois; p. 181 Alfred Leitner/Wikimedia; p. 183(上) Wikimedia; p. 183(下) Ed Westcott/US Army/Wikimedia; p. 186 NARA/Wikimedia; p. 189 U.S. Navy photo by Ensign John Gay/Wikimedia; p. 190 Heike Löchel/Wikimedia; p. 193 Courtesy of Umar Mohideen, University of California, Riverside, CA; p. 199 Courtesy the American Institute of Physics/M. Rezeq et al., J. Chem. Phys.; p. 200 NIST; p. 202 Fermilab National Accelerator; p. 203 Courtesy Princeton Plasma Physics Laboratory; p. 207 The Air Force Research Laboratory's Directed Energy Directorate; p. 210 Courtesy of Brookhaven National Laboratory; p. 211 National Archive/U.S. Air Force; p. 212 Daniel White; p. 215 CERN; p. 216, 217 Courtesy of Brookhaven National Laboratory; p. 225 Keith Drake/NSF; p. 229 J. Jost/NIST; p. 230(下) courtesy of Edmund Harriss; p. 230(上) Wikimedia; p. 231 Courtesy of Brookhaven National Laboratory; p. 239(下) Official White House Photostream; p. 240 NIST/JILA/CU-Boulder/Wikimedia; p. 241 Lawrence Berkeley National Lab; p. 242 CERN; p. 243 OAR/ERL/NOAA's National Severe Storms Laboratory (NSSL); p. 244(下) HAARP/US Air Force/Office of Naval Research; p. 246 CERN

注と参考文献

ウェブサイト(http://www.iwanami.co.jp/files/moreinfo/0063340/bibliography.pdf)を参照

クリフォード・ピックオーバー（Clifford A. Pickover）：IBM ワトソン研究所で研究開発に従事。『ビジュアル 数学全史』（根上生也・水原文訳、岩波書店）、『数学のおもちゃ箱』（糸川洋訳、日経 BP 社）、『オズの数学』（名倉真紀・今野紀雄訳、産業図書）など多数の著書が邦訳されている。

吉田三知世：日英・英日の翻訳者。
訳書：スティーブン・S. ガブサー『聞かせて、弦理論』（岩波書店）、ランドール・マンロー『ホワット・イフ？』、ジョージ・ダイソン『チューリングの大聖堂』、フランク・ウィルチェック『物質のすべては光』（以上、早川書房）、ピックオーバー『メビウスの帯』、ロバート・P. クリース『世界でもっとも美しい 10 の物理方程式』（以上、日経 BP 社）、ジョージ・マッサー『宇宙の果てまで離れていても、つながっている』（インターシフト）ほか多数。

ビジュアル 物理全史――ビッグバンから量子的復活まで　　クリフォード・ピックオーバー

2019 年 3 月 26 日　第 1 刷発行

訳 者　吉田三知世（よしだみちよ）

発行者　岡本 厚

発行所　株式会社 岩波書店
〒101-8002 東京都千代田区一ツ橋 2-5-5
電話案内 03-5210-4000　http://www.iwanami.co.jp/

ブックデザイン・ビーワークス　印刷・精興社　製本・牧製本

ISBN 978-4-00-006334-0　Printed in Japan